TRAITÉ

DE

BALISTIQUE

EXPÉRIMENTALE

Exposé général des principales expériences d'artillerie
exécutées à Gâvre de 1830 à 1864

PAR HÉLIE

Professeur à l'École d'artillerie de la marine

Ouvrage publié sous les auspices de S. Exc. le Ministre de la marine

PARIS

LIBRAIRIE MILITAIRE

J. DUMAINE, LIBRAIRE-ÉDITEUR DE L'EMPEREUR

Rue et passage Dauphine, 30

1865

TRAITÉ

DE

BALISTIQUE

EXPÉRIMENTALE

Ⓒ

IMPRIMERIE DE COSSE ET J. DUMAINE, RUE CHRISTINE, 2.

TRAITÉ

DE

BALISTIQUE

EXPÉRIMENTALE

Exposé général des principales expériences d'artillerie
exécutées à Gâvre de 1830 à 1864

PAR HÉLIE

Professeur à l'École d'artillerie de la marine

Ouvrage publié sous les auspices de S. Exc. le Ministre de la marine

PARIS

LIBRAIRIE MILITAIRE
J. DUMAINE, LIBRAIRE-ÉDITEUR DE L'EMPEREUR
Rue et passage Dauphine, 30

1865

TABLE DES MATIÈRES.

PRÉLIMINAIRES.

§§   Pag.

1. Considérations générales. 1
2. Poudre. 2
3. Relation entre la densité et la pression des gaz au moment de l'explosion. — Expériences de Rumford. . . . .

PREMIÈRE PARTIE.

ANCIENNE ARTILLERIE. — CANONS A AME LISSE.

CHAPITRE Iᵉʳ.

VITESSES INITIALES DES PROJECTILES.

1. Notions préliminaires. 1
2. Notations algébriques. — Rendement des canons. 14
3. Considérations générales. — Application du principe des forces vives. 16
4. Suite. — Application du principe de la conservation du mouvement du centre de gravité. 19

88

Pag.

5. Mouvement des gaz dans le canon. — Formation des équations différentielles, lorsque la combustion est complète avant le déplacement du projectile. 20

6. Suite. 27

7. Bouches à feu semblables. 33

8. Observations sur les expériences de Lorient. 35

9. Influence du diamètre de la gargousse sur la vitesse initiale. — Premières expériences (1842-1843). 37

10. Suite. — Deuxième série d'expériences (1844). 45

11. Suite. — Troisième série d'expériences 49

12. Suite. — Résumé et conclusions. 53

13. Influence du diamètre du projectile sur la vitesse initiale et sur le recul. — Premières expériences (1842-1843). 57

14. Idem. — Deuxième série d'expériences (1845). 61

15. Idem. — Troisième série d'expériences (1846). 63

16. Recherche d'une formule propre à faire connaître la perte de vitesse due au vent du projectile. 66

17. Influence de la grandeur de la lumière sur la vitesse initiale. 75

18. Recherche d'une formule propre à faire connaître l'influence que le vent du boulet exerce sur le recul. . . . 76

19. Formules relatives aux vitesses initiales des projectiles (poudre du Ripault 1842). 79

20. Formules relatives aux reculs (poudre du Ripault 1842). 92

21. Récapitulation des formules relatives aux vitesses initiales et aux reculs. 99

22. Usage des formules. — Applications numériques. 101

23. Vitesses initiales données par la poudre du Pont-de-Buis. — Formules. 108

24. Expériences exécutées à Metz pour déterminer les vitesses initiales. — Formules qui en représentent les résultats. 110

25. Expériences faites à Liége par M. Navez pour déterminer l'influence que le poids du projectile exerce sur la vitesse initiale. 116

26. Variation du calibre. — Application des formules au canon de 50. 118

27. Variations du chargement. — Influence du sabot sur la vitesse initiale. 121

28. Idem. — Interposition d'un valet en étoupe entre la gargousse et le projectile. 125

29. Idem. — Interposition d'un valet en algue marine entre la gargousse et le projectile. 128

88   Pag.

30. *Idem.* — Espace vide ménagé entre la gargousse et le fond de l'âme. — Le feu mis par l'avant de la charge (chargement proposé par M. Delvigne)..   120
31. Bouches à feu à chambres..   132
32. Effets des petites charges.   136
33. Pression moyenne des gaz dans le canon.   138
34. L'inclinaison du canon a-t-elle quelque influence sur la vitesse initiale des projectiles?.   141
35. Tir des boulets sphériques dans les canons rayés.   143
36. Epreuves des poudres.   146
37. Expériences exécutées en 1855 sur le mortier de 32 centimètres à plaque.   148
38. Effets du pulvérin dans les bouches à feu.   150
39. Résumé général.   151
40. Tables des vitesses initiales des projectiles..   154

CHAPITRE II.

RÉSISTANCE DE L'AIR AU MOUVEMENT DES PROJECTILES SPHÉRIQUES.

1. Considérations générales. — Idées admises sur la résistance de l'air.   161
2. Cas où le mouvement n'est modifié que par la résistance de l'air.   162
3. Résistance proportionnelle au carré de la vitesse.   163
4. Expériences de Metz (1839-1840).   165
5. Résistance composée de deux termes proportionnels, l'un au carré, l'autre au cube de la vitesse. — Formule du général Didion.   167
6. Résistance composée de deux termes proportionnels, l'un au carré, l'autre à la quatrième puissance de la vitesse.   169
7. Résistance proportionnelle à une puissance quelconque de la vitesse.   171
8. Résistance proportionnelle à la puissance $\frac{5}{3}$ de la vitesse.   173
9. Comparaison des formules. — Observations générales.. .   174
10. Application aux divers projectiles en usage dans la marine. — Tables.   176

CHAPITRE III.

PÉNÉTRATION DES BOULETS SPHÉRIQUES DANS LES MILIEUX SOLIDES.

§§   Pag.

1. Considérations générales. — Formules. 179
2. Relation entre la force vive du mobile et le vide formé dans le milieu. 183
3. Pénétration des boulets massifs en fonte de fer dans la maçonnerie (expériences de Metz). 186
4. *Idem* dans la terre (expériences de Metz). 187
5. *Idem* dans le charbon de terre (expériences de Gâvre). . 189
6. *Idem* dans le bois de chêne (Gâvre 1835) 192
7. *Idem* dans le bois de chêne (Gâvre 1844) 196
8. Massif en chêne capable d'arrêter un projectile. 198
9. Table des pénétrations des boulets massifs dans le bois de chêne. 200
10. Table des pénétrations des boulets creux dans le bois de chêne. 201
11. Tir oblique contre le bois de chêne. 202

CHAPITRE IV.

EFFETS DE LA POUDRE DANS LES PROJECTILES CREUX ET SPHÉRIQUES.

1. Considérations générales.. 205
2. Cas où la lumière reste fermée pendant la combustion de la poudre. — Détermination de la charge de rupture. 207
3. Cas où la lumière est ouverte pendant l'explosion. . . . 208
4. Suite. 211
5. Nombre et vitesse des éclats du projectile.—Expériences de Metz (1840).. 213

CHAPITRE V.

EFFETS DES BOULETS SPHÉRIQUES SUR LES MURAILLES DES VAISSEAUX EN BOIS. — EXPÉRIENCES EXÉCUTÉES A GAVRE EN 1840.

1. Objet des expériences. — Dispositions générales. 217

	Pag.
2. Construction des murailles..	218
3. Effets des boulets isolés qui traversent une muraille. . .	220
4. Destruction des murailles.	226
5. Influence de la vitesse des boulets sur la destruction. . .	228
6. Effets des obus à mécanismes percutants.	229
7. Limites du tir efficace	230

CHAPITRE VI.

TRAJECTOIRES ET PORTÉES MOYENNES DES BOULETS SPHÉRIQUES.

1. Considérations générales.	235
2. Mouvement dans le vide..	237
3. Formules du mouvement lorsque la résistance de l'air est dirigée suivant la tangente à la trajectoire.	239
4. Résistance proportionnelle au carré de la vitesse.	241
5. Résistance composée de deux termes proportionnels, l'un au carré, l'autre au cube de la vitesse.	244
6. Résistance proportionnelle à la puissance $\frac{5}{3}$ de la vitesse.	248
7. Substitution d'une courbe du troisième degré à la trajectoire réelle.	251
8. Expériences de Gâvre..	255
9. Canon de 30 n° 3 (1848).	258
10. Canon de 30 n° 4 (1850).	259
11. Canons de 30 n°° 1 et 2 (1830-31-32).	261
12. Canons de 18 n°° 1 et 2 (1830-32).	262
13. Canons de 12 (1848-53).	264
14. Conséquences des expériences précédentes.	265
15. Expériences exécutées sur des boulets creux.	270
16. Expériences faites à Metz sur un canon de 16..	273
17. Expériences faites en Russie sur un canon de 24.	276
18. Expériences sur des fusils d'infanterie, Vincennes, 1840.	280
19. La proximité du sol a-t-elle quelque influence sur les portées?	282
20. Résumé des formules du tir surbaissé..	283
21. Applications numériques.	286
22. Construction des tables de tir.	292
23. Cas où le point à battre n'est pas au niveau du point de départ.	294
24. Conséquences auxquelles on est conduit lorsqu'on sup-	

	Pag
pose la trajectoire du troisième degré et la résistance dirigée suivant la tangente.	296
25. Tir sous les angles supérieurs à 10 degrés. — Modifications à faire subir aux formules. — Tables du tir à grandes portées.	299
26. Restrictions à l'emploi des formules. — Observations générales.	305
27. Expériences exécutées sur des obus excentriques de 22 centimètres (1843).	310
28. Autres expériences exécutées en 1844 sur l'obusier de 27 centimètres.	314
29. Conséquences des expériences précédentes	316
30. Applications aux projectiles sphériques ordinaires. — Véritable direction de la résistance de l'air.	318
31. Vitesse finale du projectile. — Durée du trajet.	320

CHAPITRE VII.

DÉVIATIONS DES PROJECTILES SPHÉRIQUES.

1. Considérations générales..	323
2. Déviation latérale moyenne.	323
3. Influence du vent du projectile sur les déviations.	328
4. Table des déviations latérales moyennes des projectiles.	330
5. Comparaison des déviations latérales et des déviations verticales. — Observations faites à bord du bâtiment-école de Toulon..	333

CHAPITRE VIII.

TIR A DEUX BOULETS SPHÉRIQUES.

1. Vitesses initiales des projectiles.	337
2. Trajectoires des projectiles. — Courbe moyenne	340
3. Ecart horizontal des projectiles..	344
4. Ecart vertical.	345

— XI —

CHAPITRE IX.

TIR A MITRAILLE.

		Pag.
1.	Considérations générales..	347
2.	Description des mitrailles..	348
3.	Vitesses des balles.	349
4.	Trajectoire moyenne des balles.	352
5.	Tir à boulet et mitraille..	354
6.	Egalité de la dispersion dans tous les sens. — Indépendance de la dispersion et de la vitesse initiale. — Proportionnalité de la dispersion à la distance.	356
7.	Influence du plateau sur la dispersion..	364
8.	Augmentation de la dispersion quand un obstacle s'oppose au mouvement des balles. — Influence de la position du boulet dans le tir à boulet et mitraille.	365
9.	Influence du nombre et du diamètre des balles sur la dispersion	366
10.	Influence de la longueur de l'âme.	367
11.	Expression de la dispersion.	368
12.	Expériences exécutées en 1844 sur un obusier de 27 centimètres..	369
13.	Emploi des mitrailles dans les canons rayés	370

CHAPITRE X.

RÉSISTANCE DES BOUCHES A FEU EN FONTE DE FER.

1.	Manière dont s'opère la rupture d'une bouche à feu en fonte de fer..	373
2.	Influence du mode de chargement sur la rupture.	377
3.	Observations sur la construction des bouches à feu en fonte de fer.	382

DEUXIÈME PARTIE.

NOUVELLE ARTILLERIE.— CANONS RAYÉS.

CHAPITRE Iʳ.

NOTIONS GÉNÉRALES.

§§   Pag.

1. Considérations préliminaires. 387
2. Propriétés d'un corps de révolution animé d'un mouve-
    ment de rotation autour de son axe 388
3. Projectiles. 395
4. Tenons et rayures. — Résistance des canons. 398

CHAPITRE II.

RÉSISTANCE DE L'AIR AU MOUVEMENT DES PROJECTILES.

1. Considérations générales. — Formules. 403
2. Boulets ogivaux. — Formules. 405
3. *Idem.* — Premières expériences (Gâvre 1859). 406
4. *Idem.* — Deuxième suite d'expériences. 409
5. Boulets terminés à l'avant par un demi-ellipsoïde. . . . 411
6. Boulets cylindriques. — Expériences de 1860. 413
7. *Idem.* — Expériences de 1861. 414
8. Résumé et conclusions. 415

CHAPITRE III.

VITESSES INITIALES DES PROJECTILES.

1. Notations et formules. 417
2. Canons de 30. — Expériences de 1858. 419
3. *Idem.* — Expériences de 1859. 422
4. *Idem.* — Expériences de 1860. 422
5. *Idem.* — Expériences de 1861. 424

§§   Pag.
6. Obusier rayé de 22 centimètres.   428
7. Expériences exécutées en 1844 sur des canons de 24 cen-
     timètres et de 20 centimètres..   429
8. Expériences sur des perriers (1850).   430
9. Conclusions.   432

CHAPITRE IV.

TRAJECTOIRE MOYENNE.

1. Considérations préliminaires.   435
2. Trajectoire moyenne projetée sur le plan de tir.   438
3. Canons de 30. — Expériences de 1858.   439
4. *Idem.* — Expériences de 1860.   441
5. *Idem.* — Expériences de 1863..   442
6. Conséquences des expériences exécutées sur les canons
     de 30.   449
7. Canon de 50 (1858).   451
8. Obusier rayé de 22 centimètres (1861-62)..   454
9. Expériences sur des perriers (1859)..   456
10. Résumé général.   457
11. Applications numériques.   458
12. Formules du mouvement lorsque la résistance de l'air,
     dirigée suivant la tangente à la trajectoire, est propor-
     tionnelle au cube de la vitesse.   461
13. Durée du trajet.   464
14. Vitesse finale du projectile..   468

CHAPITRE V.

DÉRIVATION.

1. Considérations générales..   469
2. Dérivations des boulets ogivaux de 30. — Expériences
     de 1858..   470
3. *Idem.* — Expériences de 1860..   471
4. *Idem.* — Expériences de 1863..   472
5. Conséquences des expériences précédentes..   473
6. Dérivations des boulets ogivaux de 22 centimètres.. . . .   474
7. Dérivations des boulets lancés par le perrier.   475
8. Conclusions.   476

CHAPITRE VI.

DÉVIATIONS LATÉRALES DES PROJECTILES.

§§   Pag.

1. Déviation latérale moyenne. 479
2. Déviations latérales moyennes des boulets ogivaux de 30. Expériences de 1858. 481
3. *Idem.* — Expériences de 1863. 482
4. Déviations latérales moyennes des boulets ogivaux de 50 (19 centimètres). — Expériences de 1858. 483
5. *Idem* de 22 centimètres (1861-62). 484
6. *Idem* du perrier. 485
7. Résumé et conclusions. 485

CHAPITRE VII.

DÉVIATIONS LONGITUDINALES DES PROJECTILES. — DÉVIATIONS VERTICALES.

1. Déviation longitudinale moyenne. 487
2. Déviations longitudinales moyennes des boulets ogivaux de 30. — Expériences de 1858 491
3. *Idem.* — Expériences de 1863. 492
4. Déviations longitudinales moyennes de boulets ogivaux de 50 (19 centimètres). — Expériences de 1858. . . . 494
5. *Idem* de 22 centimètres (expériences de 1861-62). 495
6. Résumé et conclusions. 496
7. Influence du mode de chargement sur les déviations longitudinales. 497
8. Déviation latérale moyenne 500

NOTES.

Note 1. Similitude mécanique. 503
Note 2. Ecarts des observations. 509
Note 3. Probabilité du tir des projectiles. 531

PRÉLIMINAIRES.

§ 1er.

CONSIDÉRATIONS GÉNÉRALES.

Toutes les questions relatives au tir des projectiles et à leurs effets destructeurs sont du ressort de la balistique. Les principes de la mécanique rationnelle ne suffisent point pour les résoudre ; les forces et les résistances qui se trouvent en jeu ne peuvent être appréciées que par l'observation.

Un traité de balistique doit donc se composer en grande partie de descriptions et de discussions d'expériences dont les résultats constituent souvent la seule démonstration possible des propositions que l'on se croit en droit d'établir. Ces descriptions entraînent, il est vrai, dans de grandes longueurs, mais c'est un inconvénient qu'on ne peut guère éviter. Les épreuves n'inspirent de confiance qu'autant que les circonstances en sont bien connues ; elles présentent souvent des divergences qui ne doivent pas rester ignorées ; quelquefois même elles peuvent être interprétées de diverses manières, et si plus tard de nouveaux faits viennent se joindre à ceux qui avaient été primitivement recueillis et obligent à modifier les conséquences qu'on en avait déduites, il importe que les diverses séries d'observations puissent être comparées les unes aux autres.

La recherche des lois générales qui régissent les phénomènes offre de grandes difficultés. Les expériences d'artillerie sont certainement fort nombreuses, mais elles sont presque toujours déterminées par des circonstances particulières et pour satisfaire aux besoins du moment. Il faut donc rapprocher des épreuves entreprises le plus souvent dans des vues très-différentes et auxquelles aucun esprit d'ensemble n'a présidé. De plus, les expérimentations semblent toujours dominées par la crainte de s'écarter des circonstances que présente habituellement la pratique ; par suite, les lois observées ne peuvent être vérifiées qu'entre des limites assez resserrées, et les formules construites avec le plus de soin n'ont souvent qu'une existence éphémère.

Beaucoup de questions ne peuvent être traitées que d'une manière très-incomplète, et les solutions les plus avancées laissent encore fort à désirer. L'exposé de ce qui a été fait montrera du moins ce qu'il reste à faire.

§ 2.

POUDRE.

La poudre est le moteur qu'emploie l'artillerie. Celle que l'on fabrique en France pour la guerre est formée de 75 parties de salpêtre, 12,5 de soufre et 12,5 de charbon. Le mélange et la trituration s'opèrent au moyen de pilons. Ce procédé est décrit dans les ouvrages spéciaux.

Les grains sont de forme irrégulière. Les dimensions des grains de la poudre à canon varient entre $2^{mm}5$ et

1^{mm}4 ; pour la poudre de mousqueterie, elles sont comprises entre 1^{mm}4 et 1^{mm}6.

Un litre de poudre à canon non tassée pèse généralement de 830 à 870 grammes. La densité apparente ou gravimétrique est le rapport du poids exprimé en kilogrammes au volume total évalué en décimètres cubes. Cette densité est donc comprise entre 0,83 et 0,87. Celle de la poudre à mousquet est un peu moindre.

Dans les gargousses, la poudre est toujours tassée et acquiert une densité généralement supérieure à 0,9.

Les produits des diverses poudreries sont bien loin d'être identiques. Ainsi, par exemple, le nombre de grains que renferme un gramme de poudre varie de l'une à l'autre.

§ 3.

RELATION ENTRE LA DENSITÉ ET LA TENSION DES GAZ AU MOMENT DE L'EXPLOSION.

(Expériences de Rumford.)

Des tentatives ont été faites pour déterminer la nature et la quantité des produits gazeux auxquels l'explosion de la poudre donne naissance, aussi bien que la chaleur développée ; et leurs auteurs, s'appuyant à la fois sur la loi de Mariotte et sur celle de Gay-Lussac, en ont déduit la tension que les gaz sont susceptibles d'acquérir lorsque la combustion s'opère dans une capacité fermée ; mais rien n'autorise à attribuer à ces deux lois un tel caractère de généralité et à les appliquer à des circonstances aussi éloignées des limites assez étroites entre lesquelles elles ont été vérifiées.

Rumford a voulu mesurer directement la pression exercée par les gaz au moment de l'explosion. Le compte rendu des expériences qu'il a exécutées à ce sujet, en 1797, dans l'arsenal de Munich, a été inséré dans le traité d'artillerie du général Piobert. On se bornera à en donner ici un résumé succinct.

Un petit canon en fer forgé était maintenu verticalement ; l'âme avait un diamètre égal à $6^{mm}35$, et était prolongée dans sa partie inférieure par un canal très-étroit et fermé. Lorsqu'on voulait déterminer l'explosion, on mettait un fer rouge en contact avec cet appendice.

Quand la charge de poudre était placée dans le canon, on fermait ce dernier, en y introduisant une rondelle d'une épaisseur égale à $3^{mm}3$, formée d'un cuir gras fortement battu. Le dessus de la rondelle affleurait la tranche du canon.

Sur cette dernière, on plaçait la partie plane d'un hémisphère en acier et de 29^{mm} de diamètre, lequel servait d'appui à une masse considérable dont on pouvait varier la grandeur. Le centre de gravité de cette masse se trouvait sur le prolongement de l'axe du canon.

Après quelques essais, on finissait par trouver une masse telle que l'explosion de la charge employée ne la soulevait que fort légèrement, en sorte que la rondelle n'était point chassée au dehors. Le poids soulevé faisait à très-peu près connaître la pression exercée par les gaz sur la rondelle, et en le divisant par la section transversale du canon on avait la valeur de la pression rapportée à l'unité de surface.

La capacité totale de l'âme, diminuée de l'espace occupé par la rondelle, était telle qu'une quantité de poudre d'un poids égal à un grain pharmaceutique d'Allemagne (0 gr. 0618) en occupait les $\frac{11}{1000}$.

On se servait de poudre de chasse d'un grain très-fin et composée de 67,3 parties de salpêtre, 17,3 de soufre et 15,4 de charbon. Lorsqu'elle était bien tassée, la densité gravimétrique (§ 2) s'élevait à 1,077.

Les expériences ont marché d'une manière assez régulière tant que le poids de la charge n'a pas surpassé 15 grains, et jusqu'à cette limite Rumford a pu en représenter les résultats par une formule qui a été adoptée par le général Piobert.

Soit y la pression exprimée en atmosphères,

x la charge représentée par le rapport de son volume au millième de la capacité de l'âme.

La combustion de la poudre était toujours complète, et les gaz se répandaient constamment dans le même espace; leur densité était donc proportionnelle au poids de la charge employée.

Il en résulte que si la loi de Mariotte avait pu être admise, la pression eût été proportionnelle à la charge; en d'autres termes, le rapport $\frac{y}{x}$ se serait montré constant.

Mais les expériences ont fait voir immédiatement que ce rapport croissait en même temps que x.

La formule de Rumford est :

$$y = 1,841\ x^{1+0,0004\,x}.$$

Elle donne lieu à une observation. On en tire en effet :

$$\frac{y}{x} = 1,841\ x^{0,0004\,x}.$$

La dérivée de $x^{0,0004\,x}$ est $0,0004\ x^{0,0004\,x}\,[1+l(x)]$ $l(x)$ représentant un logarithme pris dans le système népérien dont la base est généralement désignée par la lettre e. Cette dérivée est négative tant que la valeur de x reste inférieure à celle qui est donnée par l'équation $1+l(x)=0$, c'est-à-dire à $\frac{1}{e}$. Ce ne serait donc qu'à partir de cette limite que le rapport $\frac{y}{x}$ croîtrait en même temps que x. Une pareille conséquence ne paraît pas de nature à être admise.

La formule suivante est exempte de cet inconvénient et représente les résultats des expériences au moins aussi bien que celle de Rumford.

La lettre ϖ désigne le poids de la charge exprimé en grains d'Allemagne.

$$\frac{y}{\varpi} = 10^{\,1,83129 + 0,03801\,\varpi + 0,0004428\,\varpi^2}.$$

CHARGE DE POUDRE.		PRESSION donnée par l'expérience et exprimée en atmosphères.	PRESSION donnée par l'équation de Rumford.	EXCÈS de l'expérience.	PRESSION donnée par la nouvelle formule.	EXCÈS de l'expérience.
Poids (grains d'Allemagne).	Rapport du volume au millième de la capacité.					
1	39	78	77	+ 4	74	+ 4
2	78	182	164	+ 18	162	+ 20
3	117	228	269	− 41	267	− 39
4	156	382	394	− 12	391	− 9
5	195	564	542	+ 19	539	+ 22
6	234	686	748	− 32	744	− 28
7	273	842	927	− 115	924	− 109
8	312	1108	1176	− 11	1166	− 1
9	351	1551	1471	+ 80	1457	+ 94
10	390	1884	1821	+ 63	1802	+ 82
11	429	2219	2235	− 16	2210	+ 9
12	468	2574	2724	− 150	2694	− 149
13	507	3283	3304	− 18	3267	+ 46
14	546	4008	3980	+ 28	3948	+ 60
15	585	4722	4783	− 61	4752	− 30

	FORMULES	
	de Rumford.	nouvelle.
Somme des erreurs positives.	+ 200	+ 307
Somme des erreurs négatives.	− 464	− 335
Erreurs moyennes.	− 47	− 1,4

Il est clair qu'entre ϖ et x on a la relation :

$$\varpi = \frac{x}{39}.$$

Soit maintenant ρ la densité des gaz au moment où,

remplissant la capacité du canon, ils exerçaient la pression y.

Il est facile d'obtenir la valeur de cette quantité si l'on admet qu'au moment de l'explosion toutes les matières composant la poudre se trouvaient également gazéifiées. En effet, dans le cas où la charge aurait entièrement rempli la capacité de l'âme, la densité des gaz aurait été égale à celle de la poudre avant la combustion, c'est-à-dire à 1,077 : par conséquent, lorsqu'elle n'occupait que les $\frac{x}{1000}$ de cette capacité, on devait avoir :

$$\rho = 1,077 \frac{x}{1000} \cdot$$

L'élimination de x entre cette équation et la précédente conduit à :

$$\varpi = \frac{1000}{(39)(1,077)} \rho \cdot$$

La complète gazéification de tous les composants de la poudre peut sans doute être contestée ; cependant il est à remarquer que toutes les fois que la rondelle, étant chassée de l'âme, laissait une issue aux gaz, il ne se déposait aucune crasse sur les parois. Lorsque l'âme restait fermée, les dépôts ne se montraient que sur les parties les plus froides, ce qui semble indiquer qu'ils étaient le résultat d'une condensation produite par le refroidissement.

En remplaçant, dans l'expression de y, ϖ par la valeur que l'on vient de trouver, on obtient la formule :

$$(1) \qquad \frac{y}{\rho} = 10^{3,20751 + 0,904\rho + 0,25\rho^2},$$

au moyen de laquelle on peut calculer la pression des gaz, exprimée en atmosphères, lorsqu'on connaît leur densité ρ rapportée à celle de l'eau, prise pour unité.

Rumford, dans ses évaluations, supposait la pression atmosphérique égale à 1^k054 par centimètre carré.

Si donc Y représente la pression que les gaz exercent

sur chaque centimètre carré, et exprimée en kilogrammes, $Y = 1,054\,y$, et par suite

$$(2) \qquad \frac{Y}{\rho} = 10^{3,23035} + 0,004\,\rho + 0,25\,\rho^2 .$$

Ces expressions ne peuvent être considérées comme vérifiées qu'autant que la densité ρ ne surpasse pas 0,6. Si on les appliquait cependant au cas où les gaz auraient une densité égale à l'unité, on trouverait que la pression serait alors égale à 23000 atmosphères.

On peut avoir besoin de connaître la densité capable de produire une pression donnée. Il faut alors résoudre les équations par rapport à ρ. On y parviendra par la méthode des substitutions successives, dont l'application ne sera sujette à aucune difficulté, attendu que la pression est une fonction croissante de ρ.

On pourra, au reste, s'aider de la table suivante :

DENSITÉ du gaz (ρ).	PRESSION sur 1 centimètre carré (Y). kilogr.		DENSITÉ du gaz (ρ).	PRESSION sur 1 centimètre carré (Y). kilogr.		DENSITÉ du gaz (ρ).	PRESSION sur 1 centimètre carré (Y). kilogr.	
»	»		0 20	527.4	39.4	0 40	1724	82
0 01	17.3	18.1	0 21	566.8	41.0	0 41	1802	92
0 02	35.4	18.9	0 22	607.8	42.7	0 42	1894	96
0 03	54.3	19.6	0 23	650.5	44.4	0 43	1990	99
0 04	73.9	20.5	0 24	694.9	45.3	0 44	2089	103
0 05	94.4	21.4	0 25	744.2	48.1	0 45	2192	108
0 06	115.8	22.2	0 26	789.3	50.1	0 46	2300	113
0 07	138.0	23.2	0 27	839.5	51.2	0 47	2413	117
0 08	161.2	24.1	0 28	894.7	54.4	0 48	2530	122
0 09	185.3	25.2	0 29	946.4	57	0 49	2652	127
0 10	210.5	26.1	0 30	1003	59	0 50	2779	132
0 11	236.6	27.4	0 31	1062	61	0 51	2911	137
0 12	264.0	28.4	0 32	1123	64	0 52	3048	143
0 13	292.4	29.7	0 33	1187	67	0 53	3194	149
0 14	322.4	30.8	0 34	1254	69	0 54	3340	154
0 15	352.9	32.1	0 35	1323	72	0 55	3496	161
0 16	385.0	33.5	0 36	1395	75	0 56	3658	168
0 17	418.5	34.9	0 37	1470	78	0 57	3826	178
0 18	453.4	36.2	0 38	1548	81	0 58	4004	183
0 19	489.6	37.8	0 39	1629	83	0 59	4184	191
0 20	527.4		0 40	1724		0 60	4275	

On ne peut appliquer les formules précédentes aux poudres françaises qu'autant qu'on admet que la différence des dosages n'exerce qu'une influence secondaire sur les produits de la combustion et sur la chaleur développée.

Il y a des circonstances où la densité ne varie qu'entre des limites assez rapprochées, et alors on peut souvent, aux expressions précédentes, en substituer de plus simples.

Lorsqu'on divise chaque pression y, exprimée en atmosphères, et telle qu'elle est donnée par l'expérience, par le carré du poids ϖ de la charge correspondante, exprimé en grains d'Allemagne, on obtient le tableau ci-après :

ϖ	1	2	3	4	5	6	7	8
$\dfrac{y}{\varpi^2}$	78 00	45 50	25 33	23 87	22 44	19 06	18 00	18 24

ϖ	9	10	11	12	13	14	15
$\dfrac{y}{\varpi^2}$	19 46	18 84	18 84	17 87	19 42	20 45	20 98

On voit que le rapport $\dfrac{y}{\varpi^2}$, d'abord décroissant, à mesure que la charge devient plus grande, finit par devenir croissant et reste sensiblement constant dans l'intervalle des charges de 7 et de 12 grains.

Ainsi, tant qu'on ne sort pas de cet intervalle, on peut le considérer comme tel, en adoptant pour sa valeur la moyenne des nombres donnés par les six charges qui y sont comprises. On a alors l'équation :

$$y = 18{,}4\,\varpi^2.$$

Les différences entre les résultats que fournit cette formule et ceux qui sont donnés par l'expérience ne s'élèvent pas à $\frac{1}{15}$.

Remplaçant ϖ par sa valeur en fonction de ρ, on a :

$$(3) \qquad y = 10430\,\rho^2,$$

formule où la pression est exprimée en atmosphères.

La pression Y, exprimée en kilogrammes et par centimètre carré, est donnée par l'équation :

$$Y = 10993\,\rho^2,$$

ou plus simplement :

$$(4) \qquad Y = 11000\,\rho^2.$$

On peut se servir de ces formules tant que la densité est comprise entre 0,3 et 0,5.

PREMIÈRE PARTIE.

ANCIENNE ARTILLERIE.

CANONS A AME LISSE.—BOULETS SPHÉRIQUES.

PREMIÈRE PARTIE.

ANCIENNE ARTILLERIE.

CANONS A AME LISSE.—BOULETS SPHÉRIQUES.

CHAPITRE PREMIER.

VITESSES INITIALES DES PROJECTILES SPHÉRIQUES.

§ 1. — Notions préliminaires.

La vitesse que le projectile possède en sortant de la bouche à feu est généralement appelée *vitesse initiale*, parce que c'est celle avec laquelle commence le mouvement dans l'air.

Il serait très-important d'avoir des formules au moyen desquelles on pût la calculer immédiatement; de là bien des tentatives, dont le nombre seul montre les difficultés que présente la question.

On la simplifie en supposant l'âme du canon cylindrique dans toute sa longueur et admettant que le chargement se compose uniquement : 1° de la gargousse, également cylindrique, et poussée jusqu'au fond de l'âme ; 2° du projectile roulant en contact immédiat avec la charge et maintenu par un léger valet annulaire. Dans la marine, ce mode de chargement a été longtemps en usage pour les boulets massifs; on ne se sert de sabots que pour les boulets creux.

L'orifice de la lumière est placé près du fond de l'âme et dans la partie supérieure ; l'inflammation partant de ce point se propage avec une extrême rapidité à l'aide des interstices qui séparent les grains de poudre et du vide plus ou moins considérable qui règne autour de la gargousse. Les gaz, à mesure qu'ils se forment, se répandent dans tous les sens, entraînent les grains non encore comburés et agissent à la fois sur le boulet et sur le canon. Une partie de ces gaz sort par la lumière, une autre s'échappe par l'intervalle provenant de la différence qui existe nécessairement entre le calibre de l'âme et le diamètre du projectile, différence à laquelle on donne le nom de *vent du boulet.* L'inertie du projectile, en s'opposant à la dispersion des grains, favorise la combustion de la poudre, qui, cependant, n'est jamais complète.

Les vitesses initiales des projectiles ne doivent pas être seules l'objet de ce chapitre, il faut encore connaître le mouvement que l'explosion communique à la bouche à feu.

Les diverses poudres que l'on fabrique en France présentent des qualités très-différentes; de là la nécessité d'admettre dans les formules des coefficients dont les valeurs numériques dépendent de la nature de la poudre que l'on emploie.

§ 2. — Notations algébriques. — Rendement des canons.

g Gravité ou vitesse que la pesanteur communique aux corps pendant une seconde sexagésimale. $g = 9^m 81$.

ϖ Poids de la charge

p Poids du projectile

P Poids du canon et de l'affût

$\}$ en kilogrammes.

λ Longueur de la gargousse

a Diamètre du mandrin de la gar-gousse.

a Diamètre du projectile

A Diamètre de l'âme

$\}$ en décimètres.

C Capacité de l'âme du canon exprimée en décimètres cubes.

V Vitesse initiale du projectile, ou vitesse que l'explosion communique au projectile, exprimée en mètres.

V, Vitesse initiale que posséderait le projectile si, conservant le même poids, il avait un diamètre égal au calibre de l'âme.

V, — V est la perte de vitesse due au vent A — a.

W Vitesse initiale du recul, ou vitesse que l'explosion communique au système composé du canon et de l'affût.

W, Vitesse initiale du recul dans le cas où le vent du boulet serait nul.

$p\dfrac{V}{g}$ est la quantité de mouvement du projectile; $\dfrac{PW}{g}$ celle du canon et de l'affût. Souvent, pour les comparer l'une à l'autre, on cherche la vitesse que la seconde imprimerait au projectile; c'est ce qu'on appelle *le recul exprimé en vitesse du boulet.*

U Recul exprimé en vitesse du boulet ; il est clair que $p\mathrm{U}=\mathrm{PW}$.

U, Recul dans le cas où le vent du boulet serait nul, $p\mathrm{U,}=\mathrm{PW,}$.

U, — U est la perte du recul due au vent A — a.

Pour n'avoir pas à s'occuper des effets de la pesanteur, on suppose d'abord l'axe du canon horizontal.

L'équation $$\lambda = 1{,}4\frac{\varpi}{a^2}$$

donne très-approximativement la longueur de la gargousse. L'adoption de cette formule revient à prendre, à très-peu près, 0,94 pour la densité de la poudre ; on sait que la confection des gargousses entraîne toujours un certain tassement.

Conformément à un usage adopté dans la science des machines, on peut appeler rendement d'un canon le rapport de la force vive que possède le projectile au sortir de l'âme, à la force vive totale que la charge de poudre est capable de produire ; la première, d'après les notations précédentes, est égale à $\dfrac{pV^2}{g}$; la seconde est nécessairement proportionnelle au poids de la charge et peut être représentée par $h\varpi$, la lettre h désignant une constante. Le rendement a donc pour expression :

$$\frac{1}{gh}\,\frac{pV^2}{\varpi}.$$

Il est ainsi proportionnel à :

$$\frac{pV^2}{\varpi}$$

et peut être représenté par ce rapport.

Lorsque le diamètre du boulet est supposé égal au calibre de l'âme, cette expression se change en :

$$\frac{pV_{\prime}^{2}}{\varpi}.$$

§ 3. — Considérations générales. — Application du principe des forces vives.

Soit $d\varpi$ le poids d'un élément de la charge, u la vitesse de cet élément au moment où le boulet sort de l'âme ; la somme des forces vives du système, à cet instant, est :

$$\frac{1}{g}\left(pV^2 + PW^2 + \int u^2\,d\varpi\right),$$

en négligeant les mouvements rotatoires dont peuvent être animés le boulet et le canon.

Si on fait abstraction des résistances et des pertes de chaleur, cette somme doit être égale au double de la quantité de travail développée jusqu'alors par l'explosion.

Quand on suppose le diamètre du boulet égal au calibre de l'âme, les lettres V et W doivent être remplacées par V, et W,, conformément aux notations du § 2. Abstraction faite de la perte, toujours fort petite, qui s'opère par la lumière, aucune molécule gazeuse ne peut alors s'échapper de l'âme avant la sortie du projectile; celles qui touchent ce dernier ont la vitesse V,; les autres, à moins qu'il ne se forme des tourbillons, ont toutes des vitesses inférieures; il en résulte qu'en désignant par θ un nombre inférieur à l'unité, on a, d'après un théorème connu, $\int u^2 d\varpi = \theta \varpi V_{\prime}^2$. L'expression de la somme des forces vives devient par suite :

$$\frac{1}{g}\left(p V_{\prime}^2 + P W_{\prime}^2 + \theta \varpi V_{\prime}^2\right).$$

Le nombre θ varie sans doute avec la capacité de l'âme. Quand on suppose que cette capacité croît indéfiniment, la tension des gaz s'affaiblit de plus en plus et finit par devenir insensible; les vitesses V, et W, atteignant de certaines limites V,, et W,,, cessent de croître, et la poudre, dont la combustion est nécessairement complète, donne dans l'intérieur même du canon toute la force vive qu'elle est susceptible de produire.

Cette force vive, nécessairement proportionnelle au poids de la charge, a été représentée par $h\varpi$ dans le § 2.

C'est donc à $h\varpi$ qu'il faut égaler l'expression de la somme des forces vives développées. Désignant à cet effet par θ, la limite vers laquelle converge θ quand la capacité de l'âme croît indéfiniment, on a l'équation

$$\frac{1}{g}\left(p V_{\prime\prime}^2 + P W_{\prime\prime}^2 + \theta_{\prime} \varpi V_{\prime\prime}^2\right) = h\varpi.$$

Généralement, la force vive du canon est très-petite relativement à celle du boulet, et cette circonstance permet de réduire l'équation à

$$\frac{1}{g}\left(p\mathrm{V}_{\prime\prime}^{2}+\theta,\varpi\mathrm{V}_{\prime\prime}^{2}\right)=h\varpi \quad \text{ou} \quad \frac{p\mathrm{V}_{\prime\prime}^{2}}{\varpi}=\frac{gh}{1+\theta,\dfrac{\varpi}{p}}.$$

La suppression du terme $\dfrac{P\mathrm{W}_{\prime\prime}^{2}}{g}$ revient à admettre que le boulet a la même vitesse que si le canon était inébranlable.

Lors donc que l'âme du canon s'allonge, le rapport $\dfrac{p\mathrm{V}_{\prime}^{2}}{\varpi}$ croît et converge vers une limite représentée par l'expression $\dfrac{gh}{1+\theta,\dfrac{\varpi}{p}}$; et il est à remarquer que cette limite est d'autant plus élevée que le rapport $\dfrac{\varpi}{p}$ est plus petit.

Il peut se faire que le nombre θ, n'ait qu'une faible valeur, et comme le rapport $\dfrac{\varpi}{p}$ du poids de la charge à celui du projectile est toujours inférieur à l'unité, le terme $\theta,\dfrac{\varpi}{p}$ serait alors très-petit, et on aurait sensiblement

$$\frac{p\mathrm{V}_{\prime\prime}^{2}}{\varpi}=gh,$$

ou

$$\mathrm{V}_{\prime\prime}=\sqrt{gh}\sqrt{\frac{\varpi}{p}}.$$

La vitesse limite $\mathrm{V}_{\prime\prime}$ serait alors proportionnelle à la racine carrée du rapport du poids de la charge au poids du projectile.

C'est en effet le résultat auquel on doit nécessairement parvenir lorsque, comme on vient de le faire, on suppose que la charge donne dans le canon même toute la force vive qu'elle est susceptible de produire, et que cette dernière passe entièrement dans le projectile.

A raison des résistances qui s'opposent au mouvement du projectile et dont on n'a pas tenu compte dans ce qui précède, il y a toujours une limite au delà de laquelle l'augmentation de la longueur de l'âme n'entraîne pas un accroissement de la vitesse initiale, bien que la tension des gaz soit encore considérable ; mais, dans la pratique, on en est fort éloigné.

§ 4. — Suite. — Application du principe de la conservation du mouvement du centre de gravité.

La somme des quantités de mouvement du système, comptées parallèlement à l'axe, nulle avant l'explosion, doit l'être également après. Les quantités de mouvement $\frac{pV}{g}$ et $\frac{PW}{g}$ du boulet et du canon sont de sens différents ; la presque totalité des gaz et des grains incomplétement comburés se meut dans le même sens que le boulet ; en désignant donc par Q leur quantité de mouvement, on a

$$\frac{PW}{g} = \frac{pV}{g} + Q,$$

ou, si le diamètre du boulet est égal au calibre de l'âme,

$$\frac{PW_{,}}{g} = \frac{pV_{,}}{g} + Q.$$

Quand l'âme s'allonge de telle façon que la tension des gaz y devienne insensible, toutes les vitesses cessent de croître ; $V_{,}$ et $W_{,}$ atteignent les limites désignées par $V_{,,}$ et $W_{,,}$ dans le § 3 ; les molécules gazeuses en contact avec le boulet ont la vitesse $V_{,,}$ et toutes les autres des vitesses moindres, de sorte qu'en désignant par θ un nombre inférieur à l'unité, la somme des quantités de mouvement de la poudre peut être représentée par

$$\frac{\theta \varpi V_{,,}}{g},$$

et l'équation devient

$$PW_{\prime\prime} = p V_{\prime\prime} + \Theta \varpi V_{\prime\prime}$$

$$\frac{PW_{\prime\prime}}{p V_{\prime\prime}} = 1 + \Theta \frac{\varpi}{p}.$$

Ainsi $1 + \Theta \frac{\varpi}{p}$ est la limite vers laquelle converge le rapport $\frac{PW_{\prime}}{p V_{\prime}}$ ou $\frac{U_{\prime}}{V_{\prime}}$ lorsque l'âme croît indéfiniment. Cette limite différerait très-peu de l'unité, si le nombre Θ n'avait qu'une faible valeur, attendu que le poids de la charge est toujours inférieur à celui du projectile.

§ 5. — **Sur le mouvement des gaz dans le canon. — Formation des équations différentielles lorsque la combustion est complète avant le déplacement du boulet.**

On a souvent cherché à déterminer les lois du mouvement des gaz dans l'intérieur du canon ; les expressions des vitesses initiales et des reculs, celles des pressions que supportent les parois de l'âme en seraient les conséquences.

Si la question est réellement accessible au calcul, ce doit être surtout dans le cas où la combustion de la charge peut être considérée comme complète avant que le projectile ait éprouvé un déplacement sensible. On y apportera d'ailleurs quelque simplification en admettant que le canon, à raison de sa masse, ne prend de mouvement appréciable qu'après la sortie du boulet.

Décomposant toute la masse gazeuse en tranches infiniment minces et perpendiculaires à l'axe, tous les auteurs sont d'accord pour supposer, si aucun vide n'existe entre les parois latérales de l'âme et le projectile, qu'à chaque instant la densité est la même dans toute l'étendue d'une tranche, et que les diverses molécules qui composent cette dernière sont animées de la même vitesse paral-

lèlement à l'axe, sans avoir d'ailleurs aucun autre mouvement.

Soit, alors, au bout du temps t :

x la distance d'une tranche au fond de l'âme,

u la vitesse

ρ la densité } de cette tranche,

y la tension

ρ_0 la densité } de la tranche immobile au fond de

y_0 la tension } l'âme,

v la vitesse du boulet,

x la distance qui le sépare du fond de l'âme,

ρ_x la densité } de la tranche en contact avec le boulet,

y_x la tension }

S la section transversale de l'âme.

Quand on considère toujours la même tranche, x est
une fonction de t ; si on veut passer d'une tranche à une
autre, il faut faire varier x indépendamment de t.

Il est clair que $u = \dfrac{dx}{dt} \qquad v = \dfrac{dx}{dt}$.

Les quantités u, ρ, y, sont des fonctions de x et de t,
tandis que ρ_0, y_0, v, x, ρ_x, y_x, ne dépendent que de t.

Les tensions sont, suivant l'usage, rapportées à l'unité
de surface.

$S\,dx$ est le volume, et $\dfrac{S}{g}\rho\,dx$ la masse de la tranche
qui se trouve à la distance x.

Pendant l'instant dt, la position de cette tranche varie,
et sa vitesse u, qui dépend à la fois de x et de t, prend un
accroissement représenté par

$$\frac{du}{dt}dt + \frac{du}{dx}\frac{dx}{dt}dt \qquad \text{ou} \qquad \left(\frac{du}{dt} + u\frac{du}{dx}\right)dt.$$

La quantité de mouvement acquise est, par suite

$$\frac{S}{g}\rho\left(\frac{du}{dt} + u\frac{du}{dx}\right)dx\,dt.$$

La tranche éprouve sur sa face postérieure une pression égale à Sy dans le sens du mouvement et sur sa face antérieure la pression $S\left(y + \frac{dy}{dx} dx\right)$ en sens opposé. La différence $-S\frac{dy}{dx} dx$ est la force motrice ; elle produit pendant l'instant dt une quantité de mouvement égale à $-S\frac{dy}{dx} dx\, dt$. En égalant cette dernière expression à la quantité de mouvement acquise, on obtient une équation qui, après la suppression des facteurs communs aux deux membres, se réduit à

$$(1) \qquad \frac{dy}{dx} = -\frac{\rho}{g}\left(\frac{du}{dt} + u\,\frac{du}{dx}\right).$$

Cette équation cesserait d'être exacte si la gazéification n'était pas complète, car alors chaque tranche se composerait de parties fluides et de parties non comburées, auxquelles on ne pourrait guère attribuer la même vitesse ; de plus ρ désignant spécialement la densité des gaz, $\frac{S}{g}\rho\, dx$ ne représenterait plus la masse de cette tranche.

On trouve une seconde équation en observant de quelle manière varie avec le temps la masse de fluide contenue dans la tranche qui se trouve à la distance x du fond de l'âme.

La combustion étant complète, cette masse ne peut varier que par les quantités de fluide qui entrent dans la tranche ou qui en sortent.

Le fluide qui, pendant l'instant dt, pénètre dans la tranche par la face postérieure, a une densité ρ et une vitesse u ; son poids est donc $S\rho u\, dt$.

Quant à celui qui en sort par la face antérieure, sa densité est $\rho + \frac{d\rho}{dx} dx$, et sa vitesse $u + \frac{du}{dx} dx$; il a donc un poids égal à

$$S\left(\rho + \frac{d\rho}{dx}\,dx\right)\left(u + \frac{du}{dx}\,dx\right)dt,$$

ou $S\left(\rho u + u\frac{d\rho}{dx}\,dx + \rho\frac{du}{dx}\,dx\right)dt$, en supprimant l'infiniment petit du troisième ordre. La différence des poids entrés et sortis est $-S\left(u\frac{d\rho}{dx}\,dx + \rho\frac{du}{dx}\,dx\right)dt$; en la divisant par le volume Sdx, on doit avoir la différentielle de la densité relativement au temps; ainsi

$$\frac{d\rho}{dt}\,dt = -u\frac{d\rho}{dx}\,dt - \rho\frac{du}{dx}\,dt$$

ou

$$(2) \qquad \frac{d\rho}{dt} + u\frac{d\rho}{dx} + \rho\frac{du}{dx} = 0.$$

Les équations (1) et (2) se trouvent dans tous les traités d'hydrodynamique. On n'en a rappelé la démonstration que pour fixer l'attention sur les principes qui servent à les établir.

D'après la nature des gaz, il existe une relation entre leur tension et leur densité; celle qui résulte des expériences de Rumford ne laisse pas que d'être compliquée, et la plupart des auteurs la remplacent par la suivante

$$(3) \qquad y = K\rho^n$$

K et n deux constantes positives. Cette expression peut être admise lorsque la densité ne varie qu'entre des limites un peu resserrées.

Le boulet dont le vent est supposé nul, et dont p désigne le poids, n'est mis en mouvement que par la pression de la tranche avec laquelle il se trouve en contact, par conséquent

$$(4) \qquad \frac{p}{g}\frac{dv}{dt} = Sy_x.$$

Il est bien clair que cette équation subsiste, même quand la combustion n'est pas complète. Si ϖ désigne le poids de la charge et si toutes les parties qui composent cette dernière sont gazéifiées, il faut que

$$(5) \qquad \varpi = S\int_{0}^{x}\rho\,dx.$$

Le théorème des forces vives fournit une équation dont on fait souvent usage.

Au bout du temps t, la force vive du boulet est $\dfrac{pv^2}{g}$, et celle de la charge est représentée par $\dfrac{S}{g}\int_{0}^{x}\rho u^2 dx$. Chacune d'elles doit être égale au double de la quantité de travail qui la produit.

Il faut distinguer : 1° le travail extérieur de la charge, c'est-à-dire celui de la pression qu'elle exerce sur le boulet et auquel est due la force vive de ce dernier ; 2° le travail intérieur provenant des diverses actions exercées par les tranches les unes sur les autres ; c'est celui-ci qui produit la force vive que possèdent les gaz.

La pression que supporte le projectile est Sy_x ; elle développe pendant l'instant dt un travail égal à $Sy_x dx$; en sorte que λ désignant la longueur primitive de la charge, le principe des forces vives donne

$$(6) \qquad \frac{pv^2}{g} = 2\,S\int_{\lambda}^{x}y_x dx.$$

C'est au reste le résultat auquel on parviendrait en multipliant l'équation (4) par la suivante, $v = \dfrac{dx}{dt}$, et intégrant ensuite.

Il reste à trouver l'expression du travail intérieur. On peut supposer les épaisseurs des tranches tellement réglées que, pendant un instant infiniment petit, chaque tranche vienne prendre la place de celle qui la précède. A raison de l'inégalité des vitesses, les dx sont alors inégaux, mais deux dx consécutifs ne diffèrent que d'un infiniment petit d'un ordre supérieur, et par conséquent négligeable ; de sorte que chaque tranche, en remplaçant celle qui la précède, parcourt un espace représenté par dx. Ainsi qu'on l'a vu plus haut, la force motrice qui agit sur la tranche placée à la distance x est $-\mathrm{S}\frac{dy}{dx}dx$; elle développe pendant l'instant dt une quantité de travail égale à $-\mathrm{S}\frac{dy}{dx}dx\,dx$.

L'intégrale de cette expression est indépendante du mode de division des tranches. Ainsi, pour la trouver, on peut supposer l'égalité des dx. Une première intégration donne

$$\mathrm{S}dx\int_0^x -\frac{dy}{dx}dx \qquad \text{ou} \qquad \mathrm{S}dx\int_0^x -\frac{dy}{dx}dx.$$

C'est l'expression du travail intérieur de la charge pendant un instant infiniment petit. Or $\int_0^x -\frac{dy}{dx}dx$ n'est autre chose que la somme des décroissements successifs qu'éprouve la pression y à partir de $x=o$; somme qui est égale à $y_o - y_x$. Le travail intérieur se trouve donc représenté par

$$\mathrm{S}(y_o - y_x)\,dx.$$

On peut parvenir à ce résultat d'une autre manière. La présence du boulet équivaut à une pression égale à $\mathrm{S}y_x$, exercée sur la tranche avec laquelle il se trouve en contact et dans le sens opposé au mouvement, tandis que la pression que supporte la tranche placée au fond de l'âme est $\mathrm{S}y_o$; c'est la différence $\mathrm{S}(y_o - y_x)$ qui produit l'accélération du mouvement, en sorte que cette dernière serait nulle, si on appliquait sur la tranche qui touche le projectile une nouvelle pression égale à $\mathrm{S}(y_o - y_x)$. Le travail de cette pression pendant l'instant dt doit donc être égal au travail intérieur de la charge.

L'intégrale de l'expression précédente doit être prise à

partir de $x = \lambda$, et son double est alors égal à la force vive de la charge. On a donc

$$(7) \qquad \frac{S}{g} \int_o^x \rho u^2 dx = 2 S \int_\lambda^x (y_o - y_x)\, dx.$$

En ajoutant les équations (6) et (7), on obtient

$$(8) \qquad \frac{pv^2}{g} + \frac{S}{g} \int_o^x \rho u^2 dx = 2 S \int_\lambda^x y_o dx.$$

Sur quoi, il faut observer que les quantités y_o et x ne dépendant que de t, peuvent être considérées comme des fonctions l'une de l'autre.

L'expression $S \int_\lambda^x y_o dx$ représente par conséquent le travail total de la charge : c'est ce dont il est facile de se rendre compte à l'aide d'un raisonnement qu'on a employé tout à l'heure.

Lorsqu'on intègre par rapport à x l'équation (4), on a

$$y = y_o - \frac{1}{g} \int_o^x \left(\frac{du}{dt} + u \frac{du}{dx} \right) dx.$$

Par suite

$$(9) \qquad \begin{cases} y_o = y_x + \dfrac{1}{g} \int_o^x \rho \left(\dfrac{du}{dt} + u \dfrac{du}{dx} \right) dx. \\[3mm] y = y_x + \dfrac{1}{g} \int_x^x \rho \left(\dfrac{du}{dt} + u \dfrac{du}{dx} \right) dx. \end{cases}$$

Sy est la pression qu'exerce la tranche placée à la distance x; $\frac{S\rho dx}{g} \left(\frac{du}{dt} + u \frac{du}{dx} \right)$ est le produit de la masse de cette tranche par l'accélération qu'elle acquiert pendant l'instant dt; Sy_o et Sy_x sont les pressions respectives des tranches placées l'une au fond de l'âme, l'autre près du boulet. En multipliant donc les équations précédentes par S et se rappelant que $Sy_x = \frac{p}{g} \frac{dv}{dt}$, on est conduit au principe suivant, employé par le général Piobert.

La pression totale d'une tranche est, à chaque instant, égale à la somme des produits des masses placées en avant d'elle, en y comprenant celle du boulet, par leurs accélérations respectives.

Tel est l'ensemble des formules que fournit la mécanique pour le cas purement hypothétique de la gazéification complète de toutes les parties qui composent la poudre avant que le projectile ait éprouvé un déplacement sensible. Il reste à examiner quel parti on en a tiré.

Les équations (4) et (6) sont les seules qui soient indépendantes de toute hypothèse relative à la combustion.

§ 6. — Suite.

La première idée qui s'est présentée a été de supposer la combustion instantanée et de regarder à chaque instant la densité comme constante dans toute l'étendue de la masse fluide. Soit alors Δ la densité des gaz au moment de leur formation, quand ils n'occupent qu'un espace d'une longueur égale à celle de la gargousse. Lorsque le boulet se trouve à la distance x du fond de l'âme, leur densité est donnée par l'équation

$$\rho = \Delta \frac{\lambda}{x}.$$

Adoptant la loi de Mariotte, ce qui revient à faire $n = 1$ dans l'équation (3), on a

$$y = K\rho = \frac{K\Delta\lambda}{x}.$$

En se servant de l'équation (6), $\dfrac{pv^2}{g} = 2\,S\displaystyle\int_{\lambda}^{x} y_x\,dx$ et remarquant que $y_x = y$ puisque la densité est supposée la même dans toutes les tranches, on obtient

$$\frac{pv^2}{g} = 2S\lambda\Delta K\int_{\lambda}^{x}\frac{dx}{x}.$$

Or, $S\lambda\Delta$ est le produit du volume des gaz par leur densité au moment de leur formation ; ce n'est donc autre chose que le poids ϖ de la charge ; d'ailleurs

$$\int_\lambda^{\mathrm{x}} \frac{d\mathrm{x}}{\mathbf{x}} = l\left(\frac{\mathrm{x}}{\lambda}\right),$$

la lettre l désignant un logarithme népérien ; donc

$$pv^2 = 2g\mathrm{K}\varpi l\left(\frac{\mathrm{x}}{\lambda}\right).$$

Telle est la formule donnée par les premiers auteurs qui se sont occupés de la question. Mais l'hypothèse d'une densité rigoureusement égale dans toutes les parties de la masse gazeuse est incompatible avec l'équation (1), savoir :

$$\frac{dy}{dx} = -\frac{\rho}{g}\left(\frac{du}{dt} + u\frac{du}{dx}\right).$$

En effet, elle s'exprime en posant $\frac{dy}{dx} = 0$, et il est bien clair qu'aucun des deux facteurs du second membre ne peut être nul ; l'un ρ est la densité des gaz ; l'autre $\frac{du}{du} + u\frac{du}{dx}$ est l'accélération du mouvement.

Le général Piobert suppose que les différentes tranches qui composent la masse gazeuse doivent avoir à chaque instant des vitesses proportionnelles aux distances qui les séparent du fond de l'âme ; il pose en conséquence *

$$\frac{u}{v} = \frac{x}{\mathrm{x}}.$$

De là résulte $\frac{dx}{x} = \frac{d\mathrm{x}}{\mathrm{x}}$, et par conséquent $l\,(x) = l\,(\mathrm{x}) +$ const. Soit z la valeur de x, à l'origine du mouvement, lorsque t était nul et x égal à λ ; il est clair que

---

$l(z) = l(\lambda) + \text{const.}$ L'élimination de la constante entre ces deux équations, conduit à

$$\frac{x}{z} = \frac{\mathrm{x}}{\lambda} \quad \text{ou} \quad \frac{x}{\mathrm{x}} = \frac{z}{\lambda},$$

en sorte que les distances des tranches sont, à un instant quelconque, dans les mêmes rapports qu'à l'origine du mouvement.

Pour développer les conséquences de son hypothèse, le général Piobert s'est borné à faire usage du principe énoncé à la fin du § 5; il n'a pas songé à se servir de l'équation (2), avec laquelle elle s'accorde néanmoins, et qui lui eût évité de bien longs calculs.

En différentiant en effet l'équation $\frac{u}{v} = \frac{x}{\mathrm{x}}$ par rapport à x, on a, attendu que v et x ne dépendent que de t, $\frac{du}{dx} = \frac{v}{\mathrm{x}} = \frac{1}{\mathrm{x}}\frac{dx}{dt}$: portant cette valeur de $\frac{du}{dx}$ dans l'équation (2) et y remplaçant en même temps u par $\frac{dx}{dt}$, on trouve, après avoir divisé par ρ

$$\frac{\frac{d\rho}{dt}dt + \frac{d\rho}{dx}\frac{dx}{dt}dt}{\rho} + \frac{d\mathrm{x}}{\mathrm{x}} = 0.$$

Le premier membre est une différentielle complète dont l'intégrale est $l(\rho\mathrm{x})$. La valeur de ρ est celle qui convient à la tranche qui, au bout du temps t, se trouve à la distance x du fond de l'âme, et qui, à l'origine du mouvement, en était éloignée d'une quantité égale à z. L'intégrale de l'équation est donc

$$\rho\mathrm{x} = \mathrm{F}(z),$$

$\mathrm{F}(z)$ désignant une fraction arbitraire.

Soient $r_{\scriptscriptstyle0}$, r, r_{λ}, les valeurs respectives de $\rho_{\scriptscriptstyle0}$, ρ, $\rho_{\scriptscriptstyle1}$, l'origine du mouvement, quand $x = \lambda$; il est clair que

$$r\lambda = F(z).$$

Par conséquent

$$\rho = \frac{\lambda}{x} r.$$

Ainsi, les densités des diverses tranches sont, à chaque instant, proportionnelles aux valeurs qu'elles avaient à l'origine du mouvement.

Cela posé, la différentiation de l'équation $ux = vx$, par rapport à t, conduit à

$$x\left(\frac{du}{dt} + \frac{du}{dx}\frac{dx}{dt}\right) + u\frac{dx}{dt} = x\frac{dv}{dt} + v\frac{dx}{dt},$$

ou, à raison de ce que $u = \frac{dx}{dt}$, $v = \frac{dx}{dt}$

$$x\left(\frac{du}{dt} + u\frac{du}{dx}\right) = x\frac{dv}{dt}.$$

La valeur de $\frac{du}{dt} + u\frac{du}{dx}$ portée dans l'équation (1), la réduit à

$$\frac{dy}{dx} = -\frac{\rho x}{gx}\frac{dv}{dt}.$$

Mais, d'après l'équation (3),

$$\rho = \frac{y^{\frac{1}{n}}}{K^{\frac{1}{n}}},$$

donc

$$\frac{1}{y^{\frac{1}{n}}}\frac{dy}{dx} = -\frac{dv}{dt}\frac{x}{gK^{\frac{1}{n}}x}.$$

De là on tire par l'intégration relative à x

$$y^{\frac{n-1}{n}} = y_\circ^{\frac{n-1}{n}} - \frac{n-1}{2ngK^{\frac{1}{n}}}\frac{x^2}{x}\frac{dv}{dt}.$$

Or,

$$y^{\frac{n-1}{n}} = K^{\frac{n-1}{n}} \rho^{n-1}, \quad y_\bullet^{\frac{n-1}{n}} K^{\frac{n-1}{n}} \rho_\bullet^{n-1},$$

donc

$$\rho^{n-1} = \rho_\bullet^{n-1} - \frac{n-1}{2ngK} \frac{x^2}{x} \frac{dv}{dt}.$$

Le cas où on supposerait $n = 1$ demande à être traité séparément; alors $y = K\rho$, et l'équation (1) devient

$$\frac{1}{y} \frac{dy}{dx} = - \frac{x}{gKx} \frac{dv}{dt}.$$

L'intégration donne

$$l\left(\frac{y}{y_\bullet}\right) = - \frac{1}{2gKx} \frac{dv}{dt} x^2.$$

D'ailleurs,

$$\frac{y}{y_\bullet} = \frac{\rho}{\rho_\bullet}.$$

On a vu (*Préliminaires*, § 3) que l'hypothèse de $n = 2$ pouvait être adoptée dans certaines circonstances. Dans ce cas,

$$\rho = \rho_\bullet - \frac{1}{4gK} \frac{dv}{dt} \frac{x^2}{x}.$$

A l'origine du mouvement, x, x, ρ, $\rho_\bullet$ deviennent respectivement z, λ, r, $r_\bullet$; en désignant donc par b la valeur initiale de $\frac{dv}{dt}$, on a

$$r = r_\bullet - \frac{b}{4gK} \frac{z^2}{\lambda}.$$

Et attendu que $\rho = \frac{\lambda}{x} r$,

$$\rho = \left(r_\bullet - \frac{b}{4gK} \frac{z^2}{\lambda}\right) \frac{\lambda}{x} \quad \text{ou} \quad \rho = \left(r_\bullet - \frac{b\lambda}{4gK} \frac{z^2}{x^2}\right) \frac{\lambda}{x}.$$

Ainsi, quand les pressions sont proportionnelles aux carrés des densités, ces dernières varient comme les ordonnées d'une parabole du second degré. C'est, en effet, le résultat auquel est arrivé le général Piobert, mais par un procédé beaucoup plus compliqué.

Ces recherches sont certainement fort curieuses, mais les hypothèses qui leur servent de base s'écartent trop des circonstances que présente la pratique pour qu'elles puissent conduire à quelques résultats vraiment utiles. Il est cependant nécessaire d'en avoir une idée, afin d'être à même d'apprécier la valeur des formules proposées par plusieurs auteurs.

Par exemple, l'expression $\dfrac{\varpi v^2}{3g}$ est souvent donnée comme celle de la force vive des gaz; mais on n'arrive à ce résultat qu'en supposant que toutes les tranches ont à chaque instant la même densité et possèdent des vitesses proportionnelles aux distances qui les séparent du fond de l'âme. En effet, la quantité ρ est alors indépendante de x, et $u = \dfrac{vx}{x}$; par conséquent

$$\frac{S}{g}\int_0^x \rho u^2\, dx = \frac{S\rho v^2}{gx^2}\int_0^x x^2\, dx = \frac{1}{3}\frac{Sx\rho}{g}v^2.$$

$(Sx)\rho$ est le produit du volume des gaz par leur densité; c'est le poids ϖ de la charge; la valeur du second membre est donc $\dfrac{\varpi v^2}{3g}$.

Dans les mêmes hypothèses, il est facile d'avoir la quantité de mouvement des gaz représentée par

$$\frac{S}{g}\int_0^x \rho u\, dx = \frac{S\rho v}{gx}\int_0^x x\, dx = \frac{Sx\rho v}{2g}.$$

Cette quantité de mouvement est donc égale à $\dfrac{\varpi v}{2g}$.

L'équation (8) devient, lorsqu'on y remplace la force vive des gaz par $\dfrac{\varpi v^2}{3g}$,

$$\frac{pv^2}{g} + \frac{\varpi v^2}{3g} = 2S\int_\lambda^x y_0\, dx.$$

Lorsqu'on admet la loi de Mariotte, $y_o = K\rho_o$; or $\rho_o = r_o \dfrac{\lambda}{x}$; donc $\int_\lambda^x y_o dx = K\lambda r_o \int_\lambda^x \dfrac{dx}{x} = K\lambda r_o l\left(\dfrac{x}{\lambda}\right)$; par suite $\dfrac{pv^2}{g} + \dfrac{\varpi v^2}{3g} = 2KS\lambda r_o l\left(\dfrac{x}{\lambda}\right)$.

$S\lambda$ est le volume des gaz à l'origine du mouvement, r_o est la densité de la tranche qui touche le fond de l'âme. Si la densité est constante, le produit $S\lambda r_o$ représente le poids ϖ de la charge, et alors on a

$$\frac{pv^2}{g} + \frac{\varpi v^2}{3g} = 2K\varpi l\left(\frac{x}{\lambda}\right),$$

d'où

$$v^2 = 2gK \frac{\varpi}{p + \dfrac{\varpi}{3}} l\left(\frac{x}{\lambda}\right).$$

Cette formule est présentée par le général Didion, dans son *Traité de Balistique*, comme déduite d'une théorie; toutefois il ne lui reconnaît qu'un caractère approximatif et fait varier le coefficient du second membre lorsqu'il passe d'une bouche à feu à une autre.

On voit qu'elle résulte du concours de deux hypothèses dont l'une, celle de la constance de la densité dans toute l'étendue de la masse gazeuse, est incompatible avec les lois du mouvement; l'autre, qui n'est autre chose que la loi de Mariotte, n'est certainement pas applicable aux gaz que produit la combustion de la poudre.

La nature des choses oblige de recourir aux formules empiriques qui ont au moins l'avantage de grouper les résultats obtenus par la voie de l'expérience.

§ 7. — Bouches à feu semblables.

Lorsque deux bouches à feu sont semblables, les rapports

$$\frac{P}{A^3} \text{ et } \frac{C}{A^3}$$

sont les mêmes pour l'une et pour l'autre, c'est-à-dire que les poids des canons sont, de même que leurs capacités, proportionnels aux cubes des calibres.

Pour que la même similitude existe entre leurs chargements, il faut encore que les rapports

$$\frac{a}{A}, \ \frac{a}{A}, \ \frac{\varpi}{A^3}, \ \frac{p}{A^3} \ \text{et, par suite,} \ \frac{\varpi}{p}, \ \frac{\varpi}{C}$$

soient les mêmes dans les deux bouches à feu ; ainsi, les diamètres et les poids, tant des charges que des projectiles, doivent être proportionnels, les premiers aux calibres et les seconds à leurs cubes.

La nature de la poudre ne permet pas d'établir entre les charges une complète similitude : il faudrait en effet pour cela que les dimensions des grains et des interstices qui les séparent fussent proportionnelles aux calibres, chaque grain d'une des charges aurait alors son homologue dans l'autre.

Quoi qu'il en soit, on regarde les deux systèmes comme semblables, et l'égalité des vitesses initiales, aussi bien que celle des vitesses des reculs, semble si naturelle qu'elle est assez généralement admise, du moins tant qu'il n'existe pas une très-grande différence entre les calibres.

Ce principe permet d'étendre à toutes les bouches à feu semblables les résultats que l'expérience ne donne que pour celle sur laquelle on opère ; il facilite ainsi la formation des formules. Dès lors qu'on l'adopte, les expressions des vitesses ne doivent contenir que les divers rapports énumérés ci-dessus.

D'après le théorème de Newton (note 1, § 2), la similitude des systèmes entraînerait en effet l'égalité des vitesses des mobiles, à la suite de temps homologues, c'est-à-dire proportionnels aux calibres et comptés depuis l'origine de l'inflammation, si, après ces temps, les éléments homologues éprouvaient des pressions proportionnelles à leurs surfaces ; dans le voisinage de ces éléments, la tension des gaz serait la même de part et d'autre ; les projectiles emploieraient, à parcourir les âmes des canons, des temps proportionnels aux calibres et en sortiraient par conséquent avec des vitesses égales.

C'est ce qui arriverait si l'inflammation de la poudre était instantanée, hypothèse longtemps admise et aujourd'hui universellement rejetée. Il en serait encore ainsi si les quantités de gaz produites pendant des temps proportionnels aux calibres étaient elles-mêmes proportionnelles aux cubes de ces derniers, ou, en d'autres termes, aux volumes homologues.

Il n'est guère possible de supposer que les choses se passent réellement de cette manière ; ainsi, tout en se servant du principe des bouches à feu semblables, convient-il de n'admettre qu'avec une certaine réserve les résultats auxquels il conduit, et il ne faut négliger aucune occasion de les vérifier.

§ 8. — Observations sur les expériences de Lorient.

Les expériences dont on se propose d'exposer d'abord les principales conséquences ont été exécutées pendant les années 1842, 1843, 1844 et 1845, à l'aide des pendules balistiques établis à Lorient ; elles ont été décrites dans un ouvrage publié en 1847 *.

Deux poudres différentes ont été employées ; la première avait été fabriquée au Pont-de-Buis en 1837 ; la portée du mortier-éprouvette indiquée sur les barils était de 234 mètres ; dans l'épreuve faite à Lorient, on l'a trouvée égale à 257 mètres.

La seconde poudre venait du Ripault et portait la date

---

* *Expériences d'artillerie exécutées à Lorient à l'aide des pendules balistiques, par ordre du Ministre de la marine.* Paris, Imprimerie royale, 1847.

de 1842 ; le timbre des barils indiquait une portée de 231 mètres. Dans l'épreuve de Lorient, la portée a été de 251 mètres.

Les expériences ont été faites sur des canons de 30 n° 1.

Le chargement se composait : 1° de la charge de poudre renfermée dans une gargousse en papier parchemin et poussée jusqu'au fond de l'âme ; 2° d'un boulet roulant ou ensaboté ; 3° d'un léger valet annulaire en filin blanc. La gargousse se trouvait toujours en contact avec le projectile ou le sabot.

Plus tard, à partir de 1858, d'autres expériences ont été exécutées au moyen de l'appareil électro-balistique de M. Navez. On sait que cet appareil donne la mesure du temps que le boulet met à traverser l'intervalle de deux cadres-cibles. La vitesse que l'on obtient en divisant la longueur de l'intervalle par le temps ainsi obtenu correspond à peu près au moment où le boulet se trouve à égale distance des deux cadres. Pour en déduire la vitesse initiale, on a recours aux formules fondées sur les lois de la résistance de l'air, que les expériences de Metz ont permis de reconnaître, et dont il sera question plus tard (chapitre II).

Généralement le premier cadre-cible était à 18 mètres environ de la tranche du canon ; l'intervalle des cadres variait de 20 à 40 mètres, suivant la grandeur de la vitesse.

Lors même qu'on s'attache à rendre toutes les circonstances du tir aussi identiques que possible, la vitesse du projectile varie d'un coup à l'autre ; ce serait bien gratuitement en effet que l'on supposerait que l'inflammation de la charge s'opère constamment de la même manière ; toutefois il est bien clair qu'une partie des écarts observés doit être attribuée à l'imperfection inévitable des moyens d'observation. Lorsqu'on se sert de l'appareil électro-balistique, on retrouve les vitesses moyennes données par le pendule, mais en général les écarts sont moindres; cet instrument permet en outre de multiplier beaucoup les épreuves.

§ 9. — Influence du diamètre de la gargousse sur la vitesse initiale.

Premières expériences (années 1842-1843).

Un certain vide laissé entre la gargousse et les parois de l'âme est favorable à la propagation de l'inflammation; mais, d'un autre côté, il en résulte un accroissement de l'espace dans lequel se répandent les gaz pendant les premiers instants de l'explosion, et cette circonstance tend à diminuer leur tension.

L'usage est de faire les gargousses cylindriques, mais leur diamètre peut encore varier entre certaines limites, et on conçoit que ces variations doivent exercer quelque influence sur la grandeur de la vitesse initiale.

On a fait à cet égard trois séries d'expériences sur un canon de 30 n° 1, dont l'âme avait $1^{d.c}648$ de diamètre et $26^{d.c}41$ de longueur.

PREMIÈRES EXPÉRIENCES.

	CHARGE.	DIAMÈTRE DU MANDRIN DE LA GARGOUSSE.									
		118ᵐᵐ.		128ᵐᵐ.		138ᵐᵐ.		148ᵐᵐ.		158ᵐᵐ.	
		VITESSE initiale moyenne.	Nombre de coups.	VITESSE initiale moyenne.	Nombre de coups.	VITESSE initiale moyenne.	Nombre de coups.	VITESSE initiale moyenne.	Nombre de coups.	VITESSE initiale moyenne.	Nombre de coups.
	kilog.	mètr.		mètr.		mètr.		mètr.		mètr.	
Poudre du Pont-de-Buis. . . .	1.00	245.4	3	247.3	3	247.4	3	249.4	3	249.2	3
Boulets massifs roulants (diamètre 1ᵈ596. . . .	2.50	356.7	3	359.2	3	367.4	6	367.5	6	371.9	6
Poids 15ᵏ100.	3.75	404.2	3	403.2	3	411.6	6	426.8	12	420.2	12
	5.00	427 9	3	433.2	6	449.4	6	456.5	6	449.4	6

Les cinq mandrins étaient d'abord essayés comparativement le même jour; plus tard, on ne s'est plus occupé que des mandrins des diamètres supérieurs. .

Dans ce tableau, lorsque la charge est de 3^k75 ou de 5^k0, on voit la vitesse croître d'abord avec le diamètre du mandrin, puis décroître. Quand la charge est de 2^k5, on n'observe pas ce décroissement; des deux mandrins de 148^{mm} et de 158^{mm}, le dernier est celui qui donne la plus grande vitesse; mais il est probable que la vitesse correspondante au mandrin de 148^{mm} est trop faible. Et, en effet, elle diffère à peine de celle qui est donnée par le mandrin de 138^{mm}. Avec la charge de 1^k0, les variations sont bien moins sensibles, et les vitesses correspondantes aux mandrins de 148^{mm} et de 158^{mm} sont à peu près égales.

Peut-être le mandrin auquel correspond la plus grande vitesse n'est-il pas le même pour toutes les charges; mais tant qu'on ne s'occupe que des charges usuelles 2^k5, 3^k75, 5^k0, les légères variations qu'il peut éprouver sont sans doute de nature à être négligées, et, dans cette hypothèse, le tableau précédent offre une réunion de faits assez nombreux pour qu'on puisse le déterminer avec une approximation suffisante.

Prenant en effet la moyenne des vitesses données avec le même mandrin par les charges de 2^k5, 3^k75 et 5^k, on obtient un nouveau tableau où les irrégularités se trouvent atténuées.

DIAMÈTRE DU MANDRIN.				
148^{mm}.	128^{mm}.	138^{mm}.	148^{mm}.	158^{mm}.
396,3	399.1	409.5	416.9	415.0

Pour apprécier la régularité de ces résultats, on peut

construire une courbe ayant pour abscisses les diamètres des mandrins et pour ordonnées les vitesses (*fig.* 1).

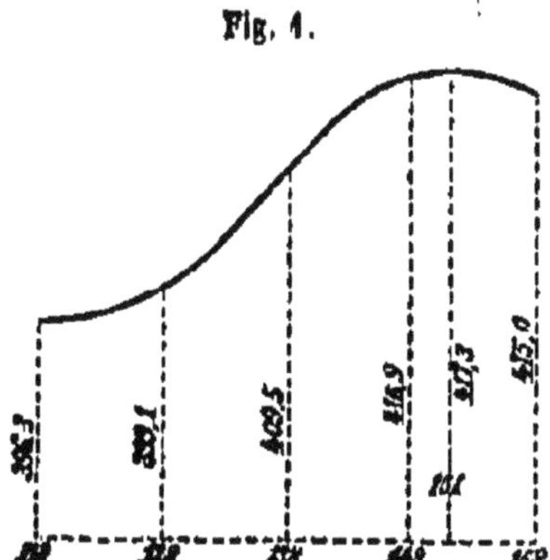

Fig. 1.

Si x désigne le diamètre du mandrin exprimé en millimètres, et v la vitesse initiale correspondante exprimée en mètres, on peut poser $v = f(x)$.

Soit a le diamètre du mandrin auquel correspond la plus grande vitesse représentée par V, en sorte que $V = f(a)$.

Le théorème de Taylor donne

$$v = f(a + x - a) = f(a) + (x - a) f'(a) + \frac{(x-a)^2}{2} f''(a)$$
$$+ \frac{(x-a)^3}{2.3} f'''(a) + \dots$$

Puisque $V = f(a)$ est la valeur maximum, la valeur de $f'(a)$ doit être nulle, et celle de $f''(a)$ négative. Représentant cette dernière par $-2H$, l'équation devient

$$v = V - H(x - a)^2 + \frac{(x-a)^3}{2.3} f'''(a) + \dots$$

Lorsque la différence $x - a$ est petite, l'équation peut être réduite à

$$v = V - H(x - a)^2.$$

Et alors, si on connaît les vitesses v_1, v_2, v_3, correspondantes à trois mandrins, x_1, x_2, x_3, il est facile de déterminer la valeur de a. En effet, on a les trois équations

$$(B) \quad \begin{aligned} v_1 &= V - H\,(x_1 - a)^2 \\ v_2 &= V - H\,(x_2 - a)^2 \\ v_3 &= V - H\,(x_3 - a)^2. \end{aligned}$$

En éliminant V entre la première et chacune des deux autres, on obtient

$$\begin{aligned} v_2 - v_1 &= - H\,(x_2 - x_1)\,(x_1 + x_2 - 2a) \\ v_3 - v_1 &= - H\,(x_3 - x_1)\,(x_1 + x_3 - 2a). \end{aligned}$$

et l'élimination de H conduit à

$$\frac{v_3 - v_1}{v_2 - v_1} = \frac{x_3 - x_1}{x_2 - x_1}\,\frac{x_1 + x_3 - 2a}{x_1 + x_2 - 2a}.$$

D'après ce qui précède, le mandrin auquel correspond la plus grande vitesse est compris entre 138^{mm} et 158^{mm}. Prenant donc $x_1 = 138$, $x_2 = 148$, $x_3 = 158$, l'équation devient

$$\frac{v_3 - v_1}{v_2 - v_1} = 2\,\frac{148 - a}{143 - a}.$$

D'ailleurs $v_1 = 409.5$, $v_2 = 416.9$, $v_3 = 415.0$. On obtient donc à très-peu près

$$a = 151^{mm}.$$

Ainsi, le mandrin auquel correspond la plus grande vitesse a un diamètre égal à 151^{mm}.

Dans cette recherche, on n'a pas tenu compte des résultats donnés par la charge de 1^k0; mais il est à remarquer qu'on eût été conduit à la même conclusion si on les avait fait entrer dans la formation des moyennes.

Il reste à obtenir les valeurs de V et de H relatives à chaque charge. Or, quand on prend a = 151, les équations (B) deviennent

$$\text{(C)} \qquad
\begin{aligned}
v_1 &= V - 169H \\
v_2 &= V - 9H \\
v_3 &= V - 49H.
\end{aligned}$$

Les valeurs de v_1, v_2 et v_3 sont données, pour chaque charge, par le tableau général des expériences. Les trois équations ne renferment que deux inconnues, V et H, et pour déterminer ces dernières, on peut employer la méthode des moindres carrés.

Voici les résultats du calcul :

	CHARGE.			
	$1^k0.$	$2^k5.$	$3^k75.$	$5^k0.$
Valeur de V (mètres).	249.5	374.0	426.3	454.6
Valeur de H.	0.043	0.045	0.090	0.038

Les valeurs de H sont irrégulières. Cette quantité est nécessairement nulle en même temps que la charge. On peut la supposer développée suivant les puissances ascendantes de cette dernière et poser en conséquence

$$H = m\varpi + n\varpi^2 +$$

Regardant comme négligeables les termes qui suivent le premier, on a simplement

$$H = m\varpi.$$

Le tableau précédent fournit quatre couples de valeurs de H et de ϖ et, par conséquent, quatre équations pour déterminer le coefficient m. En leur appliquant la méthode des moindres carrés et observant d'ailleurs que le nombre des coups tirés avec chacune des charges de 2^k5, 3^k75, et 5^k0, est au moins double du nombre de ceux pour lesquels on a employé la charge de 1^k0, on trouve : $m = 0{,}01215$, et, par suite,

$$H = 0{,}01215\ \varpi.$$

L'adoption de cette expression conduit à modifier légèrement les valeurs des vitesses initiales. En effet, la valeur de H se trouve alors déterminée pour chaque charge et les trois équations (C) ne renferment que la seule inconnue V; en en faisant la somme, on obtient

$$\text{(D)} \qquad V = \frac{v_1 + v_2 + v_3 + 227\,H}{3},$$

et il ne reste plus qu'à remplacer v_1, v_2 et v_3 par les données de l'observation. On forme ainsi le tableau ci-après :

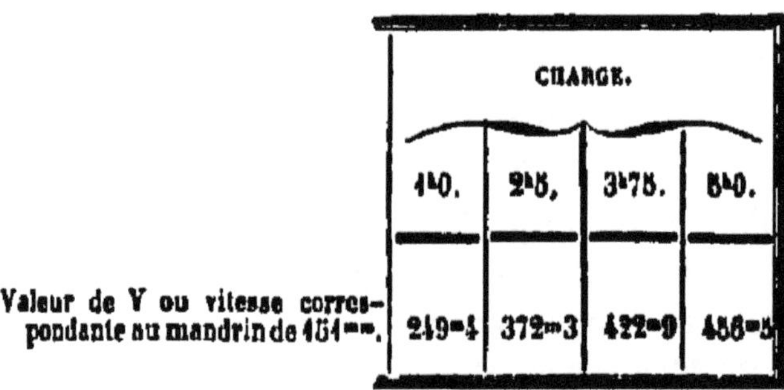

La vitesse v correspondante à un mandrin d'un diamètre x supérieur à 138^{mm}, peut donc être calculée par la formule

$$\text{(E)} \qquad v = V - 0{,}01215\ \varpi\ (151 - x)^2.$$

Mais il peut arriver qu'on veuille employer un mandrin d'un diamètre inférieur à 138^{mm}. La vitesse v sera alors donnée par l'expression

$$v = V - \frac{0{,}01215\ \varpi\ (151 - x)^2}{1 + 0{,}000492\,(151 - x)^2 + 0{,}00000074\,(151 - x)^4}$$

dont il est facile de vérifier l'exactitude au moyen des

résultats obtenus avec les mandrins de 128^{mm} et de 118^{mm}.

DIAMÈTRE du mandrin.	CHARGE.	VITESSE		DIFFÉRENCE.
		calculée.	observée.	
	kilog.	mètr.	mètr.	mètr.
118^{mm} ..	1.0	243.9	243.4	— 1.5
	2.5	358.6	356.7	+ 1.9
	3.75	402.3	404.2	— 1.9
	5.0	429.0	427.9	+ 1.1
128^{mm} ..	1.0	245.0	247.3	— 2.3
	2.5	361.3	359.2	+ 2.4
	3.75	406.4	405.2	+ 1.2
	5.0	434.6	433.2	+ 1.4

On peut donc employer la formule, du moins tant que le mandrin n'a pas un diamètre inférieur à 118^{mm}.

Il est bien clair que, appliquée à des mandrins d'un diamètre égal ou supérieur à 138^{mm}, elle donne pour $V - v$ une valeur plus petite que celle que fournit l'équation (E), mais la différence est de peu d'importance.

§ 10. — Influence du diamètre de la gargousse sur la vitesse initiale.

Deuxième suite d'expériences (1844).

	CHARGE.	DIAMÈTRE DU MANDRIN DE LA GARGOUSSE.									
		418ᵐᵐ.		428ᵐᵐ.		438ᵐᵐ.		448ᵐᵐ.		458ᵐᵐ.	
		VITESSE initiale.	Nombre de coups.	VITESSE initiale.	Nombre de coups.	VITESSE initiale.	Nombre de coups.	VITESSE initiale.	Nombre de coups.	VITESSE initiale.	Nombre de coups.
Poudre du Ripault 1842.	kilog.	mètr.		mètr.		mètr.		mètr.		mètr.	
Boulets creux roulants. { Poids.... 40ᵏ610	1.0	297.9	3	301.0	3	303.4	3	309.4	3	310.4	3
{ Diamètre.. 14ᶜ607	2.5	442.7	3	447.4	3	462.6	6	476.4	6	473.4	6
	3.75	498.0	3	508.4	3	509.2	6	529.8	6	523.8	6

Prenant des moyennes entre les résultats donnés par les charges de 2ᵏ5 et de 3ᵏ75, on a le tableau suivant :

DIAMÈTRE DU MANDRIN.				
418ᵐᵐ.	428ᵐᵐ.	438ᵐᵐ.	448ᵐᵐ.	458ᵐᵐ.
Vitesse (mètres). 470.3	477.8	485.9	503.4	498.6

En construisant la courbe dont les abscisses sont les diamètres des mandrins, et dont les ordonnées sont les vitesses correspondantes, on s'aperçoit aisément que ces dernières n'offrent pas toute la régularité désirable. Dans la figure 2, on n'a évité des sinuosités qui ne sont nul-

Fig. 2.

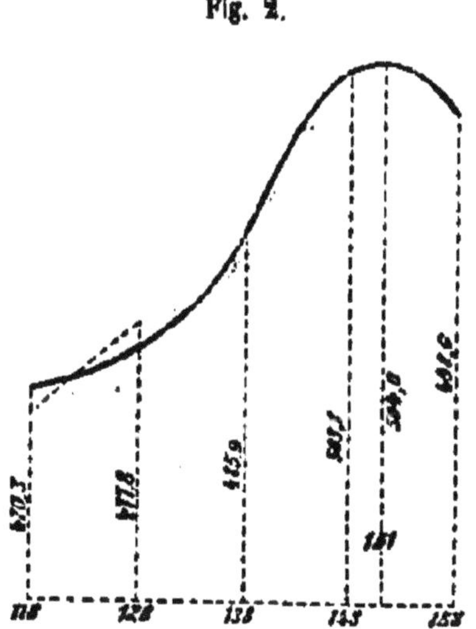

lement probables qu'en modifiant les vitesses correspondantes aux mandrins de 118ᵐᵐ et de 128ᵐᵐ ; la première se trouve augmentée et la seconde diminuée.

Il est bien clair que le diamètre a du mandrin auquel correspond la plus grande vitesse, est compris entre

138^{mm} et 158^{mm}. En se servant, pour le déterminer, de la méthode employée dans le § 9, on trouve

$$a = 151^{mm}.$$

Si, au lieu de ne s'occuper que des charges de 2^k5 et de 3^k75, on avait pris des moyennes entre les vitesses données par les trois charges, on aurait trouvé

$$a = 150^{mm}4,$$

nombre bien peu différent du précédent.

Prenant donc $a = 151$ et adoptant par suite la formule

$$v = V - H (151 - x)^2$$

pour les valeurs de x supérieures à 138^{mm}, on peut déterminer V et H en remplaçant, dans les équations (C) du § 9, les quantités v_1, v_2, v_3, par les données de l'observation.

	CHARGE.		
	$1^k 0.$	$2^k 5.$	$3^k 75.$
Valeur de V (mètres)...	310.5	477.4	530.4
Valeur de H........	0.0043	0.00868	0 1204

Faisant encore $H = m\varpi$, ce tableau fournit, pour déterminer le coefficient m, trois équations, dont l'une résulte de neuf coups et les deux autres de dix-huit. Ayant égard à cette circonstance et employant la méthode des moindres carrés, on trouve $m = 0,0333$, et par suite

$$H = 0,0333 \, \varpi.$$

L'adoption de cette expression n'apporte aux valeurs de V que des modifications insignifiantes. En se servant, en effet, de l'équation (D) du § 9, on trouve les résultats suivants :

	CHARGE.		
	1ᵏ 0.	2ᵏ 5.	3ᵏ 75.
Valeur de V ou vitesse correspondante au mandrin de 151ᵐᵐ........	340ᵐ3	477ᵐ0	530ᵐ4

Cela posé, la vitesse correspondante à un mandrin d'un diamètre supérieur à 138ᵐᵐ peut être calculée au moyen de la formule

$$v = V - 0,0333 \ \varpi \ (151 - x)^2.$$

§ 11. — Influence du diamètre de la gargousse sur la vitesse initiale.

Troisième suite d'expériences.

	CHARGE.	DIAMÈTRE DU MANDRIN DE LA GARGOUSSE									
		118mm.		128mm.		138mm.		148mm.		156mm.	
		VITESSE initiale.	Nombre de coups	VITESSE initiale.	Nombre de coups.	VITESSE initiale.	Nombre de coups.	VITESSE initiale.	Nombre de coups.	VITESSE initiale.	Nombre de coups.
Poudre du Ripault 1842.											
Boulets creux ensabotés :	kilog.	mètr.		mètr.		mètr.		mètr.		mètr.	
Diamètre........ 14c607	1.0	310.7	3	311.9	3	313.0	3	311.4	3	312.4	3
Poids, non compris ce-	2.5	448.4	3	453.4	3	459.1	6	482.6	6	479.1	6
lui du sabot. 10k610	3.75	5 2.3	3	512.0	6	506.3	6	534.8	6	536.0'	6

Les sabots étaient en bois d'orme, et de forme tronc-conique.

Diamètre de la grande base du tronc de cône. . . 148ᵐᵐ.
Diamètre do la petite base. 125
Longueur du sabot. 58
Rayon du creux. 83
Profondeur du creux. 43
Poids moyen des sabots et des bandelettes en fer-blanc . . . . : 294ᵍʳ.

Chaque sabot était percé d'un trou central de 67ᵐᵐ de diamètre, afin que les éclats fussent plus nombreux et leur dispersion plus grande.

La charge de 3ᵏ75 présente une anomalie remarquable. Des deux mandrins de 128ᵐᵐ et de 118ᵐᵐ, le premier est celui qui a donné la plus grande vitesse.

En prenant des moyennes entre les vitesses données par les deux charges de 2ᵏ5 et de 3ᵏ75, on a le tableau suivant :

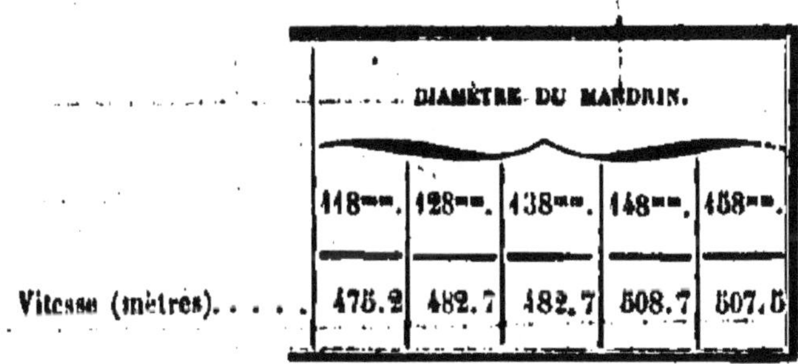

DIAMÈTRE DU MANDRIN.				
118ᵐᵐ.	128ᵐᵐ.	138ᵐᵐ.	148ᵐᵐ.	158ᵐᵐ.
475.2	482.7	482.7	508.7	507.5

Vitesse (mètres) . . . . .

On voit tout d'abord une irrégularité choquante : l'égalité des vitesses correspondantes aux mandrins de 128ᵐᵐ et de 138ᵐᵐ. Ce n'est qu'en les altérant l'une et l'autre, eu diminuant la première et en augmentant la seconde que, dans la fig. 3, on a évité des sinuosités invraisemblables en traçant la courbe qui a pour abscisses les diamètres des mandrins, et pour ordonnées les vitesses.

L'application du procédé suivi précédemment pour déterminer le diamètre a du mandrin auquel correspond la plus grande vitesse conduit à a = 152ᵐᵐ6, valeur supérieure à celle qui a été trouvée dans le cas des boulets roulants, massifs ou creux ; la différence, égale à $1^{mm}6$, est d'ailleurs la conséquence nécessaire de l'anomalie que l'on a signalée ; la vitesse correspondante au man-

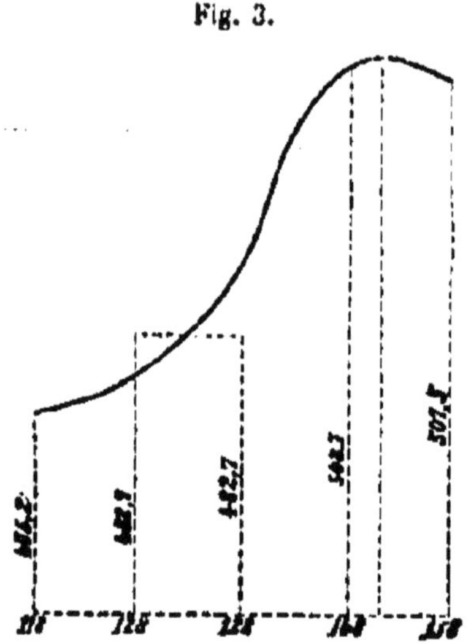

Fig. 3.

drin de 138^{mm} est trop petite. De sorte que rien n'autorise réellement à penser que, pour les boulets ensabotés, la valeur de a doive surpasser 151^{mm}.

L'expression

$$v = V - H (151 - x)^2$$

est donc encore admissible quand le diamètre du mandrin n'est pas inférieur à 138^{mm}. Cela posé, les procédés du calcul indiqués précédemment conduisent à

$$H = 0,0535\varpi$$

et, par suite, on a le tableau ci après :

CHARGE		
1^k 0.	2^k 0.	$3^k 75.$
Valeur de V (mètres)....	347.2	483.9	540.9

Mais la valeur de H paraît bien grande lorsqu'on la
compare à celle que l'on a trouvée dans le cas des boulets
creux roulants, en faisant d'ailleurs usage de la même
poudre. La différence doit être attribuée à la faiblesse
des vitesses correspondantes au mandrin de 138^{mm}.

En prenant, comme pour les boulets creux roulants,
H $= 0,0333\,\omega$, et n'employant à la détermination de V,
du moins pour les charges de 2^k5 et de 3^k75, que les
résultats donnés par les mandrins de 148^{mm} et de 158^{mm},
on obtient les valeurs suivantes :

CHARGE		
1^k 0.	$2^k 5.$	$3^k 75.$
Valeur de V (mètres) . . .	345.2	483.2	539.0

Ces nombres ne différant que très-peu des précédents,
rien n'oblige à admettre que l'ensabotage des boulets
exerce une influence sensible sur la valeur de H.

On peut donc employer la même formule que dans le
cas des boulets creux roulants.

Cette expression ne convient d'ailleurs qu'autant que
le diamètre du mandrin est supérieur à 138^{mm}. Il resterait donc à en former une autre applicable aux mandrins d'un diamètre inférieur, mais les expériences exé-

cutées sur les boulets creux ont présenté de trop grandes irrégularités.

§ 12. — Influence du diamètre de la gargousse sur la vitesse initiale. — Résumé et conclusions.

Il résulte de ce qui précède que, pour un canon de 30 n° 1, du calibre de 1ᵐ648, le diamètre du mandrin de la gargousse à laquelle correspond la plus grande vitesse, est, à très-peu près, égal à 151ᵐᵐ, quelle que soit la charge que l'on emploie, que l'on se serve de la poudre du Ripault ou de celle du Pont-de-Buis, que les boulets soient massifs ou creux, roulants ou ensabotés.

Si l'on admet le principe de la similitude (§ 7), il doit exister dans les bouches à feu semblables un rapport constant entre le diamètre a du mandrin qui donne la plus grande vitesse et le calibre A de l'âme. Il n'y a guère lieu de supposer d'ailleurs que ce rapport varie avec la longueur de l'âme, puisque c'est surtout dans les commencements de l'explosion que le diamètre de la gargousse exerce une grande influence sur la propagation de l'inflammation. On est donc conduit à admettre que la valeur de $\frac{a}{A}$ reste la même pour tous les canons. Cela posé, d'après les résultats obtenus avec le canon de 30, on a :

$$\frac{a}{A} = 0{,}916$$

D'autres expériences exécutées sur un canon de 12, mais moins nombreuses, ont donné $\frac{a}{A} = 0{,}911$.

Il y a un avantage réel à adopter, comme on l'a fait dans la marine, pour la pratique du tir, le mandrin auquel correspond le maximum d'effet ; une légère variation dans le diamètre de la gargousse n'a pas alors d'influence appréciable sur la grandeur de la vitesse initiale; or, il peut arriver qu'on apporte quelque négligence dans la confection des gargousses, et, de plus, les transports leur font parfois subir des déformations. Ces circonstances deviennent à peu près indifférentes, et le tir offre plus de régularité.

Dans les paragraphes qui précèdent, on a établi, pour le canon de 30 n° 1, la relation suivante entre les deux vitesses V et v imprimées par la même charge ϖ à un même projectile, la première lorsque le mandrin de la gargousse est celui qui produit le maximum d'effet, la seconde lorsque ce mandrin a un diamètre égal à x et supérieur d'ailleurs à 138^{mm} :

$$v = V - m\varpi\,(151 - x)^2.$$

Seulement le coefficient m a varié dans les diverses séries d'expériences.

Comme alors le diamètre A de l'âme était égal à $164^{mm}8$, on peut écrire ainsi cette équation :

$$v = V - (164{,}8)^2\, m\varpi \left(0{,}916 - \frac{x}{A}\right)^2,$$

et sous cette nouvelle forme elle doit être considérée comme exacte tant que le rapport $\frac{x}{A}$ n'est pas inférieur à $\frac{138}{164{,}8}$, c'est-à-dire à $0{,}837$.

Il est possible d'en déduire une expression applicable, entre les mêmes limites, aux autres bouches à feu, en s'appuyant sur des considérations sinon rigoureuses, du moins plausibles.

La manière dont s'opère l'inflammation de la poudre perd de son importance à mesure que la combustion devient plus complète, et c'est ce qui arrive lorsque, toutes choses égales d'ailleurs, le poids p des projectiles et la capacité C de l'âme croissent simultanément.

En général la combustion, sans être jamais parfaite,

s'effectue d'autant mieux que les rapports $\frac{p}{A}$, et $\frac{C}{\varpi}$ sont plus considérables ; l'influence qu'exercent alors sur la vitesse initiale les variations du diamètre de la gargousse s'affaiblit donc et doit finir par devenir insensible.

Ainsi, la différence $V - v$ est une fonction décroissante de ces deux rapports. Si l'on croit pouvoir admettre d'après cela qu'elle est en raison inverse de leurs valeurs, on aura, pour toutes les bouches à feu, la formule

$$v = V - n\frac{A^2}{p}\frac{\varpi}{C}\left(0,916 - \frac{x}{A}\right)^2.$$

Il reste à trouver la valeur du coefficient n.

Les poids étant évalués en kilogrammes, il est plus commode d'exprimer les diamètres x et A en décimètres et la capacité C en décimètres cubes.

Quand il s'agit du canon de 30 n° 1, $A = 1^d648$, et $C = 56^{déc}3$; la fraction $\frac{nA^2}{pC}$ doit alors se réduire à $(164,8)^2 m$.

Dans les expériences exécutées avec la poudre de Pont-de-Buis (§ 9), le poids p était de 15^k1, et on a trouvé $m = 0,01215$. Il en résulte $n = 62680$.

Lorsqu'on a employé la poudre du Ripault (§ 10), les boulets pesaient 10^k61, et on a obtenu $m = 0,0333$. De là, $n = 120700$.

Ces deux valeurs de n sont assurément fort différentes ; la seconde est presque double de la première. Mais les inégalités que l'on aura occasion de remarquer plus tard entre les effets des deux poudres ne permettent guère de supposer que le coefficient n doive rester le même pour l'une et pour l'autre.

Du reste, la détermination du nombre m dépend, comme on a pu le voir dans les paragraphes précédents, de l'appréciation de petites différences sur lesquelles les expériences les mieux faites laissent toujours planer quelques doutes.

*4

L'équation précédente ne doit être employée qu'autant que le rapport $\frac{x}{A}$ est supérieur à 0,837.

On peut, pour la poudre de Pont-de-Buis, obtenir une formule d'un usage plus étendu, en généralisant celle qui a été donnée à la fin du § 9. Il suffit pour cela de substituer au numérateur $0,01215\varpi\,(151 - x)^2$ l'expression à laquelle on vient de parvenir, savoir :

$$62680\,\frac{A^3}{p}\,\frac{\varpi}{C}\left(0,916 - \frac{x}{A}\right)^2,$$

et de remplacer, dans le dénominateur, les facteurs $(151 - x)^2$ et $(151 - x)^4$ par $(164,8)^2\left(0,916 - \frac{x}{A}\right)^2$ et $(164,8)^4\left(0,916 - \frac{x}{A}\right)^4$. On obtient par là :

$$v = V - 62680\,\frac{A^3}{p}\,\frac{\varpi}{C}\,\frac{\left(0,916 - \frac{x}{A}\right)^2}{1 + 13,26\left(0,916 - \frac{x}{A}\right)^2 + 546\left(0,916 - \frac{x}{A}\right)^4}$$

Les diamètres x et A sont exprimés en décimètres, la capacité C en décimètres cubes, le poids p en kilogrammes.

On peut se servir de cette expression tant que le rapport $\frac{x}{A}$ n'est pas inférieur à 0,7.

Pour la poudre du Ripault, il faudrait à peu près doubler les valeurs de $V - v$ données par cette formule.

Depuis quelques années, il est fort question des gargousses allongées, et les avantages qu'elles présentent au point de vue de la conservation des bouches à feu sont très-préconisés ; c'est pourquoi on a cru devoir donner tous les développements qui précèdent. Il est très-important, en effet, de pouvoir évaluer la perte de vitesse qui résulte de l'emploi de ces gargousses.

§ 13. — Influence du diamètre du projectile sur la vitesse initiale et sur le recul.

La différence que l'on est forcé d'établir entre le diamètre du boulet et celui de l'âme fait nécessairement perdre une partie des effets de l'explosion ; le fluide qui s'échappe par l'intervalle cesse d'agir sur la partie postérieure du projectile ; il exerce même sur la partie antérieure et dans le sens opposé au mouvement une certaine pression.

Des expériences nombreuses ont été exécutées à Lorient à l'aide des pendules balistiques, en vue de reconnaître l'influence que le diamètre plus ou moins grand du projectile exerce sur sa vitesse initiale aussi bien que sur le recul de la bouche à feu.

Les premières recherches ont eu lieu à la fin de 1842 et au commencement de 1843.

La bouche à feu était un canon de 30 n° 1. Diamètre de l'âme, 1ᵐ648 ; longueur, 26ᵈ41.

La poudre provenait du Pont-de-Buis.

Le diamètre du mandrin des gargousses était égal à 158ᵐᵐ ; c'était alors la dimension adoptée.

Des boulets sensiblement égaux en poids, mais de diamètres différents. avaient été fabriqués à la fonderie de Ruelle. Ils étaient divisés en quatre séries.

NUMÉRO de la série.	DIAMÈTRE du projectile.	VENT du projectile.	POIDS DU BOULET		POIDS moyen.
	décimèt.	millimèt.	kilog. le plus léger.	kilog. le plus lourd.	kilog.
1	1.636	4.2	15.445	15.386	15.398
2	1.613	3.5	15.419	15.392	15.402
3	1.590	5.8	15.415	15.400	15.410
4	1.568	8.0	15.445	15.385	15.405

Ainsi, les diamètres des boulets de deux séries consécutives présentaient une différence égale à $2^{mm}3$. Ces boulets étaient tournés.

Pour vérifier le calibre de chaque série, on se servait de deux lunettes dont les diamètres différaient de $0^{mm}36$.

On avait pratiqué dans chaque boulet un trou cylindrique dont l'axe passait par le centre de la sphère et dont le diamètre était égal à 45^{mm}; autour de chaque orifice régnait une entaille circulaire. Un boulon en fer forgé traversait ce trou.

Dans la troisième série, ce boulon était un cylindre légèrement aminci à son milieu, quand le projectile avait un poids un peu fort.

Dans les trois autres séries, le boulon était évidé vers son milieu et se réduisait dans cette partie à une simple tige de 12^{mm} de diamètre; la longueur de cette tige était à peu près de 415^{mm} dans la première et la quatrième série, et de 56^{mm} dans la seconde. Le vide, dans la quatrième série, était rempli de plomb.

C'est au moyen de quelques variations dans les dimensions précédentes qu'on avait ramené les boulets à avoir sensiblement le même poids.

Les extrémités du boulon étaient rivées dans les entailles circulaires, et leur surface extérieure était le prolongement de celle du boulet.

Chaque séance de tir était précédée d'un coup d'avertissement à la charge de 1^k. On tirait ensuite quatre coups avec des charges égales, et en employant un boulet de chaque série. La même charge était employée pendant cinq ou six séances : dans les trois premières, en prenant les boulets suivant l'ordre de leurs séries; dans les autres en suivant l'ordre inverse. Le chargement se composait de la gargousse, du projectile et d'un léger valet annulaire en filin blanc.

RÉSULTATS MOYENS DES EXPÉRIENCES.

CHARGE (ω).	DIAMÈTRE du projectile (a).	RECUL exprimé en vitesse du boulet (U).	VITESSE du boulet (V).	ÉCART moyen des vitesses.	NOMBRE de coups.
kilog.	décim.	mèt.	mèt.	mèt.	
	1.636	332.0	288.3	4.1	5
1.0	1.613	348.0	268.3	2.4	5
	1.590	207.4	247.2	2.4	5
	1.568	270.3	222.7	2.4	6
	1.636	531.2	415.6	4.1	7
2.5	1.613	519.6	396.5	6.7	6
	1.590	503.6	373.6	3.2	6
	1.568	488.1	352.7	2 0	6
	1.636	704.8	482.1	6.4	6
5.0	1.613	696.4	465.8	9.9	6
	1.590	691.5	457.0	13.5	6
	1.568	689.3	429.7	12.0	6

Il est assez naturel de supposer que les pertes de vitesse et de recul, dues au vent du projectile, sont sensiblement proportionnelles à l'étendue de la lunule comprise entre la section transversale de l'âme et le grand cercle du boulet.

Soit ω le rapport de la lunule à la section transversale de l'âme.

Si l'hypothèse est exacte, on doit avoir, d'après les notations du § 2,

$$V = V_{,} - K\omega$$
$$U = U_{,} - H\omega$$

K et H désignant deux constantes qui peuvent dépendre de la charge. D'ailleurs, il est clair que

$$\omega = \frac{A^2 - a^2}{A^2}.$$

Soient ω_1, ω_2, ω_3, ω_4 les valeurs de ω relatives aux quatre séries de projectiles ; V_1, V_2, V_3, V_4 les vitesses initiales correspondantes et dues d'ailleurs à la même charge ; U_1, U_2, U_3, U_4 les reculs correspondants. On a les deux groupes d'équation :

$$(a) \quad \begin{aligned} V_1 &= V, - K\omega_1 & U_1 &= U, - H\omega_1 \\ V_2 &= V, - K\omega_2 & U_2 &= U, - H\omega_2 \\ V_3 &= V, - K\omega_3 & U_3 &= U, - H\omega_3 \\ V_4 &= V, - K\omega_4 & U_4 &= U, - H\omega_4 \end{aligned}$$

Les valeurs de V_1, V_2, V_3, V_4, U_1, U_2, U_3, U_4, sont données par le tableau des expériences, et il est facile de calculer ω_1, ω_2, ω_3, ω_4.

Dès lors, pour obtenir les valeurs de V, U, K et H, il suffit d'appliquer à chaque groupe d'équations la méthode des moindres carrés.

Voici les résultats de ce calcul :

CHARGE.	VALEUR de V, ou vitesse du boulet sans vent.	VALEUR de K.	VALEUR de U, ou recul quand le vent est nul.	VALEUR de H.
kilog	mèt.		mètr.	
1.0	301.4	843.4	343.4	689.4
2.5	428.4	789.7	540.5	541.8
5.0	492.3	655.3	706.4	492.9

Cela posé, si l'hypothèse que l'on a faite est réellement admissible, en introduisant ces valeurs de V, K, U et H dans les équations (a), on doit retrouver pour V_1, V_2, V_3, V_4, U_1, U_2, U_3, U_4, des nombres peu différents de ceux qui sont fournis par l'expérience.

On en jugera par le tableau suivant :

CHARGE.	DIAMÈTRE du projectile.	VITESSE calculée.	EXCÈS sur la vitesse donnée par l'expérience.	RECUL calculé.	EXCÈS sur le recul donné par l'expérience.
kilog.	décim.	mètr.	mètr.	mètr.	mètr.
1.0	4.636	269.6	+ 1.3	333.1	+ 1.4
	4.613	307.0	— 1.3	344.1	— 0.9
	4.590	245.2	— 2.0	293.4	— 2.0
	4.568	224.3	+ 1.0	277.8	+ 1.5
2.5	4.636	446.6	+ 1 0	531.7	+ 1.5
	4.613	394.9	— 1.6	517.9	— 1.7
	4.590	373 5	— 0.1	503.3	— 0.3
	4.568	353.3	+ 0.6	489.5	+ 1.4
5.0	4.636	482.8	+ 0.7	703.3	— 1.5
	4.613	454.8	— 1.0	698.0	+ 1.6
	4.590	447.0	— 0.0	692.8	+ 1.3
	4.568	430.2	+ 0 5	687.8	— 1.

Les différences sont certainement au-dessous des erreurs de l'observation.

§ 14. — Influence du diamètre du projectile sur la vitesse initiale et sur le recul.

Deuxième suite d'expériences (1845).

Poudre du Ripault 1842.
Canon de 30 n° 1. { Longueur de l'âme . . . . . 2^m410
{ Diamètre . . . . 1^m648
Diamètre du mandrin des gargousses . . . . . . 151^{mm}.

Les expériences décrites dans le § 13 avaient laissé intacts un certain nombre de boulets tournés ; dans d'autres, le boulon était dérangé ou enlevé par suite de la courbure ou de la rupture de la tige ; mais il était facile de le remplacer. Ces réparations ont apporté quelques variations dans les poids ; on les trouvera plus loin.

Chaque séance de tir se composait de deux parties. Dans chaque partie on tirait quatre coups en employant des charges égales et prenant tour à tour les boulets des diverses séries, suivant l'ordre de ces dernières. Le chargement du canon était le même que dans le § 11.

RÉSULTATS MOYENS DES EXPÉRIENCES.

CHARGE (ϖ).	DIAMÈTRE du projectile (a).	POIDS moyen du projectile (p).	RECUL exprimé ou vitesse de boulet. (U).	VITESSE du boulet (V).	ÉCART moyen des vitesses.	NOMBRE de coups.
kilog.	décim.	kilog.	mèt.	mèt.	mètr.	
1.0	1.636	15.424	324.5	289.1	8.1	5
	1.613	15.366	310 7	268.0	2.0	5
	1.590	15.397	290.6	243.9	3.6	5
	1.568	15.405	272.2	219.6	2.4	5
2.5	1.636	15.424	549.1	433.3	1.9	5
	1.613	15.385	534.4	412.0	2.5	5
	1.590	15.390	517.1	386.3	1.5	5
	1.568	15.393	503.1	363.2	1.0	5
5.0	1.636	15 419	727.9	513.6	9.8	5
	1.613	15.416	729.9	494.8	6.3	5
	1.590	15.403	720.8	477.4	1.9	5
	1.568	15.394	744.1	458.0	2.4	5

En faisant la même hypothèse que dans le § 13, et exécutant la même série de calculs, on obtient les résultats suivants :

CHARGE.	VALEUR DE V, ou vitesse du boulet sans vent.	VALEUR DE K.	VALEUR DE U, ou recul quand le vent du boulet est nul.	VALEUR DE H.
kilog.	mètr.		mètr.	
1.0	303.0	864.9	316.4	664.6
2.5	447.3	880.2	557.8	577.8
5.0	523 9	687.3	732.5	472.0

— 63 —

La vérification de l'hypothèse se réduit à examiner si, en substituant ces valeurs dans les équations (*a*) du § 13, ou retrouve pour V_1, V_2, V_3, V_4, U_1, U_2, U_3, U_4 des nombres peu différents de ceux qui sont donnés par les expériences.

CHARGE.	DIAMÈTRE du projectile.	VITESSE calculée.	EXCÈS sur la vitesse donnée par l'ex-périence.	RECUL calculé.	EXCÈS sur le recul donné par l'ex-périence.
kilog.	décim.	métr.	métr.	métr.	métr.
1.0	1.636	290.5	+ 0.4	326.8	+ 2.3
	1.643	266.7	— 4.3	308.6	— 2.4
	1.590	243.2	— 0.7	290.7	+ 0.4
	1.568	221.0	+ 1.4	273.7	+ 1.5
2.5	1.636	434.5	+ 1.2	549.5	+ 0.4
	1.643	440.3	— 1.7	533.5	— 0.6
	1.590	386.4	+ 0.4	547.9	+ 0.6
	1.568	263.9	+ 0.7	503.1	0.0
5.0	1.636	513.9	+ 0.3	730.0	+ 2.4
	1.643	495.0	+ 0.2	725.3	— 4.6
	1.590	476.4	— 1.0	720.6	+ 0.2
	1.568	458.0	+ 0.8	716.2	+ 2.4

Les différences sont encore négligeables.

§ 15. — Influence du diamètre du projectile sur la vitesse initiale et sur le recul.

Troisième suite d'expériences (1846).

Poudre du Ripault 1842.

Canon de 30 n° 1 { Longueur de l'âme. . . . . 2^m410
{ Diamètre. . . . . 1^d648
Diamètre du mandrin des gargousses. . . . . . . 151^{mm}.

Cent projectiles creux fabriqués à Lorient formaient

cinq séries distinctes ; tous étaient en fonte douce, et leur surface extérieure était tournée.

	NUMÉROS DE LA SÉRIE				
	1	2	3	4	5
Diamètre { du boulet.	1^d636	1^d607	1^d580	1^d550	1^d500
{ de la chambre. . . .	1.162	1.090	1.030	0.955	0.806

La régularité de la surface des boulets de chaque série avait été vérifiée à l'aide de deux lunettes dont les diamètres différaient de $0^{mm}3$.

Ces projectiles étaient percés d'un trou taraudé et fermé par un bouchon en fer et à vis. La tête de ce bouchon se raccordait avec la surface extérieure du corps.

En introduisant de la tournure de fer, du sable ou de la sciure de bois dans la chambre, on avait amené tous les boulets à avoir à peu près le même poids ; les variations ne s'élevaient qu'à quelques grammes.

Le poids moyen était de 10^k827.

Les boulets des quatre premières séries ont été brisés en traversant les tampons du récepteur, même lorsque la charge était réduite à 1^k0 ; les autres ont généralement éprouvé une légère déformation, de sorte que chaque projectile n'a été employé qu'une fois.

Dans la même séance on tirait cinq coups avec la même charge, et en prenant tour à tour un boulet de chacune des séries ; on suivait l'ordre de ces dernières.

Le chargement du canon se composait de la gargousse, du boulet et d'un léger valet annulaire en filin blanc.

RÉSULTATS MOYENS DES EXPÉRIENCES.

CHARGE (ϖ).	DIAMÈTRE du projectile.	POIDS du projectile.	RECUL exprimé en vitesse du boulet (U).	VITESSE initiale (V).	ÉCART moyen des vitesses.	NOMBRE de coups.
kilog.	décim.	kilog.	mètr.	mètr.	mètr.	
1.0	1.636	10.829	403.9	342.7	1.0	5
	1.607	10.829	380.4	314.5	2.6	5
	1.580	10.819	357.4	284.3	2.0	5
	1.550	10.826	332.6	285.2	2.4	5
	1.500	10.828	291.4	203.0	2.0	5
2.5	1.636	10.828	666.0	498.8	4.4	5
	1.607	10.825	651.4	470.7	0.6	5
	1.580	10.826	634.4	442.2	4.0	5
	1.550	10.826	614.7	413.4	3.6	5
	1.500	10.829	577.6	360.3	5.0	5
3.75	1.636	10.830	809.3	553.6	6.0	5
	1.607	10.827	784.2	548.6	13.5	5
	1.580	10.826	776.9	494.7	12.5	5
	1.550	10.825	764.4	466.5	2.4	5
	1.500	10.826	726.9	446.3	4.2	5
5.0	1.636	10.827	894.3	569.8	12.4	5
	1.607	10.829	872.3	546.3	13.9	5
	1.580	10.825	861.2	514.4	11.7	5
	1.550	10.825	863.4	494.5	6.6	5
	1.500	10.827	862.0	456.2	8.4	5

Admettant toujours les expressions :

$$V = V_1 - K\omega \qquad U = U_1 - H\omega.$$

On peut former deux groupes d'équations analogues aux équations (*a*) du § 13 et déterminer V_1, K, U_1 et H, par la méthode des moindres carrés.

— 66 —

CHARGE.	VALEUR de V, ou vitesse du boulet sans vent.	VALEUR de K.	VALEUR de U, ou recul quand le vent est nul.	VALEUR de H.
kilog.	mètr.		mètr.	
1.0	366.9	894.5	414.9	748.5
2.5	543.4	884.9	677.4	565.9
3.75	504.0	859.2	814.6	497.7
5.0	574.8	710.6	884.2	466.9

Pour vérifier l'hypothèse exprimée par les deux formules précédentes, il faut, comme on l'a fait dans le § 11, calculer les vitesses des boulets des cinq séries, ainsi que les reculs correspondants, et comparer ensuite les nombres ainsi obtenus aux données de l'expérience.

CHARGE.	DIAMÈTRE du projectile.	VITESSE initiale calculée.	EXCÈS sur la vitesse donnée par l'expérience.	RECUL calculé.	EXCÈS sur le recul donné par l'expérience.
kilog.	décim.	mètr.	mètr.	mètr.	mètr.
	1.636	364.0	+ 1.3	404.6	+ 0.6
	1.607	343.4	— 1.4	379.6	— 0.5
1.0	1.580	284.8	+ 0.5	356.8	— 0.2
	1.550	257.9	— 1.3	334.8	— 0.8
	1.500	204.0	+ 1.0	291.6	+ 0.5
	1.636	500.0	+ 1.5	669.2	+ 3.2
	1.607	469.8	— 0.4	649.6	— 1.5
2.5	1.580	444.8	— 0.4	631.7	— 2.4
	1.550	414.5	— 1.6	642.0	— 2.7
	1.500	362.4	+ 0.8	580.3	+ 2.8

CHARGE.	DIAMÈTRE du projectile.	VITESSE initiale calculée.	EXCÈS sur la vitesse donnée par l'expérience.	RECUL calculé.	EXCÈS sur le recul donné par l'expérience.
kilog	décim.	mètr.	mètr.	mètr.	mètr.
3.75	4.630	854.5	— 9.4	807.4	— 4.9
	4.607	524.8	+ 3.2	790.4	+ 6.2
	4.580	494.6	+ 0.4	774.4	— 2.5
	4.550	464.7	— 4.8	757.4	— 4.3
	4.500	416.6	+ 0.3	728.2	+ 4.3
5.00	4.630	564.5	— 8.3	881.9	— 9.4
	4.607	539.9	+ 3.6	873.3	+ 4.0
	4.580	547.4	+ 4.3	870.6	+ 9.6
	4.550	492.7	+ 4.2	865.0	+ 4.8
	4.500	452.9	— 4.3	855.7	— 7.3

Bien qu'à la charge de 5ᵏ0, on rencontre quelques différences un peu fortes, cependant, eu égard aux faits rapportés précédemment, elles ne sont pas de nature à faire rejeter les formules, et il est probable qu'elles se seraient beaucoup réduites si on avait pu prendre les moyennes sur un plus grand nombre de coups.

§ 16. — Recherche d'une formule propre à faire connaitre la perte de vitesse due au vent du projectile.

Des expériences précédentes il résulte que la perte de vitesse due au vent du projectile est sensiblement proportionnelle à l'étendue de la lunule comprise entre la section transversale de l'âme et le grand cercle du boulet, en sorte que la formule

$$V = V, - K\omega$$

peut être admise, au moins tant que le vent du projectile n'est pas supérieur au $\frac{1}{11}$ du calibre de l'âme.

5.

Mais il reste à déterminer la valeur du coefficient K. En rassemblant les résultats obtenus avec la poudre du Ripault, on a le tableau suivant :

Poudre du Ripault, canon de 30 n° 1. Diamètre du mandrin de la gargousse : 151^{mm}·

	CHARGE.							
	1 k. 0.		2 k. 5.		3 k. 75.		5 k. 0.	
	kil.	kil.	kil.	kil.	kil.	kil.	kil.	kil.
Poids du projectile.....	15 40	10 827	15 40	10 827	15 40	10 827	15 40	10 827
Valeur de K, .	864 9	891 5	880 2	881 0	»	859 2	687 3	710 0
Valeur moyenne de K...	878 2		881 5		859 2		690	

A la charge de 2^{k}5, les deux valeurs de K correspondantes, l'une aux boulets massifs, l'autre aux boulets creux, sont presque égales ; il n'en est pas tout à fait de même pour les charges de 1^{k}0 et de 5^{k}0 ; mais alors elles ne s'écartent pas de leur valeur moyenne de plus de $\frac{1}{10}$, et une telle différence n'est pas au-dessus des erreurs dont les observations peuvent être effectuées.

On est donc conduit à admettre que *la perte de vitesse due au vent du projectile est sensiblement indépendante du poids de ce dernier*, ou, en d'autres termes, que *la quantité de mouvement que le vent fait perdre est sensiblement proportionnelle au poids du mobile*.

Mais le coefficient K dépend de la charge ; ainsi $K = f(\varpi)$. Cette fonction est nécessairement nulle en même temps que la charge et croît d'abord avec cette dernière ; le tableau précédent montre qu'elle devient ensuite décroissante ; sa forme est d'ailleurs tout à fait inconnue, et il faut choisir une expression qui, tout en satisfaisant aux conditions qu'on vient d'énoncer, se prête facilement au calcul.

On peut prendre, par exemple :

$$K = M \frac{\varpi^{\alpha}}{B^{\varpi}}$$

α, M et B désignant trois constantes positives dont la dernière doit être supérieure à l'unité. En prenant les logarithmes, on a

$$\text{Log } K = \log M + \alpha \log \varpi - \varpi \log B.$$

En substituant à K et à ϖ les diverses données de l'expérience fournies par le tableau précédent, on obtient sept équations entre $\log M$, α et $\log B$. En les traitant par la méthode des moindres carrés, on trouve à très-peu près

$$\alpha = \tfrac{1}{3} \qquad M = 1057 \qquad B = 1,205.$$

De là résulte la formule

$$K = 1057 \frac{\varpi^{\frac{1}{3}}}{(1,205)^{\varpi}}$$

ou

$$(1) \qquad K = 1057 \frac{\varpi^{\frac{1}{3}}}{10^{0,08099\,\varpi}}.$$

Mais il est nécessaire de la vérifier en comparant les résultats qu'elle fournit à ceux que l'expérience a donnés, et qui sont rapportés dans le tableau précédent.

	CHARGE.			
	$1^k0.$	$2^k5.$	3^k75	$5^k0.$
Valeur de K donnée par la formule (1).	877 4	900 0	816 4	711 4
Rapport de cette valeur à celle de l'expérience.	0 999	1 026	0 950	1 018

A la charge de 3ᵏ75, qui est celle sur laquelle on a fait le moins d'expériences, le rapport s'éloigne sensiblement de l'unité. Il n'est donc pas inutile d'examiner si l'adoption de la formule ne conduirait pas à altérer trop fortement les données de l'observation.

Il faut, pour cela, reprendre les équations

$$(a) \quad V_1 = V_{,} - K\omega_1, \quad V_2 = V_{,} - K\omega_2, \quad V_5 = V_{,} - K\omega_3$$

et y remplacer le coefficient K par la valeur que fournit la formule (1), soit n leur nombre. En faisant leur somme et dégageant $V_{,}$, on a

$$V_{,} = \frac{V_1 + V_2 + V_3 \ldots}{n} + K \frac{\omega_1 + \omega_2 + \omega_3 \ldots}{n},$$

n est égal à 4 ou à 5, suivant qu'il s'agit des expériences du § 11 et du § 12, ou de celles du § 13.

En remplaçant V_1, V_2, V_3 ..... par les vitesses observées, on aura la valeur de $V_{,}$; on la portera dans les équations (a) et on se servira de ces dernières pour calculer V_1, V_2, V_3... Chaque vitesse calculée sera ensuite comparée à la vitesse observée.

En appliquant ce procédé aux diverses expériences rapportées dans les §§ 13, 14 et 15, on forme le tableau suivant :

POIDS des PROJECTILES.	DIAMÈTRE des PROJEC-TILES.	CHARGE.								
		$1^k0.$		2^k50		3^k75		5^k0		
		VITESSE calculée.	EXCÈS sur la vitesse observée.	VITESSE calculée.	EXCÈS sur la vitesse observée.	VITESSE calculée.	EXCÈS sur la vitesse observée.	VITESSE calculée.	EXCÈS sur la vitesse observée.	
	décim.	mètr.	mètr.	mètr.	mètr.	mètr.	mètr.	mètr.	mètr.	
15ᵏ400	1.648	303.5	»	448.3	»	»	»	525 1	»	Vitesse V, du boulet sans vent.
	1.636	290.8	+ 1.7	435.2	+ 1.9	»	»	514.8	+ 1.2	
	1.613	266.6	— 1.4	410.5	— 1.5	»	»	495.3	+ 0.5	
	1.590	42.8	+ 1.1	386.4	— 0.2	»	»	476.0	— 1.4	
	1.568	220.4	— 0.8	363 0	— 0.2	»	»	457.8	— 0.2	
40ᵏ827	1.648	335.6	»	514.7	»	560.4	»	575.0	»	Vitesse V, du boulet sans vent.
	1.636	342.9	+ 0.2	501.6	+ 2.8	518.6	— 5 0	564.7	— 5.1	
	1.607	311.5	— 2.0	470.8	— 0.2	520.3	+ 1.7	540.4	+ 3.7	
	1.580	281.7	+ 0.4	442.0	— 0.2	494.4	— 0.3	517.5	+ 3.2	
	1.550	251.3	+ 0.9	410.7	— 2 4	466.4	— 0.4	492.8	+ 1.3	
	1.500	203.1	+ 2.1	363.0	0.0	420.4	+ 4.1	453.0	— 2.8	

Les différences entre les vitesses calculées et les vitesses observées sont très-petites pour les boulets massifs ; il en est de même pour les boulets creux aux charges de 1ᵏ0 et de 2ᵏ50 ; elles sont plus fortes aux deux charges de 3ᵏ75 et de 5ᵏ0 ; mais alors même aucune ne s'élève à $\frac{1}{100}$ de la vitesse ; les moyennes n'étaient d'ailleurs prises que sur cinq coups.

La formule (1) offre donc une approximation suffisante.

Au reste, une foule d'expressions peuvent atteindre le même but, et, par exemple, la suivante

$$(2) \qquad K = 1145 \frac{\varpi^{\frac{1}{3}}}{(1 + 0{,}0345\varpi)^{3}}$$

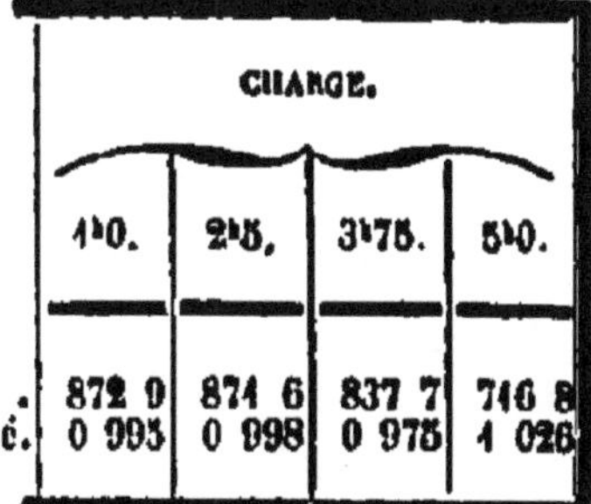

	CHARGE.			
	1ᵏ0.	2ᵏ5.	3ᵏ75.	5ᵏ0.
Valeur de K donnée par la formule (2). . . .	872 9	874 6	837 7	746 8
Rapport de cette valeur à celle de l'expérience.	0 995	0 998	0 975	1 026

Il est bon d'avoir plusieurs formules, afin de ne pas attacher une confiance trop exclusive à l'une d'elles, avec laquelle les faits ultérieurs pourraient bien être en désaccord.

Mais ces expressions ne conviennent qu'au canon de 30 nᵒ 1, et il faut tâcher d'en former de plus générales où, d'après le principe de la similitude, la charge ϖ ne figurerait qu'au moyen de rapports.

La quantité K étant considérée comme indépendante du poids du projectile, doit être déterminée par les trois rapports

$$\frac{a}{A} \qquad \frac{\varpi}{A^{3}} \qquad \frac{C}{A^{3}}$$

Le premier $\frac{a}{A}$ est supposé égal à 0,916 ; il n'y a donc à s'occuper que des deux autres ; mais le troisième $\frac{C}{A^3}$ n'ayant pas varié dans le cours des expériences, il n'a pas été possible de reconnaître immédiatement son influence.

Cependant, comme $\frac{C}{A^3} = \frac{C}{\varpi} \frac{\varpi}{A^3}$, on voit qu'on éludera la difficulté en regardant K comme une fonction des deux rapports $\frac{\varpi}{A^3}$ et $\frac{\varpi}{C}$.

Si, pour généraliser la formule (1), on prenait

$$K = M \frac{\left(\frac{\varpi}{C}\right)^{\frac{1}{2}}}{10^{N\frac{\varpi}{A^3}}}$$

la perte de vitesse serait une fonction décroissante de la longueur de l'âme ; elle ne tarderait pas à l'être si on adoptait $K = M \dfrac{\left(\frac{\varpi}{C}\right)^{\frac{1}{2}}}{10^{N\frac{\varpi}{C}}}$; enfin, elle serait tout à fait in-dépendante de cette longueur, si on donnait la préfé-rence à $K = M \dfrac{\left(\frac{\varpi}{A^3}\right)^{\frac{1}{2}}}{10^{N\frac{\varpi}{A^3}}}$; ces conséquences sont égale-ment inadmissibles.

On est ainsi conduit à adopter l'expression

$$K = M \frac{\left(\frac{\varpi}{A^3}\right)^{\frac{1}{2}}}{10^{N\frac{\varpi}{C}}}.$$

La détermination des coefficients M et N n'offre aucune difficulté. En effet, dans le cas du canon de 30 n° 1 soumis aux expériences, $A = 1.648$, $C = 56.3$; et alors, d'après la formule (1) $\frac{M}{A} = 1057$, $\frac{N}{C} = 0,08099$; donc $M = 1742$ et $N = 4,562$.

On a donc l'expression

$$(r) \qquad K = 1742 \; \frac{\left(\frac{\varpi}{A^3}\right)^{\frac{1}{2}}}{10^{\,4,562\,\frac{\varpi}{C}}}.$$

En égalant à zéro la dérivée de K par rapport à ϖ, on obtient la charge à laquelle, dans un canon donné, correspond la plus grande perte de vitesse. Cette charge se trouve donnée par l'équation

$$\varpi = \frac{C}{31.48}.$$

Dans le canon de 30 n° 1, elle serait égale à 1ᵏ792.

En cherchant à généraliser la formule (2), on est conduit, par des raisonnements identiques avec ceux que l'on vient de faire, à l'expression

$$(r_i) \qquad K = 2422 \; \frac{\left(\frac{\varpi}{A^3}\right)^{\frac{1}{2}}}{\left(1 + 1.943 \frac{\varpi}{C}\right)^{2}}.$$

La charge à laquelle correspond la plus grande perte, est alors donnée par l'équation

$$\varpi = \frac{C}{29,16}$$

et dans le cas du canon de 30 n° 1, elle serait de 1ᵏ934.

Il reste à examiner les résultats obtenus avec la poudre du Pont-de-Buis ; ils sont rassemblés dans le tableau suivant :

	CHARGE.		
	$1^k 0.$	$2^k 0.$	$5^k 0.$
Valeur de K donnée par l'expérience . .	813.4	780.7	655.3
Rapport de cette valeur à celle qui est donnée par la formule (1).	0.9274	0.8774	0 9212

Lą valeur moyenne du rapport est 0,91, et il est bien clair que les formules donneront une approximation suffisante, si on multiplie leurs coefficients par ce nombre.

On a donc, pour la poudre du Pont-de-Buis,

$$(p) \qquad K = 1585 \; \frac{\left(\dfrac{\varpi}{A^3}\right)^{\frac{1}{3}}}{10^{\,4.502\,\frac{\varpi}{C}}}$$

ou

$$(p_{,}) \qquad K = 2204 \; \frac{\left(\dfrac{\varpi}{A^3}\right)^{\frac{1}{3}}}{\left(1 + 1.943\,\dfrac{\varpi}{C}\right)^{6}}$$

§ 17. — Influence de la grandeur de la lumière sur la vitesse initiale.

Aussitôt que l'inflammation commence, une partie des gaz s'échappe par la lumière ; de là une diminution dans leur tension, et, par suite, dans la vitesse du projectile.

D'après ce qui précède, la perte de vitesse due à cette cause doit être proportionnelle à la grandeur de la lumière ; soit donc ε le diamètre de cette dernière ; la perte de vitesse est représentée par

$$K\,\frac{\varepsilon^2}{A^2}$$

K désignant une fonction de la charge. Le calcul n'of-

— 76 —

frirait aucune difficulté s'il était permis d'adopter pour K l'expression qui donne la perte due au vent du boulet.

Ainsi, s'il s'agissait d'un canon de 30 n° 1 neuf, pour lequel $\varepsilon = 5^{mm}$, on aurait les résultats ci-après :

	CHARGE.		
	$1^k0.$	$2^k5.$	$3^k75.$	$5^k0.$
Perte de vitesse due à la lumière.	0^m84	0^m83	0^m79	0^m60

Ces pertes croîtraient d'ailleurs proportionnellement au carré du diamètre de la lumière, en sorte qu'il faudrait, par exemple, les quadrupler si le diamètre devenait égal à 10^{mm}.

Ces résultats sont, il est vrai, fondés sur une hypothèse qui peut être contestée ; mais il est permis du moins d'en conclure que la perte de vitesse due à la lumière est très-petite lorsque la bouche à feu est d'un fort calibre et qu'on emploie des charges d'un certain poids.

§ 18.—Recherche d'une formule propre à représenter l'influence que le diamètre du projectile exerce sur le recul.

Les expériences décrites dans les paragraphes 13, 14 et 15 ont conduit à la formule

$$U, - U = H\omega.$$

Mais le coefficient H varie avec la charge.

TABLEAU DES VALEURS DE H.

DIAMÈTRE du mandrin du gargoussier.	SIGNALEMENT de la poudre.	POIDS du boulet.	CHARGE.				
			1^k0.	2^k5.	3^k75.	5^k0.	
			Valeur de H.	Valeur de H.	Valeur de H.	Valeur de H.	
mm		kilog.					
158	Pont-de-Buis 1837.	15.400	689.4	544.8	»	492.9	N° 43.
154	Ripault 1842	15.400	664.6	577.8	»	472.2	N° 44.
154	*Idem*	10.827	748.7	565.9	498.0	466.9	N° 45.
Valeurs moyennes.			690.0	562.0	498.0	478.0	

Dans les différences que présentent les valeurs de H correspondantes à une même charge, il n'est pas possible de reconnaître l'influence que l'on pourrait être tenté d'attribuer au poids du boulet, à la nature de la poudre ou au diamètre de la gargousse.

La valeur de H paraît donc sensiblement indépen-

Fig. 4.

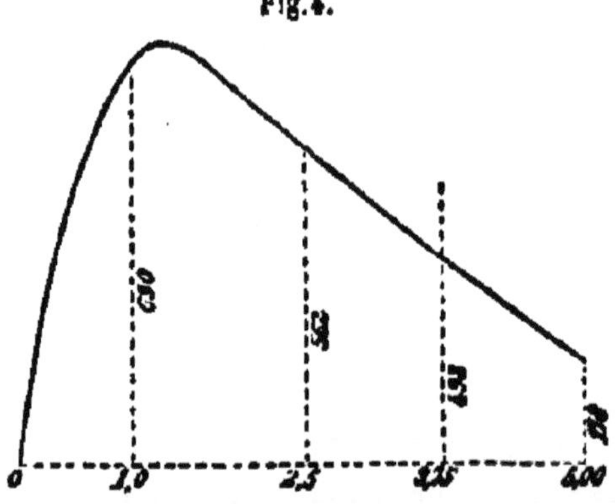

dante du poids du mobile, ou, en d'autres termes, *la quantité de mouvement* $p\left(\dfrac{U_1 - U}{g}\right)$ *que le vent du boulet fait perdre au canon, est sensiblement proportionnelle au poids du projectile.*

Le coefficient H doit être nul en même temps que la charge.

En construisant la courbe qui a pour abscisses les charges et pour ordonnées les valeurs moyennes de H, on s'aperçoit immédiatement que ces dernières présentent une irrégularité choquante (*fig.* 4).

A moins qu'on ne veuille admettre des sinuosités invraisemblables, le résultat donné par la charge de 3ᵏ75 est trop grand relativement à ceux qui correspondent aux charges de 2ᵏ5 et de 5ᵏ0.

Il n'a été fait qu'une seule série d'expériences sur la charge de 3ᵏ75 ; il en a été exécuté trois sur les autres.

La formule

$$H = 1430 \frac{\varpi}{10^{0,32\varpi}}$$

reproduit à peu près les résultats moyens donnés par 1ᵏ0, 2ᵏ5 et 5ᵏ0.

	CHARGES.			
	1ᵏ0.	2ᵏ5.	3ᵏ75.	5ᵏ0.
Valeur de H donnée par la formule..........	684	567	338	480

Mais on ne rencontre plus le même accord pour la charge de 3ᵏ75.

Le recul est bien moins modifié par le vent du projectile que ne l'est la vitesse de ce dernier, et cette constance rend fort difficile la recherche des pertes de recul dues au vent du boulet ; leur détermination dépend de l'évaluation de petites différences, et, par suite, offre toujours quelque incertitude. Mais il est à observer que, eu égard à la grandeur du recul, surtout dans les cas des fortes charges, ces pertes sont toujours assez légères.

La question n'a donc qu'une importance secondaire. La valeur de H étant indépendante du poids du boulet, les seuls rapports par lesquels on puisse remplacer ϖ lorsqu'on veut généraliser la formule sont $\dfrac{\varpi}{A^3}$ et $\dfrac{\varpi}{C}$; comme, d'ailleurs, la perte de recul doit croître avec la capacité de l'âme, la seule forme admissible est

$$H = M\dfrac{\dfrac{\varpi}{A^3}}{10^{N\frac{\varpi}{C}}}.$$

Pour le canon de 30 employé dans les expériences, $A = 1.648$, et $C = 56.3$, et alors on doit avoir $\dfrac{M}{A^3} = 1430$ et $\dfrac{N}{C} = 0.32$. L'expression générale est donc

$$H = 6400\dfrac{\dfrac{\varpi}{A^3}}{10^{18\frac{\varpi}{C}}}.$$

§ 19. Formules relatives aux vitesses initiales des projectiles.

(Poudre du Ripault 1842.)

Sachant évaluer la perte de vitesse due au vent, on peut supposer le diamètre du projectile égal au calibre de l'âme.

Le rendement représenté alors par $\dfrac{pV^2}{\varpi}$ doit être déterminé par les trois rapports

$$\dfrac{\varpi}{C} \qquad \dfrac{\varpi}{p} \qquad \dfrac{A^3}{C}$$

Mais les deux premiers sont les seuls qui aient varié dans les expériences précédentes.

Lorsque la capacité de l'âme augmente, le rendement croît en convergeant vers une certaine limite (§ 3), et il est clair qu'il diffère d'autant moins de cette dernière que le rapport $\frac{C}{\varpi}$ est plus grand. On doit donc le considérer comme une fonction croissante de $\frac{C}{\varpi}$ ou décroissante de $\frac{\varpi}{C}$.

L'inertie du projectile favorise la combustion des grains de poudre et augmente les pressions ; son influence est d'autant plus efficace que le rapport $\frac{P}{\varpi}$ est plus grand. Ainsi, le rendement doit être une fonction croissante de $\frac{P}{\varpi}$ ou décroissante de $\frac{\varpi}{P}$.

Ces considérations générales permettent de faire

$$ V\sqrt{\frac{P}{\varpi}} = \frac{10^y}{10^z} $$

y désignant une fonction décroissante de $\frac{\varpi}{C}$ et z une fonction croissante de $\frac{\varpi}{P}$.

Dans les expériences exécutées avec la poudre du Ripault (§ 14 et § 15), des boulets tournés et de poids différents ont été soumis à l'action des mêmes charges. Il est assez indifférent de prendre pour les valeurs de V, celles qui sont données dans le § 14 et dans le § 15, ou bien celles qui se trouvent dans le dernier tableau du § 16 ; les différences qu'elles présentent sont sans importance. En se décidant pour les dernières, on a le tableau suivant :

Canon de 30 n° 1.	POIDS du PROJECTILE.	VITESSE D'UN BOULET d'un diamètre égal au calibre de l'âme.		
		CHARGE.		
		1ᵏ0.	2ᵏ5.	5ᵏ0.
Diamètre de l'âme. 1ᵐ648		Vitesse.	Vitesse.	Vitesse.
Longueur de l'âme. 26ᵈ41				
Poudre du Ripault 1842.				
Diamètre du mandrin des	kilog.	mètr.	mètr.	mètr.
gargousses 151ᵐᵐ	15.400	303.5	448.3	525.1
	10.827	355.3	514.7	575.4

Soit $z = M\dfrac{v}{p}$, la lettre M désignant une constante.

Le tableau précédent fournit pour chacune des charges de 1ᵏ, 2ᵏ5 et 5ᵏ0, deux couples de valeurs de V, et de p, et, par conséquent, deux équations au moyen desquelles, après l'élimination de y, on peut déterminer la valeur de M.

Voici les résultats de ces calculs :

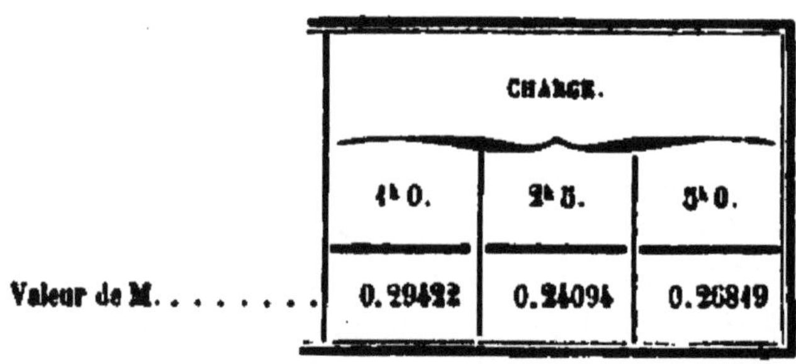

	CHARGE.		
	1ᵏ0.	2ᵏ5.	5ᵏ0.
Valeur de M.	0.29422	0.24094	0.26849

En prenant une moyenne, on a

$$M = 0{,}2678, \text{ et par suite la formule } z = 0{,}2678\dfrac{v}{p}$$

dont il reste à apprécier l'exactitude. Or, il est facile de

6

calculer les légères variations qu'il faudra faire subir aux valeurs des vitesses pour qu'elles satisfassent à cette équation. Soient en effet V_1 et V_2 les deux valeurs de V, correspondantes, la première aux boulets massifs, la seconde aux boulets creux. Pour la charge de 1^k0, l'expérience a donné $V_1 = 303,5$, $V_2 = 355,3$; par suite

$$V_1 + V_2 = 658,8.$$

D'un autre côté, si la formule est exacte, on doit avoir

$$\frac{V_1}{V_2} = 0,8526$$

comme il est facile de s'en assurer. Les valeurs modifiées de V_1 et de V_2 se déduisent de ces deux équations. Faisant pour chaque charge un calcul analogue, on obtient les résultats ci-après :

POIDS du projectile.	CHARGE.		
	$1^k0.$	$2^k5.$	$5^k0.$
	Vitesse modifiée.	Vitesse modifiée.	Vitesse modifiée.
kilog.	mètr.	mètr.	mètr.
15.400	303.2	449.4	525.4
10.827	355.6	543.6	575.4

Pour la charge de 5^k, les modifications sont nulles. Pour la charge de 2^k5, elles s'élèvent à peine à 1^m1 ; elles sont moindres encore pour celle de 1^k0. L'expression de z est donc admissible.

Il reste à trouver la fonction y. Or, en adoptant cette valeur de z, on a

$$V_{\prime}\sqrt{\frac{p}{\varpi}}=\frac{10^{y}}{10^{0,2678\frac{\varpi}{p}}}$$

d'où

$$\log V_{\prime}=\tfrac{1}{2}\log \varpi-\tfrac{1}{2}\log p-0{,}2678\,\frac{\varpi}{p}+y.$$

Les données numériques contenues dans le tableau précédent fournissent immédiatement trois valeurs de y, respectivement correspondantes aux charges de 1ᵏ0, 2ᵏ5 et 5ᵏ0, c'est-à-dire à $\frac{\varpi}{C}=0{,}01776$, $\frac{\varpi}{C}=0{,}0444$ et $\frac{\varpi}{C}=0{,}0888$, attendu que pour le canon de 30 n⁰ 1, $C=56.3$.

Dans le § 15, avec la charge de 3ᵏ75 et des boulets pesant 10ᵏ827, on a trouvé $V_{\prime}=564$; de là une quatrième valeur de y correspondant à $\frac{\varpi}{C}=0{,}0666$.

VALEUR de $\frac{\varpi}{C}$	VALEUR de y.
0,01776	3,0929410
0,0444	3,0907535
0,0666	3,0742739
0,0888	3,0544382

On peut considérer y comme l'ordonnée d'une courbe dont les abscisses sont les valeurs de $\frac{\varpi}{C}$.

La fonction étant continuellement décroissante, la plus grande ordonnée correspond à $\frac{\varpi}{C}=0$.

6.

Le tableau précédent montre qu'en passant de $\frac{w}{C} =$ 0,01776 à $\frac{w}{C} = 0,0444$, la fonction n'éprouve qu'une très-légère variation ; de là il est naturel de conclure que la valeur qui répond à $\frac{w}{C} = 0,01776$, diffère très-peu de la valeur maximum, et que la partie correspondante de la courbe tourne sa concavité vers l'axe des abscisses.

A cette partie de la courbe, on peut substituer une parabole assujettie à passer par les deux points dont les abscisses sont $\frac{w}{C} = 0,01776$ et $\frac{w}{C} = 0,0444$ et ayant pour axe l'axe des ordonnées. L'équation de cette parabole est

$$y = 3,0933578 - 1,32232 \left(\frac{w}{C}\right)^2 .$$

L'ordonnée du sommet ou la plus grande valeur de y se trouve par suite égale à $3,0933578$.

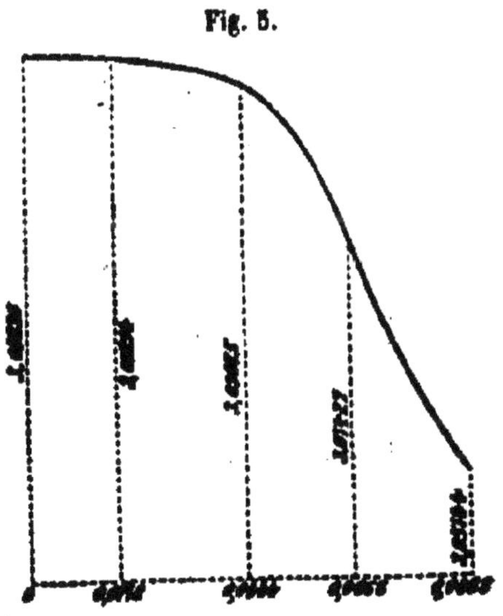

Fig. 5.

On peut se servir de cette expression, tant que $\frac{w}{C}$ ne surpasse pas 0,0444.

Mais il n'en est plus ainsi quand on attribue à ce rapport une valeur plus grande. Qu'on suppose en effet $\frac{\varpi}{C} = 0{,}0666$, on trouve $y = 3{,}0874980$, nombre qui surpasse celui qui est donné par l'expérience. La formule ne fait donc pas décroître assez rapidement la valeur de y.

Rien n'empêche de faire passer par les deux points dont les abscisses sont $\frac{\varpi}{C} = 0{,}0444$ et $\frac{\varpi}{C} = 0{,}0666$ une seconde parabole ayant le même axe que la première.

L'équation de cette ligne est

$$y = 3{,}1039372 - 6{,}69425 \left(\frac{\varpi}{C}\right)^{2}.$$

On se servira de cette formule tant que le rapport $\frac{\varpi}{C}$ sera compris entre 0,0444 et 0,0666.

Si on y faisait $\frac{\varpi}{C} = 0{,}0888$, on trouverait $y = 3{,}0497022$, nombre inférieur à celui donné par les expériences; ce qui semble indiquer un changement dans le sens de la courbure et une inflexion près du point dont l'abscisse est $\frac{\varpi}{C} = 0{,}0888$.

On peut alors substituer à l'arc de la courbe une hyperbole équilatère ayant pour asymptote l'axe des abscisses, et assujettie à passer par les deux points dont les abscisses sont $\frac{\varpi}{C} = 0{,}0666$ et $\frac{\varpi}{C} = 0{,}0888$.

L'équation de cette courbe est

$$y = \frac{9{,}09302}{2{,}89149 + \frac{\varpi}{C}}.$$

On se servira de cette expression quand le rapport $\frac{\varpi}{C}$ sera compris entre 0,0666 et 0,0888.

La décomposition de l'expression générale de y en plusieurs formules particulières facilite les applications numériques et aussi les modifications que l'on peut être disposé à introduire plus tard.

Les expressions précédentes ne font dépendre le rendement que des deux rapports $\frac{\varpi}{C}$ et $\frac{\varpi}{p}$; c'est, il est vrai, le résultat auquel conduisent les recherches dites théoriques où l'on suppose la combustion complète avant tout déplacement du projectile, l'inertie de ce dernier n'a alors d'autre effet que de contrarier l'expansion des gaz, mais dans l'état réel des choses, le retard qu'elle apporte à la dispersion des grains favorise leur combustion. Lorsque le poids de la charge, celui du projectile et la capacité de l'âme restent les mêmes, ce retard est d'autant plus considérable que le calibre est plus petit, les gaz agissant sur le mobile par une moindre surface. Sans doute, l'alongement de la charge finit par exercer une influence de sens opposé; mais au moins jusqu'à une certaine limite, on doit regarder le rendement comme une fonction croissante de $\frac{C}{A'}$.

On satisfait à cette condition en prenant

$$z = n \frac{A'}{C} \frac{\varpi}{p},$$

n désignant une constante dont il est facile de trouver la valeur. En effet le produit $n\frac{A'}{C}$ doit se réduire à 0,2678, lorsque $A = 1,648$ et $C = 56,3$; on a donc à très-peu près, $n = 3,37$ et par suite

$$z = 3,37 \frac{A'}{C} \frac{\varpi}{p}.$$

Lorsque la capacité de l'âme croît indéfiniment, cette quantité converge vers zéro et la fonction y se rapproche

sans cesse de sa valeur maximum 3,0933578; de sorte
que la limite vers laquelle tend la vitesse $V_{,}$, et qui a été
désignée par $V_{,,}$ dans le § 2, se trouve donnée par l'é-
quation

$$V_{,,}\sqrt{\frac{p}{\varpi}} = \frac{10^{3,0933578}}{10^0}$$

ou

$$V_{,,} = 1240\sqrt{\frac{p}{\varpi}}.$$

Une pareille équation suppose qu'à cette limite la
force vive conservée par les gaz peut être considérée
comme négligeable (§ 3).

Mais il est à propos de rapporter quelque épreuve à
l'appui de l'expression de z.

De toutes les bouches à feu qu'emploie la marine, les
plus courtes sont les caronades; elles diffèrent de celles
dont il a été question jusqu'à présent en ce qu'elles ont
des chambres.

Des expériences ont été exécutées en 1858 sur la caronade de 30; les vitesses ont été mesurées à l'aide de
l'appareil électro-balistique.

La poudre provenait du Ripault et portait la date de
1856.

On s'était assuré par des essais préliminaires qu'elle
donnait dans le canon de 30 les mêmes résultats que
celle de 1842.

La chambre de la caronade de 30 est cylindrique et
terminée par une demi-sphère; le raccordement est en-
gendré par un arc de cercle tangent à la génératrice de
l'âme et d'un rayon égal au calibre. Les bords de la
chambre sont arrondis.

Diamètre de la chambre..	1m513
Diamètre de l'âme	1m63
Longueur de la chambre..	1m86

Longueur du raccordement. . . . . 0^d433
Longueur totale comprise entre le fond de la
  chambre et la tranche.. . . . . , ... 13^d40
Capacité totale de l'âme. . . . . 20^d9
Poids de la charge.. . . . . 1^k6

Vu le peu de différence qui existe entre le diamètre de la chambre et celui de l'âme, les choses se passent à peu près comme si la pièce était cylindrique dans toute sa longueur. Le boulet roulant, pénétrant en partie dans la chambre, sans cependant s'appuyer sur le bord supérieur, se trouve en contact avec la gargousse dont la longueur est d'environ $1^d,2$.

EXPÉRIENCES DU 3 DÉCEMBRE 1858.
(Moyennes prises sur dix coups.)

| ESPÈCE. | BOULETS. | | | VITESSE INITIALE | | DIFFÉRENCE. |
	DIAMÈTRE.	VENT.	POIDS.	conclue des expériences.	déduite des formules.	
	décim.	millim.	kilog.	mètr.	mètr.	mètr.
Massifs roulants.	4.596	3.4	15.0	344.0	316.3	+ 5.3
Creux roulants. .	4.602	2.9	14.5	355.7	355.4	— 0.6

Pour calculer la perte de vitesse due au vent, on s'est servi de la formule (r) du § 16 ; cette perte est de 27^m6 pour les boulets massifs et de 22^m pour les boulets creux. La formule (r_i) aurait donné 25^m4 et 20^m2.

Pour les boulets creux, la vitesse calculée est à peu près égale à celle qui est donnée par l'expérience ; il n'en est pas tout à fait de même pour les boulets massifs ; mais la différence que présentent dans ce cas les deux vitesses est de l'ordre de celles que, dans les recherches de ce genre, il faut s'attendre à rencontrer parfois ; elles résultent en général du concours de plusieurs causes: légères variations des effets de la poudre, imperfections des moyens d'observation, insuffisance du nombre des coups. Il est d'ailleurs à remarquer que les boulets employés dans la caronade n'avaient pas la même régularité de formes que les projectiles tournés avec lesquels ont été faites les expériences qui ont servi de base à l'établissement des formules. Très-souvent à Gâvre, après avoir calibré des boulets de 30, en se servant de lunettes dont les diamètres différaient de $0^{mm}6$, on a déterminé leur densité et leur diamètre moyen en les pesant dans l'air et dans l'eau distillée; le plus ordinairement le diamètre moyen s'est trouvé inférieur à celui de la petite lunette.

Si on avait supposé, comme pour le canon n° 1, $z = 0,2678\frac{\varpi}{p}$, les vitesses calculées auraient été de 340^m et de 389^m, fort supérieures par conséquent aux données de l'expérience.

L'expression $z = n\frac{A^2}{C}\frac{\varpi}{p}$ ne peut, du reste, être considérée que comme approximative et doit cesser de convenir au delà d'une certaine valeur de $\frac{A^2}{C}\frac{\varpi}{p}$. En effet, en l'adoptant, on a

$$V_{,}^2 = \frac{\varpi\,10^{2y}}{p\,10^{2\,n\frac{A^2}{C}\frac{\varpi}{p}}}.$$

Quand p est infini, le dénominateur l'est aussi, et la vitesse $V_{,}$ est nulle.

Supposons que, le canon et la charge restant les mêmes, le poids du boulet varie seul et que, d'abord très-considérable, il vienne graduellement à décroître.

Le numérateur $\varpi\,10^{2y}$ conserve alors une valeur constante.

La dérivée du dénominateur, par rapport à p, est

$$10^{2\,n\frac{A^2}{C}\frac{\varpi}{p}}\left(1 - 2n\frac{A^2}{C}\frac{\varpi}{p}\,l\,(10)\right).$$

Elle reste positive, tant que $\frac{2nA^2}{C}\cdot\frac{\varpi}{p}\,l\,(10) < 1$ ou que $\frac{p}{\varpi} > \frac{2nA^2}{C}\,l\,(10)$, le dénominateur décroît donc alors en même temps que p, et la vitesse initiale se montre croissante, comme cela doit être ; mais p diminuant toujours, le rapport $\frac{p}{\varpi}$ finit par devenir inférieur à $\frac{2nA^2}{C}\,l\,(10)$, de sorte que si la formule subsistait encore, la vitesse serait d'autant moindre que le poids du projectile serait plus faible.

Par exemple, dans le canon de 30 n° 1, pour lequel $\frac{nA^2}{C} = 0{,}2678$, la diminution du poids du projectile n'entraînerait l'accroissement de la vitesse qu'autant que le rapport $\frac{p}{\varpi}$ resterait supérieur à 1,232 ; s'il devenait moindre, la vitesse décroîtrait.

De telles conséquences ne sont pas admissibles.

Il est clair, d'après cela, que l'expression à laquelle on est parvenu pour z ne peut être admise qu'autant que le produit $\frac{A^2}{C}\cdot\frac{\varpi}{p}$ ne dépasse pas une certaine limite. Dans les diverses expériences que l'on a discutées, la plus grande valeur de ce produit a été 0,03672 ; elle correspond au cas où, avec le canon de 30 n° 1, on a employé la charge de 5^k et des boulets creux pesant 10^k827. On n'est donc pas autorisé à se servir de la formule, si $\frac{A^2}{C}\cdot\frac{\varpi}{p}$ surpasse 0,037 ; mais cette circonstance ne se présente jamais dans le tir ordinaire des canons.

Pour aller au delà, il faudrait remplacer le coefficient n, jusqu'alors regardé comme constant, par une fonction décroissante de $\frac{A^2}{C}\cdot\frac{\varpi}{p}$; l'expérience n'a d'ailleurs fourni jusqu'à présent aucune donnée dont on puisse se servir pour établir la loi du décroissement.

La troisième expression de la fonction y, savoir

$$y = \frac{9,09392}{3,89149 + \frac{\varpi}{C}}$$

a été établie pour les cas où $\frac{\varpi}{C}$ varie entre 0,0666 et 0,0888.

Une expérience faite au mois d'octobre 1859 montre qu'on peut en étendre l'usage un peu au delà de la seconde limite.

La bouche à feu était un canon de 30 n° 1 ; diamètre de l'âme $1^d,648$; longueur $26^d,41$. Les boulets étaient ogivo-cylindriques et pesaient 30^k00 ; leur diamètre était égal à $1^d,623$; ils devaient être employés dans les canons rayés et portaient des tenons qu'on avait enlevés. La poudre venait du Ripault et portait la date de 1856 ; diamètre du mandrin des gargousses 150^{mm}.

Dans le chargement, un valet cylindrique en algue marine ayant 10^c de longueur et pesant environ 400 grammes était placé entre la gargousse et le boulet ; mais, à raison de la grandeur des charges employées, cette circonstance ne pouvait avoir sur les vitesses qu'une influence extrêmement faible, ainsi qu'on le verra plus tard (§ 29).

Les trois charges de $5^k,5$, $6^k,0$ et $6^k,5$ ont été essayées les mêmes jours, 18 et 19 octobre. Dans les expériences antérieures, on n'avait jamais dépassé la charge de $5^k,0$.

Les vitesses mesurées à l'aide de l'appareil électro-balistique étaient prises à 38^m de la bouche à feu et les moyennes déduites de 15 coups. On ne pourrait en conclure les valeurs des vitesses initiales qu'autant qu'on connaîtrait la résistance que l'air opposait aux projectiles employés ; mais ces derniers, n'ayant point la rotation régulière que leur impriment les canons rayés, tournaient dans tous les sens et le plus souvent fendaient l'air par le travers. Ce sont donc les vitesses prises à la distance de

38 mètres qui, dans le tableau suivant, sont comparées aux vitesses déduites des formules.

Pour calculer les pertes de vitesse dues au vent de $2^{mm}5$, on s'est servi de l'équation (r) du § 16.

	CHARGE (kilog.).		
	5.5.	6.0.	6.5.
	mètr.	mètr.	mètr.
Vitesse donnée par l'expérience à 38^m........	378.5	384.3	390.0
Vitesse déduite des formules..........	404.5	407.9	413.4
Différence............	23.0	23.6	23.4

La constance de la différence prouve que les variations des vitesses calculées sont exactement les mêmes que celles des vitesses indiquées par l'expérience. C'est, d'ailleurs, la seule vérification que puisse offrir la comparaison précédente. Il est permis d'en conclure que la troisième expression de la fonction y peut être employée, lors même que $\dfrac{\varpi}{C} = \dfrac{1}{10}$.

§ 20. — Formules relatives aux reculs.

(Poudre du Ripault 1842.)

Le diamètre du boulet est supposé égal au calibre de l'âme.

En prenant dans le § 14 et le § 15 les valeurs de U, et de V, on a le tableau suivant :

	POIDS du projectile.	CHARGE (kilog.).			
		1.0	2.5.	3.75.	5.0.
		Valeur de $U_{,}-V_{,}$.	Valeur de $U_{,}-V_{,}$.	Valeur de $U_{,}-V_{,}$.	Valeur de $U_{,}-V_{,}$.
Canon de 30 n° 1. Diamètre de l'âme. 1^{d}648	kilog.	mètr.	mètr.	mètr.	mètr.
Capacité. . . . . . 26^{d}3	15.400	33.4	140.5	»	208.6
Diamètre du mandrin des gargousses. . . 131^{mm}	10.827	58.3	164.3	250.6	309.4

Soit Q l'excès de la quantité de mouvement du canon sur celle du boulet

$$Q = \frac{p}{g}\,(U_{,} - V_{,}).$$

Cet excès croît avec la charge, mais est d'autant moindre que l'inertie du projectile oppose plus de résistance à l'expansion des gaz. Cette remarque, facile à vérifier sur les données précédentes, conduit à essayer l'expression

$$gQ = \frac{f(\varpi)}{10^{M\frac{p}{\varpi}}}.$$

Le tableau fournit, pour chacune des charges de 1^{k}0, 2^{k}5 et 5^{k}0, deux couples de valeurs de gQ et de $\frac{p}{\varpi}$, et, par conséquent, deux équations au moyen desquelles, après l'élimination de $f(\varpi)$, on peut déterminer la valeur du coefficient M.

CHARGE.	VALEUR de M.
kilog.	
1.0	0,01944
2.5	0,01053
5.0	0,01990

Bien que la seconde valeur de M s'écarte beaucoup des deux autres, cependant l'adoption de la formule

$$gQ = \frac{f(\varpi)}{10^{\,0,0165\frac{\varpi}{p}}}$$

n'entraîne que des modifications assez légères dans les données de l'expérience. Soient, en effet, Q_1 et Q_2 les deux valeurs de Q correspondantes pour la même charge, la première aux boulets massifs, la seconde aux boulets creux.

L'application de la formule donne $gQ_1 = \dfrac{f(\varpi)}{10^{\,0,0165\frac{15,4}{\varpi}}}$

$$gQ_2 = \frac{f(\varpi)}{10^{\,0,0165\frac{10,827}{\varpi}}} \; ; \text{ par suite}$$

$$\frac{gQ_2}{gQ_1} = 10^{\frac{0,07545}{\varpi}}.$$

Qu'il s'agisse, par exemple, de la charge de 1^k0, alors

$$\frac{gQ_2}{gQ_1} = 1,19;$$

mais, d'après les données fournies par le tableau,

$$gQ_1 + gQ_2 = (33,4)(15.4) + (58,3)(10,827) = 1142,3.$$

Ces deux équations permettent de calculer les valeurs modifiées de gQ_1 et de gQ_2, et, par suite, celles de $U_1 - V_1$.

Faisant pour chaque charge un calcul analogue, on obtient les résultats ci-après :

CHARGE.	POIDS du boulet.	VALEUR modifiée de $U_1 - V_1$.	EXCÈS sur la valeur donnée par l'expérience.
kilog.	kilog.	mètr.	mètr.
1.0.	15.4	33.9	+ 0.5
	10.827	55.3	— 2.7
2.5.	15.4	109.1	— 1.1
	10.827	166.5	+ 2.7
5.0.	15.4	209.4	+ 0.8
	10 827	308.3	— 1.4

La formule est donc admissible, mais il est clair que la valeur trouvée pour le coefficient M ne convient qu'aux bouches à feu semblables au canon de 30 n° 1. Dans le § 19, en déterminant la fonction z, on a été amené à faire dépendre du produit des deux rapports $\dfrac{C}{A^3}$ et $\dfrac{P}{\varpi}$ les effets de l'inertie du projectile : d'après cela on doit avoir en général $M = n\dfrac{C}{A^3}$, et comme $M = 0,0165$ quand $A = 1,647$ et $C = 56,3$, on obtient immédiatement $n = 0,001342$. Donc $M = 0,001342\dfrac{C}{A^3}$.

Il reste à trouver la fonction $f(\varpi)$. Or

$$f(\varpi) = gQ\, 10^{\,0,0165\frac{P}{\varpi}}$$

ou

$$\mathrm{Log}\, f(\varpi) = \log(p) + \log(\mathrm{U},-\mathrm{V},) + 0{,}0165\,\frac{p}{\varpi},$$

et pour avoir la valeur de $f(\varpi)$ relative à chaque charge, il suffit de remplacer dans cette équation p et $\mathrm{U},-\mathrm{V},$ par les données de l'expérience.

Ces données fournissent pour chacune des charges de 1^k0, 2^k5 et 5^k0, deux valeurs dont il faut prendre la moyenne.

La fonction $f(\varpi)$ croît moins rapidement que la charge ; c'est ce que le tableau suivant met en évidence.

CHARGE.	VALEUR de $\log \dfrac{f(\varpi)}{\varpi}$
kilog.	
1.0	2,97098
2.5	2,92802
3.75	2,90709
5.0	2,86023

Faisant en conséquence

$$\mathrm{Log}\,\frac{f(\varpi)}{\varpi} = \mathrm{S} - \mathrm{N}\varpi \quad\text{ou}\quad f(\varpi) = \varpi\, 10^{\,\mathrm{S}-\mathrm{N}\varpi}$$

on a quatre équations pour déterminer S et N ; en les traitant par la méthode des moindres carrés, on obtient

$$\mathrm{S} = 2{,}99848 \qquad \mathrm{N} = 0{,}02674$$

par suite

$$\mathrm{Log}\,\frac{f(\varpi)}{\varpi} = 2{,}99848 - 0{,}026774\,\varpi.$$

Pour vérifier cette formule, il faut comparer les valeurs

qu'elle fournit aux données contenues dans le tableau précédent.

CHARGE.	VALEUR de $\log \dfrac{f(\varpi)}{\varpi}$ calculée.	EXCÈS sur la valeur donnée par l'expérience.
kilog.		
1.0	2.97474	+ 0.00070
2.5	2.93463	+ 0.00364
3.75	2.89824	— 0.00874
5.0	2.86430	+ 0.00455

La plus forte différence correspond à la charge de 3ᵏ75 qui est celle sur laquelle on a fait le moins d'expériences, et l'altération qui en résulte dans la valeur de $\dfrac{f(\varpi)}{\varpi}$ s'élève à peu près à $\frac{1}{50}$.

La formule précédente revient à

$$\frac{f(\varpi)}{\varpi} = \frac{996}{10^{0,02674\,\varpi}},$$

en sorte que 996 est la limite vers laquelle converge le rapport $\dfrac{f(\varpi)}{\varpi}$ quand la charge devient de plus en plus petite.

Mais l'équation ne convient qu'au canon de 30 nᵒ 1, et il serait à désirer que, par quelques considérations plausibles, on pût en déduire une formule susceptible d'être appliquée aux autres bouches à feu en usage.

Il est assez visible que la valeur de $\dfrac{f(\varpi)}{\varpi}$ doit s'approcher d'autant plus de sa limite que le rapport $\frac{\varpi}{C}$ est moindre.

On peut encore remarquer que quand p devient nul, on a $gQ = f(\varpi)$, en sorte que $\frac{f(\varpi)}{g}$ représente la quantité de mouvement acquise par les gaz et les grains imparfaitement comburés dans le tir sans projectile. Cette quantité de mouvement croît nécessairement avec la capacité de l'âme.

Regardant, d'après cela, le rapport $\frac{f(\varpi)}{\varpi}$ comme une fonction décroissante de $\frac{\varpi}{C}$, on est conduit à écrire

$$\frac{f(\varpi)}{\varpi} = \frac{996}{10^{n\frac{\varpi}{C}}}.$$

La valeur du coefficient n s'obtient immédiatement en remarquant que quand $C = 56{,}3$, on a $\frac{n}{C} = 0{,}02674$. Par suite

$$\frac{f(\varpi)}{\varpi} = \frac{996}{10^{1{,}505\frac{\varpi}{C}}},$$

et il en résulte

$$gQ = \frac{996\,\varpi}{10^{0{,}001312\frac{C}{A^2}\frac{p}{\varpi} + 1{,}505\frac{\varpi}{C}}}$$

d'où

$$p\,(U_r - V_r) = \frac{996\,\varpi}{10^{0{,}001312\frac{C}{A^2}\frac{p}{\varpi} + 1{,}505\frac{\varpi}{C}}}.$$

C'est parce que les gaz se meuvent dans le même sens

que le boulet, que U, surpasse V, (§ 4); le contraire aurait évidemment lieu si, avant leur sortie de la bouche à feu, on parvenait, par un artifice quelconque, à les diriger en sens opposé; la quantité de mouvement du canon deviendrait alors inférieure à celle du boulet et les reculs seraient fortement réduits.

Le colonel Treuille de Beaulieu atteint ce but en faisant dans la volée des trous cylindriques inclinés sur l'axe, de manière qu'après les avoir traversés, les gaz soient dirigés vers l'arrière. L'essai en a été fait à Gâvre en 1862; la batterie qu'on avait eu la précaution d'évacuer a été envahie par les gaz enflammés; la diminution du recul a été très-grande.

Il est clair d'ailleurs que cette disposition entraîne un affaiblissement de la vitesse initiale du projectile.

§ 21. — Récapitulation des formules relatives aux vitesses initiales et aux reculs.

(Poudre du Ripault 1842.)

On sait (§ 12) que le diamètre a qu'il faut donner au mandrin des gargousses pour obtenir le maximum de vitesse est déterminé par l'équation

$$\frac{a}{A} = 0{,}916.$$

A désignant le calibre de l'âme. Les formules suivantes supposent l'emploi d'un pareil mandrin; elles supposent encore que le chargement se compose uniquement de la gargousse et du boulet maintenu par un léger valet erseau.

Les diamètres A et a de l'âme et du boulet sont évalués en décimètres, la capacité C de l'âme en décimètres cubes, les poids ϖ et p de la charge et du boulet en kilogrammes, les vitesses en mètres.

7.

Admettant d'abord que le diamètre du boulet soit égal au calibre de l'âme, on a, pour calculer la vitesse V, du mobile, la formule

$$V_{,} = \sqrt{\frac{\varpi}{p} \frac{10^y}{10^z}}$$

ou

$$\mathrm{Log}\ V_{,} = \tfrac{1}{2} \log \varpi - \tfrac{1}{2} \log p + y - z.$$

On trouve z par l'équation

$$z = 3,37 \frac{\varpi}{p} \frac{A^3}{C}.$$

pourvu que $\dfrac{\varpi}{p} \dfrac{A^3}{C}$ ne surpasse pas 0,037.

On obtient y par l'expression

$$y = 3,0933578 - 1,32232 \left(\frac{\varpi}{C}\right)^2$$

si $\dfrac{\varpi}{C}$ ne surpasse pas 0,0444.

On a recours à la formule

$$y = 3,1039372 - 6,69425 \left(\frac{\varpi}{C}\right)^2$$

si $\dfrac{\varpi}{C}$ varie entre 0,0444 et 0,0666.

Enfin, on emploie l'équation

$$y = \frac{9,00392}{2,89149 + \dfrac{\varpi}{C}}$$

lorsque la valeur de $\dfrac{\varpi}{C}$ est comprise entre 0,0666 et 0,1.

Pour avoir la vitesse V du boulet dont le diamètre est a, il faut de la vitesse V, retrancher la perte due au vent A — a. On obtient cette perte par la formule

$$V_{,} - V = 1742\,\omega\,\dfrac{\left(\dfrac{\varpi}{A^2}\right)^{\frac{1}{4}}}{10^{\,4,562\frac{\varpi}{C}}}$$

dans laquelle $\omega = \dfrac{A^2 - a^2}{A^2}$.

Lorsqu'on suppose le boulet d'un diamètre égal au calibre de l'âme, le recul $U_{,}$ exprimé en vitesse du projectile est donné par l'équation

$$p\,U_{,} = p\,V_{,} + \dfrac{996\,\varpi}{10^{\,0,001312\frac{p}{\varpi}\frac{C}{A^2} + 1,505\frac{\varpi}{C}}}\,.$$

Quant à la perte de recul $U_{,} - U$ due au vent $A - a$, on a la formule

$$U_{,} - U = 6400\,\omega\,\dfrac{\dfrac{\varpi}{A^2}}{10^{\,18\frac{\varpi}{C}}}\,.$$

La vitesse initiale W du recul se déduit de l'équation

$$W = \dfrac{p\,U}{P}$$

dans laquelle P désigne le poids du canon et de l'affût.

Les formules précédentes sont fondées sur le principe de la similitude ; appliquées à des calibres très-différents de celui des canons de 30, sur lesquels ont été faites les expériences, elles pourraient donner des résultats inexacts. C'est une question qui sera examinée plus tard (§ 26).

§ 22. — Usage des formules. — Applications numériques.

Premier exemple. — Calcul d'une vitesse initiale.

Données : 1° Canon de 36.

Longueur de l'âme. . 28^t52.

Calibre. . . . . 1^d74.

Capacité $C = \pi \dfrac{A^2}{4} L$.

Log $C = 1,8313278$.

2° Boulets massifs, diamètre $a = 1^d692$; poids $p = 17^k9$.

3° Charge; poids $\varpi = 3^k$.

On calcule d'abord la vitesse V, d'un boulet du même poids p et dont le diamètre serait égal au calibre de l'âme.

$$\text{Log } V, = \tfrac{1}{2}(\log \varpi - \log p) + y - z$$

Comme $\varpi = 3^k0$, $\log \varpi = 0,4771212$

$p = 17,9$; donc $\log p = 1,2528530$

$$\log \varpi - \log p = \overline{0,2242682} - 1$$

$$\tfrac{1}{2}(\log \varpi - \log p) = 0,6121341 - 1$$

Pour obtenir y, on remarque que

$$\text{Log } \varpi = 0,4771212$$
$$\log C = 1,8313278$$

$$\log \frac{\varpi}{C} = \overline{0,6457934} - 2.$$

$$\frac{\varpi}{C} = 0,044238.$$

$\frac{\varpi}{C}$ étant inférieur à $0,0444$, il faut prendre la formule

$$y = 3,0932578 - 1,32232 \left(\frac{\varpi}{C}\right)^2$$

$$\text{Log } \left(\frac{\varpi}{C}\right)^2 = 0,2915868 - 3$$

$$\text{Log } 1,32232 = 0,1223366$$

somme $$\overline{0,4129234} - 3$$

donc $$1,32232 \left(\frac{\varpi}{C}\right)^2 = 0,0025878.$$

retranchant ce nombre de $3,0933580$, il vient :

$$y = 3,0907700$$

quant à z, on a

$$z = 3.37\,\frac{\varpi}{p}\,\frac{A^3}{C}$$

$$A = 1.74\;;\ \text{ainsi log } A = 0,2405492.$$

$$\log A^3 = 0,7216476$$

d'ailleurs
$$\log C = 1,8313278$$

$$\log \frac{A^3}{C} = 0,8903198 - 2$$

on a trouvé
$$\log \frac{p}{\varpi} = 0,2242682 - 1$$

et
$$\log 3.37 = 0,5276299$$

donc
$$\log z = 0,6422179 - 2$$

$$\text{et } z = 0,0438751$$

Par conséquent $y - z = 3,0468949$

ajoutant $\frac{1}{2}(\log \varpi - \log p) = 0,6121342 - 1$

il vient
$$\log V_{,} = 2,6590291$$

et
$$V_{,} = 456,06.$$

Telle serait donc la vitesse dont le boulet serait animé si le vent était nul.

Il reste à calculer la perte de vitesse due au vent $A - a$. On a

$$V_{,} - V = 1742\,\omega\,\frac{\left(\dfrac{\varpi}{A^3}\right)^{\frac{1}{3}}}{10^{\,4,562\frac{\varpi}{C}}}.$$

$$\omega = \frac{A^2 - a^2}{A^2} = \frac{(A + a)(A - a)}{A^2}.$$

Soit

$$M = \frac{1742\,\omega}{A} = \frac{1742\,(A + a)(A - a)}{A^3}.$$

alors
$$V_{,} - V = M\,\frac{\varpi^{\frac{1}{3}}}{10^{\,4,562\frac{\varpi}{C}}}$$

$$\log (V, - V) = \log M + \tfrac{1}{3} \log \varpi - 4{,}562 \tfrac{\varpi}{C}.$$

$$A + a = 3{,}432 \qquad \log (A + a) = 0{,}53555.$$
$$A - a = 0{,}048 \qquad \log (A - a) = 0{,}68124 - 2.$$
$$\log 1742 = 3{,}24105$$

Somme $\qquad 2{,}45784$

retranchant $\qquad \log A' = 0{,}72165$

il vient $\qquad \log M = 1{,}73619$

Comme
$$\log \varpi = 0{,}47712$$
$$\tfrac{1}{3} \log \varpi = 0{,}15904$$

Il reste à trouver $4{,}562 \tfrac{\varpi}{C}$

or
$$\log 4{,}562 = 0{,}6591553$$
$$\log \tfrac{\varpi}{C} = 0{,}6457934 - 2$$
$$\log \left(4{,}562 \tfrac{\varpi}{C}\right) = 0{,}3049487 - 1$$

$$\text{et} \left(4{,}562 \tfrac{\varpi}{C}\right) = 0{,}20181$$

Ajoutant $\log M$ et $\tfrac{1}{3} \log \varpi$; puis retranchant $4{,}562 \tfrac{\varpi}{C}$ de la somme, on obtient :

$$\log (V, - V) = 1{,}69332.$$

d'où
$$V, - V = 49{,}37$$

or
$$V, = 456{,}06.$$

donc
$$V = 406{,}59.$$

C'est la vitesse demandée.

Deuxième exemple. — Calcul d'une vitesse initiale.

Données. Même canon, mêmes boulets ; charge 6^k0.

Le calcul diffère du précédent en ce que pour obtenir y, il faut recourir à la formule

$$y = \frac{9{,}09302}{2{,}89149 + \dfrac{\varpi}{C}}$$

En effet

$$\log \varpi = 0{,}7781513$$
$$\log C = 0{,}8313278$$

$$\log \frac{\varpi}{C} = 0{,}9468235 - 2.$$

et $\dfrac{\varpi}{C} = 0{,}0884756$, nombre supérieur à 0,0666.

en y ajoutant 2.89149 on obtient 2,97997 ; et par conséquent

$$y = \frac{9{,}09392}{2{,}97997} = 3{,}05158$$

Cela posé, ou opérant comme dans le premier exemple, on trouve

$$V_{,} = 532{,}67$$
$$V_{,} - V = 39{,}08$$
$$V = 493{,}54.$$

Troisième exemple. — Calcul d'un recul.

Données. Même canon ; poids 5545^k ; poids de l'affût 466^k ; mêmes boulets, — charge 6^{k}0.

Supposant d'abord le diamètre du boulet égal au calibre de l'âme, on a

$$pU_{,} = pV_{,} + \frac{996\,\varpi}{10^{\;0{,}001319\frac{\varpi}{p}\frac{C}{A^3} + 1{,}505\frac{\varpi}{C}}}.$$

En effectuant les calculs de l'exemple précédent, on a dû trouver $\log\left(\dfrac{p}{\varpi}\dfrac{C}{A^3}\right) = 0{,}4156181 - 2$; donc

$$\log \left(\frac{p}{\varpi}\frac{A^3}{C}\right) = 1,5843819$$

d'ailleurs $\quad \log (0,001312) = 0,1179318 - 3$

$$\text{Somme} \quad 0,7023197 - 2.$$

Par suite

$$0,001312 \, \frac{\varpi}{p} \frac{C}{A^3} = 0,0503867.$$

On a également trouvé dans le second exemple

$$\mathrm{Log} \, \frac{\varpi}{C} = 0,9468235 - 2$$

ajoutant $\quad \log 1,505 = 0,1775365$

on a $\quad \log \left(1,505 \, \frac{\varpi}{C}\right) = 0,1243600 - 1.$

Par conséquent $1,505 \, \dfrac{\varpi}{C} = 0,1331550.$

L'exposant de 10 dans le dénominateur est donc égal à $0,1835447,$ en sorte que

$$p\mathrm{U}, = p\mathrm{V}, + \frac{996\,\varpi}{10^{0,1835447}}.$$

Or

$$\mathrm{L}\,\varpi = 0,7781513$$
$$\mathrm{L}\,996 = 2,9982593$$
$$\log (996\,\varpi) = 3,7764106$$

retranchant $\quad\quad 0,1835447$

il vient $\quad\quad\quad 3,5928689.$

C'est le logarithme de $p\mathrm{U}, - p\mathrm{V},$; ainsi

$$p\mathrm{U}, - p\mathrm{V}, = 3916.$$

Or, dans le second exemple, on a trouvé $\mathrm{V}, = 532,67$; d'ailleurs $p = 17.9$; donc $p\mathrm{V}, = 9535,$ et par suite

$$p\mathrm{U}, = 13451.$$

Il reste à trouver la perte de recul due au vent $\mathrm{A} - a.$

On a la formule

$$U_{,} - U = 6400\,\omega\,\frac{\dfrac{\varpi}{A^3}}{10^{18\frac{\varpi}{C}}}$$

ou

$$U_{,} - U = 6400\,\frac{(A+a)(A-a)}{A^3}\,\frac{\varpi}{10^{18\frac{\varpi}{C}}}$$

or

$$\begin{aligned}
\text{Log } (A + a) &= 0{,}53555 \\
\log (A - a) &= 0{,}68124 - 2 \\
\log 6400 &= 3{,}80618
\end{aligned}$$

Somme		3,02297
retranchant	$\log A^3 =$	1,20275
il vient		1,82022
Ajoutant	$\log \varpi =$	0,77815
on a		2,59837

dont il faut retrancher $18\frac{\varpi}{C}$; or

$$\log 18 = 1{,}2552725$$

et

$$\log \frac{\varpi}{C} = 0{,}9468235 - 2$$

donc

$$\log 18\frac{\varpi}{C} = 0{,}2020960$$

et

$$18\frac{\varpi}{C} = 1{,}59266$$

Ainsi $\log (U_{,} - U) = 2{,}59837 - 1{,}59266 = 1{,}00572.$

$$\log p = 1{,}15285$$

donc $\qquad \log p\,(U_{,} - U) = 2{,}25857$

par suite $\qquad p\,(U_{,} - U) = 181.$

On a trouvé précédemment $p\mathrm{U}, = 13481$; donc

$$p\mathrm{U} = 13270.$$

Le poids total du canon et de l'affût étant de 4011^k, la vitesse initiale W du recul est donnée par l'équation

$$\mathrm{W} = \frac{13270}{4011},$$

Par conséquent $\mathrm{W} = 3^m 31$.

Le recul est réputé modéré quand la vitesse initiale W est à peu près égale à $3^m 30$, et c'est ce qui avait lieu pour les anciens canons de la marine.

Lorsque la vitesse W se rapproche de 4^m, le recul devient d'une violence gênante à bord des bâtiments.

§ 23. — Vitesses initiales données par la poudre du Pont-de-Buis (1827).—Formules.

Quand il s'agit de la poudre du Pont-de-Buis, la perte de vitesse $\mathrm{V}, - \mathrm{V}$ due au vent du boulet peut être calculée au moyen de l'équation

$$\mathrm{V}, - \mathrm{V} = 1585\, \omega\, \frac{\left(\frac{\varpi}{A^3}\right)^{\frac{1}{4}}}{10^{\,4{,}562\frac{\varpi}{C}}}.$$

donnée dans le § 16. On a toujours la formule

$$\log \mathrm{V}, = \tfrac{1}{2} \log \varpi - \tfrac{1}{2} \log p + y - z.$$

Dans les expériences exécutées avec la poudre du Pont-de-Buis, on n'a employé que des boulets massifs ; elles ne fournissent donc aucun moyen de déterminer l'influence que le poids du boulet exerce sur la vitesse initiale.

Admettant que cette influence reste la même que pour la poudre du Ripault

$$z = 3,37 \frac{\varpi}{p} \frac{A^3}{C}.$$

Reste à trouver la fonction y.

Les expériences mentionnées dans le § 13, ayant été faites avec des boulets tournés, offrent plus de précision que les autres ; le mandrin des gargousses avait, à la vérité, un diamètre égal à 158^{mm} ; mais la formule donnée dans le § 9 permet de calculer la petite diminution de vitesse due à cette circonstance.

Ces expériences ne fournissent que trois valeurs de y, correspondantes aux charges de 1^k, 2^k5 et 5^k0. Pour en obtenir une quatrième, correspondante à la charge de 3^k75, il faut recourir aux épreuves décrites dans le § 9.

	POIDS du boulet.	CHARGE du canon.	VALEUR de $V_{,.}$	VALEUR de $\frac{\varpi}{C}$.	VALEUR de y.
Canon de 30 n° 1.					
Poudre du Pont-de-Buis.	kilog.	kilog.	mètr.		
	45.4	1.0	302.0	0.04776	3.0941569
Diamètre du mandrin des gargousses, 154^{mm}	45.4	2.5	429.6	0.0444	3.0743287
	45.4	3.75	470.4	0.0666	3.0444168
	45.4	5.0	495.3	0.0888	3.0260917

Par suite

$$y = 3.0949335 - 11{,}9735 \left(\frac{\varpi}{C}\right)^2,$$

si $\frac{\varpi}{C}$ ne surpasse pas $0{,}0444$.

Il faut prendre

$$y = 3{,}0952425 - 12{,}129 \left(\frac{\varpi}{C}\right)^2,$$

quand $\frac{\varpi}{C}$ varie entre $0{,}0444$ et $0{,}0666$.

Enfin, la formule

$$y = \frac{13,30572}{4,3082 + \dfrac{\varpi}{C}}.$$

convient, lorsque $\dfrac{\varpi}{C}$ surpasse 0,0666 ; et, d'après ce qui a été dit à la fin du § 19, il est probable qu'on peut encore en faire usage quand $\dfrac{\varpi}{C} = 0,1$.

Quand les charges sont fortes, la poudre du Pont-de-Buis est fort inférieure à celle du Ripault. Dans le canon de 30 nᵒ 1, 5ᵏ de la première ne produisent pas plus d'effets que 3ᵏ75 de la seconde.

§ 24. — Expériences exécutées à Metz pour déterminer les vitesses initiales des projectiles. — Formules qui en représentent les résultats.

La commission des principes du tir a exécuté à Metz, pendant les années 1836, 1837, 1839 et 1842, une suite d'expériences sur les diverses bouches à feu de l'artillerie française.

Il en a été rendu compte dans le nᵒ 7 du *Mémorial de l'artillerie*.

Les vitesses initiales des projectiles étaient déterminées au moyen du pendule balistique.

La poudre avait été fabriquée à la poudrerie de Metz.

Dans les canons de siége et de place, un bouchon de foin était placé sur la gargousse ; un autre sur le boulet.

	BOUCHES A FEU.			
	CANON de 24 de siége.	CANON de 16 de siége.	CANON de 12 de place.	CANON de 8 de place.
Calibre de l'âme A. . . . . décim.	4.526	4.337	4.243	4.060
Longueur de l'âme L. . . . . décim.	30.86	29.78	28.45	25.45
Rapport $\frac{L}{A}$	20.22	22.275	23.207	24.01
Diamètre de la gargousse a. décim.	4.40	4.22	4.40	0.98
Rapport $\frac{a}{A}$	0.917	0.943	0.907	0.924
Diamètre du boulet. . . . décim.	4.483	4.293	4.482	4.029
Poids moyen des boulets. . kilog.	12.030	8.070	6.070	4.050
Poids d'un bouchon de foin. kilog.	0.430	0.400	0.400	0.050

On voit que le diamètre des gargousses différait très-peu de celui qui donne le maximum de vitesse (§ 12).

Les vitesses moyennes prises sur un trop petit nombre de coups ont présenté de grandes irrégularités, que la Commission a fait disparaître au moyen de tracés graphiques.

Il est naturel de chercher à comprendre ces vitesses dans des formules analogues à celles auxquelles on est parvenu pour la poudre du Ripault; mais les boulets employés dans chaque bouche à feu ayant toujours conservé le même poids et le même diamètre, les expériences n'offrent aucun moyen de déterminer la différence $V_1 - V$ et la fonction z.

On serait donc immédiatement arrêté si on ne voulait pas faire usage des expressions qui ont été la conséquence des résultats donnés par la poudre du Ripault, c'est-à-dire, si l'on n'admettait pas que la perte de vitesse due au vent du projectile peut être calculée, sinon exac-

tement, du moins à très-peu près, au moyen de la formule

$$V_{,} - V = 1742\, \omega\, \frac{\left(\frac{\varpi}{A^2}\right)^{\frac{1}{2}}}{10^{\,5,402\,\frac{\varpi}{C}}}$$

et la fonction z à l'aide de l'équation

$$z = 3.37\, \frac{\varpi}{p}\, \frac{A^2}{C}.$$

Mais, en regardant ces expressions comme suffisamment approximatives, il ne reste à déterminer que la
fonction y.

Dans chaque cas particulier la valeur de V est donnée
par l'expérience, et alors, en se servant des formules
précédentes, et de l'équation

$$\text{Log } V_{,} = \tfrac{1}{2} \log \varpi - \tfrac{1}{2} \log p + y - z$$

il est aisé d'obtenir la valeur correspondante de y.

C'est au moyen de ces valeurs isolées qu'il faut former
l'expression de la fonction. Les détails des calculs numériques n'offriraient aucun intérêt; il suffira d'en faire
connaître les résultats.

Si le rapport $\frac{\varpi}{C}$ ne surpasse pas 0,444,

$$y = 3{,}09336 - 2.47 \left(\frac{\varpi}{C}\right)^2.$$

Lorsque $\frac{\varpi}{C}$ varie entre 0,0444 et 0,666

$$y = 3{,}12456 - 18.3 \left(\frac{\varpi}{C}\right)^2.$$

Enfin, si la valeur de $\frac{\varpi}{C}$ est comprise entre 0,0666 et
0,1,

$$y = \frac{16{,}2}{5{,}2506 + \frac{\varpi}{C}}.$$

La vérification de ces formules se trouve dans le tableau suivant.

BOUCHE à feu.	CHARGE.	NOMBRE de coups.	VITESSE donnée par l'expérience.	VITESSE déduite des formules.	DIFFÉRENCE.	VITESSE donnée par les tracés graphiques de Metz.	DIFFÉRENCE.
	kilog.		mèt.	mètr.	mètr.	mètr.	mèt.
Canon de 24.	1.0	3	281	290	+ 9	287	+ 6
	1.5	3	359	355	− 4	354	− 5
	2.0	3	395	408	+ 13	406	+ 11
	2.5	3	423	450	+ 27	440	+ 17
	3.0	7	467	470	+ 3	463	− 4
	4.0	4	489	493	+ 4	501	+ 12
	6.0	2	552	543	− 9	549	− 3
Canon de 16.	0.5	6	245	241	− 4	244	− 1
	1.00	6	359	346	− 13	354	− 5
	1.333	6	404	399	− 5	406	+ 2
	1.5	6	423	422	− 1	425	+ 2
	2.0	6	463	476	+ 13	463	+ 0
	2.667	6	495	497	+ 2	501	+ 6
	3.00	6	543	549	+ 6	516	+ 3
	3.500	6	533	533	− 0	535	+ 2
	4.00	6	552	551	− 1	549	+ 3
Canon de 12 de place.	0.375	3	249	256	+ 7	243	− 6
	0.500	4	294	294	0	292	− 2
	0.750	3	350	361	+ 8	364	+ 8
	1.00	3	422	414	− 8	419	+ 3
	1.25	3	462	461	− 1	461	− 1
	1.5	4	491	494	+ 3	488	− 3
	2.0	3	539	518	− 21	523	− 16
	2.5	3	556	542	− 14	548	− 8
	3.0	3	564	569	+ 8	565	+ 4
Canon de 8 de place.	0.250	6	244	246	+ 2	243	+ 2
	0.50	6	370	352	− 18	364	− 6
	0.75	6	448	428	− 20	443	− 5
	1.00	6	489	486	− 3	488	− 1
	1.25	6	507	501	− 6	516	+ 9
	1.50	6	528	515	− 13	537	+ 9
	1.75	6	549	538	− 11	553	+ 4
	2.00	6	560	555	− 5	565	+ 5

Parmi les différences correspondantes aux vitesses calculées, il s'en trouve qui doivent paraître bien grandes,
surtout si on les rapproche de celles que l'on a rencontrées dans la discussion des expériences de Lorient; mais
les vitesses déduites des tracés graphiques en présentent
qui ne sont guère moins fortes, et cependant la faculté
de construire une courbe particulière pour chaque
bouche à feu rendait leur amoindrissement bien plus
facile. Il est donc permis de les attribuer aux irrégularités qu'offrent toujours les épreuves peu multipliées et
exécutées à de longs intervalles.

L'interposition du bouchon de foin entre la gargousse
et le projectile a dû exercer quelque influence sur la
vitesse initiale; mais les expériences n'offrent aucun
moyen de la déterminer.

Quelques essais ont encore été faits sur le canon de 12
de place, en vue de connaître les plus grandes vitesses
que l'on peut imprimer aux projectiles. En voici les
résultats:

CHARGE du canon.	BOULETS ROULANTS pesant 6k4.		OBUS ROULANTS pesant 4k454.	
	Vitesse.	Nombre de coups.	Vitesse.	Nombre de coups.
kilog.	mètr.		mètr.	
4.0	605.0	2	745.2	4
5.0	627.5	3	740.6	4
6.0	634.5	3	748.0	4
7.0	639.8	4	708.5	4
8.0	654.4	2		
10.0	648.0	4		

Ces vitesses sont toutes supérieures à celles que l'on
déduirait des formules précédentes.

CHARGE.	BOULETS MASSIFS.		OBUS.	
	Vitesse calculée.	Différence.	Vitesse calculée.	Différence.
kilog.	mètr.	mètr.	mètr.	mètr.
4	597.4	— 8.5	637.2	— 78.2
5	606.6	— 20.9	623.9	— 116.7
6	604.4	— 33.4	597.4	— 150.6
7	585.0	— 54.8	563.9	— 144.6
8	564.5	— 96.5		
10	543.0	— 153.6		

La première différence, celle qui est relative à la charge de 4^k et aux boulets massifs, n'a qu'une faible valeur numérique qui ne surpasse certainement pas les erreurs dont les résultats des expériences peuvent être affectés. Le rapport $\frac{u}{C}$ n'est encore égal qu'à 0,12296 et le produit $\frac{A^2}{C}\frac{u}{\rho}$ à 0,03596.

La grandeur des autres différences s'explique d'ailleurs fort naturellement; elles correspondent toutes à des vitesses obtenues dans des circonstances où les limites assignées à l'emploi des formules se trouvent largement dépassées. De nouvelles expressions deviennent alors nécessaires; mais les épreuves précédentes sont trop peu multipliées pour qu'elles puissent servir de base à des calculs; il n'est pas d'ailleurs à présumer qu'on songe jamais à les répéter; on sera toujours disposé à n'y voir qu'un simple intérêt de curiosité. Elles montrent du moins les erreurs auxquelles pourrait entraîner un emploi inconsidéré des formules.

D'après les explications qui ont été données dans le § 19, les modifications devraient principalement porter sur l'expression de z; il faudrait remplacer la constante n par une fonction décroissante de $\frac{\varpi}{C}\frac{A^3}{p}$.

§ 25. — **Expériences faites à Liége par M. Navez, pour déterminer l'influence que le poids du projectile exerce sur la vitesse initiale.**

En 1852, M. Navez s'est servi de son appareil électro-balistique pour chercher l'influence que le poids du projectile exerce sur la vitesse initiale; et il est à propos d'examiner si les résultats de ses expériences ne pourraient pas être représentés par des formules analogues à celles qui ont été établies précédemment.

Ces résultats sont résumés dans le tableau suivant. Les vitesses moyennes sont déduites de huit coups.

	POIDS de la charge.	POIDS du boulet.	VITESSE initiale.
Calibre du canon. . . . . . . A $= 0^{\text{d}}955$			
Diamètre moyen des boulets. $a = 0^{\text{d}}928$			
Longueur de l'âme. . . . . . . L $= 15^{\text{d}}28$	kilog.	kilog.	mètr.
Poudre fabriquée à Wetteren en 1848.		1.5	641
		2.0	567
Un sabot en papier pesant $0^{\text{k}}07$ était fixé au boulet par des bandelettes en coton.	1.00	2.5	547
		3.0	477
		3.5	443

Les formules en question sont

$$\mathrm{Log}\ V, = \tfrac{1}{2} \log \varpi - \tfrac{1}{2} \log p + y - z. \qquad z = n \frac{A^3}{C}\frac{\varpi}{p},$$

mais V, représente la vitesse qu'aurait le projectile, si son diamètre était égal au calibre de l'âme, et les expériences n'offrent aucun moyen de déterminer la perte $V, - V$ due au vent. Admettant qu'on puisse, pour la calculer, se servir de l'équation relative à la poudre du Ripault, on trouve $V_1 — V = 38,9$.

La charge étant constante, la quantité y l'est aussi. Les données du tableau fournissent cinq équations entre y et n. On y satisfait aussi bien que possible, en prenant

$$y = 2,98262 \text{ et } n = 1,1964.$$

En effet, en se servant de ces valeurs pour calculer les vitesses initiales, on obtient les résultats suivants :

	POIDS DU BOULET (kilog.).				
	1.5.	2.0.	2.5.	3.0.	3.5.
Vitesse calculée V (mètres)........	639	570	518	478	443
Excès sur l'expérience..........	— 1	+ 3	+ 1	+ 1	0

La petitesse des différences justifie les formules ; il est vrai que la manière dont la perte $V_1 — V$ a été évaluée n'est pas à l'abri de toute objection ; mais l'erreur dont cette évaluation pourrait être affectée n'aurait d'autre conséquence qu'un changement dans les valeurs de y et de n. Par exemple, si on regardait la perte $V_1 — V$ comme négligeable, et si on prenait $y = 2,94011$ et $n = 0,8797$, le calcul donnerait les valeurs ci-après.

	POIDS DU BOULET (kilog.).				
	1.5.	2.0.	2.5.	3.0.	3.5.
Vitesse calculée (mètres)........	639	568	517	477	445
Excès sur l'expérience........	— 1	+ 1	0	0	+ 2

La forme des expressions algébriques dont on a fait

choix paraît donc s'étendre à toutes les poudres ; mais les coefficients varient de l'une à l'autre ; la valeur de *n*, par exemple, est bien moindre pour la poudre de Wetteren que pour celle du Ripault.

C'est par suite de cette circonstance que la formule ne cesse pas de subsister, bien que le rapport $\dfrac{\varpi}{p}\dfrac{A^2}{C}$ atteigne la valeur de 0,0533.

§ 26.—Variation du calibre.—Application des formules au canon de 50.

Les expériences exécutées sur le canon de 30 n° 1 sont les seules qui aient servi de base à l'établissement des formules du § 21 ; et le principe de la similitude auquel on a eu constamment recours n'est pas d'une exactitude rigoureuse ; il ne faudra donc pas s'étonner si, en appliquant les expressions des vitesses à des bouches à feu d'un calibre très-différent de celui du canon de 30, on se trouve en désaccord avec les résultats d'une épreuve directe.

Il paraît cependant que le principe de la similitude peut être employé entre des limites fort étendues, et ce qui le prouve, c'est la possibilité démontrée dans le § 24 de comprendre dans les mêmes formules les résultats des expériences exécutées à Metz sur les canons de 24, de 16, de 12 et de 8.

Une épreuve faite à Lorient, en 1845, sur un canon de 12 et à l'aide du pendule balistique, a fourni une occasion de vérifier les expressions du § 21.

Calibre de l'âme.	1^c207
Longueur.	21^c11
Diamètre du boulet.	1^c173
Diamètre du mandrin des gargousses.	1^c10
Poids du boulet	6^k093
Poids de la charge.	2^k00

La poudre provenait du Ripault. Une moyenne prise sur dix coups a donné 504^m9 pour la valeur de la vitesse. D'après les formules, cette dernière serait égale à 499^m7 ; la différence est de 5^m2 et peut être attribuée aux variations inséparables de ce genre de recherches ; elle ne dépasse pas $\frac{1}{100}$ de la valeur.

En 1858 et 1859, on a fait quelques expériences sur le canon de 50, en se servant de l'appareil électro-balistique.

Calibre de l'âme. . . . . 1^m04
Longueur. . . . . 30^m04
Diamètre du boulet. . . . . 1^m89
Diamètre du mandrin des gargousses. . . . . . . 1^m76
Poids du boulet. . . . . 25^k00
Poids de la charge. . . . . 8^k33
Poudre du Ripault.

La vitesse calculée serait égale à 488^m7 ; mais depuis longtemps les expériences sur les portées avaient conduit à regarder cette valeur comme trop grande, et dans la construction des tables de tir, on l'avait réduite à 470^m.

Onze coups ont été tirés le 4 novembre 1858, et 15 le 19 juillet 1859 ; les premiers ont donné 471^m pour la vitesse moyenne, et les seconds 474^m.

Le 17 mars 1860, on a procédé à une nouvelle épreuve, en opérant comparativement sur un canon de 30, tirant à boulets massifs du poids de 15^k10 et à la charge de 5^k0. Les moyennes ont été prises sur 16 coups. Les charges destinées aux deux bouches à feu étaient extraites des mêmes barils.

Cette fois la vitesse moyenne des boulets de 50 a été égale à 488^m5 et a atteint par conséquent la valeur indiquée par les formules ; mais on ne peut attribuer cet accord qu'à la qualité supérieure et sans doute accidentelle de la poudre dont on a fait usage ; car la vitesse des boulets de 30, qui, d'après tous les faits antérieurs, aurait dû être de 485^m, s'est trouvée égale à 495^m.

Ainsi, les formules du § 21 ne s'appliquent pas au canon de 50, du moins pour les fortes charges ; elles assignent aux vitesses des valeurs trop grandes. Il est à regretter que les circonstances n'aient pas permis de procéder aux études dont cette bouche à feu devait être l'objet.

Une expérience a été faite au mois d'août 1863 sur un canon pesant 11,540 kilog., et dont le calibre était de 32^c05 ; l'âme avait une longueur égale à 3^m00, et par conséquent à 10 calibres environ ; le diamètre des boulets était de 31^c45 et leur poids de 122^k5. La charge pesait 15^k ; le diamètre du mandrin des gargousses était égal à 293^{mm}. La poudre provenait du Ripault, et une épreuve comparative faite sur un canon de 30 a montré qu'elle avait sa force ordinaire. Un valet en algue d'une longueur de 230^{mm} et du poids de 3^k700 était placé entre la gargousse et le projectile.

D'après les formules, la vitesse initiale aurait dû être égale à 342^m ; mais la présence du valet la diminuait d'environ 4 à 5^m (§ 29) ; soit donc 337^m.

L'expérience n'a donné que 306^m2, moyenne prise sur dix coups. La différence est de 31^m.

Ainsi, les effets de la poudre sont moindres dans les canons de 32^c que dans ceux de 16^c ; leur affaiblissement est probablement dû à l'obstacle que l'épaisseur de la gargousse oppose à la propagation de l'inflammation, et dès lors il doit être d'autant plus sensible que les rapports $\dfrac{C}{\varpi}$ et $\dfrac{p}{A^3}$ sont moindres.

Si donc il était réellement question d'introduire dans la marine des bouches à feu d'un très grand calibre, il serait nécessaire de les soumettre préalablement à de nouvelles études.

§ 27. — **Variations du chargement.** — **Influence des sabots sur la vitesse initiale.**

Jusqu'à présent, on ne s'est occupé que du chargement le plus simple, uniquement composé de la gargousse et du boulet ; et c'est à ce seul cas que s'appliquent les formules du § 24 ; mais d'autres modes de chargement sont encore en usage.

Souvent les boulets sont ensabotés, et cette circonstance modifie leur vitesse initiale.

Le sabot est ordinairement en bois et tronconique ; du côté de la grande base, une cavité dont la forme est celle d'une calotte sphérique reçoit le projectile ; des bandelettes en fer-blanc unissent les deux corps.

Si le sabot se conservait intact dans le tir et si les deux mobiles dénués d'élasticité sortaient du canon avec la même vitesse, le calcul de cette dernière n'offrirait aucune difficulté. Soit, en effet, s le poids du sabot ; il suffirait de remplacer dans les formules p par $p + s$. Par suite, l'emploi du sabot entraînerait toujours une diminution de vitesse.

Mais les choses ne se passent pas ainsi ; les effets de l'élasticité ne sont pas négligeables ; de plus, le sabot qu'on a bien soin de faire aussi léger que possible se brise, et ses débris, s'introduisant entre les parois de l'âme et le projectile, contrarient la fuite du gaz.

Il a été exécuté à Metz deux séries d'expériences sur le canon de 12 de place ; l'une avec des boulets roulants, l'autre avec des boulets ensabotés ; les résultats de la première sont rapportés dans le § 24. Il est naturel de comparer les vitesses dues à la même charge dans les deux circonstances. On peut pour cela prendre, soit les données immédiates des expériences, soit les vitesses régularisées au moyen des tracés graphiques employés par la commission.

Soit, pour abréger, V_s la vitesse du boulet ensaboté, V désignant toujours la vitesse du boulet roulant.

Canon de 12 de place.	CHARGE.	RAPPORT de la vitesse du boulet ensaboté à celle du boulet roulant.	
		d'après les données de l'expérience.	d'après les tracés graphiques.
Longueur du sabot en bois. . . . . . 52^{mm}	kilog.		
Diamètre antérieur. 116	0.50	1.030	1.031
Diamètre postérieur.. 108	0.75	1.047	1.047
Profondeur de la cavité. 40	1.00	1.007	1.042
Poids du sabot et des bandelettes. $s = 0^k128$	1.50	1.017	1.042
Poids du boulet . . . . $p = 6^k070$	2.00	0.986	1.025
$\frac{s}{p} = 0,021$	2.50	1.021	1.025
	3.00	1.012	1.019

Les variations du rapport sont certainement au-dessous des erreurs dont peuvent être entachées les observations.

En prenant des moyennes, on a, suivant qu'on s'en rapporte aux données immédiates de l'observation ou aux tracés graphiques :

$$\frac{V_s}{V} = 1,017 \quad \text{ou} \quad \frac{V_s}{V} = 1,020.$$

On a rapporté dans le § 10 et dans le § 11 les résultats de deux séries d'expériences exécutées avec le canon de 30 n° 1, les unes avec des boulets creux roulants, les autres avec des boulets creux ensabotés ; en les rapprochant, on obtient le tableau suivant.

Canon de 30 n° 1. Sabots: leur description se trouve dans le § 14. Poids d'un sabot. . . . $s = 0^k294$ Poids d'un boulet . . . $p = 10.640$ $\frac{s}{p} = 0,028.$	CHARGE.	VITESSE DU BOULET		RAPPORT de la vitesse du boulet ensaboté à celle du boulet roulant.
		roulant.	ensaboté.	
	kilog.	mètr.	mètr.	
	1.00	310.3	315,2	1.016
	2.5	477.	483.2	1.013
	3.75	530.4	539.0	1.015

$$\text{valeur moyenne } \frac{V_s}{V} = 1,045.$$

Dans les deux circonstances que l'on vient de citer, l'interposition du sabot a augmenté la vitesse initiale ; mais il n'en serait plus de même si son poids venait à dépasser une certaine limite.

Voici en effet les résultats d'une expérience exécutée à Gâvre, le 27 et le 28 novembre 1858 ; les vitesses étaient mesurées à l'aide de l'appareil électro-balistique.

Canon de 36 modèle 1856. Poids d'un sabot.. . . . $s = 1^k0$ Poids d'un boulet creux. $p = 12.66$ $\frac{s}{p} = 0,079.$	CHARGE.	VITESSE DU BOULET		RAPPORT de la vitesse du boulet ensaboté à celle du boulet roulant.
		roulant.	ensaboté.	
	kilog.	mètr.	mètr.	
	2.0	407.9	405.4	0.994
	3.0	474.2	468.1	0.987
	4.5	535.1	526.3	0.984

$$\text{valeur moyenne } \frac{V_s}{V} = 0,988.$$

D'après ces résultats, on peut, pour calculer la vitesse $V_{\prime}$ des boulets ensabotés, se servir de la formule

$$\frac{V_{\prime}}{V} = \frac{1,836}{1,78 + \frac{s}{p}} .$$

En effet, quand on y fait successivement $\frac{s}{p} = 0,021$, $\frac{s}{p} = 0,028$, $\frac{s}{p} = 0,079$, elle donne pour $\frac{V_{\prime}}{V}$ les valeurs suivantes : $1,019 - 1,015 - 0,988$.

Quand $\frac{s}{p} = 0,056$, on a $\frac{V_{\prime}}{V} = 1$, c'est-à-dire que la vitesse du boulet ensaboté est égale à celle du boulet roulant.

D'autres expériences, dont une partie a été déjà mentionnée dans le § 19, ont été faites le 3 décembre 1858.

Caronade de 30 Poids du sabot.......... $s = 0^k 6$ Poids du boulet....... $p = 14.5$ $\frac{s}{p} = 0,053$.	CHARGE.	VITESSE DU BOULET		$\frac{V_{\prime}}{V}$
		roulant V.	ensaboté $V_{\prime}$.	
	kilog.	mètr.	mètr.	
	4.60	355.7	353.0	0.992

D'après la formule précédente, la valeur de $\frac{V_{\prime}}{V}$ serait 1,002 et la vitesse $V_{\prime}$ devrait être supérieure à l'autre ; c'est le contraire qui a eu lieu ; mais les valeurs des vitesses ne sont point à l'abri de quelque erreur, et il suffirait de leur faire subir une très-légère altération pour les mettre d'accord avec la formule.

Si, sans altérer les propriétés du sabot, on pouvait le modifier de telle sorte que son poids devînt négligeable, on aurait $\dfrac{V_{,}}{V} = \dfrac{1,830}{1,78} = 1,031$. C'est la limite de l'augmentation de vitesse que peut procurer l'emploi du sabot.

§ 28. — Variations du chargement. — Interposition d'un valet mou en étoupe entre la gargousse et le projectile.

L'interposition d'un valet compressible entre la gargousse et le boulet est favorable à la combustion de la poudre. Sous l'impulsion des premiers gaz développés, les grains s'écartent les uns des autres, en se répandant dans l'espace que leur cède le valet et sont plus facilement atteints par la flamme. D'un autre côté, cette augmentation d'espace entraîne une diminution de la tension des gaz, et le poids du valet s'ajoute à celui du projectile. On conçoit dès lors qu'il doit y avoir un valet dont la longueur donne un maximum de vitesse.

Quelques expériences ont été faites à Lorient le 12 et le 13 janvier 1848, à l'aide du pendule balistique.

Canon de 30 n° 1 : diamètre, 1ᵈ648 ; capacité, 56ᵈᵉᶜ3.

Boulets massifs : diamètre, 1ᵈ696 ; poids, 15ᵏ04.

Poudre du Ripault : charge du canon, 5ᵏ0.

Valets compressibles en filin blanc : diamètre, 1ᵈ6 ; longueur, 1ᵈ07 ; poids, 0ᵏ400.

Les deux chargements, l'un sans valet, l'autre avec valet, étaient essayés alternativement le même jour ; les moyennes prises sur huit coups.

> Vitesse donnée par le chargement sans valet . 476ᵐ4
> —   —   avec valet.. 480ᵐ5

La différence est de 4ᵐ1 à l'avantage du valet.

On remarquera sans doute que les deux vitesses sont inférieures à celles que donne habituellement la charge de 5ᵏ, savoir 485ᵐ. Les variations de ce genre ne sont que trop fréquentes.

D'autres expériences ont été faites en 1858 avec l'appareil électro-balistique ; et bien qu'on se soit servi d'un canon rayé et de boulets ogivaux, on croit devoir les rapporter ici.

Canon de 30 rayé.	Diamètre de l'âme.	1^d644
	Longueur.	27^d7
	Distance du fond de l'âme à l'origine des rayures	2^d5
	Diamètre du cercle équivalent à la section transversale de l'âme et des rayures.	1^d679
	Capacité de l'âme, y compris celle des rayures.	60^d7

Boulets ogivaux : diamètre, 1^d623 ; poids, 30^k.

Poudre de Vouges, 1858 : diamètre du mandrin des gargousses, 1^d5. Valets en filin blanc et du diamètre de 1^d55, consolidés au milieu de leur longueur par une forte ligature ; les uns avaient 0^d5 de longueur ; les autres, 1^d0 ; les premiers pesaient 0^k200 ; les seconds, 0^k35 ; le poids de la ligature était par suite de 0^k05. Dans le chargement de la pièce, l'action du refouloir faisait perdre aux valets les ⅛ de leur longueur.

RÉSULTATS DES EXPÉRIENCES.

	JOUR DU TIR.								
	4 SEPTEMBRE.			4 SEPTEMBRE.			14 SEPTEMBRE.		
	Charge: 2 kil.			Charge: 3 kil.			Charge: 3 kil.5.		
	Sans valet.	Valet de 0k5.	Valet de 1k0.	Sans valet.	Valet de 0k5.	Valet de 1k0.	Sans valet.	Valet de 0k5.	Valet de 1k0.
Vitesse moyenne des boulets.	280m6	283m4	278m3	343m9	316m9	308m2	323m2	325m9	323m8
Écart moyen.	1m7	2m8	1m3	5m8	4m9	4m8	4m1	4m9	5m1
Nombre de coups.	40	10	7	7	40	40	12	15	13

Dans ces trois expériences, on voit la vitesse croître d'abord avec la longueur du valet, puis décroître ; il y a donc réellement pour chaque charge un valet qui donne le maximum de vitesse.

Mais la détermination de la longueur de ce valet dépend de l'évaluation des légères différences que présentent les vitesses ; elle demanderait des épreuves plus multipliées, et le peu d'intérêt qu'offre la question empêchera toujours de les entreprendre.

§ 29. — Interposition d'un valet en algue marine entre la gargousse et le boulet.

Les valets en algue marine sont maintenant fort employés. Ils sont formés de torons très-serrés et n'ont pas la souplesse des valets en étoupe. Dans le chargement de la pièce, l'action du refouloir n'altère pas sensiblement leurs dimensions.

Ils ont été à Gâvre, en 1858, l'objet de quelques expériences où les vitesses étaient mesurées à l'aide de l'appareil électro-balistique.

Canon de 30 n° 1 : diamètre de l'âme, 1^m648 ; capacité, $56^{dc}3$.

Boulets massifs : diamètre, 1^m696 ; poids, 15^k1.

Poudre du Ripault 1856.

Parmi les valets, les uns avaient 0^m55 de longueur ; les autres 1^m10 ; les premiers pesaient 0^k2, et les seconds 0^k4 ; leur diamètre commun était égal à 1^m6.

Dans la même séance, cinq chargements différents étaient essayés comparativement ; on les faisait varier d'un coup à l'autre et suivant le même ordre.

RÉSULTATS DES EXPÉRIENCES.
(Moyennes prises sur 45 coups.)

CHARGE.	CHARGEMENT				
	sans valet.	un valet de 0^m55.	un valet de 1^m10.	un valet de 1^m10, un valet de 0^m55.	deux valets de 1^m10.
	LONGUEUR DES VALETS.				
	0 — Vitesse.	0^m55. — Vitesse.	1^m10. — Vitesse.	1^m65. — Vitesse.	2^m10. — Vitesse.
	mètr.	mètr.	mètr.	mètr.	mètr.
3 kil. 500.	458.5	454.6	448.8	445.3	436.9
5 kil. 000.	486.5	487.5	489.4	477.7	474.4

Les résultats obtenus avec la charge de 3^k500 semblent
donner la supériorité au chargement sans valet; d'après
les autres, il y aurait un valet donnant le maximum de
vitesse. Cette contradiction indique que les nombres indiqués par l'observation sont entachés d'assez fortes irrégularités. Il n'est pas probable d'ailleurs que l'algue soit
entièrement privée des propriétés de l'étoupe; seulement
le valet auquel correspond le maximum d'effet n'a
qu'une faible longueur.

§ 30. — Espace vide ménagé entre la gargousse et le fond de l'âme.—Le feu mis par l'avant de la charge.

En 1846, M. Delvigne a proposé un nouveau mode
de chargement.

Un espace vide est ménagé entre la gargousse et le
fond de l'âme; le projectile est en contact immédiat avec

la gargousse ; l'inflammation commence par la partie antérieure de la charge.

Un premier essai a été fait en 1846. Des expériences plus nombreuses ont été exécutées à Gâvre en 1859, à l'aide de l'appareil électro-balistique ; on a fait varier la position et la grandeur du vide, ainsi que le point d'inflammation.

On obtenait le vide, au moyen de deux petites planchettes en bois mince, assemblées à angle droit.

Pour porter le feu à l'avant de la charge, on faisait passer sur la partie supérieure de la gargousse un brin de mèche bien isolé aboutissant à la lumière.

Canon de 30 n° 1 : diamètre de l'âme, 1^{m}648.

Boulets massifs : diamètre, 1^{m}596 ; poids, 15^{k}05.

Poudre du Ripault 1856 : diamètre du mandrin des gargousses, 1^{d}5 ; charge du canon, 5^{k}0.

JOUR DU TIR.	CHARGEMENT.	VITESSE.	NOMBRE de coups.
		mètr.	
9 novembre..	La gargousse en contact avec le fond de l'âme et le boulet (chargement ordinaire), feu par l'arrière............	495.7	16
	Idem, feu par l'avant..............	487.1	14
14 novembre..	Idem, feu par l'arrière............	494.8	17
	Vide de 8° à l'arrière, feu par l'arrière....	497.3	16
1er décembre..	Idem, feu par l'arrière............	497.4	19
	Idem, feu par l'avant.............	509.3	16
2 janvier....	Idem, feu par l'avant.............	507.5	12
	Vide de 4° à l'arrière, feu par l'avant......	510.8	12

Exécutées à des jours différents, ces expériences sont très-comparables entre elles. En effet, le 9 et le 14 novembre, le chargement ordinaire (sans vide en avant ou en arrière, feu par l'arrière) a donné des vitesses à très-peu près égales, savoir : 495^{m}7 et 494^{m}8 ; le 14 novembre et le 1er décembre, on a obtenu, avec un vide de 8° à l'arrière et le feu mis par l'arrière, des vitesses de 497^{m}3 et de 497^{m}2 ; enfin le 1er décembre et le 2 janvier, on a eu, avec le même vide à l'arrière et le feu mis par l'avant, des vitesses égales à 509^{m}3 et 507^{m}5, vitesse moyenne 508^{m}4.

La vitesse correspondante au chargement ordinaire 495^{m}7 surpasse celle que l'on rencontre habituellement, savoir : 485^m ; c'est un exemple des variations accidentelles qu'éprouve la poudre et qui rendent si difficile la comparaison des expériences faites à diverses époques.

L'expérience du 9 novembre montre qu'avec le chargement ordinaire, il y aurait du désavantage à mettre le feu par l'avant ; mais, d'après celle du 1er décembre, il en est autrement quand il existe un certain vide en arrière de la gargousse.

Il est à remarquer que quand ce vide était de 8e et que le feu était mis par l'arrière, on a obtenu à peu près la même vitesse qu'avec le chargement ordinaire.

La supériorité évidente du chargement proposé par M. Delvigne s'explique facilement. Les premiers gaz développés repoussent en arrière la masse entière de la charge ; les grains séparés les uns des autres sont plus aisément atteints par la flamme et la combustion devient plus complète ; mais un vide trop grand apporterait une forte diminution dans leur tension. Il serait donc utile de déterminer le vide qui produit le maximum d'effet.

Des résultats qui précèdent, on déduit le tableau suivant :

CHARGEMENT DE M. DELVIGNE.	LONGUEUR du vide.	VITESSE initiale.
Vide en arrière de la gargousse.	décimèt.	mètr.
Feu mis par l'avant.	0.0	487.1
	0.4	510.8
Charge. . . . . 5 kil. 00	0.8	508.4

Soit v la vitesse correspondante à un vide d'une longueur x, l la longueur qui donne la plus grande vitesse V.

Dans le voisinage du maximum d'effet, on peut poser

$$v = V - H\left(1 - \frac{x}{l}\right)^2,$$

H désignant une quantité positive. En faisant successivement $x = 0$, $x = 0,4$, $x = 0,8$ et mettant pour v les vitesses correspondantes indiquées par le tableau, on a trois équations dont la résolution conduit à

$$l = 0,56$$
$$H = 25,865$$
$$V = 513$$

et il est facile de vérifier qu'en évaluant en décimètres cubes le volume du vide qui donnerait le maximum de vitesse, il se trouve à très-peu près égal au quart du poids de la charge.

Mais la petitesse des différences que présentent les vitesses sur lesquelles est fondé le calcul ne permet pas d'attacher à cette détermination l'idée d'une grande exactitude; il faudrait des expériences plus nombreuses et plus variées.

Pour faciliter l'application de son mode de chargement, M. Delvigne proposait de terminer l'âme de la bouche à feu par une chambre d'un diamètre un peu inférieur à celui de la gargousse; cette chambre resterait vide; la lumière serait placée à l'avant de la charge.

§ 31. — Bouches à feu à chambres.

Quelquefois la bouche à feu a une chambre qui reçoit la charge. Cette chambre est ordinairement cylindrique et raccordée par une surface tronc-conique avec le cylindre de l'âme.

$$-133-$$

L'influence du diamètre a du mandrin de la gargousse se fait surtout sentir avant que le projectile ait éprouvé un déplacement sensible. Si donc $A_{,}$ désigne le diamètre de la chambre, c'est par l'équation

$$a = 0,916\, A_{,,}$$

qu'il faut déterminer a lorsqu'on veut obtenir le maximum de vitesse.

Il est naturel de chercher si les formules auxquelles on est parvenu précédemment ne seraient pas applicables à une pareille bouche à feu ; il faut alors, pour évaluer la capacité C, calculer les volumes de la chambre, du raccordement et du cylindre de l'âme, puis en faire la somme.

Les formules du § 21 supposent qu'aucun vide n'existe entre la gargousse et le projectile. Ordinairement ce dernier est muni d'un sabot qui remplit le raccordement et on donne à la gargousse une longueur égale à celle de la chambre, en y adaptant au besoin un petit tampon cylindrique en bois léger. L'expression du rapport $\frac{V_{,}}{V}$, trouvée dans le § 27, conduit alors à la valeur de la vitesse.

Une expérience a été faite à Gâvre, le 6 novembre 1856, sur un obusier de 22ᶜ nᵒ 1, modèle 1842.

Diamètre de l'âme.		2·24
— de la chambre.		1·65
Longueur de la chambre.		2·15
— du raccordement.		1·25
— du cylindre de l'âme		23·12
Projectiles.	Diamètre.	2·202
	Poids.	26·0
Sabots.	Diamètre antérieur.	1·98
	— postérieur.	1·46
	Longueur.	0·80
	Profondeur de la cavité.	0·58
	Poids.	0·61

Poudre du Ripault. Diamètre du mandrin des gargousses, $1^{d}5$. La vitesse initiale mesurée à l'aide de l'appareil électro-balistique et déduite de 12 coups, a été trouvée égale à 382^{m}.

La capacité totale de l'âme $C = 99^{d.c.}25$.

Les formules donnent pour la vitesse du boulet supposé roulant et d'un diamètre égal au calibre de l'âme $V_{,} = 401^{m}7$.

La perte de vitesse due au vent, $V_{,} - V = 27^{m}4$; ainsi $V = 373^{m}3$.

Le rapport du poids du sabot au poids du projectile $\frac{\pi}{p} = 0{,}023$; ainsi, d'après la formule du § 27, $\frac{V_{,}}{V} = 1{,}018$; et par suite,

$$V_{,} = 380^{m},$$

nombre bien peu différent de celui qui est indiqué par les épreuves.

Des expériences ont été exécutées à Metz sur un obusier de 15^{c} en bronze (*Mémorial de l'artillerie*, n° 7).

Diamètre de l'âme		$1^{d}311$ *
— de la chambre		$1^{d}061$
Longueur de la chambre		$1^{d}30$
— du raccordement		$1^{d}00$
— du cylindre de l'âme		$13^{d}85$
Projectiles.	Diamètre	$1^{d}489$
	Poids	$7^{k}7$
	Diamètre antérieur	$1^{d}38$
	Diamètre postérieur	$1^{d}18$
Sabots.	Longueur	$0^{d}51$
	Profondeur de la cavité	$0^{d}39$
	Poids	$0^{k}290$
Gargousses en serge. Diamètre extérieur		$0^{d}97$

La forme du raccordement ne permettait pas au sabot de pénétrer jusqu'à l'entrée de la chambre; mais la gar-

---

* *Balistique* du général Didion, page 487.

gousse était fixée à un tampon de 0^d90 de diamètre et assez long pour atteindre l'arrière du sabot.

| CHARGE. | | TAMPON. | | VITESSE du projectile. | NOMBRE de coups. |
Poids.	Longueur.	Longueur.	Poids.		
kilog.	décimèt.	décimèt.	kilog.	mètr.	
0.50	0.80	0.80	0.498	274.4	6
0.75	1.13	0.48	0.459	330.3	3
1.00	1.49	0.20	0.043	368.4	6

Le tableau suivant offre les résultats de l'application des formules. Pour le calcul du rapport $\frac{V_o}{V}$, on a ajouté au poids du sabot celui du tampon employé. La capacité totale de l'âme $C = 27^{d.c.}295$.

CHARGE.	VITESSE du boulet roulant et d'un diamètre égal au calibre de l'âme V_1	PERTE de vitesse due au vent de $2^{mm}2$ $V_1 - V$.	VITESSE du boulet employé et roulant V.	VALEUR du rapport $\frac{V_o}{V}$.	VITESSE du boulet ensaboté V_o.	EXCÈS sur la vitesse donnée par l'expérience.
kilog.	mètr.	mètr.	mètr.		mètr.	mètr.
0.50	296.4	24.8	274.3	0.996	273.2	+ 1.8
0.75	350.9	22.7	328.2	0.999	327.9	— 2.4
1.00	394.8	22.9	368.9	1.007	374.5	+ 3.1

Les différences ne surpassent certainement pas les erreurs dont les observations peuvent être affectées.

Il est vrai que, pour calculer les valeurs de la fonction y,

on s'est servi des formules du § 21, au lieu d'employer
celles du § 24, qui résument spécialement les effets de la
poudre de Metz ; mais par là on serait arrivé à peu près
aux mêmes résultats ; on aurait en effet trouvé pour les
trois vitesses des boulets ensabotés : 273ᵐ0 — 327ᵐ2 —
370ᵐ1 et, par suite, les trois différences $+1,6$, $—3,1$,
$+1,7$. L'accord aurait été encore plus satisfaisant.

On peut légitimement conclure des faits qui précèdent
que les formules construites d'après les expériences exécutées sur les canons cylindriques dans toute leur longueur peuvent être appliquées aux bouches à feu pour-
vues de chambres, du moins tant que les formes et les
dimensions de ces dernières ne s'écartent pas de celles qui
sont en usage.

Il résulte de là que, pourvu que le canon conserve la
même capacité, il importe peu que l'âme soit ou non
terminée par une chambre ; la vitesse initiale du projectile demeure toujours la même. Toutefois cette conséquence ne doit pas être adoptée en toute rigueur et appliquée indifféremment à toutes les bouches à feu. Si, par
exemple, conformément aux faits rapportés dans le § 26,
la grandeur du calibre est telle qu'elle entraîne un affaiblissement des effets de la poudre, l'introduction d'une
chambre peut être avantageuse ; en effet, l'inflammation
se produit alors dans une capacité d'un moindre diamètre.

§ 32. — Effets des petites charges.

Lorsque la charge est très-faible, les formules assignent à la vitesse initiale une valeur trop grande.

BOUCHES À FEU.	Calibre de l'âme.	Longueur de l'âme.	Sabots — Poids.	BOULETS.		CHARGE	VITESSE déduite des formules.	VITESSE trouvée à Metz.	Nombre de coups.
				Poids.	Diamètre.				
	décim.	décim.	kilog.	kilog.	décim.	kilog.	mètr.	mètr.	
12 de place...	4.243	28.45	0.428	6.08	4.482	0.062	98	91	3
						0.425	444	433	3
						0 250	210	205	3
8 de campagne...	4.00	16.47	0 420	4.05	4.029	0.062	128	402	4
						0.425	473	404	4
						0.250	204	248	4

Les vitesses calculées sont toutes supérieures à celles qui ont été obtenues dans les expériences.

A Metz, on a encore fait usage de la charge de 0ᵏ25 dans l'obusier de 15ᶜ décrit § 34 ; l'obus était ensaboté ; le tampon additionnel avait 1ᵈ1 de longueur et pesait 0ᵏ278. — La vitesse obtenue a été de 183 mètres ; la vitesse calculée serait de 195 mètres.

Autre exemple. Obusier de montagne essayé à Metz.

Diamètre de l'âme.	1ᵈ206
Diamètre de la chambre.	0ᵐ83
Longueur comprise entre le raccordement et la chambre.	6ᵈ70
Longueur du raccordement.	0ᵈ70
— de la chambre.	0ᵈ70
Diamètre de l'obus.	1ᵈ178
Poids de l'obus.	4ᵏ28
— du sabot.	0ᵏ240

Trois coups ont donné une vitesse moyenne égale à 245ᵐ1. La vitesse calculée est de 256ᵐ8.

Les pertes de chaleur sont plus sensibles lorsque les charges sont petites, et c'est probablement à cette circonstance qu'il faut surtout attribuer l'affaiblissement des vitesses.

Par suite, dans les petits calibres, les effets de la poudre doivent être moindres.

§ 33. — Pression moyenne des gaz dans le canon.

En supposant le boulet d'un diamètre égal au calibre de l'âme, il est facile d'obtenir la valeur moyenne des pressions auxquelles il est soumis pendant qu'il se meut dans le canon.

Les pressions que supportent à un même instant les divers éléments de la surface du projectile sont probablement inégales ; mais leurs effets peuvent toujours être remplacés par ceux d'une certaine pression moyenne. Soit Π_x la valeur de cette dernière rapportée au décimètre carré, lorsque le mobile se trouve à une distance x du fond de l'âme.

Si alors S désigne la section transversale de l'âme, exprimée en décimètres carrés, il est clair que la force qui pousse le projectile en avant est égale à $S \Pi_x$.

Soit encore L la longueur totale de l'âme, L_0 la distance que le chargement laisse entre le fonds de l'âme et le boulet. La somme des quantités de travail dues aux actions successives des gaz sur le projectile est représentée par

$$S \int_{L_0}^{L} \Pi_x \, dx,$$

et le double de cette intégrale doit être égal à la force vive acquise par le mobile. Dans l'expression de cette dernière, savoir $\dfrac{p V^2}{g}$, le mètre est l'unité de longueur, tandis que, pour l'intégrale, c'est le décimètre. On obvie à cet inconvénient en multipliant par 100 la valeur de V_1^2 et par 10 celle de g. On obtient par suite l'équation

$$\frac{p\,V_1^2}{g} = \frac{S}{5} \int_{L_0}^{L} \Pi_x \, dx.$$

Il existe toujours une quantité Π, comprise entre la plus grande et la plus petite des valeurs de Π_x et telle que

$$\Pi\,(L - L_0) = \int_{L_0}^{L} \Pi_x \, dx.$$

C'est à cette quantité Π ainsi définie par l'équation

$$\Pi = \frac{\displaystyle\int_{L_0}^{L} \Pi_x \, dx}{L - L_0} \, ,$$

qu'on donne le nom de *pression moyenne des gaz sur le projectile ;* c'est la pression constante dont les effets remplaceraient ceux des actions variables des gaz. L'équation des forces vives devient alors

$$\frac{p\,V_1^2}{g} = \frac{(L - L_0)\,S}{5} \Pi$$

d'où

$$\Pi = \frac{5\,p\,V_1^2}{g\,(L - L_0)\,S} .$$

c'est l'expression de la pression moyenne, estimée en kilogrammes et par décimètre carré.

Lorsque le canon n'a pas de chambre, $C = L\,S$. Si on n'emploie ni valets, ni sabots, et si on ne laisse aucun vide soit à l'avant, soit à l'arrière de la charge, il est clair que la distance L_0 est égale à la longueur λ de la gargousse. D'après le § 2, $\lambda = 1,4 \dfrac{\varpi}{A^2}$; et d'ailleurs, lors-

— 140 —

qu'on veut obtenir le maximum d'effet, $a = 0,916 \, A$;
d'où

$$\lambda = 1,668 \frac{\varpi}{A^2},$$

équation qu'on peut remplacer par la suivante

$$\lambda = 1,31 \frac{\varpi}{S}.$$

Par suite $(L - L_o) \, S = (L - \lambda) \, S = C - 1,31 \, \varpi$ et

$$\Pi = \frac{S \, p \, V_{,}^2}{g \, (C - 1,31 \, \varpi)}.$$

La pression atmosphérique est évaluée moyennement
à $103^k 3$ par décimètre carré. Si donc, conformément à
l'usage, on veut exprimer la pression moyenne des gaz
en atmosphères, il faut diviser le second membre de
l'équation par 103,3. En prenant alors $g = 9,81$, on
obtient la formule

$$\Pi = \frac{p \, V_{,}^2}{203 \, (C - 1,31 \, \varpi)}.$$

On peut en faire l'application au canon de 30 n° 1, en
adoptant pour les vitesses initiales les valeurs données
dans le § 19. On forme ainsi le tableau suivant.

CANON DE 30 n° 1. C = 56.3. — Poids du boulet.	CHARGES.					
	1k0.		2k50.		5k0.	
	Vitesse $V_{,}$.	Pression moyenne.	Vitesse $V_{,}$.	Pression moyenne.	Vitesse $V_{,}$.	Pression moyenne.
kilog.	mètr.	atmosph.	mètr.	atmosph.	mètr.	atmosph.
15.400	303.2	127	449.4	289	525.4	421
10.827	355.6	122	542.6	265	575.4	355

Lorsque, pour revenir à la réalité, on suppose le diamètre du boulet inférieur au calibre de l'âme, on est naturellement conduit à remplacer V, par V et la section transversale de l'âme par le grand cercle du projectile ; soit s l'aire de ce grand cercle.

On obtient ainsi

$$\Pi = \frac{s\,p\,V^2}{g\,(L - L_0)\,s}$$

mais cette formule doit donner une valeur un peu trop faible ; en effet, les gaz qui s'échappent par le vent du boulet exercent nécessairement une certaine pression sur la partie antérieure de ce dernier, en sorte que le mobile n'est poussé en avant que par la différence des pressions que supportent ses deux hémisphères ; et c'est la valeur moyenne de cette différence qui est réellement donnée par l'expression précédente.

§ 34. — L'inclinaison de la bouche à feu a-t-elle quelque influence sur la vitesse initiale du projectile.

Lorsque le canon est incliné au-dessus de l'horizon, le poids du projectile donne une composante opposée à l'action de la poudre et, si elle était assez forte pour occasionner un retard sensible dans le déplacement du mobile, la combustion de la charge serait certainement plus complète. De là, l'opinion souvent émise que la vitesse initiale du boulet croît avec l'inclinaison de la bouche à feu ; et ce qui semblait lui donner quelque fondement, c'est que l'équation généralement adoptée pour la trajectoire ne s'accordait avec l'expérience qu'en admettant un accroissement assez rapide, même sous de faibles inclinaisons, en sorte que réel ou fictif, il était nécessaire d'en tenir compte lorsqu'on voulait faire usage de cette équation.

Mais la pesanteur comparée à l'immensité des pressions

produites par les gaz est une force trop faible pour que de pareils effets puissent lui être attribués.

Voici d'ailleurs les résultats des expériences faites à ce sujet par M. Navez.

	INCLINAISON du canon.	VITESSE initiale moyenne.	NOMBRE de coups.
Calibre du canon.. . . . . 0^{m}955			
Longueur de l'âme.. . . . . 1^{m}28			
Boulets. { Diamètre moyen . . . . 0^{m}928			
{ Poids moyen.. . . . . . 2^{k}864			
Un sabot en papier pesant 0^{k}07 était fixé au		mètr.	
boulet par des bandelettes en coton.	0	486.2	20
Poudre de Wetteren.	2°	485.4	20
Charge. . . . . : . . 1^{k}0	4°	485.9	20
	10°	486.5	15

La faiblesse et l'irrégularité des différences montrent que la vitesse conserve la même valeur dans l'intervalle de 0° à 10°.

D'autres expériences ont été faites à Metz en 1861 sur un canon de siége de 12 rayé. Les boulets étaient ogivaux et du poids de 12^k environ. On mesurait les vitesses à l'aide de l'appareil électro-balistique.

	CHARGE DU CANON.			
	0^k.100	2^{k}200.	0^{k}250.	0^{k}300.
Vitesse initiale { l'axe du canon horizontal...	74 5	446 0	433 7	452 47
{ le canon incliné à 45°. . . .	74 75	444 2	434 4	454 40

Ainsi, l'inclinaison du canon n'a aucune influence appréciable sur la vitesse initiale du projectile.

§ 35. — Tir des boulets sphériques dans les canons rayés. — Application des formules.

Il peut se présenter des circonstances qui obligent à employer des boulets sphériques dans des canons rayés ; les formules données précédemment suffisent pour calculer leurs vitesses initiales ; il y a seulement quelques observations à faire à ce sujet.

Soit S l'aire de la section transversale de l'âme et des rayures ;

A, le diamètre d'un cercle équivalent à cette section. Il est clair que

$$A_{,}^{2} = \frac{S}{\frac{\pi}{4}},$$

et que la bouche à feu peut être considérée comme un canon du calibre $A_{,}$.

Si les rayures existent dans toute la longueur de l'âme, on obtient la capacité C par l'équation $C = LS$; et, dans ce cas, le diamètre qu'il convient de donner au mandrin de la gargousse pour avoir le maximum d'effet doit être déterminé par l'équation $a = 0,916\,A_{,}$.

Mais ordinairement, les rayures ne commencent qu'à partir de l'emplacement du projectile dans le chargement ; alors il faut se servir de l'équation $a = 0,916\,A$, A désignant le diamètre du cylindre de l'âme ; et, pour obtenir C, calculer séparément le volume de la partie rayée et celui de la partie non rayée.

Suivant la valeur du rapport $\frac{a}{C}$, on calculera comme à l'ordinaire, la fonction y par l'une ou l'autre des trois formules établies à cet effet ; et quant à la fonction z, il n'y aura qu'à y remplacer A par A,, c'est-à-dire, qu'on prendra l'expression

$$z = 3{,}37 \frac{\varpi}{C} \frac{A,^3}{p}.$$

On agira de la même manière pour la perte de vitesse due au vent du projectile ; ainsi, on prendra, si la poudre est celle du Ripault,

$$a = \frac{A,^2 - a^2}{A,^2}. \qquad V, - V = 1742\, \omega\, \frac{\left(\dfrac{\varpi}{A,^3}\right)}{10^{\,1{,}562 \frac{\varpi}{C}}}.$$

En 1859, des boulets sphériques de 30, les uns massifs, les autres creux, ont été employés dans un canon rayé, et leurs vitesses ont été déterminées à l'aide de l'appareil électro-balistique.

Longueur de l'âme du canon.. . . . . $L = 20^{\mathrm{d}}41$
Diamètre . . . . $A = 1^{\mathrm{d}}648$

Les rayures étaient au nombre de trois et leur origine se trouvait à $0^{\mathrm{d}}45$ du fond de l'âme. Un plan perpendiculaire à l'axe déterminait dans chacune d'elles une section d'une étendue égale à $0^{\mathrm{d.c.}}0353$; ainsi la section transversale S de l'âme et des rayures était égale à

$$\frac{\pi\,(1{,}648)^2}{4} + 3\,(0{,}0351).$$

On avait donc $\qquad S = 2^{\mathrm{d.\,c.}}2390,$

et, par suite,

$$A, = 1^{\mathrm{d}}6883.$$

Evaluant séparément les volumes de la partie rayée et de la partie non rayée, et faisant leur somme, il vient

$$C = 58^{\mathrm{d.\,c.}}663.$$

La poudre provenait du Ripault et portait la date de

1856. La gargousse se trouvait dans la partie non rayée, et le mandrin avait un diamètre égal à 150^{mm},

Le poids de la charge était de 3^{k}5, par conséquent, $\frac{\varpi}{C} = 0,05967$, et la seconde formule du § 21 donne

$$y = 3,08011.$$

Le poids moyen des boulets massifs était de 15^k; celui des boulets creux de 11^{k}44. Cela posé, en se servant de l'expression de z donnée plus haut, et de la formule
$$\log V_{,} = \tfrac{1}{2} \log \varpi - \tfrac{1}{2} \log p + y - z,$$
on trouve

1° pour les boulets massifs $z = 0,06452$ $V_{,} = 500,7$.
2° pour les boulets creux $z = 0,08460$ $V_{,} = 547,4$.

Le diamètre des premiers était égal à 1^{d}596 ; celui des seconds à 1^{d}602. L'expression de $V_{,} - V$ donne en conséquence :

1° Pour les boulets massifs, $V_{,} - V = 88^m7$; d'où $V = 412^m0$.

2° Pour les boulets creux, $V_{,} - V = 83,1$; d'où $V = 464^m2$.

Mais les boulets creux étaient ensabotés, et le poids des sabots se trouvait égal à 0^{k}56.

La formule $\dfrac{V_{,}}{V} = \dfrac{1,836}{1,78 + \dfrac{S}{p}}$ du § 27 donne $\dfrac{V_{,}}{V} = 1,004$;

par suite, $V_{,} = 466^m0$.

On a donc finalement les résultats ci-après.

BOULETS.	VITESSE calculée.	VITESSE donnée par l'expérience.	NOMBRE de coups.
	mètres.	mètres.	
Massifs.	412	409	15
Creux.	466	463	20

La différence entre la vitesse calculée et la vitesse observée n'est que de 3 mètres, pour les deux espèces de projectiles; et on peut d'ailleurs l'expliquer par cette circonstance que, dans le chargement, un valet en algue de 110^{mm} de longueur se trouvait placé sur la gargousse (§ 29).

§ 30. — Épreuves des poudres.

On se sert pour essayer les poudres, d'un petit mortier à semelle, appelé éprouvette, autrefois en bronze, maintenant en fonte de fer. La chambre est cylindrique, et terminée au fond par une demi-sphère : diamètre 49^{mm}6 ; longueur 58^{mm}7. Le calibre de l'âme est de 191^{mm}2 ; la longueur comprise entre l'entrée de la chambre et la tranche est égale à 135^{mm}7. Une portion de sphère tangente au cylindre le raccorde avec l'entrée de la chambre. La capacité totale de l'âme, y compris la chambre, est de 6$^{d. c.}$059. La lumière a 3^{mm}4 de diamètre, est perpendiculaire à l'axe de la pièce et très-rapprochée du fond de la chambre.

Le mortier pèse 120 kilog. et est incliné à 45° ; la semelle est logée dans un plateau en chêne du poids de 60^k ; c'est ce plateau qui glisse sur la plateforme.

Le projectile, anciennement en bronze et actuellement en fonte de fer, a un diamètre exactement égal à 189^{mm}5 et pèse 29^{k}370.

On obtient ce poids au moyen d'une cavité centrale dans laquelle on coule du plomb. L'orifice est taraudé et fermé par un bouchon à vis dont la tête se raccorde avec la surface du globe. Pour les transports et même lorsqu'il s'agit d'introduire le projectile dans le mortier, ce bouchon est remplacé par une poignée à vis ; on ne le met qu'après que le chargement est effectué.

La charge de poudre pèse 92 grammes, on la verse

dans la chambre, au moyen d'un entonnoir coudé. Le feu est communiqué à l'aide d'une étoupille.

Une épreuve se compose de quatre coups consécutifs ; la première portée est toujours plus faible que les autres et on ne prend la moyenne que sur les trois dernières.

Pour tenir compte des dégradations que peuvent avoir éprouvées le mortier et les globes, on essaie comparativement une poudre-type, conservée dans des bouteilles de verre fermées hermétiquement.

Lorsque le centre de gravité du projectile coïncide avec le centre de figure, le grand poids du mobile et la faiblesse de sa vitesse rendent la résistance de l'air à peu près négligeable ; de sorte que la vitesse initiale V peut être calculée assez approximativement par la formule

$$V = \sqrt{gX}$$

dans laquelle X représente la portée (chap. 7, § 6).

Ainsi, par exemple, en supposant tour à tour $X = 250^m$ $X = 260$, on trouve successivement $V = 49^m5$ et $V = 50^m5$.

On obtiendrait une valeur supérieure si on voulait faire usage des formules du § 22. On a en effet $\frac{\varpi}{C} = 0,015184$, $\frac{\varpi}{p} = 0,0031325 \frac{A^3}{C} = 1,1536$; le vent $A - a = 1^{mm}7$; d'après ces données, on trouve $V = 59.32$.

La masse de poudre est très-faible. La différence que l'on rencontre ici n'a donc rien qui doive surprendre.

Le défaut capital de ce genre d'épreuves est que les poudres y sont comparées dans des circonstances qui s'écartent beaucoup de celles qui se présentent habituellement dans le service. Aussi a-t-on souvent remarqué qu'une poudre, après s'être montrée inférieure à une autre dans le tir de l'éprouvette, l'emportait à son tour lorsqu'on les employait toutes deux dans les canons. C'est précisément ce qui est arrivé pour les poudres du Ripault et du Pont-de-Buis.

On lit dans le traité d'artillerie du général Piobert, partie pratique : « Si l'éprouvette était arrêtée dans son « recul, soit par des obstacles, soit par une masse addi- « tionnelle, les portées seraient augmentées ; l'augmen- « tation varierait avec les résistances éprouvées dans le « recul et pourrait aller jusqu'à 35 ou 40 mètres. »

Cependant, dans des épreuves comparatives faites au mois de juillet 1861, au polygone de Lorient, on a ob- tenu exactement la même portée moyenne, soit en se conformant aux prescriptions ordinaires du tir, soit en chargeant le plateau d'un poids de 366^k uniformément réparti. Dans le premier cas, le plateau, après un recul de 1^{m}30, frappait violemment un heurtoir placé à l'ar- rière ; dans le second cas, le recul était réduit à 20^c.

§ 37. — Expériences exécutées en 1859 sur le mortier de 32 centimètres à plaque, modèle 1855.

D'après le modèle adopté en 1855, la partie cylin- drique de l'âme du mortier de 32^c a un diamètre égal à 324^{mm}8 et une longueur de 453^{mm}. La chambre a 500^{mm} de longueur ; le fond est formé par une portion de sphère dont le rayon est égal à 136^{mm} ; la surface latérale est un tronc de cône tangent à cette sphère et dont la grande base est l'extrémité du cylindre. Longueur totale de l'âme 953^{mm} ; capacité 66^{dc}36. La lumière a un diamètre égal à 5^{mm}6, est perpendiculaire à l'axe du mortier et le rencontre à 76^{mm} du fond de la chambre.

Inclinaison de l'axe		42°30'
Poids du mortier		1000^k
Bombes de côte. { Diamètre		320^{mm}6
Epaisseur des parois		57^{mm}8
Poids moyen des bombes vides		90^{k}3
— des bombes chargées		94^{k}0

La charge de poudre est versée dans la chambre, sans

qu'aucune enveloppe l'entoure. Aucun corps n'est interposé entre elle et le projectile. La chambre peut renfermer 15ᵏ de poudre.

Pour mesurer la vitesse initiale, il a fallu adopter une disposition qui permit de réduire considérablement l'inclinaison du mortier, sans quoi le projectile n'aurait pas rencontré les cadres de l'appareil électro-balistique. Par suite, lorsque la charge était considérable, on n'a pu la maintenir dans la chambre, qu'en l'enveloppant d'une gargousse. On s'est servi de poudre du Ripault.

JOUR DU TIR.	POIDS de la charge.	INCLINAISON de l'axe du mortier.	POIDS de la bombe.	VITESSE initiale moyenne.	NOMBRE de coups.	OBSERVATIONS.
	kilog.		kilog.	mètr.		
27 juillet 59.	2.0	5°30'	91	169.8	12	
Idem.....	5.00	5°30'	94	185.5	12	
1ᵉʳ et 9 août.	10.0	6°	94	257.5	25	La charge placée dans une gargousse en papier parchemin.
1ᵉʳ août....	13.0	6°30'	94	269 1	15	

Les circonstances n'ont pas permis de poursuivre le cours de ces expériences.

Aux charges de 13ᵏ, 14ᵏ et 15ᵏ correspondent, d'après les épreuves de 1857, des portées respectivement égales à 4050ᵐ, 4090ᵐ et 4080ᵐ ; les vitesses qu'elles donnent ne peuvent donc pas différer beaucoup entre elles. La charge qui produit le maximum d'effet est comprise entre 14 et 15ᵏ. On reconnaît ici l'influence favorable d'un certain vide ménagé en arrière du projectile.

Il est à observer que, dans les expériences précédentes, la disposition du chargement n'était pas absolument la même que dans le tir ordinaire du mortier. Lors même que l'on ne se servait pas de gargousse, la surface supérieure de la charge était nécessairement modifiée par la diminution de l'inclinaison.

Ces circonstances ont peut-être exercé une légère influence sur les valeurs des vitesses.

La charge de 15^k remplit complétement la chambre et peut-être, à raison de cela, serait-on porté à appliquer les formules du § 21 à ce cas particulier; mais il est tout à fait en dehors des limites assignées à leur emploi; en effet $\frac{\varpi}{C} = 0,22605$ et $\frac{A^3}{C}\frac{\varpi}{\mu} = 0,07978$; le calcul donne pour la vitesse une valeur beaucoup trop faible. Les circonstances signalées dans le § 24, à propos des expériences de Metz, ne font ici que se reproduire.

Les mortiers de 32e antérieurs à 1855 ont la même capacité intérieure que ceux du nouveau modèle; mais la chambre est en forme de poire. D'après les expériences comparatives exécutées à Gâvre, en 1857, les deux bouches à feu donnent à peu près les mêmes portées.

§ 38. — Effets du pulverin dans les bouches à feu.

Une expérience exécutée avec les pendules balistiques donne une idée des effets que produirait l'emploi du pulverin.

CANON DE 30 N° 1.

BOULETS CREUX roulants.	POUDRE DU RIPAULT 1842 réduite en pulverin.	CHARGE du canon.	VITESSE moyenne des boulets.	RECUL exprimé en vitesse de boulet.	NOMBRE de coups.
		kilog.	mètres.	mètres.	
Diamètre, 1^{d}607. Poids, 10^{k}640.	Diamètre du mandrin de gargousse, 151^{mm}	2.50	288.5	366.3	3

Une pareille charge de poudre en grains eût donné une vitesse d'environ 480 mètres.

§ 30. — Résumé général.

Les recherches qualifiées du nom de théoriques sont toutes fondées sur des hypothèses en désaccord avec les faits observés et dont le seul mérite est de rendre les questions plus ou moins accessibles au calcul. Ce n'est pas en substituant à la réalité un état de choses purement imaginaire qu'on peut espérer de faire avancer la science de l'artillerie (§ 5, 6).

Force est donc de recourir aux formules empiriques ; elles offrent au moins le moyen de grouper les faits qu'on a pu recueillir et on peut s'en servir avec confiance tant qu'on ne les étend pas au delà des limites entre lesquelles elles ont été vérifiées ; seulement leur existence n'est jamais que provisoire et il est bien rare que des observations plus multipliées n'obligent pas à leur faire subir des modifications.

Le cas le plus simple que présente le tir des bouches à feu est certainement celui où l'âme du canon est cylindrique dans toute sa longueur et où le chargement se compose uniquement : 1° de la gargousse également cylindrique et poussée jusqu'au fond de l'âme ; 2° du boulet roulant en contact immédiat avec la charge et maintenu par un léger valet annulaire.

Le diamètre de la gargousse peut varier ; des expériences exécutées à Lorient ont permis : 1° de déterminer le diamètre qu'il faut choisir, lorsqu'on veut obtenir le maximum de vitesse qu'entraîne l'adoption d'un diamètre différent (§ 14).

Le vent du boulet fait perdre une partie de l'action des gaz et on n'avait à cet égard que quelques résultats d'épreuves isolées ; mais pendant les années 1843, 1845 et 1846, de nombreuses expériences ont été faites à Lorient ; et en se servant des formules qui en ont été déduites, on peut maintenant calculer la perte de vitesse qu'occasionne le vent du projectile (§ 16).

Il n'est guère de recherches où le problème suivant ne se présente.

Trouver la vitesse initiale d'un projectile donné, lorsque l'on connaît le canon et la charge de poudre.

Il est donc important d'obtenir des expressions qui en donnent la solution. D'après ce qui précède, il est permis d'ailleurs de supposer que le vent du boulet est nul et que la gargousse a le diamètre qui donne le maximum d'effet.

Les formules déduites des expériences de Lorient se trouvent dans le § 21 et le § 22; les unes sont relatives à la poudre du Ripault 1842; les autres à la poudre du Pont-de-Buis 1837. Les secondes ne diffèrent des premières que par les valeurs numériques des coefficients; les limites entre lesquelles elles peuvent être employées avec sécurité sont soigneusement indiquées.

La commission des principes du tir a exécuté à Metz une suite d'expériences sur les divers canons qu'emploie l'artillerie de terre ; et elle s'est contentée d'en régulariser les résultats au moyen de tracés graphiques ; mais il a été facile de les comprendre dans des formules tout à fait analogues aux précédentes ; il a suffi pour cela d'apporter quelques changements aux coefficients. La poudre de Metz était celle dont on faisait usage (§ 24).

L'ensemble général des faits montre que les mêmes formules ne cessent pas de convenir tant que le calibre du canon reste compris entre 10^c et 17^c; s'il devenait moindre que 10^c ou supérieur à 17^c, les vitesses calculées pourraient être trop grandes.

C'est, par exemple, ce qui arrive lorsqu'on applique les formules au canon de 19^c (canon de 50), du moins si la charge est forte. Les différences sont d'ailleurs beaucoup plus notables lorsqu'on passe au canon de 32^c (§ 26).

Ainsi, deux causes différentes affaiblissent simultanément les vitesses ; les effets de l'une décroissent à mesure que le calibre devient plus grand, et le contraire arrive pour l'autre. La première est probablement la perte de chaleur, et la seconde la résistance que l'épaisseur des gargousses oppose à la propagation de l'inflammation ; elles se contrebalancent à très-peu près quand le calibre ne varie qu'entre 10^c et 17^c.

De nouvelles expériences deviendraient nécessaires si des bouches à feu de calibres supérieurs devaient être introduites dans la marine.

Le chargement du canon n'est pas toujours aussi simple qu'on l'a supposé dans ce qui précède. Quelquefois le projectile est ensaboté ; une formule donnée dans le § 27 permet d'apprécier le changement que cette circonstance apporte dans la grandeur de la vitesse initiale.

Souvent un valet en étoupe ou en algue est interposé entre la gargousse et le projectile. Enfin, M. Delvigne a proposé un nouveau mode de chargement qui consiste à laisser un vide en arrière de la gargousse et à mettre le feu par l'avant de la charge. Des expériences ont été faites à Gâvre en vue de reconnaître l'influence que ces diverses dispositions exercent sur la vitesse du projectile ; elles sont décrites dans les §§ 27, 28, 29.

Ces différents chargements seront comparés sous un autre rapport dans le chapitre 10.

Les formules relatives aux canons cylindriques peuvent être appliquées aux bouches à feu à chambres (§ 31).

Il est souvent important de connaître la quantité de mouvement que l'explosion communique au système composé du canon et de l'affût ; des formules données dans le § 20 permettent de la calculer.

§ 40. — Tables des vitesses initiales des projectiles.

Les tables suivantes ont été calculées à diverses époques ; il a paru utile de les placer ici, parce qu'elles donnent une idée nette de la manière dont la vitesse initiale varie avec la charge et le poids du projectile, dans les diverses bouches à feu de l'artillerie navale ; elles supposent que le chargement se compose uniquement de la gargousse et du boulet roulant maintenu par un valet très-léger, et de plus que le diamètre de la gargousse est égal aux $\frac{311}{1000}$ du calibre de l'âme. Lorsque les boulets creux sont ensabotés, leur vitesse est généralement augmentée de $\frac{1}{10}$.

CANON DE 36 MODÈLE DE 1856.

Calibre de l'âme : 174ᵐᵐ ;

Longueur de l'âme : 2ᵐ,852 (16.39 calibres).

CHARGE du canon.	BOULETS MASSIFS. Diamètre, 169ᵐᵐ,2. Poids, 17ᵏ,9.		BOULETS CREUX. Diamètre, 170ᵐᵐ,4. Poids, 14ᵏ.	
	Poudre du Ripault 1842.	Poudre Pont-de-Buis 1837.	Poudre du Ripault 1842.	Poudre Pont-de-Buis 1837.
	Vitesse initiale.	Vitesse initiale.	Vitesse initiale.	Vitesse initiale.
kilog.	mètr.	mètr.	mètr.	mètr.
1.0	236.5	234.6	280,4	276.9
1.2	259.9	257.1	306.4	301.9
1.4	281.2	277.3	329.8	324.0
1.6	300.9	295.7	351.3	343.9
1.8	319.4	312.4	370.9	362.4
2.0	336.4	327.6	389 0	378.2
2.2	354.9	344.5	405.8	392.9
2.4	367.0	354.5	421.5	406.4
2.6	380.9	366.0	436.0	418.2
2.8	394.4	376.7	449.6	429.0
3.0	406.7	386.5	462.4	438.8
3.2	417.1	395.4	472.7	447.2

CANON DE 30 MODÈLE DE 1856 (*Suite*).

CHARGE du canon.	BOULETS MASSIFS. Diamètre, 169mm,2. Poids, 17k,9.		BOULETS CREUX. Diamètre, 170mm,4. Poids, 44k.	
	Poudre du Ripault 1842.	Poudre Pont-de-Buis 1837.	Poudre du Ripault 1842.	Poudre Pont-de-Buis 1837.
	Vitesse initiale.	Vitesse initiale.	Vitesse initiale.	Vitesse initiale.
kilog.	mètr.	mètr.	mètr.	mètr.
3.4	420.6	402.9	482.0	454.7
3.6	435.4	409.8	490.4	461.4
3.8	443.5	415.9	498.4	468.8
4.0	450.9	421.4	504.9	474.5
4.2	457.6	426.0	544.4	475.5
4.4	462.7	430.0	546.4	478.7
4.6	466.7	434.8	549.0	480.0
4.6	469.2	434.0	521.2	481.4
4.8	473.8	438.5	524.9	485.6
5.0	478.4	442.6	528.2	488.7
5.2	481.8	446.3	531.0	491.6
5.4	485.3	449.7	533.4	494.4
5.6	488.5	452.0	535.5	496.3
6.0	493.7	458.4	539.4	499.7
6.5	498.9	464.4	540.9	501.3
7.0	502.3	467.3	541.4	503.4

CANON DE 30 N° 1, MODÈLE 1820.

Calibre, 164mm,7. — Longueur de l'âme, 2m,644 (16,03 calibres).
Poudre du Ripault, 1842.

CHARGE.	BOULETS massifs. Diamètre, 159mm,6. Poids, 45 k. 100.	BOULETS creux. Diamètre, 160mm,2. Poids, 40 k. 610.	CHARGE.	BOULETS massifs. Diamètres, 159mm,6. Poids, 45 k. 100.	BOULETS creux. Diamètre, 160mm,2. Poids, 40 k. 610.
	Vitesse initiale.	Vitesse initiale.		Vitesse initiale.	Vitesse initiale.
kilog.	mètr.	mètr.	kilog.	mètr.	mètr.
4.00	252,5	314.5	4.40	301.3	366.4
4.20	278.4	340.4	4.50	342.0	378.0

CANON DE 30 N° 1, MODÈLE 1820 (*Suite*).

CHARGE.	BOULETS massifs. Diamètre, 159mm6. Poids, 45k100.	BOULETS creux. Diamètre, 160mm2. Poids, 40k640.	CHARGE.	BOULETS massifs. Diamètre, 159mm6. Poids, 45k100.	BOULETS creux. Diamètre, 160mm2. Poids, 40k640.
	Vitesse initiale.	Vitesse initiale.		Vitesse initiale.	Vitesse initiale.
kilog.	mètr.	mètr.	kilog.	mètr.	mètr.
1.60	322.3	389.0	3.80	456.6	522.2
1.80	341.5	409.9	4.00	462.2	526.3
2.00	359.2	428.8	4.20	467.3	529.7
2.20	375.6	445.9	4.40	472.1	532.7
2.40	390.7	461.5	4.50	474.4	534.1
2.50	397.5	468.4	4.60	476.6	535.3
2.60	403.5	474.2	4.80	480.8	537.5
2.80	414.6	485.0	5.00	484.7	539.5
3.00	424.6	494.5	5.20	488.4	541.1
3.20	433.6	503.8	5.40	491.0	543.5
3.30	441.8	509.8	5.50	493.6	543.4
3.40	445.6	513.2	5.75	497.6	»
3.50	449.1	516.0	6.00	504.2	»
3.75	455.1	521.1	6.25	504.5	»

CANON DE 30 N° 2.

Calibre, 164mm7. — Longueur de l'âme, 2m458 (14,02 calibres).
Poudre du Ripault, 1842.

CHARGE.	BOULETS massifs. Diamètre, 159mm6. Poids, 45 k. 40.	BOULETS creux. Diamètre, 160mm2. Poids, 40 k. 64.	CHARGE.	BOULETS massifs. Diamètre, 159mm6. Poids, 45 k. 40.	BOULETS creux. Diamètre, 160mm2. Poids, 40 k. 64.
kilog.	mètr.	mètr.	kilog.	mètr.	mètr.
1.00	252.5	340.8	3.50	439.9	503.7
1.50	311.7	376.3	3.75	446.4	507.7
2.00	357.9	425.6	4.00	452.6	512.0
2.50	394.9	463.3	4.50	464.0	518.5
3.00	421.0	487.9	5.00	473.7	522.8

CANON DE 30 N° 3.

Calibre, 464mm. — Longueur de l'âme, 2m,250 (43.72 calibres).
Poudre du Ripault 1842.

CHARGE.	BOULETS massifs. Diamètre, 459mm,0. Poids, 45 k. 40.	BOULETS creux. Diamètre, 460mm,2. Poids, 40 k. 64.	CHARGE	BOULETS massifs. Diamètre, 459mm,0. Poids, 45 k. 40.	BOULETS creux. Diamètre, 460mm,2. Poids, 40 k. 64.
kilog.	mètr.	mètr.	kilog.	mètr	mètr.
4.50	347.4	380.6	2.50	394.8	459.8
1.75	344.3	400.0	3.00	417.8	480.5
2.00	362.6	428.2			

Depuis que les tables relatives aux canons nos 1, 2, 3 ont été calculées, le poids des boulets creux de 30 a été augmenté et porté à 44k,48.

CANON DE 30 N° 4.

Calibre, 463mm,0. — Longueur de l'âme, 2m455 (43.47 calibres).
Poudre du Ripault 1842.

CHARGE.	BOULETS massifs. Diamètre, 459mm,0. Poids, 45 k. 100. Vitesse initiale.	BOULETS creux. Diamètre, 460mm,2. Poids, 44 k. 480. Vitesse initiale.	CHARGE.	BOULETS massifs. Diamètre, 459mm,0. Poids, 45 k. 100. Vitesse initiale.	BOULETS creux. Diamètre, 460mm,2. Poids, 44 k. 480. Vitesse initiale.
kilog.	mètr.	mètr.	kilog.	mètr.	mètr.
1.00	263.8	308.7	2.40	373.8	424.9
1.10	276.8	322.9	2.20	380.2	434.2
1.20	289.0	326.1	2.30	386.1	436.6
1.30	300.5	348.4	2.40	394.7	442.5
1.40	314.5	360.4	2.50	397.9	447.5
1.50	321.8	371.4	2.60	401.6	452.1
1.60	331.7	381.5	2.70	406.4	456.2
1.70	344.4	391.5	2.80	410.6	460.2
1.80	350.4	400.8	2.90	444.8	463.6
1.90	358.6	409.5	3.00	418.7	467.0
2.00	366.7	417.9			

CANON DE 24.

Calibre, 152^{mm}5. — Longueur de l'âme, 2,587 (16.96 calibres).

Poudre du Ripault, 1842.

CHARGE.	BOULETS massifs. Diamètre, 147mm4. Poids, 11 k. 93	BOULETS creux. Diamètre, 148mm5. Poids, 8 k. 07.	CHARGE.	BOULETS massifs. Diamètre, 147mm4. Poids, 11 k. 93.	BOULETS creux. Diamètre, 148mm5. Poids, 8 k. 07.
	Vitesse initiale.	Vitesse initiale.		Vitesse initiale.	Vitesse initiale.
kilog.	mètr.	mètr.	kilog.	mètr.	mètr.
1.50	346.9	448.3	3.50	477.4	542.0
2.00	397.5	470.2	3.75	485.5	546.8
2.50	439.0	505.4	4.00	494.2	550.5
3.00	468.9	528.3	4.25	497.4	553.9
3.25	498.9	536.2			

CANON DE 48 N° 1.

Calibre, 138^{mm}7. — Longueur de l'âme, 2^m436 (17.56 calibres).

Poudre du Ripault, 1842.

CHARGE.	BOULETS massifs. Diamètre, 134mm2. Poids, 9 k. 023.	BOULETS creux. Diamètre, 134mm8. Poids, 6 k. 230.	CHARGE.	BOULETS massifs. Diamètre, 134mm2 Poids, 9 k. 023.	BOULETS creux. Diamètre, 134mm8. Poids, 6 k. 230.
	Vitesse initiale.	Vitesse initiale.		Vitesse initiale.	Vitesse initiale.
kilog.	mètr.	mètr.	kilog.	mètr.	mètr.
1.25	365.9	442.7	2.50	476.7	549.4
1.50	398.6	477.0	2.75	487.4	556.4
1.75	425.4	503.9	3.00	496.7	561.8
2.00	445.9	523.3	3.25	505.0	565.9
2.25	462.9	538.2			

CANON DE 18 N° 2.

Calibre, 138mm7. — Longueur de l'âme, 2m288 (16.5 calibres).
Poudre du Ripault, 1842.

CHARGE.	BOULETS massifs. Diamètre, 134mm2. Poids, 9 k. 023. Vitesse initiale.	BOULETS creux. Diamètre, 134mm8. Poids, 6 k. 230. Vitesse initiale.	CHARGE.	BOULETS massifs. Diamètre, 134mm2. Poids, 9 k. 023. Vitesse initiale.	BOULETS creux. Diamètre, 134mm8. Poids, 6 k. 230. Vitesse initiale.
kilog.	mètr.	mètr.	kilog.	mètr.	mètr.
1.25	365.9	410.0	2.50	468.3	536.5
1.50	386.9	473.2	2.75	478.4	512.7
1.75	422.4	498.3	3.00	487.3	547.2
2.00	440.5	515.9	3.25	495.2	580.5
2.25	466.2	529.1			

CANON DE 12.

Calibre, 120mm7. — Longueur de l'âme, 2m444 (17.49 calibres).

CHARGE.	BOULETS massifs. Diamètre, 117mm3. Poids, 6 k. 093. Vitesse initiale.	BOULETS creux. Diamètre, 118mm4. Poids, 4 k. 310. Vitesse initiale.	CHARGE.	BOULETS massifs. Diamètre, 117mm3. Poids, 6 k. 093. Vitesse initiale.	BOULETS creux. Diamètre, 118mm4. Poids, 4 k. 310. Vitesse initiale.
kilog.	mètr.	mètr.	kilog.	mètr.	mètr.
1.00	403.8	483.0	2.00	499.7	»
1.25	440.6	»	2.25	514.2	»
1.50	467.0	546.4	2.50	520.7	»
1.75	485.8	»			

CHAPITRE II.

RÉSISTANCE DE L'AIR AU MOUVEMENT DES PROJECTILES
SPHÉRIQUES.

---

§ 1er. — Considérations générales. — Idées admises sur la résistance de l'air.

Lorsqu'une sphère homogène, ou du moins dont le centre de gravité coïncide avec le centre de figure, est animée d'un mouvement de translation dans l'air, la résistance qu'elle éprouve diminue constamment sa vitesse, mais ne change pas la direction suivant laquelle elle se meut.

Pour arriver à la connaissance de cette résistance, il faudrait former les équations du mouvement de l'air autour du mobile ; on en déduirait en effet la pression en chaque point.

On supplée généralement à ces équations en admettant que la résistance est proportionnelle : 1° au grand cercle de la sphère ; 2° à la densité de l'air ; 3° à une certaine fonction de la vitesse.

Soit donc :

a le diamètre de la sphère.

v la vitesse qu'elle possède au bout du temps t.

δ la densité de l'air, lorsqu'il est à l'état de repos.

R la résistance.

On a

$$R = \frac{\pi a^2 \delta}{4} \varphi(v).$$

$\varphi(v)$ désignant une fonction de la vitesse qu'il reste à déterminer.

On fait ainsi tout à fait abstraction de la manière dont s'est opéré le mouvement antérieurement à l'instant que l'on considère, et cependant c'est de ce mouvement que dépend l'état du fluide autour du mobile.

Par exemple, la sphère peut se trouver animée de la vitesse v dans une ascension verticale ou dans une chute ; dans le premier cas, le mouvement est retardé ; dans le second, il est accéléré. On ne peut guère admettre que l'état du fluide soit le même dans les deux circonstances ; les pressions doivent donc être différentes.

La formule ne peut donc être considérée comme exacte en général ; elle est tout à fait indépendante de la densité du mobile, qui doit cependant figurer dans les équations du mouvement du fluide ; mais jusqu'à présent rien n'a indiqué la nécessité de la modifier à cet égard.

§ 2.—Cas où le mouvement n'est modifié que par la résistance de l'air.

Le mouvement est nécessairement rectiligne et retardé quand il n'est modifié que par la résistance de l'air.

Si les sphères sont animées de vitesses égales et ont la même densité, la théorie de la similitude mécanique peut être invoquée ; elle montre qu'alors les résistances comparées entre elles sont, conformément aux hypothèses admises, proportionnelles aux carrés des diamètres des sphères. Mais c'est la seule indication que donne cette théorie.

Quoi qu'il en soit, représentons par

p le poids $\Big\}$ de la sphère.
d la densité

g la gravité.

r l'accélération correspondante à la valeur de R.

Il est clair que

$$r = \frac{R}{\dfrac{p}{g}}.$$

Remplaçant R par l'expression donnée dans le § 1, il vient

$$r = \frac{\pi a^2 g \delta}{4 p} \varphi(v).$$

Le mètre étant l'unité de longueur, il faut dans cette formule prendre pour δ le poids du mètre cube d'air.

En remarquant que $p = \dfrac{\pi a^2 d}{6}$, on a

$$r = \frac{3 g \delta}{2 a d} \varphi(v).$$

L'équation du mouvement est

$$\frac{dv}{dt} = -r,$$

et si x désigne l'espace parcouru,

$$v = \frac{dx}{dt}.$$

§ 3. — **Résistance proportionnelle au carré de la vitesse.**

Pendant longtemps la résistance de l'air a été regardée comme proportionnelle au carré de la vitesse.

Dans cette hypothèse

$$\varphi(v) = H v^2,$$

H désignant une constante. Par suite, $r = \dfrac{3 g \delta}{2 a d} H v^2$. Faisant, pour abréger,

$$c = \frac{3 g \delta}{2 a d} H,$$

on a simplement

$$r = c\,v^2$$

et l'équation du mouvement devient

$$\frac{d\,v}{d\,t} = -\,c\,v^2 \quad \text{ou} \quad \frac{d\,v}{v^2} = -\,c\,d\,t.$$

Soit **V** la vitesse initiale, celle qui correspond à $t = o$. L'intégration donne

$$(1) \qquad v = \frac{V}{1 + c\,V\,t}$$

remplaçant v par $\dfrac{d\,x}{d\,t}$, il vient

$$\frac{dx}{d\,t} = \frac{V}{1 + c\,V\,t}.$$

Intégrant et supposant que x s'annule en même temps que t, on a

$$(2) \qquad x = \frac{1}{c}\,l\,(1 + c\,V\,t),$$

la lettre l désignant un logarithme népérien.

L'élimination de $1 + c\,V\,t$ entre les équations (1) et (2) conduit à

$$x = \frac{1}{c}\,l\left(\frac{V}{v}\right),$$

ou

$$v = \frac{V}{e^{c\,x}},$$

e désignant la base des logarithmes népériens.

Il faut examiner maintenant si ces formules s'accordent avec les observations.

§ 4. — Expériences de Metz (1839-1840).

Les expériences les plus importantes ont été exécutées à Metz en 1839 et 1840. Le même jour un canon était successivement placé à deux distances différentes du pendule balistique, et, la charge restant la même, on déterminait à chaque station la vitesse moyenne avec laquelle les boulets frappaient le récepteur. Les moyennes étaient généralement prises sur quatre coups, quelquefois sur trois ou sur cinq. L'intervalle des deux stations était de 25^m, de 50^m, ou de 75^m, ou de 100^m. On observait le baromètre et le thermomètre et on en déduisait la densité de l'air. On a principalement opéré sur des boulets massifs de 24 et de 12 ; avec les premiers on a tiré 110 coups ; avec les seconds 183.

A raison du peu de longueur des trajets et de la grandeur des vitesses, le mouvement pouvait être considéré comme rectiligne ; en d'autres termes, il était permis de faire abstraction de la pesanteur.

Admettant la proportionnalité de la résistance au carré de la vitesse, on a, entre deux vitesses V et v, prises en deux points séparés par un intervalle égal à x,

la relation $v = \dfrac{V}{e^{cx}}$, d'où

$$c = \frac{1}{x} l\left(\frac{V}{v}\right) ;$$

or, $c = \dfrac{\pi a^2 g \delta}{4 p} \Pi$; donc

$$\Pi = \frac{4 p}{\pi a^2 g \delta x} l\left(\frac{V}{v}\right).$$

Quand la différence $V - v$ est inférieure à la plus

petite vitesse v, la valeur de $l\left(\dfrac{V}{v}\right)$ est comprise entre $\dfrac{V-v}{v}$

et $\dfrac{V-v}{V}$. En effet,

$$l\left(\frac{V}{v}\right)=l\left(1+\frac{V-v}{v}\right)=\frac{V-v}{v}-\tfrac{1}{2}\left(\frac{V-v}{v}\right)^2+\tfrac{1}{3}\left(\frac{V-v}{v}\right)^3-$$

$$l\left(\frac{V}{v}\right)=-l\left(\frac{v}{V}\right)=-l\left(1-\frac{V-v}{V}\right)=\frac{V-v}{V}+\tfrac{1}{2}\left(\frac{V-v}{V}\right)^2$$

$$+\tfrac{1}{3}\left(\frac{V-v}{V}\right)^3+\dots$$

Les deux séries sont composées de termes dont les valeurs numériques décroissent constamment et indéfiniment. De la première dans laquelle les termes sont alternativement positifs et négatifs, il est facile de conclure que la valeur de $l\left(\dfrac{V}{v}\right)$ est inférieure à $\dfrac{V-v}{v}$. La seconde, qui n'a que des termes positifs, montre que cette même valeur surpasse $\dfrac{V-v}{V}$.

Par suite, on peut prendre approximativement $\dfrac{V-v}{\dfrac{V+v}{2}}=l\left(\dfrac{V}{v}\right)$ et on a

$$H=\frac{4p}{\pi a^2 g\,\delta x}\frac{V-v}{\dfrac{V+v}{2}}.$$

Cette expression est celle qui a été employée à Metz. On s'est d'ailleurs assuré qu'elle donnait une approximation suffisante.

A l'aide des données de l'expérience, il était facile de calculer dans chaque cas la valeur de H. On a bientôt reconnu qu'elle croissait avec la vitesse et on a alors regardé chaque valeur ainsi obtenue pour H comme correspondante à la moyenne $\frac{V+v}{2}$ des deux vitesses qui l'avaient fournie.

Au lieu de chercher **H**, le général Didion a trouvé plus simple de calculer le produit de ce coefficient par le poids moyen du mètre cube d'air qu'il a supposé égal à 1^k208. En groupant les expériences exécutées sur les boulets de **24** et de **12**, il les a résumées dans les trois résultats suivants :

	VITESSE (mètres).		
	337.2.	428 8.	535.1.
Valeur de 1.208 H ou $1.208\,\dfrac{\varphi(v)}{v^2}$ . . .	0.04790	0.05384	0.06459

Il résulte clairement de là que la résistance de l'air au mouvement des projectiles sphériques croît plus rapidement que le carré de la vitesse.

Il est à propos d'observer que tous ces projectiles, comme on le verra plus tard, sont toujours animés d'un mouvement de rotation.

§ 5. — Résistance composée de deux termes proportionnels, l'un au carré, l'autre au cube de la vitesse.

Le général Didion a ajouté à l'expression de la résistance un terme proportionnel au cube de la vitesse ; il a pris en conséquence

$$\varphi(v) = H v^2 (1 + b v),$$

H et b désignant deux constantes. En faisant comme précédemment

$$c = \frac{\pi a^2 g \delta}{4 p} H,$$

on a

$$r = c\,v^2\,(1 + b\,v),$$

et, pour l'équation du mouvement,

$$\frac{d\,v}{d\,t} = -c\,v^2\,(1 + b\,v).$$

Le remplacement de $d\,t$ par $\frac{d\,x}{v}$ donne

$$\frac{d\,v}{v\,(1 + b\,v)} = -c\,d\,x.$$

D'ailleurs

$$\frac{1}{v\,(1 + b\,v)} = \frac{1}{v} - \frac{b}{1 + b\,v}.$$

L'intégration est donc facile ; et en observant que $v = V$ quand $x = o$, on obtient

$$c\,x = l\left(\frac{V}{v}\right) - l\left(\frac{1 + b\,V}{1 + b\,v}\right)$$

la lettre l désignant un logarithme népérien.

De là, on tire

$$c\,x = l\left(\frac{V\,(1 + b\,v)}{v\,(1 + b\,V)}\right)$$

ou

$$e^{cx} = \frac{V\,(1 + b\,v)}{v\,(1 + b\,V)}$$

et finalement

$$v = \frac{V}{(1 + b\,V)\,e^{cx} - b\,V}.$$

Le général Didion a adopté l'expression

$$1{,}208\,\frac{\varphi(v)}{v^2} = 0{,}027\,(1 + 0{,}0023\,v).$$

Appliquée aux trois vitesses indiquées dans le tableau qui résume les expériences (§ 4), elle donne les trois valeurs

0,04794, 0,05363, 0,06023; ainsi, l'erreur moyenne
est —0,00044.

De l'expression précédente, on tire

$$\frac{\varphi(v)}{v^2} = 0,02235 \, (1 + 0,0023 \, v).$$

Par suite,

$$c = 0,017553 \, \frac{a^2 g \delta}{p}.$$

Supposant $g = 9^m 81$ et $\delta = 1^k 208$, on a

$$c = 0,208 \, \frac{a^2}{p};$$

et, si le diamètre est exprimé en décimètres,

$$c = 0,00208 \, \frac{a^2}{p}.$$

D'ailleurs $b = 0,0023$.

§ 6. — Résistance composée de deux termes proportionnels, l'un au carré, l'autre à la quatrième puissance de la vitesse.

Une autre expression a été proposée pour la résistance;
elle se compose de deux termes, l'un proportionnel au
carré, l'autre à la quatrième puissance de la vitesse.

On a alors

$$\varphi(v) = \mathrm{H} \, v^2 \, (1 + b \, v^2)$$

et

$$r = c \, v^2 \, (1 + b \, v^2),$$

en prenant $c = \dfrac{\pi \, a^2 g \, \delta}{4 p} \mathrm{H}.$

L'équation du mouvement est

$$\frac{dv}{dt} = -cv^2(1+bv^2);$$

Remplaçant dt par $\dfrac{dx}{v}$, il vient

$$c\,dx = \frac{dv}{v(1+bv^2)} = \frac{dv}{v} - \frac{bv\,dv}{1+bv^2}.$$

Le second membre s'intègre immédiatement; et comme $v = V$, quand $x = o$, on obtient

$$cx = l\left(\frac{V}{v}\right) - \tfrac{1}{2}\,l\left(\frac{1+bV^2}{1+bv^2}\right),$$

la lettre l désignant un logarithme népérien.

De là
$$e^{2cx} = \frac{V^2\,(1+bv^2)}{v^2\,(1+bV^2)}$$

et enfin

$$v^2 = \frac{V^2}{(1+bV^2)\,e^{2cx} - bV^2}.$$

Cela posé, en prenant

$$1{,}208\,\frac{\varphi(v)}{v^2} = 0{,}03896\,(1 + 0{,}000002028\,v^2),$$

on obtient les résultats suivants.

	VITESSE (mètres).		
	337.2.	428.8.	535.4.
Valeur de $1{.}208\,\dfrac{\varphi(v)}{v^2}$ . . .	0.04796	0.05309	0.06158
Excès sur l'expérience . . .	+0.0004	—0.0006	—0.00004

Les différences sont à peine sensibles. L'expression

$$r = c v^2 (1 + b v^2)$$

est donc admissible. On a

$$b = 0,000002028,$$

et un calcul facile à exécuter conduit à

$$c = 0,02533 \frac{a^2 g \delta}{p} \cdot$$

Prenant $g = 9,81$ et $\delta = 1,208$, il vient

$$c = 0,3002 \frac{a^2}{p},$$

et si on exprime le diamètre a en décimètres,

$$c = 0,003002 \frac{a^2}{p} \cdot$$

§ 7.—Résistance proportionnelle à une puissance quelconque de la vitesse.

On peut encore chercher à satisfaire à l'expérience en supposant la résistance proportionnelle à une puissance de la vitesse supérieure au carré. Soit n l'exposant de cette puissance, on a

$$\varphi(v) = H v^n.$$

Faisant comme toujours

$$c = \frac{\pi a^2 g \delta}{4 p} H,$$

on obtient

$$r = c v^n$$

et l'équation du mouvement est

$$\frac{dv}{dt} = - c v^n.$$

d'où

$$-c\,dt = \frac{dv}{v^n}.$$

L'intégration donne, en observant que $v = V$ quand $t = o$,

$$c t = \frac{1}{1-n}\left(\frac{1}{V^{n-1}} - \frac{1}{v^{n-1}}\right);$$

d'où

$$v = \frac{V}{\left(1 + (n-1)\,cV^{n-1}t\right)^{\frac{1}{n-1}}}.$$

Remplaçant dt par $\dfrac{dx}{v}$ dans l'équation du mouvement,

on a

$$\frac{dv}{v^{n-1}} = -c\,dx,$$

et, attendu que $v = V$ quand $x = o$, l'intégration conduit à

$$\frac{1}{v^{n-2}} - \frac{1}{V^{n-2}} = (n-2)\,c\,x$$

ou

$$v = \frac{V}{\left(1 + (n-2)\,cV^{n-2}x\right)^{\frac{1}{n-2}}}.$$

Si, par exemple, le nombre n était égal à 3, c'est-à-dire, si la résistance était proportionnelle au cube de la vitesse, on aurait les deux formules

$$v = \frac{V}{\left(1 + 2cV^2 t\right)^{\frac{1}{2}}}$$

$$v = \frac{V}{1 + cVx}$$

§ 8.—Résistance proportionnelle à la puissance $\frac{3}{2}$ de la vitesse.

On réussit à représenter les résultats des expériences de Metz, en supposant la résistance de l'air proportionnelle à la puissance $\frac{3}{2}$ de la vitesse. Pour s'en assurer, il suffit de diviser par $v^{\frac{1}{2}}$ la valeur de $1,208\,\dfrac{\varphi(v)}{v^2}$ donnée par les épreuves.

	VITESSE (mètres).		
	337.2	428.8.	538.4.
Valeur de $1.208\,\dfrac{\varphi(v)}{v^2}$....	0.04790	0.05384	0.06189
Valeur de $1.208\,\dfrac{\varphi(v)}{v^{\frac{3}{2}}}$....	0.0026085	0.0025856	0.0026605

Prenant une moyenne, on a

$$1,200\,\frac{\varphi(v)}{v^{\frac{3}{2}}} = 0,002619$$

d'où

$$1,208\,\frac{\varphi(v)}{v^2} = 0,002619\,v^{\frac{1}{2}}$$

En se servant de cette expression pour calculer les valeurs de $1,208\,\dfrac{\varphi(v)}{v^2}$ correspondantes aux trois vitesses indiquées dans le tableau, on trouve les trois nombres $0,04809 — 0,005423 — 0,006028$; l'erreur moyenne est $0,00004$.

On est donc autorisé à prendre

$$\varphi(v) = 0,002168\,v^{\frac{5}{2}};$$

par conséquent $$r = c\,v^{\frac{5}{3}},$$

et en faisant $n = \frac{2}{3}$ dans les équations du § 7, on a

$$v = \frac{V}{\left(1 + \frac{2}{3}cV^{\frac{1}{2}}t\right)^{\frac{3}{2}}}$$

$$v = \frac{V}{\left(1 + \frac{1}{3}cV^{\frac{1}{2}}x\right)^2}.$$

D'ailleurs

$$c = 0,002168\,\frac{\pi\,a^2\,g\,\delta}{4\,p} = 0,0017028\,\frac{g\,a^2\,\delta}{p}.$$

Supposant, comme précédemment, $g = 9,81$ et $\delta = 1,208$, on a

$$c = 0,02018\,\frac{a^2}{p};$$

et, si le diamètre a est exprimé en décimètres,

$$c = 0,0002018\,\frac{a^2}{p}.$$

L'expression $V = c\,v^n$ est assurément fort simple ; mais tout ce qu'on peut conclure du résultat auquel on vient de parvenir, c'est que l'exposant n conserve une valeur sensiblement constante et égale à $\frac{4}{3}$, lorsque la vitesse varie entre 337^m et 535^m. On n'est point autorisé à penser qu'il en est encore de même quand la vitesse est notablement inférieure à 337^m ou supérieure à 535^m. Des expériences exécutées entre des limites différentes pourraient donc conduire à d'autres valeurs de n.

§ 9. — Comparaison des formules. — Observations générales.

Voilà donc trois expressions de la résistance de l'air, assurément fort différentes et que les expériences de Metz permettent également d'admettre. Il est à peu près indifférent d'employer l'une ou l'autre lorsque la vitesse reste comprise entre celles sur lesquelles ont été faites les épreuves ; mais il n'en est pas tout à fait de même quand elles s'écartent de ces limites.

Soit, par exemple, un boulet de 30, pesant 15^k4, d'un diamètre égal à 1^d596, et animé d'une vitesse initiale de 500^m; les vitesses qu'il possède à diverses distances du point de départ peuvent être calculées en employant successivement les formules qui résultent des trois hypothèses $r = c v^2 (1 + b v)$, $r = c v^2 (1 + b v^2)$, $r = c v^{\frac{3}{2}}$, et qui ont été données dans les § 5, 6, 8.

EXPRESSION de la résistance de l'air.	DISTANCE (mètres).					
	0	500	1000	1500	2000	2500
	Vitesse.	Vitesse.	Vitesse.	Vitesse.	Vitesse.	Vitesse.
	mètr.	mètr.	mètr.	mètr.	mètr.	mètr.
$r = c v^2 (1 + b v)$. . .	500	352.6	262.6	200.5	454.2	424
$r = c v^2 (1 + b v^2)$. . .	500	354.1	262.0	198.0	454.3	416
$r = c v^{\frac{3}{2}}$.	500	352.9	262.3	202.0	456.9	431.3

Des trois expressions comparées, la troisième $r = c v^{\frac{3}{2}}$, est celle dont la valeur décroît le plus rapidement lorsque la vitesse devient petite. Il est facile de s'en assurer par un calcul direct.

VALEUR DE	VITESSE (mètres).					
	600	500	400	300	200	100
$r = c v^2 (1 + b v)$. . .	$1782\frac{a^2}{p}$	$1118\frac{a^2}{p}$	$639\ \frac{a^2}{p}$	$316.4\frac{a^2}{p}$	$124.4\frac{a^2}{p}$	$25.58\frac{a^2}{p}$
$r = c v^2 (1 + b v^2)$. . .	$1870\frac{a^2}{p}$	$1131\frac{a^2}{p}$	$636.2\frac{a^2}{p}$	$319.5\frac{a^2}{p}$	$129.8\frac{a^2}{p}$	$30.63\frac{a^2}{p}$
$r = c v^{\frac{3}{2}}$.	$1760\frac{a^2}{p}$	$1128\frac{a^2}{p}$	$645.8\frac{a^2}{p}$	$316.6\frac{a^2}{p}$	$144.4\frac{a^2}{p}$	$20.48\frac{a^2}{p}$

a en décimètres, p en kilogrammes.

En 1856, de nouvelles expériences ont été exécutées à Metz sur des boulets de 24, de 12 et de 8, en se servant de l'appareil électro-balistique ; les vitesses étaient prises en deux points séparés par un intervalle de 100 mètres ; mais les résultats n'ont pas été publiés.

Les diverses expressions précédentes ont été formées en admettant que les modifications du mouvement devaient être uniquement attribuées à la résistance de l'air. Dès lors, l'emploi qu'on en peut faire lorsque d'autres forces doivent être prises en considération n'est pas à l'abri d'objections. On en a donné un exemple dans le § 1.

Il paraîtra fort douteux qu'elles puissent être employées avec confiance dans toute l'étendue d'une longue trajectoire, si l'on considère que dans la branche descendante le mouvement est nécessairement accéléré.

§ 10.—Application aux divers projectiles en usage dans la marine.

Lorsque la résistance de l'air est la seule cause qui modifie le mouvement du mobile, le décroissement qu'éprouve la vitesse à mesure que la distance devient plus grande, est facile à calculer.

L'expression $r = c\,v^4$ est celle à laquelle on a eu recours pour former les tables suivantes ; alors $c = 0{,}0002018\,\dfrac{a^2}{p}$ (§ 8) ; et il n'y a qu'à remplacer a et p par leurs valeurs particulières.

Quand il s'agit des boulets massifs de 30, $p = 15^k1$ et $a = 1^d596$; par conséquent $\dfrac{p}{a^3} = 3{,}7144$; ce qui répond à une densité égale à 7,094. Admettant que tous les boulets massifs possèdent la même densité, on a pour cette sorte de projectiles $\dfrac{p}{a^3} = 3{,}7144\,a$.

Peut-être aux grandes distances les vitesses indiquées par les tables paraîtront-elles un peu trop grandes ; les deux autres formules leur assigneraient de moindres valeurs.

1ʳᵉ TABLE.

Décroissement de la vitesse des boulets sphériques massifs.

DÉSIGNATION DES BOULETS — DIAMÈTRE DES BOULETS — Vitesse (mètr.)

DISTANCE (mètres)	50 (1d,89)	36 (1d,692)	30 (1d,596)	24 (1d,474)	18 (1d,349)	12 (1d,172)
0	500	500	500	500	500	500
50	484	482	484	480	478	475
100	469	466	464	461	458	452
150	455	450	448	443	438	430
200	442	435	432	427	424	414
250	429	421	417	414	404	392
300	416	407	403	396	388	375
350	404	394	390	382	373	358
400	392	382	377	368	359	343
450	384	370	365	356	346	329
500	374	360	353	344	333	315
600	354	339	331	322	310	294
700	333	319	312	301	289	269
800	316	302	294	283	270	250
900	301	286	277	266	252	233
1000	287	271	262	251	237	217
1100	273	257	248	237	223	203
1200	260	244	236	224	210	190
1300	249	232	224	213	198	179
1400	238	221	213	204	187	168
1500	228	214	203	191	177	158
1600	218	202	193	182	168	150
1700	209	193	184	173	160	142
1800	200	185	176	165	152	134
1900	193	177	168	157	145	127
2000	185	169	161	150	138	121
2200	172	156	148	137	126	109
2400	159	144	137	126	113	99

2ᵉ TABLE.

Décroissement de la vitesse des boulets creux sphériques.

DÉSIGNATION DES BOULETS CREUX.

DISTANCE.	22c.	19c.	17c.	16c.	15c.	13c.	12c.
DIAMÈTRE.	2d,202.	1d,902.	1d,704.	1d,602.	1d,48.	1d,348.	1d,184.
POIDS.	27k,0.	18k,25.	13k,90.	11k,84.	8k,65.	6k,3.	4k,33.
	Vitesse.	Vitesse.	Vitesse.	Vitesse.	Vitesse.	Vitesse.	Vitesse.
mètr.	mètr.	mètr.	mètr.	mètr.	mètr.	mètr.	mètr.
0	550	550	550	550	550	550	550
50	528	525	524	523	518	516	510
100	507	502	499	498	490	482	474
150	487	480	477	474	463	453	442
200	468	460	455	452	438	426	414
250	450	444	436	432	416	404	387
300	433	423	417	413	395	379	364
350	418	406	400	395	375	358	342
400	403	390	383	379	358	339	322
450	389	375	368	364	341	321	304
500	374	364	354	349	325	306	287
600	349	335	327	322	297	277	258
700	327	312	304	298	273	262	233
800	307	291	282	276	251	240	211
900	288	272	263	257	232	221	193
1000	271	255	246	240	215	204	176
1100	256	239	234	225	200	194	162
1200	241	225	217	211	186	179	149
1300	228	212	204	198	174	166	138
1400	216	200	192	186	163	154	128
1500	206	189	184	176	153	144	119
1600	195	179	174	166	143	136	114
1700	186	170	162	157	135	128	104
1800	177	162	154	149	127	114	97
1900	169	154	146	141	120	104	92
2000	164	146	139	134	114	98	86
2200	147	133	126	121	102	88	76
2400	135	122	115	110	92	79	68

CHAPITRE III.

PÉNÉTRATION DES PROJECTILES SPHÉRIQUES DANS LES
MILIEU SOLIDES.

§ 1. — Considérations générales. — Formules.

Lorsque des sphères de même densité et animées de la même vitesse pénètrent normalement et sans se briser ni se déformer dans des milieux de même nature, homogènes et pouvant être considérés comme indéfinis, leurs vitesses, comparées après des temps proportionnels à leurs diamètres, sont égales ; à la suite de ces temps, les résistances qu'elles éprouvent sont proportionnelles à leurs surfaces et leurs pénétrations aux diamètres.

Les parties des milieux dont les molécules sont mises en mouvement sont semblables, et leurs dimensions sont proportionnelles aux diamètres des sphères. Ces parties sont les seules qui exercent de l'influence sur les pénétrations, et les milieux peuvent être considérés comme indéfinis, dès qu'elles sont comprises dans leurs volumes. (Note 1, § 2.)

C'est là tout ce que fournit le principe de la similitude ; et, pour avoir une expression de la résistance que le milieu oppose au mobile, on a recours à des hypothèses, sauf à les vérifier plus tard par l'expérience.

On s'est toujours accordé à regarder la résistance comme proportionnelle au grand cercle de la sphère. De plus, pendant longtemps, on l'a supposée constante.

12.

Soit donc a le diamètre de la sphère;

R la résistance.

L'hypothèse précédente conduit à l'expression

$$R = h\frac{\pi a^2}{4},$$

h désignant une constante dont la valeur dépend de la nature du milieu.

Cette formule est encore employée lorsque la vitesse est faible et qu'on ne prétend d'ailleurs qu'à une médiocre approximation. Les expériences que l'on a faites dans ces derniers temps ont montré qu'elle n'offrait pas une exactitude suffisante, et il est généralement admis maintenant que le coefficient monôme de $\frac{\pi a^2}{4}$ doit être remplacé par la somme de deux termes, l'un constant, l'autre proportionnel au carré de la vitesse. Soit donc v la vitesse que le mobile possède au bout du temps t,

$$R = \frac{\pi a^2}{4} h (1 + b v^2),$$

b désignant une nouvelle constante.

Mais dans cette expression il n'est pas tenu compte d'une circonstance qui doit exercer une certaine influence sur la grandeur de la résistance. La partie du milieu qui, à chaque instant, enveloppe le mobile, ne se trouve plus dans son état primitif. Cet état a été modifié par le mouvement antérieur et dépend par conséquent de la manière dont ce mouvement s'est opéré. La formule, en ne faisant varier la résistance qu'avec la vitesse que possède le projectile au moment où on le considère, suppose un état permanent du milieu. Elle ne peut donc être considérée comme fort exacte; et il serait possible qu'un changement dans la densité des boulets obligeât à modifier les valeurs des coefficients b et h.

Il est encore à propos de remarquer que dans les premiers instants de la pénétration le mobile ne rencontre le milieu que par une portion de son hémisphère antérieur.

Quoi qu'il en soit, si p désigne le poids du mobile,
g la gravité,
r l'accélération correspondante à la valeur R,

il est clair que

$$r = \frac{g\,R}{p},$$

ou, en remplaçant R par son expression,

$$r = \frac{\pi a^2 g h}{4p}(1 + b v^2)$$

Faisant

$$\frac{\pi a^2 g h}{4p} = c$$

il vient

$$r = c\,(1 + b v^2),$$

et l'équation du mouvement est

$$\frac{dv}{dt} = -c\,(1 + b v^2).$$

Soit z l'espace parcouru pendant le temps t, comme $v = \frac{dz}{dt}$, l'équation devient

$$\frac{v\,dv}{1 + b v^2} = -c\,dz.$$

En désignant par la lettre L les logarithmes tabulaires et par M leur module, l'intégration donne

$$L(1 + b v^2) = -2\,M\,b\,c\,z + \text{constante.}$$

Soit encore V la vitesse du mobile à son entrée dans le

milieu quand $z = o$; alors $L(1 + bV^2)$ est la valeur de la constante ajoutée au second membre ; donc

$$z = \frac{1}{2Mbc} L\left(\frac{1 + bV^2}{1 + bv^2}\right).$$

La pénétration totale Z du mobile n'est autre chose que la valeur de z correspondante à $v = o$; ainsi

$$(1) \qquad Z = \frac{1}{2Mbc} L(1 + bV^2),$$

ou, en mettant pour c la valeur $\dfrac{\pi a^2 g h}{4 p}$ et faisant pour abréger $\dfrac{2}{\pi g M b h} = N$

$$(2) \qquad Z = N \frac{p}{A^2} L(1 + bV^2).$$

Il est facile d'introduire dans cette expression la densité d du projectile ; en effet $p = \dfrac{\pi a^3 d}{6}$; par suite $\dfrac{p}{a^2} = \dfrac{\pi a d}{6}$. En faisant donc $n = \dfrac{\pi}{6} N$, il vient

$$(3) \qquad Z = n a d L(1 + bv^2).$$

Lorsqu'on regarde les valeurs de n et de b comme indépendantes de la densité du mobile, il résulte de cette formule que si des projectiles entrent dans un même milieu avec des vitesses égales, leurs pénétrations sont proportionnelles à leurs diamètres et à leurs densités.

En général, les expériences relatives aux pénétrations dans les milieux solides ne sont pas susceptibles d'une grande précision ; la nature trop variable de ces milieux s'y oppose ; la plupart ont été exécutées avec des boulets massifs, et leurs résultats s'accordent assez bien avec les formules 2 et 3, comme on le verra plus loin. On s'est beaucoup moins occupé des boulets creux, et jusqu'à présent les recherches dont ils ont été l'objet n'ont point indiqué la nécessité de faire varier les coefficients avec la densité des mobiles.

Pour avoir la durée de la pénétration, il faut intégrer l'équation $\dfrac{dv}{dt} = -c(1 + bv^2)$, ce qui donne

$$\operatorname{arctang}(v\sqrt{b}) = -ct\sqrt{b} + \text{constante.}$$

Comme $v = V$, lorsque $t = o$, on obtient

$$t = \frac{1}{c\sqrt{b}}\left\{\operatorname{arctang}(V\sqrt{b}) - \operatorname{arctang}(v\sqrt{b})\right\}$$

Si donc T désigne la durée de la pénétration totale, laquelle correspond à $v = o$,

$$T = \frac{1}{c\sqrt{b}}\operatorname{arctang}(V\sqrt{b})$$

La division de cette équation par l'équation (1) conduit à

$$\frac{T}{Z} = 2M\sqrt{b}\,\frac{\operatorname{arctang}(V\sqrt{b})}{L(1 + bV^2)}.$$

Le module $M = 0,434\ldots$; donc

$$\frac{T}{Z} = 0,868\sqrt{b}\,\frac{\operatorname{arctang}(V\sqrt{b})}{L(1 + bV^2)};$$

l'arc est exprimé en parties du rayon pris pour unité.

§ 2. — Relation entre la force vive du mobile et le vide formé dans le milieu.

Le mobile, en pénétrant dans le milieu, y forme un vide qui souvent se maintient après que le mouvement a cessé ; c'est ce qui arrive, par exemple, quand le milieu se compose d'une terre argileuse.

Le boulet étant sphérique, le vide est nécessairement

terminé par une surface de révolution ; les sections transversales décroissent depuis l'entrée jusqu'au fond ; la section méridienne tourne sa convexité vers l'axe, excepté dans la partie où elle enveloppe le projectile. Dans la terre argileuse, le vide diffère peu d'un cône ; dans le plomb, il a la forme d'une tulipe, et le métal refoulé vers l'arrière se relève en bourrelet autour de l'orifice.

Les auteurs des expériences de Metz ont remarqué qu'il existait un rapport constant entre le volume du vide et la force vive que possédait le projectile à son entrée, la valeur de ce rapport étant d'ailleurs dépendante de la nature du milieu. De cette remarque on a fait une loi générale.

On l'établit immédiatement en supposant à chaque instant la résistance qu'éprouve le mobile proportionnel à l'étendue de la section transversale qui se forme.

Soit, en effet, s l'aire de la section transversale prise à la distance z ; l'équation $R = h \dfrac{\pi a^2}{4}$ des anciens auteurs est remplacée par

$$R = hs.$$

L'équation du mouvement est

$$\frac{p}{g}\frac{dv}{dt} = -hs,$$

et en la multipliant par la suivante $v = \dfrac{dz}{dt}$, on a

$$\frac{p}{g} v\, dv = -hs\, dz$$

L'intégration donne

$$\frac{p}{g}\frac{v^2}{2} = -h\int s\, dz.$$

Or $v = V$ quand $Z = o$, et s'annule lorsque $z = Z$; donc

$$\frac{p}{g} V^2 = 2\,h \int_\circ^Z s\,dz.$$

$\int_\circ^Z s\,dz$ est le volume du vide. L'équation exprime donc qu'il existe un rapport constant entre la force vive $\frac{p}{g} V^2$ du mobile à son entrée dans le milieu et le volume du vide qui se forme dans ce dernier. Ce rapport est égal à $2\,h$ et par conséquent est double de celui qu'on a admis entre la résistance et la section transversale.

Soit y l'ordonnée d'un point de la courbe méridienne, relativement à l'axe; l'aire s de la section transversale correspondante est alors donnée par l'équation

$$s = \pi\,y^2,$$

en sorte que

$$R = h\,\pi\,y^2.$$

Pour concilier la nouvelle hypothèse relative à la résistance avec celle dont on s'est occupé dans le § 1, il suffit de prendre

$$y^2 = \frac{a^2}{4}(1 + b\,v^2)$$

A l'entrée où $v = V$, le rayon de la section transversale doit alors être égal à $\frac{a}{2}\sqrt{1 + b\,V^2}$

Au lieu d'une sphère, on peut prendre tout autre corps symétrique, relativement à un axe et se mouvant dans la direction de ce dernier.

Faisant la même hypothèse au sujet de la résistance, on est conduit exactement par les mêmes raisonnements à établir la proportionnalité de la force vive du mobile au volume du vide; mais il est bien clair que la valeur $2\,h$ du rapport ne doit pas avoir la même valeur que dans le cas de la sphère.

§ 3. — Pénétration des boulets massifs en fonte de fer dans la maçonnerie.

(Expériences de Metz.)

Lorsqu'on fait $n\,d = H$, la formule (3) du § 1 devient

$$Z = H\,a\,L\,(1 + b\,V^2)$$

Les expériences exécutées à Metz avec des boulets massifs de 24 et de 16 sur des revêtements en maçonnerie ont conduit à prendre dans un cas particulier

$$b = \frac{15}{10^6}.$$

Quant à la valeur de H, elle est donnée par le tableau ci-après, extrait de la *Balistique* du général Didion :

NATURE DE LA MURAILLE.	VALEUR DE H.
Maçonnerie de bonne qualité, comme celle des revêtements de Metz construits par Vauban.	6.63
Maçonnerie de médiocre qualité..	8.3
Maçonnerie de briques..	11.6

Le vide produit dans la maçonnerie, par un boulet qui y pénètre avec une grande vitesse, a une forme très-évasée ; le diamètre de l'entrée est égal à quatre ou cinq fois celui du projectile. Ce dernier ne reste pas au fond du trou et est repoussé en arrière.

Le diamètre des boulets de 30 étant de 0^m1596, il est facile de former la table suivante.

VITESSE du boulet.	PÉNÉTRATION des boulets massifs de 30 dans une maçonnerie		
	analogue à celle des revêtements construits à Metz par Vauban. (H = 6.63.)	de médiocre qualité. (H = 8.3.)	en briques. (H = 11.6.)
mètr.	mètr.	mètr.	mètr.
500	0.72	0.90	1.21
450	0.64	0.80	1.07
400	0.56	0.70	0.93
350	0.48	0.60	0.80
300	0.39	0.50	0.65
250	0.30	0.38	0.50
200	0.22	0.28	0.37
150	0.13	0.16	0.22

Lorsque les vitesses et les densités des projectiles sont égales, les pénétrations sont proportionnelles aux diamètres. Il est donc facile, à l'aide de cette table, d'obtenir les pénétrations des autres boulets massifs.

§ 4. — Pénétration des boulets massifs en fonte de fer dans la terre.

(Expériences de Metz.)

Lorsqu'on se sert de la formule $Z = H a L (1 + b V^2)$, on peut, suivant le général Didion, obtenir les pénétrations moyennes des boulets massifs dans les diverses espèces de terres, en adoptant pour H et b les valeurs données par le tableau ci-après.

NATURE DU MILIEU.	VALEUR DE H.	VALEUR DE b.
Sable mêlé de gravier.	6.0	0.00020
Terre mêlée de sable et de gravier.	7.5	0.00020
Terre végétale rassise d'ancien parapet.. . . .	13.05	0.00006
Terre argileuse de Saint-Julien près Metz.. . .	10.9	0.00008
Argile de potier humide.	25.8	0.00008
Argile de potier mouillée..	37.5	0.00008
Terre légère d'ancien parapet.	8.2	0.00020
Terre légère fraîchement remuée..	10.4	0.00020

Les pénétrations dans les terres sont sujettes à de très-grandes variations. Pour en donner une idée, il ne sera pas inutile de rapporter ici le tableau général des expériences exécutées sur la terre de Saint-Julien, lesquelles paraissent avoir été les plus complètes. Cette terre était renfermée dans un coffrage.

TERRE DE SAINT-JULIEN H=199. b=0,00008.

BOUCHES A FEU et projectiles.	POIDS de la charge.	VITESSE du boulet à son entrée dans la terre. V.	PÉNÉTRATION obtenue à chaque coup.	Pénétration moyenne.	Pénétration calculée.
	kilog.	mètr.	mètr.	mèt.	mèt.
Canon de 24. — Boulets : Diamètr. 0.1482 Poids, 12k0.	6.0	538	4.44	4.44	4.08
	4.0	494	3.26—3.54	3.38	3.85
	3.0	457	3.45—3.72	3.58	3.68
	2.0	402	2.83—3.20—3.30—3.29—3.02—3.45—3.72	3.26	3.87
	1.0	285	2.90—2.52—2.55—2.65—2.30—2.39—2.63—2.62	2.56	2.58
	0.5	190	1.85—1.80—1.90—1.95	1.88	1.74
	0.25	121	1.15	1.15	1.0
Canon de 12 de campagne. — Boulets : Diamèt. 0m1482 Poids, 6k08.	3.0	494	3.49—3.02	3.25	3.07
	2.0	482	3.67—2.96	3.34	3 02
	1.0	400	2 47—2.34	2.40	2.66
	0.5	285	1.96—1.93—1.24—1.94	1.77	2.04
	0.25	194	1.85—1.24—1.37	1.49	1.39
	0.125	120	0.89—0.74—0.87	0.83	0.80

D'après une règle établie depuis longtemps, lorsqu'un parapet en terre doit résister à des bouches à feu connues, on obtient son épaisseur, prise entre les deux crêtes intérieure et extérieure, en augmentant de moitié la pénétration des projectiles, en sorte que, si E désigne cette épaisseur, $E = \frac{3}{2} Z$.

Ainsi, dans le cas où la pénétration est de 4^m, on donne au parapet une épaisseur égale à 6 mètres.

§ 5. — Pénétration des boulets massifs dans le charbon de terre.

(Expériences de Gâvre, 1843.)

Le charbon provenait des mines de Sunderwall, comté de Cornwall (Angleterre). C'était un mélange de morceaux de diverses grosseurs et de poussier. Il était contenu dans une grande caisse en bois, établie sur le sol.

Longueur parallèle à la ligne de tir	6^m0
Largeur	1^m50
Hauteur	1^m50

La face exposée au choc était formée de planches de sapin de 0^m02 d'épaisseur; les trois autres étaient composées de bordages de chêne, maintenus par des montants verticaux et des arcs-boutants. Un plancher recouvrait la partie supérieure de la caisse.

Un canon de 30 n° 1 était placé à 10 mètres de la caisse.

Diamètre de l'âme		0^m1648
Longueur de l'âme		2^m640
Boulets	Diamètre	0^m1596
	Poids moyen	15^k100
	Densité	$7·108$

Poudre du Ripault, 1842 : diamètre du mandrin des gargousses, 158^{mm}. D'après ces données, il était facile de calculer les vitesses des projectiles.

— 190 —

On tirait deux coups de manière que les centres des trous fussent séparés par un intervalle de 0^{m}80. On était obligé de déplacer la pièce, afin que la ligne de tir restât perpendiculaire à la surface choquée. On s'occupait ensuite de la recherche des projectiles, en enlevant le plancher et la masse de charbon qui avait été traversée.

Les pénétrations moyennes ont été prises sur six coups.

En les introduisant dans la formule

$$Z = H\,a\,L\,(1 + b\,v^2)$$

en même temps que les vitesses correspondantes, et supposant $b = \dfrac{25}{10^6}$, on obtient pour le produit $H\,a$ des valeurs sensiblement constantes.

CHARGE du canon.	VITESSE du boulet à son entrée dans le charbon.	PÉNÉTRATION moyenne.	VALEUR du produit $H\,a$.
kilog.	mèt.	mètr.	
1.0	252	2.38	1.939
2.5	393	3.15	1.974
5.0	478	3.43	1.935

La valeur moyenne de $H\,a$ est 1,951 ; et comme $a = 0^m1596$, il en résulte $H = 12,22$, en sorte que la formule

$$Z = 12,22\,a\,L\,(1 + \frac{25}{10^6}\,V^2)$$

se trouve être l'expression des expériences.

Il était important de s'assurer si l'on n'apporterait pas quelque modification à la pénétration, en opposant au projectile une muraille entièrement composée de morceaux de moyenne grosseur. Cette muraille, construite avec le plus grand soin, remplissait toute la partie de la caisse que devait traverser le boulet; les moindres morceaux avaient un volume d'environ 1 décimètre cube; les intervalles n'étaient pas remplis par du poussier. Dans le reste de la caisse se trouvait du charbon ordinaire.

La charge du canon était de 5ᵏ0.

Le premier coup dirigé au centre de la caisse a donné une pénétration de 4ᵐ13, supérieure par conséquent à toutes celles qu'on avait obtenues précédemment. Immédiatement après, on a reconstruit la partie de la muraille qui avait été endommagée, sans déranger les parties latérales contre lesquelles ont été dirigés ensuite le second et le troisième coup. La pénétration du second coup a été de 3ᵐ60 et celle du troisième 3ᵐ43. Cette diminution progressive des pénétrations s'explique par le tassement qui s'opère dans toute la masse par suite de l'ébranlement que produit chaque coup.

Dans une autre expérience, on a remplacé le charbon ordinaire par du poussier que les hommes tassaient avec leurs pieds. La charge était la même, et on n'a procédé à la recherche des projectiles qui avaient été numérotés qu'après avoir tiré trois coups. Les pénétrations successives ont été de 3ᵐ93 — 3ᵐ38 et 3ᵐ22.

Enfin, dans un dernier essai, on s'est servi d'une caisse construite à peu près de la même manière que la première, mais qui présentait au choc des projectiles une largeur de 3 mètres ; elle était remplie de charbon ordinaire, mélange de blocs et de poussier. Non-seulement on déplaçait le canon à chaque coup, mais on faisait varier sa hauteur au-dessus du sol. L'axe de l'âme était toujours horizontal et perpendiculaire à la surface choquée. La charge était encore de 5ᵏ00. Après avoir tiré six coups, on a procédé à la recherche des projectiles.

Pénétrations successives : 3,69 — 3,75 — 3,44 — 2,91 — 2,90 — 2,72 —.

Sauf une anomalie, la diminution des pénétrations se manifeste ici de la manière la plus évidente.

Il en résulte que si dans l'expression de Z on croit pouvoir conserver toujours la même valeur pour b, au moins est-il nécessaire de faire varier celle de H, suivant que le charbon est plus ou moins tassé. La valeur donnée plus haut $H = 12,22$ ne convient qu'à un tassement médiocre. Si le tassement est très-considérable, il faut prendre $H = 9,7$.

§ 6. — Pénétration des boulets massifs dans le bois de chêne. — Gâvre, 1835. — Premières expériences.

Une plate-forme horizontale en bois de chêne avait été établie sur le sol; elle était maintenue par de forts piquets.

C'était sur cette plate-forme que reposait le massif; il se composait de grosses poutres verticales en chêne disposées en rangs perpendiculaires à la ligne de tir. Celles des deux premiers rangs avaient 0ᵐ34 d'épaisseur et les autres 0ᵐ25; la largeur était variable, mais elle excédait l'épaisseur.

Chaque joint était recouvert par les poutres contiguës. Les pièces qui composaient les rangs d'ordre impair se trouvaient engagées dans la plate-forme; les autres étaient simplement posées sur cette dernière. Chacune des faces antérieure et postérieure du massif s'appuyait sur un cadre formé de deux montants verticaux engagés dans la plate-forme et réunis par une semelle et un chapeau. Les parties supérieures des poutres étaient maintenues par un grand cadre horizontal, la jonction des côtés de ce dernier se trouvait assurée par des clefs en bois. De nombreux arcs-boutants étaient répartis sur les faces latérales et sur l'arrière.

Dimensions des massifs.
- Hauteur.......................... 3^m0
- Largeur perpendiculaire à la ligne de tir....................... 3^m0
- Epaisseur........................ 2^m5

Densité du chêne...................... 0.978

L'axe du canon était horizontal et perpendiculaire à la face du massif. En déplaçant l'affût, on obtenait quatre pénétrations à peu près à la même hauteur. En faisant varier la hauteur de la plate-forme, on utilisait successivement le bas, le milieu et le haut du massif. Après douze coups, il fallait le reconstruire; on remarquait quelques disjonctions entre les poutres.

Il est assez connu que le bois, reprenant son volume primitif, remplit entièrement le vide pratiqué par le projectile. Après chaque coup, on perçait le bois avec une tarière jusqu'à la rencontre du boulet et on introduisait ensuite dans l'ouverture une sonde formée de deux baguettes de fusil soudées ensemble, et lorsqu'elle n'avait aucune tendance à glisser sur la surface du projectile, on en concluait qu'elle le touchait à peu près au point le plus rapproché de la face antérieure du massif. On ajoutait le diamètre du boulet à la profondeur donnée par la sonde, et la somme de ces deux nombres donnait la valeur de la pénétration.

Les principales expériences ont été exécutées avec un canon de 30 n° 1 ; diamètre de l'âme, 0^m1647 ; longueur, 2^m641.

Poudre du Pont-de-Buis 1827. Diamètre du mandrin des gargousses............. 158^{mm}

Boulets.
- Diamètre.................. 0^m1596
- Poids moyen................ 15^k1

CHARGE du canon.	DISTANCE du canon au massif.	PÉNÉTRATION moyenne.	NOMBRE de coups.
kilog.	mètr.	mètr.	
4.90	80	1.310	8
2.45	80	1.000	4

Les expériences exécutées plus tard à l'aide des pendules balistiques ont fait connaître les vitesses des projectiles à environ 10 mètres de la bouche à feu. En se servant des formules qu'on en a déduites (chap. 1, § 23), on trouve que, pour les charges de 4ᵏ9 et de 2ᵏ45, ces vitesses étaient respectivement égales à 450ᵐ et 369ᵐ; mais, à la rencontre du massif, elles devaient être réduites à 427ᵐ et 351ᵐ, d'après les formules données dans le chapitre 2, § 8.

Cela posé, en substituant, dans l'expression

$$Z = H\,a\,L\,(1 + bV^2),$$

les valeurs correspondantes de Z et de V, on obtient deux équations auxquelles on satisfait à très-peu près en prenant $b = \dfrac{2}{10^5}$ et H = 12,64; d'où résulte la formule

$$(1) \qquad Z = 12,64\,a\,L\left(1 + \frac{2}{10^5}\,V^2\right).$$

Elle ne diffère de celle qu'a donnée le général Didion que par la valeur de H; suivant lui, H = 13,1. Le massif sur lequel on a opéré à Metz offrait sans doute un peu moins de résistance *.

Les variations auxquelles les pénétrations sont sujettes ne permettent pas d'attacher l'idée d'une très-grande précision à la détermination des valeurs des coefficients H et b. Si l'on prenait $b = \dfrac{15}{10^6}$ et $H = 15,01$, les pénétrations calculées ne s'écarteraient des pénétrations observées que d'environ 13^{mm}; de pareilles différences sont assurément fort admissibles; seulement elles seraient de sens différents.

On peut donner à l'expression de Z, en y introduisant le poids p du projectile, la forme de l'équation (2) du § 1 ; mais alors, le poids étant donné en kilogrammes, il est plus commode d'exprimer le diamètre en décimètres. On a par suite

$$(2) \qquad Z = 0,34 \,\frac{p}{a^2}\, L\left(1 + \frac{2\,V^2}{10^5}\right).$$

Les applications aux projectiles creux deviennent alors plus faciles; il reste à savoir si on obtient dans ce cas une approximation suffisante.

Une expérience a été faite avec des boulets creux dont le diamètre était de 1^d607 et le poids de 10^k61. Ces projectiles étaient ensabotés; les sabots pesaient 0^k518. Le

---

* D'après le même auteur on pourrait, pour les autres essences de bois, adopter les valeurs suivantes de H, en prenant toujours $b = \dfrac{2}{10^5}$:

	VALEUR DE H.
Hêtre, charme, frêne	13.4
Orme.	47.0
Sapin et bouleau.	23.5
Peuplier.	26.0

13.

canon, dont la charge était de 1ᵏ0, se trouvait à 20 mètres du massif. La pénétration moyenne, déduite de quatre coups, a été de 0ᵐ63.

La vitesse des boulets, à leur entrée dans le massif, devait être à peu près égale à 310 mètres. D'après cela, la pénétration calculée serait égale à 0ᵐ65. La différence n'est que de 0ᵐ02.

On a voulu employer la charge de 1ᵏ5; mais tous les obus ont été brisés à la rencontre du massif.

§ 7. — Suite. — Nouvelles expériences exécutées à Gâvre en 1844.

Un massif était composé de pièces de bois verticales disposées par rangs perpendiculaires à la ligne de tir. L'épaisseur de chaque rang était de 0ᵐ30. Les joints d'un rang correspondaient au milieu des poutres formant les rangs contigus. Les extrémités inférieures des poutres étaient engagées dans un grillage et quatre pièces de bois horizontales encadraient leurs parties supérieures ; les pièces placées sur les faces antérieure et postérieure étaient liées entre elles par quatre clefs ; trois arcs-boutants se trouvaient à l'arrière. Cette disposition empêchait tout déplacement dans le sens du tir. Sur chaque face parallèle à la ligne de tir, trois arcs-boutants maintenaient les parties supérieures des poutres et deux longs coins en bois serraient fortement leurs parties inférieures. Tout déplacement latéral se trouvait ainsi arrêté. Le massif présentait au-dessus du grillage une hauteur de 1ᵐ5 ; la largeur perpendiculaire à la ligne de tir était de 2ᵐ10.

Un canon de 30 n° 1 était placé à 10ᵐ du massif : diamètre de l'âme, 0ᵐ1648 ; longueur, 2ᵐ640.

Poudre du Ripault, 1842 : diamètre du mandrin des gargousses, 158ᵐᵐ.

Diamètre moyen des boulets, 0ᵐ1596.

NUMÉROS des coups.	ÉPAISSEUR du massif.	POIDS du projectile.	CHARGE du canon.	PÉNÉTRA- TION.	
1	2m10	15k060	5k0	1m325	Après ce coup, le massif a été démoli et recons- truit.
2	2.40	15.420	5.0	1.400	Après ces deux coups, le massif a été démoli et reconstruit.
3	2.40	15.030	5.0	1.370	
4	4.80	15.092	5.0	1.405	
5	4.80	15.040	5.0	1.260	Idem.
6	4.80	15.070	2.5	1.060	
7	4.80	15.140	2.5	0.980	
8	4.80	15.100	2.5	1.230	

Les vitesses des projectiles, à leur entrée dans le massif, étaient les mêmes que dans les expériences du § 5. En prenant des moyennes, on a le tableau suivant * :

VITESSE du boulet.	PÉNÉTRATION.
mètr.	mètr.
478	1.352
393	1.090

Les pénétrations sont à peu près les mêmes que celles de 1835, bien qu'elles soient dues à des vitesses supérieures. Le nouveau massif était beaucoup mieux consolidé que l'ancien et aucune disjonction ne pouvait s'y opérer.

---

* Dans un premier compte rendu, les vitesses avaient été évaluées inexactement.

Les valeurs correspondantes de V et de Z substituées dans la formule

$$Z = H\, a\, L\, (1 + b\, V^2)$$

fournissent deux équations desquelles on tire $b = \dfrac{15}{10^8}$ et $H = 13,1$; mais il est à remarquer que si on prenait $b = \dfrac{2}{10^5}$ et $H = 11,27$, les pénétrations calculées ne s'é-carteraient des pénétrations observées que de 0^m01, les deux différences seraient d'ailleurs de sens différents.

En conservant la valeur $b = \dfrac{2}{10^5}$ adoptée précédemment, on est alors conduit à substituer à la formule (2) du § 6, la suivante

$$Z = 0,303 \frac{p}{n^2} L \left(1 + \frac{2}{10^5} V^2\right).$$

§ 8. — Suite. — Massif capable d'arrêter un projectile.

Les obstacles composés de pièces de bois de chêne offriront bien rarement une résistance égale à celle du massif de 1844. Il est donc préférable d'adopter dans la pratique la valeur de H donnée par les expériences de 1835. Dès lors, si on prend $b = \dfrac{2}{10^5}$, il n'y a aucun changement à apporter aux formules du § 6.

En examinant le tableau des expériences de 1844, on remarque que les pénétrations produites par la charge de 5^k0, n'ont éprouvé aucune diminution lorsque l'épaisseur du massif, primitivement égale à 2^m10, a été réduite à 1^m8. Ainsi, le boulet massif de 30, animé à son entrée d'une vitesse de 478^m, se mouvait dans le massif, de 1^m80 d'épaisseur, de la même manière que dans un massif d'une étendue indéfinie. Le rapport de cette épaisseur à la pénétration moyenne 1ᵐ35 est égale à $\tfrac{4}{3}$.

Deux projectiles ont entièrement traversé un massif dont l'épaisseur était réduite à 1ᵐ50 ; deux autres ont pénétré, l'un à 1ᵐ56, l'autre à 1ᵐ42, dans un massif auquel on avait donné une épaisseur de 1ᵐ65 ; leur pénétration moyenne a été de 1ᵐ49 au lieu de 1ᵐ35.

Ainsi, la moindre épaisseur E que doit avoir un massif pour qu'un projectile s'y meuve de la même manière que dans un milieu indéfini, se trouve donnée très-approximativement par l'équation

$$(3) \qquad\qquad E = \tfrac{4}{3} Z.$$

Ce n'est que lorsque cette condition est remplie que les formules sont applicables.

C'est à cette équation qu'il faut recourir si on veut calculer l'épaisseur qu'il est nécessaire de donner à une muraille en chêne pour qu'elle arrête complétement des boulets massifs dont on connaît le diamètre, le poids et la vitesse. On cherche quelle serait la pénétration de ces projectiles dans un massif indéfini ; puis on la multiplie par $\tfrac{4}{3}$.

Quand les boulets sont creux, il faut en outre tenir compte des résultats de leur éclatement.

§ 9. — **Table des pénétrations des boulets massifs dans le bois de chêne.**

(Formule (1) du § 6.)

VITESSE du boulet.	DÉSIGNATION DES BOULETS.					
	50	30	30	24	18	12
	DIAMÈTRE DES BOULETS.					
	0ᵐ189.	0ᵐ1692.	0ᵐ1596.	0ᵐ1474.	0ᵐ1312.	0ᵐ1193.
	Pénétra-tion.	Pénétra-tion.	Pénétra-tion.	Pénétra-tion.	Pénétra-tion.	Pénétra-tion.
mètr.	mètr.	mètr.	mètr.	mètr.	mètr.	mètr.
500	1.86	1.66	1.57	1.45	1.32	1.15
475	1.77	1.58	1.50	1.38	1.26	1.10
450	1.68	1.50	1.42	1.31	1.19	1.04
425	1.59	1.42	1.34	1.24	1.13	0.98
400	1.49	1.33	1.26	1.16	1.06	0.93
375	1.39	1.24	1.17	1.08	0.99	0.86
350	1.29	1.15	1.08	1.00	0.94	0.80
325	1.18	1.05	0.99	0.92	0.84	0.73
300	1.07	0.96	0.90	0.83	0.76	0.66
275	0.96	0.86	0.81	0.75	0.68	0.59
250	0.84	0.75	0.71	0.66	0.60	0.52
225	0.73	0.65	0.61	0.57	0.52	0.45
200	0.61	0.55	0.51	0.48	0.43	0.38
175	0.49	0.44	0.41	0.39	0.35	0.31
150	0.38	0.35	0.32	0.30	0.27	0.24

D'après la formule, quand la vitesse est de 100 mètres, la pénétration devient égale au diamètre du projectile.

§ 10. — Table des pénétrations des boulets creux dans le bois de chêne.

(Formule (2) du § 6.)

VITESSE DU BOULET.	DÉSIGNATION DES BOULETS (centimèt.).						
	22	19	17	16	15	13	12
	DIAMÈTRE (décimèt.).						
	1.2202	1.002	1.704	1.602	1.48	1.348	1.184
	POIDS (kilog.).						
	27.0	18.25	13.90	11.48	8.63	6.03	4.33
	Pénétration.	Pénétration	Pénétration.	Pénétration.	Pénétration.	Pénétration.	Pénétration.
métr.	mèt.	mèt.	mèt.	mèt.	mèt.	mèt.	mèt.
450	»	1.21	1.45	1.40	0.94	0.83	0.74
425	»	1.14	1.08	1.04	0.89	0.78	0.70
400	1.48	1.07	1.01	0.98	0.84	0.73	0.65
375	1.10	1.00	0.94	0.91	0.78	0.68	0.64
350	1.02	0.92	0.87	0.84	0.72	0.63	0.56
325	0.94	0.85	0.80	0.77	0.66	0.58	0.52
300	0.85	0.77	0.73	0.70	0.60	0.53	0.47
275	0.76	0.69	0.65	0.63	0.54	0.47	0.42
250	0.67	0.60	0.57	0.55	0.47	0.44	0.37
225	0.57	0.52	0.49	0.48	0.44	0.36	0.32
200	0.48	0.44	0.44	0.40	0.34	0.30	0.27
175	0.38	0.35	0.33	0.32	0.28	0.25	0.21
150	0.30	0.28	0.26	0.25	0.22	0.19	0.17
Vitesse du boulet quand la pénétration est égale au diamètre	126ᵐ	124ᵐ	117ᵐ	115ᵐ	130ᵐ	123ᵐ	122ᵐ

§ 11. — Tir oblique contre le bois de chêne. — Réflexion du projectile.

(Expériences de Gâvre, 1836.)

Lorsqu'on diminue graduellement la vitesse du projectile, ce dernier, quoique frappant toujours le massif normalement, doit finir par éprouver une réflexion. Quelques essais ont été faits à Gâvre en 1836. Le massif, le canon, les boulets, la poudre, les gargousses étaient les mêmes qu'en 1835 (§ 6).

La distance du canon à la surface choquée était de 20 mètres. De trois boulets massifs pour lesquels on a employé la charge de 0^k200, deux ont été repoussés en arrière, le troisième est resté dans le bois. D'après les formules des chapitres 2 et 3, leur vitesse, au moment du choc, devait être de 110 mètres, un peu supérieure par conséquent à celle qui produit une pénétration égale au diamètre.

La charge a été portée à 0^k225. Un boulet a été réfléchi; un second est resté dans le bois. La vitesse était de 116 mètres.

Quand, au lieu de réduire la charge, on dirige le canon obliquement au massif, de manière à diminuer de plus en plus l'angle d'incidence, on finit encore par obtenir la réflexion des projectiles. Soit alors I l'angle d'incidence; la composante de la vitesse suivant la normale à la surface choquée est V sin I.

Sous une incidence de 15°, deux boulets massifs pour lesquels on a fait usage de la charge de 4^k90, ont été réfléchis. La distance de la bouche à feu au point choqué était de 15 mètres; la vitesse des projectiles au moment du choc se trouvait égale à 448^m et par conséquent la composante normale V sin I était de 116 mètres. Les boulets se sont d'ailleurs arrêtés dans le massif, lorsqu'on a augmenté l'angle, en conservant la même charge.

On a réduit la charge à 2ᵏ45, et alors deux boulets massifs ont été réfléchis sous une incidence de 18°. La distance du canon au point choqué était de 9ᵐ; et la vitesse au moment du choc se trouvait de 369 mètres; la composante normale V sin I était donc égale à 114 mètres.

De tous ces faits, il résulte que, quand la réflexion commence à avoir lieu, par suite de la diminution de la vitesse ou de l'angle d'incidence, le produit V sin I est sensiblement égal à 115. — Par conséquent, pour que les boulets massifs se réfléchissent en rencontrant la surface du chêne, il faut que l'angle d'incidence soit égal ou inférieur à la valeur de I déterminée par l'équation

$$\sin I = \frac{115}{V}.$$

De là, la table suivante :

BOULETS MASSIFS.	
Vitesse	Angle d'incidence sous lequel la réflexion commence.
métr.	
500	13°
450	15°
400	17°
350	19°
300	22°
250	27°
200	35°
150	50°
115	90°

La formule précédente ne s'applique qu'aux boulets massifs, mais on peut la présenter sous une autre forme.

Soit en effet U la vitesse qui produit une pénétration égale au diamètre ; quand il s'agit des boulets massifs, U = 100. On peut donc écrire ainsi l'équation

$$\sin I = \frac{1,15\,U}{V} \,;$$

et, appliquée aux boulets creux, elle donnera une approximation bien suffisante. Les valeurs de U sont rapportées dans le § 10.

VITESSE.	ANGLE D'INCIDENCE sous lequel la réflexion commence.	
	Boulets creux de 16 centim.	Boulets creux de 22 centim.
450ᵐ	17°	18°
400	18°	19°
350	20°	22°
300	23°	26°
250	32°	35°
200	42°	46°
150	62°	75°

Les angles correspondant aux autres projectiles creux sont intermédiaires entre les précédents.

CHAPITRE IV.

EFFETS DE LA POUDRE DANS LES PROJECTILES CREUX ET
SPHÉRIQUES.

§ 1. — Phénomènes généraux.

La chambre des projectiles creux est toujours une
sphère concentrique à la surface extérieure.

Dès que l'inflammation est communiquée à la charge,
la tension des gaz croît avec une extrême rapidité, jusqu'au moment où elle détermine la rupture, et alors les
débris du boulet sont lancés en tous sens.

Lorsqu'on n'a pas égard à l'existence de la lumière, et
qu'on suppose d'ailleurs la matière homogène, il suffit
d'examiner ce qui se passe dans une section méridienne
quelconque.

Soit a le diamètre du projectile,

a' celui de la chambre,

y la tension des gaz,

T la ténacité de la fonte,

y et T étant exprimées en kilogrammes et par centimètre
carré.

La force qui tend à séparer les deux hémisphères dont
la base commune est le grand cercle que l'on considère
se trouve exprimée par $\dfrac{\pi a'^2}{4} y$.

La petite quantité dont les molécules de la fonte s'é-
cartent les unes des autres par suite de l'action des gaz

atteint son maximum dans le voisinage de la chambre et décroît jusqu'à la surface extérieure.

En supposant l'épaisseur assez petite pour qu'il ne soit pas nécessaire d'avoir égard à ces différences, on obtient, pour l'expression de la résistance à la rupture,

$$\pi \frac{(a^2 - a'^2)}{4} T.$$

Dès lors, la rupture ne devrait avoir lieu qu'autant que la valeur de la tension y serait supérieure à celle qui est donnée par l'équation

$$\frac{\pi a'^2}{4} y = \pi \frac{(a^2 - a'^2)}{4} T$$

ou

(1)
$$y = \frac{a^2 - a'^2}{a'^2} T.$$

Mais les grands cercles passant par l'axe de la lumière offrent une moindre résistance que les autres par suite de la solution de continuité qui s'y trouve.

Ainsi la valeur de y déterminée par l'équation doit toujours entraîner la rupture.

Comme la matière n'est jamais homogène, la fracture ne s'opère pas d'une manière uniforme autour de l'axe de la lumière ; de plus, le phénomène, quelque rapide que soit sa durée, n'est point instantané. Les diverses ruptures prennent naissance à l'orifice et se prolongent suivant des arcs de grands cercles passant par l'axe de ce dernier ; mais elles n'atteignent jamais le pôle opposé. La partie située dans le voisinage de ce pôle se détache sous la forme d'une calotte sphérique terminée par une ligne irrégulière, mais ondulant autour d'un petit cercle perpendiculaire à l'axe de la lumière. Une autre ligne à peu près semblable traverse ordinairement toutes les lignes principales de rupture, quelquefois les arrête, d'autres fois les fait dévier.

§ 2. — Cas où la lumière est fermée pendant la combustion de la poudre. — Détermination de la charge de rupture.

Quelquefois la lumière reste fermée jusqu'au moment où la fracture s'opère; c'est ce qui arrive par exemple aux boulets creux munis de certains mécanismes percutants.

En supposant la combustion complète, il est alors facile d'obtenir l'expression de la moindre charge capable de briser le projectile; souvent, pour abréger, on la désigne par l'appellation de *charge de rupture*.

Soit ϖ le poids de la charge exprimé en grammes.

C la capacité de la chambre en centimètres cubes.

ρ la densité des gaz.

La combustion étant complète, il est clair que

$$\rho = \frac{\varpi}{C}.$$

Les expériences de Rumford ont conduit à la formule

$$\frac{y}{\rho} = 10^{3,23035 + 0,004\rho + 0,25\rho^2}$$

(*Préliminaires*, § 3, équation 2). D'après le § 1, on a

$$y = \left(\frac{a^2}{a'^2} - 1 \right) \mathrm{T}.$$

Lorsque les dimensions du projectile et la ténacité de la fonte sont connues, la troisième équation fournit la valeur de y; on porte cette valeur dans la seconde que l'on résout par rapport à ρ; quand cette densité est déterminée, la première équation donne le poids ϖ de la charge de rupture.

La table placée dans les préliminaires, § 3, facilite d'ailleurs la résolution de la seconde équation.

Dans toutes les expériences que l'on a exécutées jusqu'à présent sur l'éclatement des projectiles, on n'a jamais songé à tenir la lumière fermée.

§ 3. — Cas où la lumière est ouverte avant l'éclatement.

Souvent la lumière n'est bouchée que par une fusée dont le canal est ouvert au moment où l'inflammation commence et qui d'ailleurs est bientôt chassée. Pendant que la prolongation de la combustion augmente la densité des gaz, la fuite qui s'opère par la lumière la modère. Le problème devient alors plus difficile.

Ce qu'il faut trouver, c'est la moindre des charges capables de produire la densité ρ que doivent avoir les gaz pour que l'éclatement ait lieu.

Dès que la combustion commence, le mélange de gaz et de matière non encore comburée se répand dans toute la chambre.

Soit, au bout du temps t compté depuis l'origine de l'inflammation,

Δ la densité moyenne du mélange,

u la vitesse de l'écoulement par l'orifice.

La densité Δ, fort différente de celle des gaz, est continuellement décroissante.

Soit encore,

a'' le diamètre de la lumière,

. T le temps à la suite duquel l'éclatement se produit.

Le poids de la petite masse qui, pendant l'instant dt, s'échappe par l'orifice est $\dfrac{\pi a''^2}{4}\Delta u\,dt$. Celui de la masse totale sortie pendant le temps T est donc $\dfrac{\pi a''^2}{4}\displaystyle\int_0^T \Delta u\,dt$.

La partie de la charge restée dans la chambre au moment de l'éclatement a, par conséquent, un poids égal à

$$\varpi - \frac{\pi a''^2}{4} \int_0^T \Delta u \, dt;$$ et elle doit être entièrement gazéifiée, si la quantité de poudre employée est la moindre possible. La densité des gaz est donc alors

$$\frac{\varpi - \dfrac{\pi a''^2}{4} \int_0^T \Delta u \, dt}{C}$$

et elle doit se trouver égale à ρ, de sorte qu'en observant que $C = \dfrac{\pi a'^2}{6}$, on a l'équation

$$\rho = \frac{\varpi}{C} - \frac{3}{2} \frac{a''^2}{a'^2} \int_0^T \Delta u \, dt.$$

Admettant d'abord que la vitesse u de l'écoulement reste constante, on a $\int_0^T u \Delta \, dt = u \int_0^T \Delta \, dt$. La densité Δ continuellement décroissante ne devient égale à ρ qu'au moment de l'éclatement, où dans la chambre la gazéification est supposée complète. L'intégrale $\int_0^T \Delta \, dt$ a donc une valeur supérieure à ρT et qui peut être représentée par $\Theta \rho T$, la lettre Θ désignant un nombre plus grand que l'unité.

L'équation devient alors :

$$\rho = \frac{\varpi}{C} - \frac{3}{2} \frac{a''^2}{a'^2} \Theta u \rho T.$$

D'après le principe de la similitude, lorsque les valeurs de $\dfrac{\varpi}{C}$ et de $\dfrac{a''}{a'}$ restent les mêmes, le temps T nécessaire pour obtenir la densité ρ doit être proportionnel à a'. Par suite, si on néglige les petites variations que peut éprouver le nombre Θ, on est conduit à poser l'équation

$$\rho = \frac{\varpi}{C} - N \rho \frac{a''^2}{a'^2}$$

ou

(a)
$$\frac{\varpi}{C} = \rho\left(1 + N\frac{a''^2}{a'^2}\right),$$

N désignant un coefficient sensiblement constant.

Mais ce résultat est subordonné à l'hypothèse d'une vitesse d'écoulement constante; et cette vitesse croît sans doute avec la pression. La valeur du coefficient N doit donc se montrer croissante en même temps que ρ *.

Des expériences ont été exécutées à Metz en 1833 sur des obus de 16° en fonte de fer grise de bonne qualité et dont la ténacité T était de 1350^k par centimètre carré.

Dimensions des projectiles : $a = 16°28$, $a' = 11°32$, $a'' = 2°26$.

Capacité de la chambre : $C = 759,5$ centimètres cubes.

Chaque projectile ne fut employé qu'une fois, la charge de 345 grammes les fit toujours éclater, aucune rupture n'eut lieu avec celle de 340 grammes.

Considérant en conséquence la charge de 345 grammes, comme la moindre de celles qui pouvaient produire l'é-clatement, on a $\frac{\varpi}{C} = \frac{345}{759,5} = 0,454$.

Remplaçant a, a' et T par leurs valeurs numériques dans l'équation $y = \left(\frac{a^2}{a'^2} - 1\right)T$ du § 2, on en tire $y = 1442$.

Substituant cette valeur dans l'équation déduite des expériences de Rumford, on obtient $\rho = 0,3665$.

Introduisant enfin dans l'équation (a) les valeurs de $\frac{\varpi}{C}$, ρ et $\frac{a''}{a'}$, on trouve

$$N = 5,996.$$

---

* Le général Piobert a introduit dans l'expression qu'il a adoptée le rapport $\frac{a''^2}{a'^2}$, se fondant sur ce que la diminution de densité produite par la fuite des gaz est d'autant plus sensible que la capacité de la chambre est moindre. Il a supposé ainsi que la durée du phénomène était la même, quel que fût le calibre.

D'autres expériences ont été faites plus tard sur des obus des mêmes dimensions, mais dont la fonte était truitée et de qualité ordinaire; la ténacité par centimètre carré n'était que de 1140 kilogrammes. La charge de 310 grammes fit éclater la moitié des projectiles soumis à son action; les charges un peu plus fortes produisirent toujours l'éclatement.

Prenant donc $\varpi = 310$, on a $\dfrac{\varpi}{C} = 0,4082$; et en exécutant une suite de calculs semblables aux précédents, on trouve successivement $y = 1248$, $\rho = 0,335$ et enfin

$$N = 5,482.$$

Cette valeur de N est moindre que la précédente; elle correspond en effet à une plus faible tension.

Les deux séries d'expériences s'accordent également à donner

$$\frac{N}{\rho} = 16,36.$$

On peut donc regarder ce rapport comme constant et poser en conséquence

$$\frac{\varpi}{C} = \rho + 16,36 \left(\frac{a''}{a'}\right)^2 \rho^2.$$

Telle est l'équation qu'il faut substituer à la première de celles du § 2; les deux autres demeurent les mêmes *.

§ 4. — Suite.

Dans la première des deux séries d'expériences citées

---

* Le général Piobert, prenant les moyennes des résultats fournis par les deux séries d'expériences, est arrivé à une formule équivalente à

$$\frac{\varpi}{C} = \rho \left(1 + 61,7 \frac{a''^2}{a'^3}\right).$$

14.

dans le § 3, la ténacité de la fonte était de 1350^k; dans la seconde elle était réduite à 1140^k; on doit dans la pratique s'attendre à des variations encore plus grandes; de là les différences que, quelles que soient les formules que l'on emploie, on rencontre toujours entre les charges de rupture calculées et celles qui sont indiquées par des épreuves spéciales.

Lorsque l'expérience a fait connaître la charge de rupture, il est facile de calculer la ténacité de la fonte. Il faut d'abord résoudre par rapport à ρ l'équation obtenue dans le § 3; faisant pour abréger

$$n = \frac{1}{10 \cdot 16} \frac{a'^2}{a''^2},$$

elle devient

$$\rho = -\frac{n}{2} + \sqrt{n \frac{\varpi}{C} + \frac{n^2}{4}}.$$

Ayant obtenu la valeur de ρ, on en déduit celle de y, au moyen de l'équation fournie par les expériences de Rumford; on calcule ensuite T par l'équation $y = \left(\frac{a^2}{a'^2} - 1\right)T$.

Il ne sera pas sans intérêt d'appliquer ce procédé à une série d'expériences exécutées à Metz en 1835 sur des obus de 22° qui avaient le même diamètre extérieur, mais dont les chambres présentaient des capacités fort différentes.

DIAMÈTRE extérieur de l'obus (a).	DIAMÈTRE de l'orifice intérieur de la lumière (a″).	DIAMÈTRE de la chambre (a′).	CHARGE moyenne de rupture donnée par l'expérience (ϖ).	TÉNACITÉ de la fonte calculée (T).
centimèt.	centimèt.	centimèt.	gramm.	kilog.
		14.52	625	933
		15.78	635	925
22.02	2.56	16.76	635	993
		17.66	625	968
		18.48	565	941

En prenant une moyenne, on a $T = 950^k$.

Adoptant cette valeur et s'en servant pour calculer les charges de rupture, on a les résultats ci-après.

		DIAMÈTRE DE LA CHAMBRE (a') (centimètres).				
		14.52	15.78	16.76	17.60	18.48
Charge de rupture	calculée . . . . gramm.	632	648	621	644	588
	observée. . . . . id.	625	635	635	625	567
Différence.. . . . . id.		+ 7	+ 13	— 14	— 9	+ 1

Il est bon d'observer que la détermination des charges de rupture par l'expérience laisse toujours une incertitude de quelques grammes *.

En examinant le tableau précédent, on voit la charge de rupture croître d'abord avec le diamètre de la chambre, puis décroître; en sorte que le diamètre extérieur restant le même, ce ne sont pas les parois les plus épaisses qui exigent les plus fortes charges.

§ 5. — Nombre et vitesse des éclats des projectiles.

Il est important de connaître le nombre et la vitesse des éclats produits par l'explosion des projectiles. — Des expériences ont été exécutées à Metz en 1840, et il en a été rendu compte dans le n° 7 du *Mémorial de l'artillerie.*

Les opérations ont été faites dans un puits de 2^m30 de diamètre et dont les parois étaient revêtues de madriers

---

* Le général Piobert, dans l'application qu'il a faite de ses formules aux expériences précédentes, a supposé $T = 1140$ et a obtenu, par suite, pour les charges de rupture, des valeurs supérieures aux données de l'observation; il a attribué les différences aux effets du choc des gaz contre les parois.

sur toute leur hauteur ; au fond se trouvait une couche d'argile, humectée et comprimée aussi uniformément que possible ; elle avait 1^m30 d'épaisseur.

L'orifice était recouvert de plusieurs rangs de poutres. Une ouverture latérale et une rampe permettaient d'entrer dans le puits.

L'obus placé dans l'axe de ce dernier, était suspendu au moyen d'un fil de fer, à un mètre environ au-dessus de l'argile. Les éclats, en pénétrant dans cette terre, y formaient des vides, parmi lesquels on choisissait les plus réguliers ; on mesurait leurs dimensions et on en déduisait leurs volumes. Dans le voisinage de chaque trou, on tirait un et quelquefois plusieurs coups de pistolet de cavalerie, à la charge de 1 gramme de poudre de mousqueterie, et on mesurait le volume du vide formé par chaque balle. Cela fait, on retirait tous les éclats pour les peser et les mesurer. Puis on rebouchait tous les trous et on ramenait l'argile à son premier état.

On comparait la force vive de chaque éclat à celle de la balle de pistolet, en les regardant comme proportionnelles aux vides correspondants. La force vive des balles était d'ailleurs connue : leur poids étant de $25^{gr}5$ et leur vitesse moyenne de 109^m. C'est ainsi qu'on parvenait à évaluer la vitesse de chaque éclat.

Ce procédé, le seul que l'on peut du reste employer, ne saurait entraîner l'idée d'une bien grande précision, quels que soient d'ailleurs les soins qu'y aient apportés les observateurs. En outre, le rapport du vide à la force vive du mobile ne doit pas être absolument le même, lorsque ce dernier est une sphère entière et lorsqu'il n'en est qu'un simple fragment toujours un peu irrégulier.

RÉSULTATS MOYENS DES EXPÉRIENCES.

DIAMÈTRE des obus.	ÉPAISSEUR des parois.	CHARGE.	VITESSE moyenne des éclats.	NOMBRE moyen des éclats pesant plus de 100 gr.	NOMBRE d'obus éclatés.
centimèt.	centimèt.	gramm.	mètr.		
14.87	1.0	300	142	23	2
		300	144	19.5	2
	2.25	400	100	25.5	2
		458	142	24	2
	2.8	300	141	17.5	2
16.20	1.4	400	450	25	2
		1100	242	31.5	2
	1.7	400	489	23	2
		940	217	27.5	2
		400	443	18.3	3
	2.5	600	457	49.5	2
		600	488	21	2
	2.85	400	470	23	2
		600	436	23	2
22.02	1.8	700	457	29.5	2
	2.25	700	420	27.5	2
		700	93	24	2
	2.6	1000	462	26.5	2
		1500	100	31	2
		2000	248	42	1
	3.4	700	148	19	1

Bien que ce tableau offre de nombreuses irrégularités,
on reconnaît assez facilement que, toutes choses égales
d'ailleurs, la vitesse et le nombre des éclats croissent avec
la charge et décroissent au contraire quand l'épaisseur
des parois ou la résistance à vaincre vient à augmenter.

CHAPITRE V.

EFFETS DES BOULETS SPHÉRIQUES SUR LES MURAILLES DES VAISSEAUX. — EXPÉRIENCES EXÉCUTÉES A GAVRE EN 1848.

§ 1. — Objet des expériences. — Dispositions générales.

En 1848, on a exécuté à Gâvre une suite d'expériences dont l'objet était de déterminer et de comparer les dégâts produits dans les murailles des vaisseaux par des boulets de 30, de 50 et de 60.

Le chargement de chaque canon se composait de la gargousse, d'un valet cylindrique en étoupe, du projectile et d'un valet erseau.

Poudre du Ripault 1842.

		BOUCHES A FEU EMPLOYÉES.	
	Canon de 30.	Canon de 50.	Canon de 60.
Diamètre de l'âme. . . . . mètr.	0.1649	0.1944	0.2054
Longueur de l'âme. . . . . id.	2.641	3.094	3.200
Longueur en calibres. . . . . id.	16.03	15.95	15.61
Diamètre moyen des boulets. . . id.	0.1596	0.189	0.200
Poids moyen des boulets. . . . kilog.	15.100	25.256	29.927
Diamètre du mandrin des gargousses . . . . mètr	0.150	0.176	0.187
Valets en étoupe. Diamètre. . . . . . . id.	0.160	0.19	0.20
Valets en étoupe. Longueur. . . . . . . id.	0.107	0.127	0.134
Valets en étoupe. Poids. . . . . id.	0.400	0.690	0.780

Trois parties de murailles, une pour chaque canon, avaient été construites sur la falaise ; elles avaient les mêmes formes et les mêmes dimensions.

Chaque canon était placé à 10 mètres de la muraille sur laquelle il devait agir ; sa position variait d'ailleurs, afin que la direction du tir s'écartât peu de la perpendiculaire à la muraille.

§ 2. — Construction des murailles.

Chaque muraille avait 10^m de largeur et 2^{m}60 de hauteur ; elle figurait une tranche de vaisseau comprise entre la première et la seconde batterie. Entièrement composée de chêne et massive, elle n'avait ni mailles ni sabords. La membrure était formée de poutres verticales et jointives, ayant 0^{m}32 d'équarrissage. Le bordé et le vaigrage étaient composés de pièces horizontales.

Les préceintes ou les deux poutres inférieures du bordé

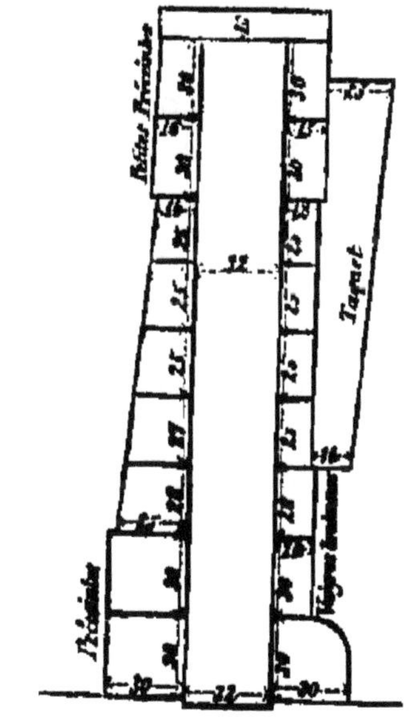

avaient 0^{m}30 d'équarrissage. Au-dessus des préceintes, l'épaisseur du bordé était de 0^{m}25, elle diminuait ensuite, en sorte qu'à 1ᵐ30 plus haut, elle se réduisait à 0ᵐ14. Cette partie du bordé était formée de cinq pièces, les dimensions verticales des deux premières étaient de 0ᵐ28 et de 0ᵐ27. Dans les trois pièces supérieures cette dimension était de 0ᵐ25. Au-dessus se trouvaient les deux petites préceintes, épaisseur, 0ᵐ16 ; dimension verticale, 0ᵐ30. La pièce inférieure du vaigrage ou la fourrure de gouttière avait 0ᵐ30 d'équarrissage. Au-dessus étaient les deux vaigres bretonnes, dimension verticale de la première, 0ᵐ30, de la seconde, 0ᵐ28 ; épaisseur, 0ᵐ14, puis quatre vaigres de 0ᵐ12 d'épaisseur, la dimension verticale de la première était de 0ᵐ27, celle des trois autres, 0ᵐ25. Au-dessus se trouvaient deux autres pièces de 0ᵐ15 d'épaisseur et dont la dimension verticale était égale à 0ᵐ30.

Ainsi l'épaisseur totale de la muraille était de 0ᵐ92 à la préceinte inférieure, de 0ᵐ76 à la préceinte supérieure ; dans l'intervalle elle variait entre 0ᵐ74 et 0ᵐ58.

La muraille était couronnée par une pièce dont la dimension verticale était de 0ᵐ10.

Le vaigrage était encore consolidé par des taquets représentant des courbes. L'extrémité inférieure de chaque taquet avait 0ᵐ14 d'épaisseur et se trouvait à 0ᵐ58 de la fourrure de gouttière ; l'extrémité supérieure placée à 0ᵐ25 du sommet de la muraille, présentait une épaisseur égale à 0ᵐ25.

La largeur ou la dimension parallèle à la muraille était de 0ᵐ32.

L'intervalle compris entre deux taquets consécutifs était égal à 1ᵐ17.

Des chevilles en fer traversaient la muraille d'outre en outre et en consolidaient les diverses parties ; elles étaient disposées en quinconces et il y en avait 24 par mètre carré.

§ 3. — Effets des boulets isolés qui traversent la muraille.

On a tiré contre chacune des murailles six coups en employant les charges ci-après.

	CHARGES.
Canon de 30. . .	5 k. 0 — 2 k. 5 — 1 k. 15
Canon de 50. . .	8 k. 33 — 4 k. 16 — 1 k. 92
Canon de 60. . .	10 k. 0 — 5 k. 0 — 2 k. 30

Deux coups étaient tirés avec la même charge et de manière à atteindre la muraille, l'un à 0^{m}70 environ au-dessus du sol, l'autre à 1^{m}40. Les divers coups étaient disposés en quinconce et à des distances telles qu'ils ne pussent avoir aucune influence les uns sur les autres.

Les murailles ont toujours été traversées.

Le trou formé par chaque boulet en traversant le bordé a toujours été parfaitement rebouché par la réaction du bois, de sorte qu'à l'extérieur du bordé on n'apercevait qu'une empreinte en forme de calotte et dans l'intérieur de laquelle le bois était brisé et divisé en menus fragments.

Le contour de cette empreinte était à peu près circulaire pour les boulets de 30; il devenait plus irrégulier pour les boulets de 50 et de 60, du moins avec les fortes charges, et le diamètre moyen surpassait notablement celui du projectile.

Les dégâts du vaigrage étaient beaucoup plus considérables; une partie de la membrure était constamment mise à nu, ce qui permettait d'y apercevoir de grandes fentes longitudinales. Chaque projectile produisait aussi dans le vaigrage un vide en forme d'entonnoir dont la

grande base était à la surface extérieure et la petite à la
surface intérieure, du côté de la membrure. Les con-
tours de ces bases étaient d'ailleurs fort irréguliers,
quelquefois l'arrachement s'arrêtait brusquement à une
ligne de chevilles, d'autres fois à la jonction de deux
vaigres. Généralement la largeur horizontale surpassait
de beaucoup la hauteur. C'est d'ailleurs ce que la disposition horizontale des vaigres permet facilement d'expliquer.

La dégradation de la face extérieure du vaigrage n'était
pas bornée au contour de la grande base du vide. Tout
autour de cette dernière le bois était divisé en fragments
adhérents à la muraille par une de leurs extrémités.

Après chaque coup, on a mesuré les surfaces des deux
bases du vide, aussi bien que l'étendue de la dégradation
extérieure. Les résultats obtenus sont consignés dans
le tableau suivant.

BOUCHES A FEU.	NUMÉROS des coups.	CHARGE du canon.	ÉPAISSEUR DE BOIS traversée par le boulet.			DÉGATS du vaigrage.			
			Bordé et membrure.	Vaigrage.	Taquet.	Petite base du vide.	Grande base du vide.	Etendue totale de la dégradation extérieure.	
		kilog.	centim.	c. ntim.	centim.	centim. c.	centim. c.	centim. c.	
Canon de 30	1	5.0	62	44	0	450	1650	3200	Le taquet brisé et arraché.
	2		48	42	20	225	450	800	
	3	2.5	54	44	0	450	1950	2500	
	4		48	42	0	400	1000	1600	
	5	4.15	54	44	0	375	2200	3000	
	6		47	42	0	550	1000	1600	
Canon de 50	1	8.33	62	44	0	700	3150	3600	Le taquet brisé et arraché.
	2		48	42	20	800	2000	2700	
	3	4.46	54	44	0	1050	1900	2500	
	4		48	42	0	725	1200	1400	
	5	4 92	54	44	0	850	2100	3104	
	6		47	42	0	1350	2900	3500	
Canon de 60	1	40.0	62	44	0	1025	2100	3200	Le taquet brisé et arraché.
	2		48	42	20	1000	1750	3100	
	3	5.0	54	44	0	1050	2200	2600	
	4		48	42	0	575	1800	2200	
	5	2.3	54	44	0	1050	1900	3800	
	6		47	42	0	1325	2000	2600	

Il n'est guère possible de reconnaître ici l'influence que la vitesse plus ou moins grande du mobile exerce sur l'étendue de la dégradation. On a donc dû se borner à considérer les résultats moyens des expériences exécutées avec chaque bouche à feu.

RÉSULTATS MOYENS DES EXPÉRIENCES.

	PETITE BASE du vide.	GRANDE BASE du vide.	ÉTENDUE totale de la dégradation extérieure.
	centim. carr	centim. carr.	centim. carr.
Canon de 30..	358	1375	2420
Canon de 50..	912	2208	2800
Canon de 60..	1004	1843	2011

Soit maintenant,

B la grande base du vide,
b la petite,
E l'épaisseur du vaigrage,
a le diamètre du boulet.

En considérant le vide comme un tronc de cône à bases parallèles, on a pour l'expression de son volume

$$\frac{B + b + \sqrt{Bb}}{3} E.$$

Il est facile de trouver dans chaque cas la valeur du facteur $\dfrac{B + b + \sqrt{Bb}}{3}$ et en la comparant au carré a^2 du diamètre du boulet, on a les résultats ci-après.

DIAMÈTRE du projectile ou a.	VALEUR de $\dfrac{B+b+\sqrt{Bb}}{3a^2}$.
centimèt.	
16	3.23
19	4.19
20	3.47

Les variations du rapport $\dfrac{B+b+\sqrt{Bb}}{3a^2}$ ne sont pas au-dessus des erreurs dont peuvent être affectées de semblables expériences ; il est donc permis de le regarder comme constant, en prenant pour sa valeur la moyenne des trois nombres précédents, c'est-à-dire, **3,63**.

Par suite l'expression de la capacité du vide devient

$$3{,}63\, a^2\, E.$$

Ainsi cette capacité est proportionnelle au carré du diamètre du boulet.

Ce résultat suppose essentiellement que le vide ne s'étend que dans le vaigrage et en occupe toute l'épaisseur ; c'est ce qui avait lieu en effet dans les expériences.

La capacité du vide représente le volume du bois entraîné ou projeté par le boulet en traversant la muraille.

Il est donc facile de calculer ce volume. En supposant, par exemple, l'épaisseur du vaigrage égale à $0^m 12$, on obtient les résultats ci-après.

	Canon de 30.	Canon de 50.	Canon de 60.
Quantité de bois entraînée par le boulet et exprimée en décimètres cubes..	11	15	17

Ce bois est d'ailleurs divisé en fragments irréguliers et de grosseurs fort différentes ; parfois il s'y joint des chevilles en fer [*].

On peut se représenter la figure moyenne du vide comme un tronc de cône à bases elliptiques ; les petits axes des ellipses sont verticaux.

$$\text{Axes de la grande base} \dots \dots \begin{cases} 1.424\ a \\ 3.702\ a \end{cases}$$
$$\text{Axes de la petite base} \dots \dots \begin{cases} 1.087\ a \\ 2.826\ a \end{cases}$$

a désignant le diamètre du boulet ; mais il est bien clair qu'il ne faudrait chercher cette régularité de forme dans aucun des coups que l'on aurait occasion d'observer.

Soit maintenant S l'étendue de la dégradation extérieure du vaigrage. En la comparant au carré du diamètre du boulet, on obtient les résultats suivants.

	VALEUR du rapport $\frac{S}{a^2}$.
Boulets de 30.	8.281
Boulets de 50.	7.757
Boulets de 60.	7.392

On n'admettra pas sans doute que le rapport $\frac{S}{a^2}$ décroisse à mesure que le diamètre devient plus grand :

[*] En 1844, on a fait une expérience dont le but était de savoir si on ne pourrait pas arrêter les éclats de bois au moyen d'un revêtement en tôle appliqué sur le vaigrage. La muraille était entièrement composée de chêne : la membrure avait 0m26 d'épaisseur, le bordé 0m16, le vaigrage 0m17. Chaque feuille de tôle avait 1m30 de largeur sur 0m80 de hauteur, et était fixée à la muraille par des boulons et des vis. Les boulons étaient placés sur les bords et séparés par des in-

prenant donc une moyenne entre les trois nombres, on a

$$S = 7,777\, a^2,$$

formule qui revient à dire que l'étendue moyenne de la dégradation totale du vaigrage est à peu près égale à dix fois la surface du grand cercle du boulet.

Ces divers résultats se rapportent à une vitesse moyenne d'environ 280 mètres. Si cette dernière devenait moindre, les boulets cesseraient bientôt de traverser la muraille.

§ 4. — Destruction des murailles.

On a fait agir chacune des trois bouches à feu sur une portion de muraille dont la largeur était de 3ᵐ5 et la hauteur de 2ᵐ0, les préceintes n'en faisant pas partie. La superficie attaquée était donc de 7 mètres carrés.

	Canon de 30.	Canon de 50.	Canon de 60.
Charge employée..	1ᵏ25	1ᵏ92	2ᵏ30

La portion de muraille exposée à l'action du canon de

tervalles de 0ᵐ40 à 0ᵐ50; les vis étaient disposées en quinconce et à 0ᵐ25 les unes des autres; elles avaient 0ᵐ065 de longueur et 0ᵐ04 de diamètre.

Un canon de 30 nᵒ 1 se trouvait à 40ᵐ de la muraille; les boulets étaient massifs. Poids de la charge, 2ᵏ5.

La feuille de tôle traversée par le premier boulet avait 0ᵐ004 d'épaisseur; elle a été brisée et déchirée dans une étendue de 0ᵐ80 de largeur sur 0ᵐ60 de hauteur; plusieurs gros fragments en ont été projetés au loin. Le vaigrage a été brisé comme à l'ordinaire, mais les éclats ne se sont pas séparés de la muraille.

Le second projectile a traversé une feuille de 0ᵐ005 d'épaisseur, et a produit à peu près les mêmes effets, seulement quelques petits éclats de bois ont été projetés au dehors de la muraille.

Si donc la tôle arrêtait les éclats du vaigrage, elle en produisait elle-même de nombreux, et dont les effets étaient tout aussi dangereux.

30 a supporté 44 coups; deux des projectiles ne l'ont pas traversée, deux autres sont tombés au pied du vaigrage.

La seconde muraille a reçu 32 boulets de 50 et la troisième, 22 de 60.

En outre, dans des essais préliminaires, chaque muraille avait supporté, sans être traversée, trois coups tirés avec des charges inférieures.

A la suite de ce tir, le vaigrage avait disparu; les membrures, privées d'une partie de leur épaisseur, présentaient de longues fentes longitudinales et de grandes trouées. Le bordé était totalement brisé. Les trois murailles pouvaient être considérées comme détruites; toutefois, deux ou trois coups eussent été nécessaires pour amener la troisième au même état que les deux autres.

Les divers résultats sont rassemblés dans le tableau suivant.

	DIAMÈTRE du boulet.	NOMBRE de coups.	PRODUIT du nombre de coups par le carré du diamètre.
	centim.		
Canon de 30.	16	44	11264
Canon de 50.	19	35	12635
Canon de 60.	20	25	10000

La dernière colonne montre que l'on obtient un produit sensiblement constant quand on multiplic le nombre de coups par le carré du diamètre du projectile. Ce produit paraît un peu moindre pour les boulets de 60; mais, ainsi qu'on vient de le dire, la troisième muraille était un peu moins détériorée que les deux autres.

Ainsi le nombre de boulets nécessaire pour la destruction d'une muraille est sensiblement en raison inverse du carré de leur diamètre.

15.

Soit donc N le nombre de boulets à employer par mètre carré. La portion de muraille détruite dans l'expérience précédente ayant une superficie de 7 mètres carrés, le produit $7 N a^2$ doit avoir une valeur à peu près égale à la moyenne des trois nombres portés dans la dernière colonne du tableau précédent. Ainsi, $7 N a^2 = 11399$, d'où $N a^2 = 1628$ ou plus simplement

$$N a^2 = 1600,$$

de là

$$N = \left(\frac{40}{a}\right)^2,$$

le diamètre a du boulet étant évalué en centimètres.

Il est bien clair qu'on ne doit songer à appliquer cette formule que dans le cas où tous les boulets traversent la muraille.

Dans l'expérience précédente, les trois espèces de projectiles avaient à peu près la même vitesse. Les boulets de 30 ne conservaient qu'un faible mouvement au sortir de la muraille; il n'en était pas de même des autres.

§ 5. — Influence de la vitesse des projectiles sur la destruction des murailles.

Si la vitesse du projectile était extrêmement grande, les parties qui se trouveraient sur son passage seraient à peu près les seules sur lesquelles l'influence du choc se ferait sentir. Ainsi une vitesse très-grande peut être nuisible au résultat que l'on veut obtenir; et il y a pour chaque espèce de muraille une vitesse à laquelle correspond le maximum d'effet destructeur.

Les plus fortes charges en usage sont celles dont le poids est égal au tiers de celui du boulet massif; et il était naturel de rechercher si dans le cas actuel elles seraient d'un emploi avantageux.

On s'est servi pour cette épreuve du canon de 50 et

de la charge de 8ᵏ33. La portion de muraille exposée à l'action de la bouche à feu était égale en tout aux précédentes; 26 boulets ont suffi pour l'amener au même état de destruction. Il est vrai que dans les essais précédents elle avait reçu trois autres coups à des charges inférieures, mais on ne peut pas évaluer à plus de 29 le nombre de coups nécessaire.

Lorsque la charge était de 1ᵏ92, il a été tiré 35 coups (§ 4); d'après la formule déduite des résultats moyens, il n'en aurait fallu que 31; mais dans tous les cas la comparaison est à l'avantage de la plus forte charge.

Ainsi l'accroissement de la vitesse, du moins tant que celle-ci ne s'élève pas au-dessus de 500 mètres, ne peut être nuisible à la destruction des murailles dont la construction est conforme à la description donnée dans le § 2.

En outre, le projectile en sortant du vaigrage possède une force vive capable de produire d'autres effets destructeurs.

§ 6. — Effets des obus à percussion sur les murailles.

Jusqu'à présent, il n'a été question que des boulets massifs; il n'était pas moins intéressant de connaître les effets des boulets creux munis de mécanismes percutants.

On s'est servi du canon de 30 et on a soumis à son action une portion de muraille ayant comme précédemment 3ᵐ5 de largeur sur 2ᵐ de hauteur.

Projectiles.	Diamètre.	0ᵐ1602
	Charge de poudre.	0ᵏ5
	Poids total	11ᵏ48

Ces projectiles étaient ensabotés. On ne faisait pas usage de valets en étoupe.

Pour les deux premiers coups, on a employé la charge de 0ᵏ6; les boulets dont la vitesse était d'environ 230 mètres ont éclaté en rencontrant la membrure. Le bordé a été fortement endommagé et les éclats de bois ont été rejetés à 50 ou 60 mètres en arrière. La membrure n'a pas été traversée; au premier coup, elle a peu souffert; au second, elle présentait une empreinte de 0^m25 de profondeur; le bois paraissait fortement refoulé, mais on n'y remarquait aucune fente.

Au troisième coup, la charge était de 0^k7 et la vitesse d'environ 250 mètres; mêmes effets qu'au second.

La charge a été alors portée à 0^k8. Sur 29 projectiles, un seul n'a pas fait explosion, tous les autres ont éclaté en traversant la muraille; leur vitesse était de 270 mètres.

A la suite de ce tir, la muraille, qui, à la vérité, dans les essais précédents, avait été atteinte par trois boulets massifs, se trouvait réduite au même état que les autres. Les éclats de bois détachés par le tir se trouvaient seulement beaucoup plus petits.

On ne peut pas évaluer à plus de 35 le nombre d'obus nécessaire à la destruction de la portion de muraille, tandis que précédemment on a employé 44 boulets massifs. Le rapport de ces deux nombres est celui de 4 à 5.

Mais cet avantage des obus est soumis à la condition que ces projectiles éclatent en traversant la membrure. Si, par suite d'une trop grande vitesse, leur explosion n'a lieu qu'à leur sortie du vaigrage, leurs effets sur la muraille sont les mêmes que ceux des boulets massifs. On a vu d'ailleurs que, quand elle s'opère dans le bordé, la membrure n'est que fort peu endommagée.

§ 7. — Limites du tir efficace.

Le tir contre une muraille de vaisseau devient tout à fait inefficace quand les projectiles éprouvent à sa rencontre une réflexion. Si la direction du mouvement est perpendiculaire à la surface choquée, cela arrive toutes les fois que la vitesse des boulets est inférieure ou tout au plus égale à

$$1,15 \, U.$$

U désignant la vitesse qui produit une pénétration égale au diamètre (chapitre III, § 11).

Pour déterminer la limite du tir efficace, il suffit donc de chercher à quelle distance la vitesse est réduite à la valeur précédente. Lorsque la vitesse initiale est connue, les tables du chapitre II, § 9, rendent le calcul extrêmement facile; à la vérité, elles supposent que le trajet se fait en ligne droite, et il est à remarquer de plus que, dès que la distance devient un peu considérable, l'angle d'incidence diffère sensiblement de l'angle droit; mais il ne s'agit que de déterminer une limite supérieure, et, par suite, une grande approximation n'est pas nécessaire.

Il n'est pas moins utile de connaître la limite inférieure des distances auxquelles les projectiles se logent dans la muraille, sans produire aucun désordre dans la surface intérieure du vaigrage. Il faut pour cela que leur vitesse ne leur permette de pénétrer que jusqu'aux trois quarts de l'épaisseur de la muraille (chapitre III, § 8).

TIR A BOULETS MASSIFS.

BOUCHE A FEU.	CHARGE du canon.	DISTANCE à laquelle le boulet est arrêté par une muraille massive en chêne, et dont l'épaisseur est de :			LIMITE du tir efficace.
	kilog.	80 cent. métr.	60 cent. métr.	40 cent. métr.	métr.
Canon de 50.	8.33	1800	2400	»	3200
Canon de 36.	6.00	1400	1900	2500	3000
	4.00	1300	1800	2400	2900
Canon de 30 n° 1.	5.00	1250	1650	2200	2700
	3.75	1150	1550	2150	2600
Canons de 30 n°s 1, 2, 3, 4. . .	2.50	900	1300	1900	2400
Canon de 30 n° 4. Obusier de 16 centimèt.	2.00	800	1200	1800	2300
Caronade de 30.	1.60	450	850	1450	1950
Canon de 18 n° 1.	3.00	900	1250	1700	2400
	2.25	800	1150	1600	2300
Canon de 12.	2.00	650	950	1350	2100
	1.5	600	900	1300	2000

TIR A BOULETS CREUX.

BOUCHE A FEU.	CHARGE du canon.	DISTANCE à laquelle le projectile est arrêté par une muraille massive en chêne, et dont l'épaisseur est de :			LIMITE du tir efficace.
	kilog.	80 cent. métr.	60 cent. métr.	40 cent. métr.	métr.
Obusier de 22 centim. n° 1 . .	3.50	800	1150	1700	1900
Canon de 50.	6.00	1000	1350	1800	2000
Canon de 36.	4.00	850	1200	1650	1950
Canon de 30 n° 1.	3.75	850	1150	1550	2000
Canons de 30 n°s 1, 2, 3, 4. .	2.50	700	1000	1400	1850
Canon de 30 n° 4. Obusier de 16 centim.	2.00	600	900	1300	1750
Caronade de 30	1.60	400	700	1100	1550
Canon de 18 n° 1.	2.25	400	600	900	1400
Canon de 12 n° 2.	1.50	250	450	750	1250

Ces tables supposent les murailles massives et entièrement composées de chêne; mais en réalité, il n'en est point ainsi, les murailles des bâtiments ont des mailles et sont percées de nombreux sabords; enfin souvent le bordé et le vaigrage sont formés de sapin.

Lorsqu'un boulet creux traverse la muraille, il n'éclate ordinairement qu'après en être sorti, et l'explosion ne produit de ravages que dans l'intérieur de la batterie.

Mais si le boulet est arrêté dans la muraille, l'explosion devient pour cette dernière une cause de destruction (§ 6).

CHAPITRE VI.

TRAJECTOIRES ET PORTÉES MOYENNES DES BOULETS SPHÉRIQUES.

§ 1. — Considérations générales.

La courbe que décrit le centre de gravité d'un projectile au sortir de la bouche à feu est appelée trajectoire.

Quelque soin que l'on apporte dans l'exécution du tir, les diverses trajectoires que l'on obtient dans une suite de coups identiques en apparence, diffèrent notablement les unes des autres. Il ne sera question dans ce chapitre que de la trajectoire moyenne, la seule qu'il soit nécessaire de connaître pour la formation des tables de tir.

Lorsque les projectiles sont sphériques et que leur centre de gravité n'est pas systématiquement écarté du centre de figure, cette courbe est nécessairement contenue dans le plan de tir, c'est-à-dire, dans le plan vertical qui passe par l'axe du canon. On la rapporte par suite à deux axes coordonnés situés dans ce plan et se croisant au point de départ, l'un Ox horizontal, l'autre Oy vertical.

L'angle de départ α est l'angle que la tangente à l'origine O de la courbe fait avec l'horizontale Ox.

Ordinairement, la courbe s'élève au-dessus de cette horizontale et la rencontre en un second point qu'on appelle point de chute.

La portée X est la distance du point de départ au *point de chute*.

L'angle de chute ω est celui que la tangente au point de chute fait avec l'horizontale Ox.

La concavité de la courbe est toujours tournée vers le sol.

Lorsque l'angle de départ α, d'abord très-petit, vient à croître, toutes les autres circonstances du tir demeurant les mêmes, la portée croît d'abord ; elle finit ensuite par décroître et devient nulle quand l'angle est égal à

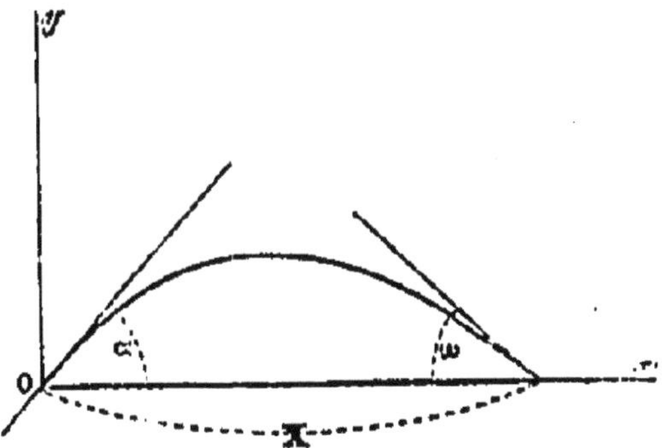

90°. Il y a donc un angle qui donne la plus grande portée. L'expérience montre que cet angle est toujours inférieur à 45°.

Soit v la vitesse que le centre de gravité du mobile possède au bout du temps t compté depuis l'origine du mouvement.

x l'abscisse } de la position qu'il occupe,
y l'ordonnée }

$ρ$ la longueur du rayon de courbure en ce point,

s l'arc parcouru,

V la vitesse initiale.

Il est clair que $v = \dfrac{ds}{dt}$.

La longueur $ρ$ est égale à la valeur numérique de l'expression $\dfrac{ds^3}{dx^2\,dy}$, où y' représente $\dfrac{dy}{dx}$. Or, la partie de la courbe située au-dessus de Ox tourne sa concavité vers cet axe, en sorte que la différentielle dy' est négative; par conséquent,

$$\rho = -\frac{ds^3}{dx^2\,dy'}.$$

§ 2. — Mouvement dans le vide.

La question devient très-simple, lorsque, regardant la résistance de l'air comme négligeable, ce qui peut avoir lieu dans certains cas, on suppose que le mouvement s'opère dans le vide.

Le mobile n'est pas soumis à d'autre force que son poids qui, à raison de sa direction verticale, n'a aucune influence sur la vitesse horizontale $\frac{dx}{dt}$; cette dernière conserve donc toujours la même valeur $V\cos\alpha$ qu'à l'origine du mouvement; ainsi

$$\frac{dx}{dt} = V\cos\alpha.$$

Intégrant et observant que t et x s'annulent en même temps, on a

$$(1)\qquad x = V\,t\cos\alpha.$$

Le poids du mobile modifie la vitesse verticale $\frac{dy}{dt}$ et, comme il agit de haut en bas,

$$\frac{d^2y}{dt^2} = -g.$$

A l'origine du mouvement $t=o$, et la vitesse verticale est $V\sin\alpha$. Par suite, l'intégration donne

$$\frac{dy}{dt} = V\sin\alpha - g\,t.$$

Intégrant une seconde fois, on a

$$(2) \qquad y = V t \sin \alpha - \frac{g t^2}{2},$$

attendu que y s'annule avec t. L'élimination de t entre les équations (1) et (2) conduit à

$$(3) \qquad y = x \tang \alpha - \frac{g x^2}{2 V^2 \cos^2 \alpha},$$

c'est l'équation de la trajectoire qui se trouve être une parabole du second degré.

En faisant $y = o$, on obtient pour x deux valeurs, dont l'une est nulle, l'autre est la portée X; donc

$$X = \frac{V^2 \sin 2\alpha}{g}.$$

De là, il résulte que l'angle de plus grande portée est égal à 45°, et que deux angles $45° + \gamma$, $45° - \gamma$, l'un supérieur, l'autre inférieur à 45°, mais s'écartant également de ce dernier, donnent la même portée. C'est le cas des angles de 60° et de 30°.

En différentiant l'équation (3), on a

$$\frac{dy}{dx} = \tang \alpha - \frac{g x}{V^2 \cos^2 \alpha}.$$

Pour avoir l'abscisse X_1 du point culminant, il suffit d'égaler à zéro la valeur de $\frac{dy}{dx}$; donc

$$X_1 = \frac{V^2 \sin \alpha \cos \alpha}{g} = \frac{X}{2}.$$

Cette abscisse est donc égale à la moitié de la portée.

En remplaçant x par X_1 dans l'équation de la courbe, on obtient l'ordonnée Y du point culminant ou la hauteur du jet; ainsi

$$Y = \frac{V^2 \sin^2 \alpha}{2g}.$$

Cette ordonnée est dirigée suivant l'axe de la parabole, comme il est facile de le vérifier; ainsi, elle divise la courbe en deux parties symétriques.

La vitesse en un point quelconque est donnée par l'équation

$$v^2 = \frac{ds^2}{dt^2} = \left(1 + \frac{dy^2}{dx^2}\right)\frac{dx^2}{dt^2}$$

ou, en remplaçant $\frac{dy}{dx}$ et $\frac{dx}{dt}$ par leurs valeurs,

$$v^2 = V^2 - 2g\left(x \tang \alpha - \frac{gx^2}{2V^2 \cos^2 \alpha}\right).$$

ce qui revient à

$$v^2 = V^2 - 2gy.$$

Ainsi, la vitesse est la même au point de départ et au point de chute et en général en deux points situés à la même hauteur, l'un sur la branche ascendante, l'autre sur la branche descendante.

Pour avoir la durée T du trajet, il suffit de remplacer x par X, dans l'équation (1), ainsi

$$T = \frac{X}{V \cos \alpha}$$

ou

$$T = \frac{2V \sin \alpha}{g}.$$

§ 3. — Formules du mouvement lorsque la résistance de l'air est dirigée suivant la tangente à la trajectoire.

Le projectile, dans son trajet, est soumis à deux forces ; l'une est son poids p, l'autre la résistance de l'air. On suppose ordinairement cette dernière dirigée suivant la tangente à la trajectoire, et dès lors il est facile d'établir les équations du mouvement.

Le poids p peut être décomposé en deux forces : l'une dirigée comme la résistance de l'air, suivant la tangente, l'autre suivant la normale. La seconde doit être égale et opposée à la force centrifuge $\dfrac{p}{g}\dfrac{v^2}{\rho}$; sa valeur numérique étant d'ailleurs $p\dfrac{dx}{ds}$, on a immédiatement l'équation

$$\frac{v^2}{\rho} = g\frac{dx}{ds};$$

or, $\quad \rho = -\dfrac{ds^2}{dx^2\,dy'}\quad$ et $v = \dfrac{ds}{dt}$; donc

$$\frac{dy'}{dt}\frac{dx}{dt} = -g.$$

y' étant une fonction de x, $\dfrac{dy'}{dt} = \dfrac{dy'}{dx}\dfrac{dx}{dt}$, l'équation précédente revient donc à

$$(1)\qquad\qquad \frac{dy'}{dx}\left(\frac{dx}{dt}\right)^2 = -g.$$

Soit maintenant r l'accélération que la résistance de l'air fait perdre au mobile. Cette résistance peut être décomposée en deux forces : l'une verticale, l'autre horizontale. La seconde modifie seule le mouvement horizontal du corps, et l'accélération qu'elle fait perdre est $r\dfrac{dx}{ds}$. On a par suite

$$(2)\qquad\qquad \frac{dx^2}{dt^2} = -r\frac{dx}{ds}.$$

Les équations (1) et (2) servent de base à toutes les théories proposées jusqu'à ce jour; mais pour en faire usage, il faut nécessairement introduire une hypothèse relative à la résistance de l'air.

§ 4. — Résistance proportionnelle au carré de la vitesse.

Lorsque, suivant l'ancien usage, la résistance de l'air est regardée comme proportionnelle au carré de la vitesse du mobile, $r = cv^2$ (chapitre II, § 3) et l'équation $\frac{d^2x}{dt^2} = -r\frac{dx}{ds}$ devient

$$\frac{d^2x}{dt^2} = -cv^2\frac{dx}{ds},$$

ou, en remplaçant v par $\frac{ds}{dt}$,

$$\frac{d^2x}{dt^2} = -c\frac{dx}{dt}\frac{ds}{dt}.$$

Intégrant et observant que $\frac{dx}{dt} = V\cos\alpha$ quand $t = 0$, on a

$$\frac{dx}{dt} = V\cos\alpha\, e^{-cs}.$$

La substitution de cette valeur dans l'équation (1) du § 3 conduit à

$$\frac{dy'}{dx} = -\frac{g}{V^2\cos^2\alpha} e^{2cs};$$

mais ici on est arrêté par les difficultés que présente l'intégration, et il faut recourir aux approximations.

Lorsque le canon n'a qu'une faible inclinaison, le rapport $\frac{ds}{dx}$ diffère peu de l'unité ; de là, l'idée de remplacer dans les équations précédentes ds par dx et s par x. Cela revient à substituer à l'hypothèse primitive $r = cv^2$ la suivante

$$r = cv^2\frac{dx}{ds}.$$

En effet, cette nouvelle hypothèse introduite dans l'équation (2) $\dfrac{d'x}{dt'} = -r\dfrac{dx}{ds}$ la change en

$$\frac{d'x}{dt'} = -cv^2\frac{dx^2}{ds^2} = -c\frac{dx}{dt}\frac{dx}{dt},$$

et par l'intégration, on obtient

$$\frac{dx}{dt} = V\cos\alpha\, e^{-cs}.$$

Portant cette valeur dans l'équation (1) du § 2, on a

$$\frac{dy'}{dx} = -\frac{g}{V^2\cos^2\alpha}\, e^{2cx}.$$

Cela posé, l'intégration est facile; et, attendu qu'à $x = o$ correspondent $x = o$ et $y' = \tang\alpha$, on a

$$y' = \tang\alpha - \frac{g}{2cV^2\cos^2\alpha}\,(e^{2cx} - 1).$$

Une seconde intégration donne

$$y = x\tang\alpha - \frac{g}{4c^2V^2\cos^2\alpha}\,(e^{2cx} - 2cx - 1).$$

A $y = o$, correspondent deux valeurs de x, dont l'une est nulle et l'autre la portée X; de là, il est facile de conclure

$$\sin 2\alpha = \frac{g}{2c^2V^2X}\,(e^{2cX} - 2cX - 1).$$

Soit τ l'inclinaison de la tangente; il est clair que

$$\tang\tau = y';$$

et comme $v\cos\tau = \dfrac{dx}{dt}$,

$$v = V\frac{\cos\alpha}{\cos\tau}e^{-cs}.$$

Pour avoir l'expression du temps t, il suffit d'intégrer l'équation $dt = \dfrac{e^{cx}dx}{V\cos\alpha}$; ainsi,

$$t = \frac{e^{cx}-1}{cV\cos\alpha}.$$

La solution est donc complète.

Mais lorsqu'on veut employer l'expression de sin 2α à la formation des tables de tir, on est obligé, pour demeurer d'accord avec l'expérience, de faire croître la vitesse initiale avec l'inclinaison de la pièce. On corrige l'erreur des premières hypothèses en en introduisant de nouvelles également fautives. C'est ainsi qu'ont été construites en 1840 les premières tables de tir déduites des expériences de Gâvre. La comparaison des portées correspondantes à deux angles de départ différents, mais dont le plus grand s'écartait peu de 2°, faisait connaître la valeur du coefficient c. On calculait ensuite les valeurs qu'il fallait attribuer à la vitesse initiale pour retrouver les portées obtenues sous les diverses inclinaisons. La variation de cette vitesse devenait la conséquence nécessaire de l'emploi des formules; mais elle n'était considérée que comme fictive. Quand l'inclinaison était très-faible, la valeur que l'on adoptait était inférieure à la valeur réelle; le contraire avait lieu quand l'inclinaison devenait plus grande. C'est ce qu'on a reconnu plus tard, lorsque l'établissement du pendule balistique a permis de mesurer les vitesses. Il est bien clair, d'ailleurs, que par ces artifices de calcul, on parvenait à donner aux tables toute l'exactitude désirable.

Le tir sous les grands angles a été l'objet d'une foule de recherches; de là, diverses méthodes d'approximation qui, à raison des longs calculs qu'elles entraînent, n'ont jamais été employées. Le général Didion les a résumées dans son *Traité de balistique.*

**§ 5. — Résistance composée de deux termes proportionnels,
l'un au carré, l'autre au cube de la vitesse.**

Lorsqu'on adopte l'expression

$$r = cv^2 (1 + bv)$$

proposée par la commission de Metz, l'équation (2) du
§ 3, savoir : $\dfrac{d^2x}{dt^2} = - r \dfrac{dx}{ds}$, devient

$$\frac{d^2x}{dt^2} = - cv^2 (1 + bv) \frac{dx}{ds},$$

ou

$$\frac{d^2x}{dt^2} = - c \frac{ds^2}{dt^2} \left(1 + b \frac{ds}{dt}\right) \frac{dx}{ds}.$$

Admettant que, quand l'arc que l'on considère n'a pas
une très-grande étendue, le rapport variable $\dfrac{ds}{dx}$ puisse
être remplacé par sa valeur moyenne désignée par θ et
posant par suite $ds = \theta dx$, on a

$$\frac{d^2x}{dt^2} = - c\theta \frac{dx^2}{dt^2} \left(1 + b\theta \frac{dx}{dt}\right).$$

L'équation devient intégrable ; mais l'hypothèse primitive est altérée et remplacée par la suivante :

$$r = c\theta \frac{dx^2}{dt^2} \frac{ds}{dx} \left(1 + b\theta \frac{dx}{dt}\right).$$

Faisant $\dfrac{dx}{dt} = u$, on a

$$\frac{du}{dt} = - c\theta u^2 (1 + b\theta u),$$

ou, en remplaçant dt par $\dfrac{dx}{u}$,

$$c\theta dx = \frac{du}{u + b\theta u}.$$

Cette équation a déjà été traitée dans le chapitre II,

§ 5. Comme $u = V\cos\alpha$ quand $t = o$, l'intégrale est

$$(\text{A}) \qquad u = \frac{dx}{dt} = \frac{V\cos\alpha}{(1+b\theta\cos\alpha)\,e^{c\theta x}-b\theta V\cos\alpha}.$$

Portant cette valeur dans l'équation $\dfrac{dy'}{dx}\left(\dfrac{dx}{dt}\right)^2 = -g$, on a

$$dy' = -\frac{g}{V^2\cos^2\alpha}\left((1+b\theta V\cos\alpha)\,e^{c\theta x}-b\theta V\cos\alpha\right)^2.$$

Par une première intégration, on obtient, en observant que $y' = \tang\alpha$ quand $x = o$,

$$y' = \tang\alpha - \frac{g}{V^2\cos^2\alpha}\left\{\begin{array}{c}\dfrac{(1+b\theta V\cos\alpha)^2(e^{2c\theta x}-1)}{2c\theta}\\[2ex]-\dfrac{2b\theta V\cos\alpha(1+b\theta V\cos\alpha)(e^{c\theta x}-1)}{c\theta}\\[2ex]+b^2\theta^2 V^2 x\end{array}\right\}$$

Intégrant une seconde fois, on a, vu que y et x s'annulent à la fois,

$$y = x\tang\alpha - \frac{g}{V^2\cos^2\alpha}\left\{\begin{array}{c}\dfrac{(1+b\theta V\cos\alpha)^2(e^{2c\theta x}-2c\theta x-1)}{4c^2\theta^2}\\[2ex]-\dfrac{2b\theta V\cos\alpha(1+b\theta V\cos\alpha)(e^{c\theta x}-c\theta x-1)}{c^2\theta^2}\\[2ex]+\dfrac{b^2\theta^2 V^2 x^2}{2}\end{array}\right\}$$

En conservant les dénominations du § 4, on a encore

$$\tang\tau = y'.$$

Par suite $v\cos\tau = \dfrac{dx}{dt}$, et

$$v = \frac{V\dfrac{\cos\alpha}{\cos\tau}}{(1+b\theta V\cos\alpha)\,e^{c\theta x}-b\theta V\cos\alpha}.$$

On obtient le temps t en intégrant l'équation (A)

$$t = \frac{x}{V\cos\alpha}\left\{(1+b\theta V\cos\alpha)\frac{e^{c\theta x}-1}{c\theta x}-b\theta V\cos\alpha.\right\}$$

Les valeurs des coefficients b et c sont données dans le chapitre II, § 5.

Ces formules sont fort compliquées. Le général Didion a néanmoins pensé qu'il les rendrait usuelles au moyen d'une suite de tables qu'il a pris la peine de calculer.

Mais elles ne s'accordent pas suffisamment avec l'expérience, et il faut encore, comme précédemment, faire varier la vitesse avec l'inclinaison de la bouche à feu, lorsqu'on conserve aux autres données du calcul les mêmes valeurs numériques. On en verra plus tard des exemples.

Pour éviter l'emploi d'un pareil expédient, le général Didion a recours à l'introduction d'une force verticale ; en d'autres termes, il fait varier la pesanteur. Cela revient encore à admettre que la résistance de l'air n'est pas dirigée suivant la tangente à la trajectoire.

Lorsque l'inclinaison du canon ne surpasse pas 10° à 12°, on admet assez généralement que la valeur du rapport moyen θ peut être supposée égale à l'unité.

Quand l'angle devient plus grand, le général Didion partage la trajectoire en une suite d'arcs déterminés par les inclinaisons de leurs tangentes extrêmes. Soient Δs la longueur et Δx la projection horizontale de l'un de ces arcs, τ_0 et τ_1 les inclinaisons respectives de la première et de la dernière tangente ; les angles τ_0 et τ_1 positifs dans la branche ascendante, négatifs dans la branche descendante et, par suite, la différence $\tau_0 - \tau_1$ toujours positive. La valeur de θ devrait être donnée par l'équation $\theta = \dfrac{\Delta s}{\Delta x}$, mais la longueur Δs est inconnue.

Si, au lieu de l'arc de la trajectoire, il s'agissait d'un arc appartenant à une parabole du second degré et à axe vertical, on aurait

$$\frac{\Delta s}{\Delta x} = \tfrac{1}{2}(\sec \tau_0 - \sec \tau_1) + \tfrac{1}{2}\cot \tau_0 \, l\!\left(\tang\left(45° + \frac{\tau_0}{2}\right)\right) -$$
$$\tfrac{1}{2}\cot \tau_1 \, l\!\left(\tang\left(45° + \frac{\tau_1}{2}\right)\right),$$

la lettre l désignant un logarithme népérien. C'est cette valeur que le général prend pour celle de θ, substituant ainsi l'arc parabolique à l'arc inconnu de la trajectoire.

Qu'il s'agisse maintenant de calculer une portée. Dans le premier arc, commençant à l'origine de la trajectoire, on connaît l'angle de départ, la vitesse initiale et l'inclinaison prise arbitrairement de la tangente extrême. Ces données suffisent pour que, à l'aide des formules établies, on puisse calculer l'abscisse et l'ordonnée de l'extrémité de l'arc, la vitesse en ce point et la durée du trajet. Cette extrémité est l'origine du second arc sur lequel on peut opérer de la même manière. Il n'y a plus qu'à continuer ainsi jusqu'à ce qu'on ait atteint l'horizontale du point de départ.

On trouve dans la seconde édition du *Traité de balistique* du général Didion une application de cette méthode à la trajectoire d'une bombe lancée par le mortier de 32 centimètres à plaque, la charge étant de 14 kilogrammes.

Données du calcul.

Angle de départ. . . . . $\alpha = 42°30'$
Bombe. . . $\begin{cases}\text{Diamètre.} \\ \text{Poids}\end{cases}$ . . . . $a = 3^{\text{d}}206$
. . . . $p = 92^{\text{k}}0$
Vitesse initiale. . . . . $V = 420^{\text{m}}$

Dans le premier arc, la différence $\tau_0 - \tau_1$ a été prise égale à $2°30'$, et dans tous les autres à $5°$. Nombre total des arcs, 25.

Résultats du calcul.

Portée . . . . 3937^{m}
Hauteur du jet. . . . . 1441^{m}
Vitesse finale. . . . . $144^{\text{m}}8$
Durée du trajet. . . . . $33°47$

Le poids du mètre cube d'air a été supposé égal à 1ᵏ208 dans toute l'étendue du trajet.

La charge de 14ᵏ0 diffère très-peu de celle qui produit le maximum d'effet. Dans les expériences exécutées à Gâvre, elle a donné une portée moyenne égale à 3980ᵐ quand on se servait de bombes de siége pesant 75ᵏ, et à 4090ᵐ lorsqu'on faisait usage de bombes de côte dont le poids était de 94 kilog. ; mais les vitesses qu'elle imprime aux unes et aux autres sont très-certainement fort inférieures à 420 mètres.

Ce n'est donc qu'au moyen d'une exagération de la vitesse initiale qu'on rencontre ici un certain accord entre les résultats du calcul et ceux de l'expérience.

Quant à la durée du trajet, l'expérience n'a donné que 30ˢ8.

§ 6. — Résistance proportionnelle à la puissance $\frac{3}{2}$ de la vitesse.

On a vu dans le chapitre II, § 8, que les expériences de Metz étaient parfaitement conciliables avec l'expression

$$r = c v^{\frac{3}{2}},$$

et, par suite, il est intéressant de connaître les résultats auxquels conduit cette hypothèse. Lorsqu'on l'admet, on a

$$\frac{d^2x}{dt^2} = - \varsigma \left(\frac{ds}{dt}\right)^{\frac{1}{2}} \frac{dx}{ds},$$

et il faut encore recourir à quelque artifice pour effectuer l'intégration. En remplaçant comme précédemment le rapport $\frac{ds}{dx}$ par sa valeur moyenne θ et posant, en conséquence, $ds = \theta\, dx$, on obtient

$$\frac{d^2x}{dt^2} = -c\theta^{\frac{1}{2}}\left(\frac{dx}{dt}\right)^{\frac{3}{2}};$$

mais l'hypothèse primitive est remplacée par la suivante :

$$r = c\theta^{\frac{1}{2}}\left(\frac{dx}{dt}\right)^{\frac{3}{2}}\frac{ds}{dx}.$$

Faisant $u = \dfrac{dx}{dt}$, on a

$$\frac{du}{dt} = -c\theta^{\frac{1}{2}}u^{\frac{3}{2}},$$

ou, en remplaçant dt par $\dfrac{dx}{u}$,

$$\frac{du}{u^{\frac{3}{2}}} = -c\theta^{\frac{1}{2}}dx.$$

Comme $u = V\cos\alpha$, quand $x = o$, l'intégration donne

$$\frac{1}{u^{\frac{1}{2}}} - \frac{1}{V^{\frac{1}{2}}\cos^{\frac{1}{2}}\alpha} = -\frac{c\theta^{\frac{1}{2}}}{2}x,$$

d'où

$$u = \frac{V\cos\alpha}{\left(1 + \dfrac{c\theta^{\frac{1}{2}}V^{\frac{1}{2}}\cos^{\frac{1}{2}}\alpha}{2}x\right)^2}.$$

Remplaçant u par $\dfrac{dx}{dt}$ et intégrant ensuite, on obtient

$$t = \frac{\left(1 + \dfrac{c\theta^{\frac{1}{2}}V^{\frac{1}{2}}\cos^{\frac{1}{2}}\alpha}{2}x\right)^3 - 1}{\frac{3}{2}c\theta^{\frac{1}{2}}V^{\frac{3}{2}}\cos^{\frac{3}{2}}\alpha}.$$

Mettant dans l'équation $\dfrac{dy'}{dx}\left(\dfrac{dx}{dt}\right)^2 = -g$, à la place de $\dfrac{dx}{dt}$ ou u sa valeur, on trouve

$$\frac{dy'}{dx} = -\frac{g}{V^2\cos^2\theta}\left(1 + \frac{c\theta^{\frac{3}{2}}V^{\frac{1}{2}}\cos^{\frac{1}{2}}\alpha}{2}x\right)^4.$$

L'intégration donne, à raison de ce que $y' = \operatorname{tang}\alpha$ quand $x = o$,

$$y' = \operatorname{tang}\alpha - \frac{2g}{3c\theta^{\frac{1}{2}}V^{\frac{1}{2}}\cos^{\frac{1}{2}}\alpha}\left[\left(1 + \frac{c\theta^{\frac{3}{2}}V^{\frac{1}{2}}\cos^{\frac{1}{2}}\alpha}{2}x\right)^5 - 1\right].$$

Une seconde intégration conduit à

$$y = x\operatorname{tang}\alpha - \frac{2g}{15\,c^2\theta^3 V^3\cos^3\alpha}\left[\left(1 + \frac{c\theta^{\frac{3}{2}}V^{\frac{1}{2}}\cos^{\frac{1}{2}}\alpha}{2}x\right)^6 - (1 + 3c\theta^{\frac{3}{2}}V^{\frac{1}{2}}\cos^{\frac{1}{2}}\alpha)\right].$$

Entre l'angle α et la portée x, on a la relation assez compliquée

$$\frac{\sin 2\alpha}{gx} = \frac{1}{V^2} + \frac{2}{3}\frac{\cos^{\frac{1}{2}}\alpha}{V^{\frac{3}{2}}}c\theta^{\frac{1}{2}}x + \frac{\cos\alpha}{4V}c^2\theta^3 x^2 + \frac{\cos^{\frac{3}{2}}\alpha}{20\,V^{\frac{1}{2}}}c^3\theta^{\frac{9}{2}}x^3 +$$
$$\frac{\cos^2\alpha}{240}c^4\theta^6 x^4.$$

Enfin, comme $v = \dfrac{u}{\cos\tau}$,

$$v = \frac{\dfrac{\cos\alpha}{\cos\tau}V}{\left(1 + \dfrac{c\theta^{\frac{3}{2}}V^{\frac{1}{2}}\cos^{\frac{1}{2}}\alpha}{2}x\right)^2}.$$

Le rapport $\frac{ds}{dx}$ qui, à l'origine, est égal à $\frac{1}{\cos\alpha}$, décroît ensuite jusqu'au sommet de la courbe où il devient égal à l'unité; puis il croît, mais ce n'est guère que dans la partie inférieure de la branche descendante qu'il se montre supérieur à $\dfrac{1}{\cos\alpha}$. Il est donc permis de penser que sa valeur moyenne θ reste comprise entre 1 et $\dfrac{1}{\cos\alpha}$; et lorsqu'il ne s'agit que du tir surbaissé, ces deux nombres sont peu différents l'un de l'autre.

Les formules se simplifient beaucoup lorsqu'on prend $\theta = \dfrac{1}{\sqrt[3]{\cos\alpha}}$; il en résulte, en effet, $\theta^3\cos\alpha = 1$ et, par suite,

$$y' = \operatorname{tang}\alpha - \frac{2g}{5V^4\cos^3\alpha}\left[\left(1+\frac{cV^{\frac14}x}{2}\right)^5 - 1\right]$$

$$y = x\operatorname{tang}\alpha - \frac{2g}{15c^3V^3\cos^3\alpha}\left[\left(1+\frac{cV^{\frac14}x}{2}\right)^5 - 1\right]$$

$$\frac{\sin 2\alpha}{gx} = \frac{1}{V^2} + \frac{2cx}{3V^{\frac32}} + \frac{c^4x^2}{4V} + \frac{c^5x^3}{20V^{\frac12}} + \frac{c^6x^4}{240}$$

$$\ell = \frac{\left(1+\frac{cV^{\frac14}x}{2}\right)^5 - 1}{\frac53 cV^{\frac34}\cos\alpha}$$

$$v = \frac{\dfrac{\cos\alpha}{\cos\tau}V}{\left(1+\frac{cV^{\frac14}x}{2}\right)^2}$$

§ 7. — **Substitution d'une courbe du troisième degré à la trajectoire dans l'air.**

Les diverses expressions admises jusqu'à présent pour la résistance de l'air n'ont conduit qu'à des formules où elles se trouvent sensiblement altérées, et dont l'application exige de longs calculs numériques. Pour faire concorder ces formules avec l'expérience, on est obligé, soit d'altérer la vitesse initiale, soit d'introduire une force nouvelle qui modifie l'action de la pesanteur. Cessant donc de s'occuper de la résistance de l'air, il est naturel de chercher si, à l'aide des seules données fournies immédiatement par l'observation, il ne serait pas possible d'établir quelque relation simple entre les vitesses initiales, les angles de départ et les portées.

L'approximation serait d'ailleurs suffisante si les erreurs auxquelles donnerait lieu l'emploi de la formule ne surpassaient pas les différences que, dans des tirs exécutés avec soin, peuvent offrir des moyennes prises sur quarante ou cinquante coups. Mais de grandes difficultés se présentent ; souvent les résultats dont on dispose n'ont pas été déduits d'un assez grand nombre de faits ; d'autres fois, des circonstances inconnues ou qu'il n'a pas été possible de prévoir ont fait varier les vitesses initiales et les portées ; de là des discordances qui rendent ce travail aussi pénible qu'ingrat.

Si le mouvement avait lieu dans le vide, l'équation de la trajectoire serait

$$y = x \tang \alpha - \frac{gx^2}{2V^2 \cos^2\alpha}.$$

L'équation de la trajectoire dans l'air doit donc être susceptible d'être ramenée à la forme

$$y = x \tang \alpha - \frac{gx^2}{2\cos^2\alpha}\left(\frac{1}{V^2} + \varphi(x)\right),$$

la fonction $\varphi(x)$ devenant nulle en même temps que la densité de l'air.

On n'a besoin d'attribuer à x que des valeurs positives ; dès lors la fonction $\varphi(x)$ est également positive, la courbe étant moins élevée dans l'air que dans le vide.

Lorsque l'ordonnée y devient nulle, l'équation doit

donner pour x deux valeurs égales, l'une à zéro, l'autre à la portée x ; donc

$$0 = \operatorname{tang} \alpha - \frac{g\mathrm{x}}{2\cos^2 \alpha}\left(\frac{1}{\mathrm{V}^2} + \varphi(\mathrm{x})\right).$$

La forme la plus simple que l'on puisse choisir est certainement Kx. Dans ce cas, on a

$$y = x \operatorname{tang}\alpha - \frac{gx^2}{2\cos^2\alpha}\left(\frac{1}{\mathrm{V}^2} + \mathrm{K}x\right)$$

$$\frac{\sin 2\alpha}{g\mathrm{x}} = \frac{1}{\mathrm{V}^2} + \mathrm{K}\mathrm{x}.$$

La question serait considérablement simplifiée si, entre des limites un peu étendues, le coefficient K pouvait être considéré comme sensiblement indépendant de l'angle α. La trajectoire serait alors remplacée par une courbe du troisième degré *.

En désignant comme précédemment par a le diamètre du projectile, par d sa densité, par δ celle de l'air, il est naturel de chercher si la valeur de K ne serait pas, comme celle du coefficient c, proportionnelle à $\frac{\delta}{ad}$. La question serait alors ramenée à chercher entre quelles limites le produit adK peut être considéré comme cons-

---

* La plupart des auteurs de traités de balistique parviennent à une équation du même genre, en développant les exponentielles qui entrent dans les expressions de y données précédemment et négligeant les termes où se trouvent des puissances de x supérieures à la troisième ; ils déterminent d'ailleurs le coefficient K au moyen des données qu'ils possèdent sur la résistance de l'air.

En 1848, M. Piton-Bressant, alors lieutenant d'artillerie de la marine, et depuis directeur du journal *l'Ami des Sciences,* a été conduit à la même expression en cherchant quelle serait, parmi les hypothèses qui pouvaient être faites relativement à la résistance, celle qui s'accorderait le mieux avec les expériences de Gâvre. En se servant uniquement de ces dernières pour déterminer K, il a le premier reconnu que, sans qu'il fût nécessaire d'apporter aucun changement à ce coefficient, la formule pouvait être employée tant que l'inclinaison du canon ne surpassait pas 10°.

tant, quand la densité de l'air n'éprouve que de légères variations.

On ne saurait d'ailleurs admettre les formules précédentes qu'en qualité d'approximatives, et il est facile de se convaincre que la valeur de K ne peut pas être absolument indépendante de α. En effet, la dernière équation revient à

$$V^2 \sin 2\alpha = gx + g V^2 K x^2.$$

En la différentiant par rapport à α et représentant, suivant l'usage, $\frac{dx}{d\alpha}$ et $\frac{dK}{d\alpha}$ par x' et K', on a

$$V^2 (2 \cos 2\alpha - g K' x^2) = g (1 + 2 V^2 K x) x'.$$

Comme la valeur de K est positive, les deux quantités $2 \cos 2\alpha - g K' x^2$ et x' sont de même signe et s'annulent en même temps.

Soit α_1 l'angle qui donne la plus grande portée ; x_1 cette dernière ; K_1 ce que devient alors K.

La dérivée x' doit être nulle quand $\alpha = \alpha_1$; donc

$$2 \cos 2\alpha_1 = g K'_1 x_1^2.$$

Si on supposait la quantité K indépendante de α, la dérivée $\frac{dK}{d\alpha}$ ou K' serait constamment nulle ; on aurait donc $K'_1 = 0$, et par suite $\cos 2\alpha_1 = 0$; d'où $\alpha_1 = 45°$. L'angle de plus grande portée serait le même que dans le vide ; on sait bien qu'il n'en est pas ainsi ; dans l'air, il est toujours moindre.

La valeur de $\cos 2\alpha_1$ est positive ; il résulte de la dernière équation que celle de K'_1 doit l'être aussi ; ainsi, dans le voisinage de l'angle de plus grande portée, la quantité K est nécessairement croissante.

En éliminant x_1^2 entre les deux équations

$$V^2 \sin 2\alpha_1 = gx_1 + g V^2 K_1 x^2$$
$$2 \cos 2\alpha_1 = g K'_1 x^2_1,$$

on obtient

$$V^2(K'_1 \sin 2\alpha_1 - 2K_1 \cos 2\alpha_1) = gK'_1 x_1,$$

ou, en élevant les deux membres au carré,

$$V^4(K'_1 \sin 2\alpha_1 - 2K_1 \cos 2\alpha_1)^2 = gK'_1 x^2 gK'_1.$$

En ayant égard à la seconde des équations, on trouve

$$V^4(K'_1 \sin 2\alpha_1 - 2K_1 \cos 2\alpha_1)^2 = 2gK'_1 \cos 2\alpha_1.$$

Cette équation donnerait l'angle de plus grande portée si l'expression de K était connue.

La relation établie entre la portée, la vitesse initiale et l'angle de départ conduirait à opérer sur de très-petits nombres. On évite cet inconvénient en multipliant par 10^{10} les deux membres de l'équation; elle devient alors

$$\frac{10^{10} \sin 2\alpha}{gx} = \frac{10^{10}}{V^2} + 10^{10} Kx.$$

§ 8. — Expériences de Gâvre.

Le chargement de la bouche à feu se composait uniquement de la gargousse, du projectile et d'un léger valet erseau en filin blanc. Les boulets creux étaient ensabotés.

Pour calibrer les projectiles, on se servait de deux lunettes dont les diamètres différaient de $0^{mm}4$. Les boulets massifs employés dans la même épreuve ne présentaient que de légères différences de poids. Les boulets creux étaient ramenés à un poids constant; la charge de poudre était remplacée par un mélange de sable et de sciure de bois; des chevilles en bois bouchaient la lumière et le trou de charge; elles étaient coupées au ras de la surface extérieure du métal. Au moyen de pesées dans l'air et dans l'eau, on déterminait la densité moyenne des projectiles.

Les essais auxquels chaque bouche à feu était soumise se trouvaient généralement divisés en quatre séries ; dans la première, l'axe de l'âme était horizontal ; dans la seconde, on donnait à cet axe une inclinaison égale, soit à l'angle de mire naturel, soit à l'angle de 2° ; enfin, dans la troisième et la quatrième, l'inclinaison était successivement de 5° et de 10°.

Après avoir placé la pièce dans la direction d'une ligne jalonnée sur la plage, on lui donnait l'inclinaison qu'elle devait avoir, au moyen d'un demi-cercle à niveau à bulle d'air appliqué sur la tranche. On avait soin, d'ailleurs, de vérifier la perpendicularité de la tranche sur l'axe de l'âme.

Une planchette de 10^{mm} d'épaisseur, en bois de peuplier, et recouverte sur les deux faces de papier collé, était placée à 8 ou 10 mètres en avant de la bouche à feu. Le boulet la traversait. A chaque coup on déterminait la différence de niveau entre le bas de l'échancrure et la position qu'occupait avant l'explosion la génératrice inférieure de l'âme.

On en déduisait la hauteur moyenne du centre de l'échancrure au-dessus du centre de la tranche ; et le quotient qu'on obtenait en divisant cette hauteur par la distance de la planchette au canon était regardé comme égal à la tangente de l'angle moyen de départ.

Il est clair qu'en opérant ainsi on néglige l'action de la pesanteur, qui fait décrire au mobile une courbe concave vers la terre ; la droite, qui joint les centres de l'échancrure et de la tranche, est une corde de cette courbe. Son inclinaison est moindre que celle de la tangente au point de départ. La valeur attribuée à l'angle semble donc trop petite.

De plus, la planchette, qui n'est fixée que par la partie inférieure, se courbe légèrement au moment où elle est atteinte par le projectile, et sa réaction modifie un peu le mouvement du corps ; la vitesse horizontale est légèrement diminuée, tandis que le contraire arrive pour la vitesse verticale ; de sorte que l'inclinaison de la tangente à la trajectoire éprouve un très-petit accroissement. Pour avoir égard à cette circonstance, il faudrait encore augmenter l'angle de départ.

Mais il est à remarquer que cet angle, calculé comme il a été dit plus haut, surpasse toujours l'inclinaison de la pièce. C'est un résultat qu'il est facile d'expliquer en admettant que le mouvement du canon est déjà sensible avant la sortie du projectile. On sait, en effet, que dans ce mouvement la volée s'élève.

Dès lors, au moment où le projectile traverse la tranche, le centre de cette dernière se trouve plus élevé qu'avant l'explosion, et, par suite, la valeur attribuée à la hauteur du centre de l'échancrure au-dessus de ce point, est trop grande. De là une troisième cause d'erreur qui agit en sens inverse des deux premières.

Il n'est guère probable que les effets de ces diverses causes se compensent parfaitement, de sorte que, même en supposant les opérations du nivellement tout à fait exactes, la détermination de l'angle moyen de départ n'est jamais exempte de quelque incertitude ; sans doute l'erreur dont peut être affectée la valeur de cet angle est négligeable lorsque l'axe du canon a une certaine inclinaison, mais il n'en est pas toujours ainsi quand cet axe est à peu près horizontal, surtout si la bouche à feu est légère.

Le point de départ était toujours plus élevé que le point de chute. Pour tenir compte de cette circonstance, on ajoutait à l'angle de départ moyen un angle dont on obtenait la tangente en divisant par la portée moyenne la différence moyenne de niveau entre les points de chute et de départ. La petitesse de l'angle additionnel permettait de regarder cette somme comme égale à l'angle de départ correspondant à la portée moyenne (§ 23).

Tous les nivellements étaient faits à l'aide d'un niveau à lunette et à bulle d'air.

Dans les paragraphes suivants, on rapportera successivement les résultats des principales expériences, et en les introduisant dans la dernière formule du § 7, on obtiendra les valeurs correspondantes de $10^{10} adK$.

Pour calculer les valeurs des vitesses initiales, on s'est servi des formules du chapitre I. On sait qu'elles ne sont pas les mêmes pour la poudre du Ripault et pour celle du Pont-de-Buis, la seule qui ait été employée à Gâvre avant 1842.

La densité moyenne de l'air était égale à 0,0012 ; les variations offraient trop peu d'importance pour qu'il fût nécessaire d'y avoir égard.

§ 9.

CANON DE 30 N° 3 (année 1848).

Longueur de l'âme, 2^m250. — Diamètre, 0^m1643.

Boulets massifs. . . . { Diamètre. . . . . $a = 0^m1596$
{ Densité. . . . . $d = 7.182$

Poudre du Ripault. — Diamètre du mandrin des gargousses. . . 450^{mm}.

CHARGE du canon.	VITESSE initiale du boulet.	ANGLE de départ moyen (α).	PORTÉE moyenne (X).	VALEUR de $10^{10} adK$.	NOMBRE de coups.
kilog. 3.00	mètr. 415	37' 47"	mètr. 323	40.0	20
		1° 45' 49"	748	48.9	20
		5° 26' 48"	1647	40.7	20
		10° 45' 56"	2489	39.2	20
2.5	392	39' 40"	307	42.9	20
		1° 44' 5"	984	42.8	20
		5° 25' 50"	1594	39.7	20
		10° 17' 40"	2234	47.5	20

En examinant les résultats obtenus avec une même charge, on voit qu'un seul s'écarte notablement des autres; du reste, les variations paraissent ne suivre aucune loi et peuvent être attribuées aux anomalies inévitables des expériences. La quantité $10^{10}adK$ se présente donc comme sensiblement indépendante de l'angle α; dès lors il est naturel de prendre une moyenne entre les quatre valeurs qui correspondent à la même charge.

VITESSE INITIALE.	VALEUR MOYENNE de $10^{10}adK$.
415ᵐ	42.2
392ᵐ	43.2

§ 10.

CANON DE 30 Nº 4 (année 1850).

Longueur de l'âme, 2ᵐ160. — Calibre, 0ᵐ1640.

Boulets massifs. . . . . $\begin{cases} \text{Diamètre.} \dots \dots a = 0^m1596 \\ \text{Densité.} \dots \dots d = 7.152 \end{cases}$

Poudre du Ripault. Diamètre du mandrin des gargousses, 150ᵐᵐ.

CHARGE du canon.	VITESSE initiale du boulet.	ANGLE de départ (α).	PORTÉE (X).	VALEUR de $10^{10}adK$.	NOMBRE de coups.
kilog.	mètr.		mètr.		
2.5	393	44'	314	66.7	20
		2° 22' 45"	864	44.4	20
		5° 23' 25"	1563	44.9	20
		10° 20'	2276	46.8	20
2.0	363	46' 58"	305.4	57.6	20
		2° 32' 40"	799	52.7	20
		5° 28' 10"	1484	44.8	20
		10° 23' 20"	2123	50.8	20

Les résultats obtenus avec l'une et l'autre charge présentent une singularité remarquable : la première valeur de $10^{10}\,adK$ surpasse notablement toutes les autres. C'est surtout à la charge de 2^k0 que l'écart est considérable.

On a vu dans le § 8 les difficultés qui s'opposent à la détermination exacte de l'angle de départ ; aux petites distances, il en peut résulter de grandes erreurs.

Qu'on suppose en effet cet angle augmenté ou diminué de $1'$, l'altération de la valeur de $10^{10}\,adK$ sera sensiblement égale à $\dfrac{10^{10}\,ad \sin 2' \cos 2\alpha}{gx^2}$, quantité très-peu différente de $\dfrac{10^{10}\,ad \sin 2'}{gx^2}$, tant que l'angle α ne surpasse pas $5°$.

Par suite, l'erreur dont sera affectée la valeur de $10^{10}\,adK$ sera égale à $6,59\,ad$, ou se réduira à $0,93\,ad$, suivant que la distance X sera de 300 ou de 800^m; elle sera inférieure à $0,26\,ad$ si la distance est de 1500^m. Dans le cas actuel, $ad = 1,141$.

Il convient donc de n'accueillir qu'avec défiance les résultats obtenus aux petites distances, et de ne les admettre qu'autant qu'ils ne s'écartent pas beaucoup des autres.

Lorsque, pour chaque charge, on n'a pas égard à la première valeur de $10^{10}\,ad\,K$, on obtient le tableau suivant.

VITESSE INITIALE.	VALEUR MOYENNE de $10^{10}\,adK$.
393^m	44.4
303^m	48.4

§ 11.

CANONS DE 30 N° 1 ET N° 2 (années 1830, 1831, 1832).

	CANON N° 1.	CANON N° 2.
Longueur de l'âme...............	2ᵐ643	2ᵐ460
Calibre.......................	0 1649	0 1648

Boulets massifs.... { Diamètre................ 0ᵐ1596
{ Densité................ 7 199

Poudre du Pont-de-Buis. — Diamètre du mandrin des gargousses, 158ᵐᵐ.

Les deux canons produisant à peu près les mêmes effets, on a pris des moyennes entre les résultats qu'ils ont donnés sous les mêmes inclinaisons.

CHARGE du canon.	VITESSE initiale du boulet.	ANGLE de départ moyen.	PORTÉE moyenne.	VALEUR de 10^{10} ad K.	NOMBRE de coups.
kilog.	mètr.		mètr.		
4.90	443	44' 54"	404.5	44.1	108
		2° 7' 23"	906	44.1	20
		5° 18' 15"	1658	43.2	20
		10° 34' 47"	2595	40.5	20
3.07	415	46' 47"	381	44.6	55
		2° 16' 42"	835	53.7	20
		5° 19' 20"	1565	45.8	20
		10° 39'	2414	45.5	20
2.94	394	52' 5"	369.5	59.7	20
		2° 25'	805	50.0	20
		5° 23' 5"	1490	49.0	20
		10° 34' 20"	2353	44.6	20
2.45	372	54' 36"	342.5	57.4	20
		2° 46' 45"	769.5	48.8	20
		5° 20' 30"	1405	54.0	20
		10° 35' 50"	2305	43.8	20

En n'ayant égard, pour les charges de 2^k94 et de 2^k45, qu'aux trois dernières valeurs de $10^{10}\,adK$, on a les résultats suivants :

VITESSE INITIALE.	VALEUR MOYENNE de $10^{10}\,adK$.
443^m	42.2
418	47.4
394	47.9
372	47.9

§ 12.

CANONS DE 48 N° 1 ET N° 2 (années 1830-1832).

	CANON n° 1.	CANON n° 2.
Diamètre de l'âme..	2^m436	2^m287
Calibre .	0 1380	0 1387

Boulets massifs. . . . . { Diamètre. . . . . $a = 0^m4344$
{ Densité. . . . . $d = 7.149$

Poudre du Pont-de-Buis.

Diamètre du mandrin des gargousses.. . . . . 133^{mm}

On a pris des moyennes entre les résultats donnés par les deux canons.

CHARGE du canon.	VITESSE initiale du boulet.	ANGLE de départ moyen.	PORTÉE moyenne.	VALEUR de $10^{10}\,adK$.	NOMBRE de coups.
kilog.	métr.		métr.		
2.94	457	44' 27"	383	44.0	20
		2° 40' 50"	896	44.6	20
		5° 25' 55"	1567	45.9	20
		10° 18' 30"	2300	45.2	20
2.20	429	42' 8"	358	44.5	20
		2° 45' 32"	852	42.7	20
		5° 29' 50"	1522	46.3	20
		10° 21' 30"	2355	39.3	20
4.76	406	49' 17"	382	43.2	20
		2° 45' 30"	792	49.4	20
		5° 34' 20"	1484	46.2	20
		10° 28' 20"	2344	38.9	20
1.47	382	47' 5"	333	44.2	20
		2° 7' 42"	723	48.0	20
		5° 33' 30"	1440	45.7	20
		10° 28' 20"	2270	38.9	20

RÉSULTATS MOYENS.

VITESSE INITIALE.	VALEUR MOYENNE de $10^{10}\,adK$.
457ᵐ	43.4
429	42.4
406	44.4
382	44.2

§ 13.

CANONS DE 12 (années 1848-1853).

	CANON de campagne.	CANON n° 2.	CANON n° 3.
Longueur de l'âme.	2ᵐ002	2ᵐ114	1ᵐ877
Calibre.	0ᵐ1213	0ᵐ1212	0ᵐ1207

Boulets massifs. . . . . { Diamètre. . . . . $a = 0^m1473$
{ Densité. . . . . $d = 7.437$

Poudre du Ripault.—Diamètre du mandrin des gargousses, 110ᵐᵐ.

Les vitesses initiales n'offrant que de très-légères différences, on a pris des moyennes entre les résultats donnés par les trois canons sous les mêmes inclinaisons.

CHARGE du canon.	VITESSE initiale moyenne.	ANGLE total de départ moyen.	PORTÉE moyenne.	VALEUR de $10^{10} a d \bar{K}$.	NOMBRE de coups.
kilog.	mètr.		mètr.		
1.500	455	36' 44"	343.3	37.3	60
		2° 24' 1"	896.4	42.0	60
		5° 44' 44"	1509	44.3	60
1.00	395	39' 8"	303.7	34.0	60
		2° 28' 45"	838	44.0	60
		5° 9' 26"	1368	42.4	60

A chacune des deux charges, la première valeur est fort inférieure aux deux autres; en n'ayant égard qu'à celles-ci, on a :

VITESSE INITIALE.	VALEUR MOYENNE de $10^{10} adK$.
405^m	41.6
398	41.7

§ 14. — Conséquences des expériences précédentes.

Dans chacun des cas particuliers qui viennent d'être examinés, les variations qu'a présentées la quantité $10^{10}\,adK$ ont paru dues aux anomalies des expériences et non aux changements d'inclinaison de la bouche à feu; de sorte qu'on a été naturellement conduit à prendre une moyenne entre les valeurs obtenues sous les divers angles.

Ainsi, toutes les fois que l'angle α ne surpasserait pas 10°, la valeur de K serait à peu près indépendante de cet angle, et ce ne serait que sous les inclinaisons supérieures que ces variations deviendraient sensibles.

L'importance de cette conclusion exige qu'on ne néglige aucun moyen de la vérifier; il semble, en effet, d'autant plus difficile de l'admettre que le développement des expressions de y données dans le § 4 et le § 5 conduit à des formules d'après lesquelles on est naturellement porté à croire que la valeur de K doit croître assez rapidement.

En prenant des moyennes entre les diverses valeurs de $10^{10}\,adK$ données par toutes les bouches à feu, sous la même inclinaison, sans en négliger aucune, mais en ayant égard au nombre de coups par lequel chacune d'elles est déterminée, on obtient les résultats suivants :

ANGLE MOYEN de départ.	VITESSE initiale moyenne.	VALEUR moyenne de $10^{10} \alpha dK$.	NOMBRE de coups.
	mèt.		
43' 38"	417	44.6	480
2° 18' 41"	412	44.1	360
5° 20' 58"	412	43.8	360
10° 26' 33"	405	43.6	240

Ainsi, la croissance du coefficient K ne se manifeste pas tant que l'angle α ne surpasse pas 10°. Le tableau semble même indiquer un léger décroissement; peut-être n'y verra-t-on qu'une apparence facile à expliquer en admettant que, par suite des difficultés que présente la détermination de l'angle de départ, la valeur moyenne attribuée à cet angle est ordinairement un peu trop grande. L'erreur qui en résulterait serait en effet d'autant plus sensible que l'inclinaison serait moindre.

Mais les considérations développées dans le § 30 permettent de donner une explication du décroissement observé.

Quoi qu'il en soit, des variations aussi légères dans la valeur de K ne peuvent avoir sur les portées qu'une bien faible influence; et il serait inutile d'y avoir égard.

En rassemblant les résultats moyens, donnés dans les §§ 9, 10, 11, 12, 13, on obtient le tableau suivant :

BOUCHE A FEU.	VITESSE initiale.	VALEUR de $10^{10}adK$.	NOMBRE de coups par lesquels est donnée la valeur.
	mètr.		
12. Canons de 18	457	43.4	80
13. Canons de 42	455	41.6	120
11. Canons de 30 nos 1 et 2	443	42.2	80
12. Canons de 18	420	42.4	80
11. Canons de 30 nos 1 et 2	418	47.4	80
9. Canon de 30 no 3	416	42.2	60
12. Canons de 18	400	44.4	80
13. Canons de 42	395	41.7	120
11. Canons de 30 nos 1 et 2	394	47.9	60
10. Canon de 30 no 4	393	44.4	60
9. Canon de 30 no 3	392	43.2	80
12. Canons de 18	382	44.2	80
11. Canons de 30 nos 1 et 2	372	47.9	60
10. Canon de 30 no 4	363	48.4	60

Les anomalies sont nombreuses ; ainsi, par exemple, à la même vitesse 415^m, on voit successivement correspondre deux valeurs de $10^{10}adK$ assurément fort différentes 47,4 et 42,2, obtenues l'une et l'autre avec des boulets de 30. D'après cela, peut-être serait-on porté à attribuer aux seules irrégularités des expériences les variations de $10^{10}adK$. Prenant, en conséquence, une moyenne entre les quatorze nombres consignés dans le tableau, on aurait

$$10^{10}adK = 44.$$

Mais on peut atténuer les anomalies en partageant les quatorze résultats en quatre groupes ; l'un composé des trois premiers, le second des quatre suivants, le troisième des quatre qui viennent après, enfin le quatrième des trois derniers. Prenant dans chaque groupe une moyenne entre les vitesses et une autre entre les valeurs de $10^{11}adK$, on obtient ce qui suit :

Vitesse (mètres)..............	452	416	393.8	372
Valeur de $10^{10}adK$............	42.4	44.4	44.3	46.8

De là, il résulte que la quantité $10^{11}adK$ décroît à mesure que la vitesse devient plus grande; mais il est difficile de déterminer la loi de la variation, les quatre vitesses ne présentant pas d'assez grandes différences.

La formule
$$10^{11}adK = \frac{H}{V^n}$$

est une des plus simples que l'on puisse essayer. La substitution des quatre couples de valeurs de $10^{11}adK$ et de V donne quatre équations entre les constantes H et n. Le nombre n doit être choisi de telle sorte que les quatre valeurs de H soient, sinon égales, du moins peu différentes entre elles; il ne reste plus alors qu'à en prendre la moyenne.

C'est ainsi qu'en faisant successivement $n = \frac{1}{3}$, $n = \frac{1}{2}$, $n = \frac{2}{3}$, on obtient les trois formules

(1)
$$10^{11}adK = \frac{896}{V^{\frac{1}{3}}}.$$

(2)
$$10^{11}adK = \frac{491}{V^{\frac{1}{2}}}.$$

(3)
$$10^{11}adK = \frac{329}{V^{\frac{2}{3}}}.$$

Pour les apprécier, il faut comparer les résultats qu'elles fournissent à ceux que donne l'expérience.

VITESSE initiale.	VALEUR DE $10^{10}adK$ DONNÉE PAR					
	la formule (1).	Excès sur l'expérience.	la formule (2).	Excès sur l'expérience.	la formule (3).	Excès sur l'expérience.
mètr.						
452	42.1	— 0.3	42.6	+ 0 2	42.0	+ 0.5
440	43.9	— 0.2	44.0	— 0.1	44.1	0
393.5	45.2	+ 0.9	45.0	+ 0.7	44.9	+ 0.6
372	46.5	— 0.3	46.0	— 0.8	45.8	— 1.0

Les différences sont tellement faibles qu'il est difficile de faire un choix entre les trois expressions. Elles sont encore comparées dans le tableau suivant :

VITESSE initiale.	VALEUR DE $10^{10}adK$ DONNÉE PAR		
	la formule (1).	la formule (2).	la formule (3).
mètr.			
600	36.6	38.0	39.0
500	40.1	40.9	41.5
400	45.8	44.7	44.7
300	51.7	50.4	49.4
200	63.4	59.0	56.3

Tant que la vitesse ne varie qu'entre 300 et 500 mètres, les différences que présentent les formules sont légères et certainement inférieures à celles que donnent les tirs, même quand le nombre des coups est très-considérable.

Les applications deviennent plus faciles quand on introduit dans les formules, au lieu de la densité le rapport du poids au cube du diamètre.

Ici la densité de l'eau est prise pour unité, et le mètre est l'unité de longueur. Si donc le kilogramme est pris pour unité de poids,

$$p = 1000\,\frac{\pi a^2 d}{6}\,;$$

par suite,

$$ad = \frac{6}{10\,\pi}\,\frac{p}{(10\,a)^2}\,,$$

d'où

$$\frac{p}{(10\,a)^2} = 5{,}236\,ad,$$

et

$$10^{10}\,\frac{p}{(10\,a)^2}\,\mathrm{K} = 5{,}236\,10^{11}.ad\mathrm{K}.$$

Ainsi, lorsqu'on exprime le diamètre en décimètres, les formules (1), (2) et (3) peuvent être remplacées par les suivantes :

$$(4) \qquad 10^{11}\,\frac{p}{a^2}\,\mathrm{K} = \frac{4690}{v^{\frac{1}{2}}},$$

$$(5) \qquad 10^{10}\,\frac{p}{a^2}\,\mathrm{K} = \frac{2570}{v^{\frac{1}{2}}},$$

$$(6) \qquad 10^{11}\,\frac{p}{a^2}\,\mathrm{K} = \frac{1720}{v^{\frac{1}{2}}}.$$

La densité de l'air est supposée égale à 0,0012.

<h3 style="text-align:center">§ 15. — Expériences exécutées sur des boulets creux.</h3>

Les expériences qui ont servi de base à l'établissement des formules ont toutes été faites avec des boulets massifs ; il convient de citer au moins quelques-unes de celles où l'on a employé des boulets creux.

1° OBUSIER de 22 centimèt. n° 1, modèle 1842 (année 1846).

Dimensions de la pièce, chapitre I, § 31.

Boulets. . . . . $\begin{cases} \text{Diamètre.} \dots \dots & a = 0^{\text{m}}2202 \\ \text{Poids.} \dots \dots & p = 27^{\text{k}} \\ \text{Densité.} \dots \dots & d = 4.841 \end{cases}$

Poids des sabots. 0ᵏ650

Poudre du Ripault.

CHARGE de l'obusier.	VITESSE initiale du boulet.	ANGLE total de départ.	PORTÉE.	VALEUR de $10^{10}\,adK$.	NOMBRE de coups.
kilog.	mètr.		mètr.		
3.5	380	1° 55' 52"	707	42.0	20
		5° 28' 40"	1465	45.7	20
		10° 11' 35"	2257	44.6	20

Valeur moyenne de $10^{10}\,adK$. 43.1

Valeur donnée par la formule $\begin{cases} (1) \dots \dots & 46.0 \\ (2) \dots \dots & 45.6 \\ (3) \dots \dots & 45.4 \end{cases}$

2° CANONS DE 30 N° 3 et N° 4 (années 1848 et 1850).

Dimensions des deux canons, § 9 et § 10.

Projectiles . . . . $\begin{cases} \text{Diamètre.} \dots \dots & a = 0^{\text{m}}1602 \\ \text{Poids.} \dots \dots & p = 11^{\text{k}}48 \\ \text{Densité.} \dots \dots & d = 5.363 \end{cases}$

Poids moyen des sabots. 0ᵏ520

Poudre du Ripault.

On a pris des moyennes entre les résultats donnés par les deux bouches à feu.

CHARGE.	VITESSE initiale du boulet	ANGLE total de départ.	PORTÉE.	VALEUR de $10^{10}\,adK$.	NOMBRE de coups.
kilog.	mètr.		mètr.		
2.50	448	2° 4' 32"	839	39.0	40
		5° 24' 40"	1571	39.3	40
		10° 47' 30"	2442	47.0	4

Valeur moyenne do $10^{10}\,adK$. **41.8**

Valeur donnée par la formule $\begin{cases}(1). . . . . & \textbf{42.3} \\ (2). . . . . & \textbf{42.7} \\ (3). . . . . & \textbf{43.0}\end{cases}$

3° CANONS DE 12 (années 1848-1853).

Dimensions des canons, § 13.

Projectiles. . $\begin{cases}\text{Diamètre}. . . . . & a = 0^{\mathrm{m}}1184 \\ \text{Poids}. . . . . & p = 4^{\mathrm{k}}310 \\ \text{Densité}. . . . . & d = 4.970\end{cases}$

Poids des sabots . . . . $0^{\mathrm{k}}150$

Poudre du Ripault.

BOUCHE A FEU.	CHARGE	VITESSE initiale du projectile.	ANGLE de départ.	PORTÉE.	VALEUR de $10^{10}\,adK$.	NOMBRE DE COUPS.
	kilog.	mètr.		mètr.		
Canons de campagne.	1.50	540	2° 28' 51"	934.2	33.7	60
Canons n° 2 et n° 3. .			5° 7' 53"	1445	39.4	60
Canon de campagne. .	1.00	483	2° 47' 20"	828.5	39.2	40
Canon n° 2.			5° 3' 47"	1304	43.2	40

	CHARGES.	
	1k50.	1k0.
Valeur moyenne de $10^{10} \frac{adK}{\ldots}$	36.9	41.2
Valeur donnée par la formule (1)	38.6	40.8
Valeur donnée par la formule (2)	39.6	41.4
Valeur donnée par la formule (3)	40.4	41.9

Les différences entre les valeurs données par les expériences et celles qui sont fournies par les formules sont du même ordre que celles que l'on a rencontrées dans le tir des boulets massifs; elles disparaîtraient sans doute si les épreuves étaient plus multipliées.

§ 16. — Expériences exécutées à Metz sur un canon de 16.

Deux séries d'expériences ont été faites à Metz sur un canon de 16, en 1844 et 1846; elles sont rapportées dans le *Traité de balistique* du général Didion. Chaque projectile traversait trois réseaux en ficelles, placés à diverses distances de la bouche à feu. Un autre point de la trajectoire était donné par la chute sur le sol.

La charge du canon était de 1k333; le poids des projectiles était égal à 8k227 et leur diamètre à 0m1293. D'après le général Didion, leur vitesse initiale était comprise entre 404m et 406m.

PREMIÈRE SÉRIE D'EXPÉRIENCES.

Inclinaison du canon : 4° 29' 7".

	DISTANCES (mètres).			
	200	400	600	666.8
Ordonnées observées (mètres) . . .	3.947	4.305	— 0.003	— 2.759

Les moyennes étaient prises sur 100 coups.

La petitesse de l'angle de départ permet de regarder son cosinus comme égal à l'unité ; dès lors, l'équation de la trajectoire donnée dans le § 7 peut être mise sous la forme :

$$\frac{y}{x} + \frac{gx}{2V^2} = \text{tang}\,\alpha - \frac{gx^2}{2}\,K.$$

Substituant dans cette égalité chaque couple de valeurs de y et de x, prenant $g = 9{,}81$ et $V = 405$, on obtient entre tang α et K quatre équations, et, en employant la méthode des moindres carrés, on en déduit

$$10^{10}\,K = 49{,}138 \qquad \alpha = 1°31'17''.$$

Calculant ensuite, au moyen de ces valeurs, les ordonnées correspondantes aux diverses distances, on trouve les résultats ci-après :

	DISTANCES (mètres).			
	200	400	600	666.8
Ordonnées calculées (mètres).. . . .	3,923	4.296	— 0.037	— 2.732
Excès sur l'expérience.	+ 0.006	— 0.009	— 0.034	+ 0.027

Les différences n'ont aucune importance.

Aux coups de rang impair, les angles de départ étaient mesurés à l'aide d'une planchette placée à 7^m75. L'angle moyen correspondant à ces cinquante coups était égal à 1°33'40''.

DEUXIÈME SÉRIE D'EXPÉRIENCES.

Inclinaison du canon : 1° 3' 42''.

	DISTANCES (mètres).		
	100	200	400
Ordonnées observées (mètres).	1.647	2.412	4.437

Les moyennes prises sur 48 coups.

On n'a ici que trois équations entre tang α et K. En opérant comme précédemment, on en tire

$$10^{10}\,\mathrm{K} = 47,164 \qquad \alpha = 1°6'.$$

Calculant les ordonnées au moyen de ces valeurs, on obtient les résultats suivants :

	DISTANCES (mètres).		
	100	200	400
Ordonnées calculées (mètres)............	1.508	2.460	1.416
Excès sur l'expérience............	— 0.049	+ 0.018	— 0.024

Les différences sont encore très-petites ; les données de l'observation sont d'ailleurs moins exactes que dans le cas précédent, vu qu'elles sont déduites d'un plus petit nombre de coups.

La moyenne des deux valeurs de 10^{10}K est. .   48.15
La formule (4) du § 14 donne. 46.92
La formule (5). 47.31
La formule (6). 47.2

Les différences sont certainement très-admissibles.

Les expériences de Metz conduisent donc aux mêmes conséquences que celles de Gâvre ; elles prouvent que la substitution d'une courbe du troisième degré à la trajectoire réelle offre toute l'exactitude dont on peut avoir besoin dans la pratique. Le général Didion, en appliquant ses formules au calcul des ordonnées, n'a pu obtenir une concordance à peu près égale qu'en altérant sensiblement la grandeur de la vitesse initiale. Ainsi, pour la première série, il a pris $V = 390^m8$ et $\alpha = 1°32'3''$; pour la seconde $V = 400^m6$ et $\alpha = 1°5'3''$. Voulant cependant employer la véritable valeur de la vitesse, il a eu recours à l'introduction d'une force verticale ou, en d'autres termes, il a altéré la pesanteur.

§ 17. — Expériences exécutées en Russie sur un canon de 24.

Des expériences analogues aux précédentes ont été exécutées ou Russie sous la direction du colonel Mayefski. Le capitaine Navez en a fait connaître les résultats par un article succinct inséré dans le journal des armes spéciales, année 1859.

Le canon était du calibre de 24, en bronze et neuf.

On avait choisi des boulets dont le centre de gravité s'écartait aussi peu que possible du centre de figure. Chaque projectile était pesé séparément, et le diamètre moyen déterminé par la mesure de six diamètres différents.

Le baromètre, le thermomètre et l'hygromètre étaient observés plusieurs fois pendant la durée de chaque séance.

La vitesse de chaque projectile était mesurée à $26^m 67$ du point de départ, au moyen de l'appareil de M. Navez. Le boulet traversait, en outre, une planchette revêtue de plomb placée à $11^m 121$ de la bouche à feu et plusieurs filets tendus verticalement à diverses distances.

Les résultats de ces expériences offraient une nouvelle occasion de vérifier l'équation de la trajectoire. Cette équation a été mise sous la forme

$$\frac{y}{x}\cos^2\alpha + \frac{gx}{2V^2} = \frac{\sin 2\alpha}{2} - \frac{gx^2}{2}K,$$

et le cosinus de l'angle α y a été remplacé par le cosinus de l'inclinaison de la pièce dont il ne pouvait différer que d'une quantité tout à fait négligeable. La vitesse initiale a été déduite de la vitesse observée, à l'aide des formules du chapitre II, § 8. Le lieu où ont été exécutées les expériences n'étant pas indiqué, on a supposé, comme précédemment, $g = 9^m 81$.

Substituant ensuite dans la formule chaque couple de valeurs de x et de y donné par la rencontre des filets, on a eu entre $\sin 2\alpha$ et K un système d'équations auquel on a appliqué la méthode des moindres carrés, et, par là, on a obtenu les valeurs de α et de K. On s'est servi de ces valeurs pour calculer les ordonnées correspondantes aux positions des divers filets, et ces ordonnées calculées ont été ensuite comparées aux ordonnées indiquées par les expériences.

Les résultats de tous ces calculs sont consignés dans les tableaux suivants :

PREMIÈRE SÉRIE D'EXPÉRIENCES (22 coups).

Inclinaison du canon, 1° 45'.—Charge, 3^k276.—Densité de l'air, 0,001187.

Boulets { Diamètre. . . . 1^d493

Poids. . . . . . 12^k171   Valeur calculée de $\alpha = 1°47'5''$

Vitesse initiale. 521^m1.   — 10^{10}K $= 34,069$

Distance (mètres)	44.121	106.7	213.4	320.6	426.8
Ordonnée calculée (mèt.).	0.3442	3.098	5.664	7.575	8.707
Ordonnée observée (mèt.).	0.3401	3.078	5.745	7.549	8.741
Différence (mèt.).	+0.0041	+0.020	—0.081	+0.026	—0.034

Distance (mètres)	533.5	640.2	746.9	853.6	960.3
Ordonnée calculée (mèt.).	8.940	8.453	6.215	3.023	—1.530
Ordonnée observée (mèt.).	8.966	8.498	6.496	2.974	—1.667
Différence (mèt.).	—0.026	—0.045	+0.049	+0.049	+0.137

DEUXIÈME SÉRIE D'EXPÉRIENCES (23 coups).

Inclinaison du canon, 2°.—Charge, 2^k048.—Densité de l'air, 0,001287.

Boulets. { Diamètre.. . . . 1^d486   Valeur calculée de $\alpha = 2°5'$

Poids.. . . . . . 12^k045   — 10^{10}K $= 44,845$

Vitesse initiale.. 445^m3.

Distance (mètres).	11.121	106.7	213.4	320.6
Ordonnée calculée (mètr.).	0.4040	3.530	6.264	8.046
Ordonnée observée (mètr.)	0.3908	3.523	6.327	8.006
Différence (mètr.).	+0.0045	+0.0075	—0.006	+0.040

Distance (mètr.).	426.8	533.5	640.2	746.9
Ordonnée calculée (mètr.).	8.733	8.174	6.247	2.714
Ordonnée observée (mètr.).	8.665	8.235	6.004	2.892
Différence (mètr.).	+0.068	.. 0.061	+0.246	—0.078

TROISIÈME SÉRIE D'EXPÉRIENCES (25 coups).

Inclinaison du canon, 2° 30'.—Charge, 1ᵏ220.—Densité de l'air, 0,004187.

Boulets { Diamètre . . . 1ᵈ493   Valeur calculée de $\alpha = 2°36'45''$.
Poids. . . . . 12ᵏ189   — $10^{10}K = 45,423$
Vitesse initiale. 327ᵐ4.

Distance (mètr.).	11.121	106.7	213.4	320.6
Ordonnée calculée (mètr.).	0.5004	4.304	7.403	9.130
Ordonnée observée (mètr.).	0.4910	4.295	7.427	9.098
Différence (mètr.).	+0.0094	+0.009	—0.024	+0.032

Distance (mètr.).	426.8	533.5	640.2	746.9
Ordonnée calculée (mètr.).	9.326	7.811	4.473	—0.903
Ordonnée observée (mètr.).	9.338	7.763	4.498	—0.744
Différence (mètr.).	—0.012	+0.048	—0.025	—0.162

Les différences que, dans ces trois séries, présentent les résultats du calcul et les données de l'observation, peuvent être attribuées aux irrégularités du tir; quelques-unes surpassent celles que l'on a rencontrées en discutant les expériences de Metz (§ 46), mais aussi dans ces dernières les moyennes étaient déduites d'un nombre de coups beaucoup plus considérable.

En prenant des moyennes entre les ordonnées des trois séries correspondantes aux mêmes distances, on obtient les résultats ci-après :

Distance (mètr.)	11,421	106.7	213.4	320.6
Moyenne (calculées..	0.4451	3.644	6.443	8.250
des ordonnées (observées.	0.4092	3.633	6.500	8.208
Différence (mètr.).	+0.0059	+0.011	—0.057	+0.042

Distance (mètr).	426.8	533.5	640.2	740.9
Moyenne (calculées (mètr.).. .	8.922	8.308	6.281	2.669
des ordonnées (observées (mètr.). .	8.945	8.321	6.232	2.782
Différence (mètr.).	+0.007	—0.043	+0.069	—0.413

Les différences sont atténuées.

Il est naturel de comparer les valeurs de 10^{10} K déduites de ces expériences à celles que donne une des formules du § 14 et, par exemple, l'équation (5) $10^{10}\,\dfrac{p}{v^2}\,K = \dfrac{2570}{v^3}$.

VITESSE initiale du projectile.	VALEUR DE 10^{10}K		DIFFÉRENCE.
	déduite des expériences.	tirée de la formule.	
mètr.			
521.4	34.069	38.904	4.832
448.3	41.815	42.352	0.537
327.4	45.423	46.464	1,041

La première différence est grande ; elle s'explique naturellement par les précautions minutieuses apportées dans le choix des projectiles, et qui devaient nécessairement entraîner une certaine diminution de la valeur de K. A la vérité, les deux autres différences sont faibles ; mais il est probable que la résistance opposée par les nombreux filets, placés sur le passage des boulets, cessait d'être négligeable et avait des effets sensibles, lorsque la vitesse décroissait.

§ 18. — Expériences sur des fusils d'infanterie exécutées à Vincennes.

Des expériences ont été faites à Vincennes en 1849, sur le fusil d'infanterie, modèle 1820 (*Mémorial d'artillerie*, nº 7).

Charge de poudre 9ᵍ0

Projectiles
- Diamètre.. . . . . 0ᵐ167
- Poids. 0ᵏ0208
- Vitesse initiale déterminée à l'aide du pendule balistique. 440ᵐ

Les coups étaient dirigés contre une cible verticale de 4ᵐ de hauteur sur 4ᵐ de largeur, placée successivement à diverses distances. L'arme était tirée à l'épaule, en dirigeant la ligne de mire sur un point déterminé. Après chaque coup, on mesurait la hauteur du point atteint relativement à l'horizontale du point visé. C'est ainsi qu'à chaque distance on obtenait l'ordonnée de la trajectoire moyenne, rapportée à la ligne de mire ; cette ligne faisait avec l'axe du fusil un angle dont la tangente était égale à 0,00408.

Il a été tiré plus de 200 coups aux grandes distances ; mais aux petites, la régularité du tir permettait de se contenter d'un nombre moindre.

En appliquant à cette suite d'ordonnées la formule et le procédé de calcul dont on s'est servi dans le § 16, on trouve

$$\tan\alpha = 0,004029 \qquad \alpha = 13'51''$$
$$10^{14}\,K = 293,5.$$

La valeur de α est à très-peu près égale à celle de l'angle de mire ; en sorte que la direction moyenne de la balle, au sortir du fusil, se confondrait sensiblement avec celle de l'axe de l'arme.

Au moyen de ces valeurs de tang α et de K, il est facile _de calculer les ordonnées correspondantes aux diverses distances._

Le général Didion les a également calculées, en se servant de ses formules, mais il a réduit la vitesse initiale à 442^m et a supposé tang $\alpha = 0,00338$, admettant ainsi que, dès l'origine du mouvement, la balle s'abaissait un peu au-dessous de l'axe du fusil.

DISTANCE.	ORDONNÉE observée.	ORDONNÉE calculée en supposant la trajectoire du 3e degré.	EXCÈS sur l'expérience.	ORDONNÉE calculée par le général Didion.	EXCÈS sur l'expérience.
mètr.	mètr.	mètr.	mètr.	mètr.	mètr.
25	0.05	0.056	+ 0.006	0.07	+ 0.02
50	0.09	0.12	+ 0.03	0.09	0
75	0.12	0.10	— 0.02	0.08	— 0.04
100	0.02	0.01	— 0.04	0.00	— 0.02
125	— 0.18	— 0.16	+ 0.02	— 0.15	+ 0.03
150	— 0.42	— 0.44	— 0.02	— 0.038	+ 0.05
175	— 0.73	— 0.82	— 0.09	— 0.71	+ 0.02
200	— 1.00	— 1.33	— 0.33	— 1.15	— 0.15
250	— 2.76	— 2.68	+ 0.08	— 2.48	+ 0.28
300	— 4.87	— 4.90	— 0.03	— 4.56	+ 0.31
400	— 11.85	— 11.55	+ 0.30	— 12.11	— 0.26

La comparaison n'est pas au désavantage de la courbe du 3e degré. Le général Didion pense que sa formule donne une approximation suffisante; mais il n'obtient cette dernière qu'au moyen d'une altération de la vitesse.

La valeur trouvée pour 10^{10} K, savoir, 293,5, est supérieure à celle qu'on obtiendrait en se servant de la formule

$$10^{10}\,\mathrm{K} = \frac{2570}{\mathrm{V}^2\frac{p}{a^2}},$$

et qui serait seulement égale à 233,5. Les balles de plomb ont, en effet, une conformation moins régulière que celle des boulets. Il résulte de là que, dans les applications au tir des balles, il faudra multiplier par 1,272 les valeurs de 10^{10} K données par la formule.

§ 10. — La proximité du sol a-t-elle quelque influence sur les portées?

L'air lancé par l'hémisphère antérieur du boulet rencontre du côté du sol un obstacle qui ne se trouve pas dans la partie supérieure; de là, une réaction qui, suivant le général Piobert, tend à relever le projectile et dont l'influence est sensible, tant que le canon, monté sur son affût ordinaire, n'a pas une inclinaison supérieure à 3°. Des élévations ou de fortes dépressions de terrain qui existeraient à une petite distance de la bouche à feu, modifieraient notablement la trajectoire; dans quelques circonstances, le coup pourrait être relevé de 3 mètres ou abaissé de 2 mètres. Le projectile serait aussi relevé dans le tir au-dessus de la surface de la mer; seulement cette surface se déprimant, l'effet serait moindre (*Traité d'artillerie*, partie pratique).

Le général Didion pense que la réaction ne se fait sentir qu'après le passage du projectile et ne peut, par suite, apporter aucune modification à la trajectoire. Il rapporte succinctement les résultats d'expériences exécutées à ce sujet à Metz en 1846.

On s'est servi de deux canons de 16 pointés sous la même inclinaison. Chacun de ces canons a été placé successivement sur trois plates-formes : l'une à 0^m72 au-dessous du sol; la seconde, sur le terrain même; la troisième, à 1^m04 au-dessus; de sorte que la hauteur du centre de la tranche au-dessus du sol a été tour à tour de 0^m75, 1^m47 et 2^m51. Pour chaque canon, on a employé successivement les charges du $\frac{1}{7}$ et du $\frac{1}{6}$ du poids du boulet. Les ordonnées ont été mesurées aux distances de

100^m, 200^m et 400^m (probablement à l'aide de filets). Les trois positions des bouches à feu ont donné les mêmes valeurs moyennes.

De là, on peut conclure que la proximité du sol n'exerce aucune influence sur la trajectoire du projectile.

§ 20. — Résumé des formules du tir surbaissé.

De ce qui précède, il résulte que, tant que l'inclinaison de la bouche à feu ne surpasse pas $10°$, la trajectoire peut être remplacée par la courbe du troisième degré dont l'équation est

$$(1) \qquad y = x \tang \alpha - \frac{g\,r^2}{2\cos^2\alpha}\left(\frac{1}{V^2} + Kx\right).$$

Entre la portée X, la vitesse initiale V, et l'angle de départ α, on a alors la relation

$$\frac{\sin 2\alpha}{gX} = \frac{1}{V^2} + KX.$$

Vu la petitesse du coefficient K, il est plus commode, pour les applications numériques, de l'écrire ainsi :

$$(2) \qquad \frac{10^{10}\sin 2\alpha}{gX} = \frac{10^{10}}{V^2} + 10^{10}\,KX.$$

En la résolvant par rapport à X, on a

$$X = - \frac{1}{2KV^2} + \sqrt{\frac{1}{4K^2V^4} + \frac{\sin 2\alpha}{gK}}$$

ou

$$(3) \qquad X = \frac{1}{2KV^2}\left(\sqrt{\left(1 + 2KV^2\frac{2V^2\sin 2\alpha}{g}\right)} - 1\right).$$

En différentiant l'équation de la courbe, on a

$$y' = \frac{dy}{dx} = \tang \alpha - \frac{gx}{V^2\cos^2\alpha} - \frac{3gKr^2}{2\cos^2\alpha}$$

$$y'' = \frac{d^2 y}{dx^2} = -\frac{g}{V^2 \cos^2 \alpha} - \frac{3g K x}{\cos^3 \alpha}.$$

Au sommet de la courbe, la tangente est horizontale; par conséquent $\frac{dy}{dx} = o$; l'abscisse X_1 du sommet est donc la racine positive de l'équation

$$\frac{3g K X_1^2}{2 \cos^3 \alpha} + \frac{g X_1}{V^2 \cos^2 \alpha} = \tang \alpha$$

ou
$$\frac{V^2 \sin 2\alpha}{g} = 2X_1 + 3K V^2 X_1^2,$$

de sorte qu'entre la portée X et l'abscisse X_1 du sommet, on a la relation

$$X + K V^2 X^2 = 2X_1 + 3K V^2 X_1^2.$$

Quand $K = o$, $X = 2X_1$; si, au contraire, la valeur de $K V^2$ devient très-grande, l'équation se réduit sensiblement à $K V^2 X^2 = 3K V^2 X_1^2$; d'où $X^2 = 3X_1^2$; de là, il résulte que le rapport $\frac{X_1}{X}$ varie entre $\frac{1}{2}$ et $\frac{1}{\sqrt 3}$.

Dans tous les cas,

$$(4) \qquad X_1 = \frac{1}{3K V^2}\left(\sqrt{\left(1 + \frac{3K V^4 \sin 2\alpha}{g}\right)} - 1\right).$$

Pour avoir l'ordonnée du sommet ou la hauteur Y du jet, il faut remplacer x par X_1 dans l'équation de la courbe. On a donc, en divisant par $X_1 \tang \alpha$,

$$\frac{Y}{X_1 \tang \alpha} = 1 - \frac{g X_1}{V^2 \sin 2\alpha}(1 + K V^2 X_1)$$

ou, en ayant égard à la relation $\dfrac{V^2 \sin 2\alpha}{g} = 2X_1 + 3K V^2 X_1^2$,

$$\frac{Y}{X_1 \tang \alpha} = 1 - \frac{1 + K V^2 X_1}{2 + 3K V^2 X_1};$$

ce qui revient à

$$\frac{Y}{X_1 \, \tang \alpha} = \frac{1 + 2KV^2X_1}{2 + 3KV^2X_1},$$

ou encore à

$$(5) \qquad \frac{Y}{X_1 \, \tang \alpha} = \frac{2 + \dfrac{1}{KV^2X_1}}{3 + \dfrac{2}{KV^2X_1}}.$$

Lorsque KV^2X_1 croît, le rapport $\dfrac{Y}{X_1 \, \tang \alpha}$ converge vers $\frac{2}{3}$.

Dans la branche descendante, la valeur de y' est négative. Soit ω l'angle de chute; lorsque l'abscisse x devient égale à la portée X, la valeur que prend y' est égale à $-\tang \omega$. Ainsi,

$$\tang \omega = \frac{gX}{V^2 \cos^2 \alpha} + \frac{2g \, KX^2}{2 \cos^2 \alpha} - \tang \alpha,$$

d'où

$$\frac{\tang \omega}{\tang \alpha} = \frac{gX}{V^2 \sin 2\alpha} (2 + 3 \, KV^2X) - 1.$$

Or

$$\frac{V^2 \sin 2\alpha}{gX} = 1 + KV^2X;$$

donc

$$\frac{\tang \omega}{\tang \alpha} = \frac{2 + 3 \, KV^2X}{1 + KV^2V} - 1,$$

ou

$$(6) \qquad \frac{\tang \omega}{\tang \alpha} = 1 + \frac{KV^2X}{1 + KV^2X}.$$

Telle est la relation qui existe entre l'angle de chute et l'angle de départ.

Pour obtenir la valeur du coefficient K, on peut se servir de l'une des équations

$$(7) \qquad 10^{10} \frac{p}{a^2} K = \frac{4690}{V^1}.$$

$$(8) \qquad 10^{10}\,\frac{p}{a^2}\,\mathrm{K} = \frac{2570}{\mathrm{V}^5}.$$

$$(9) \qquad 10^{10}\,\frac{p}{a^2}\,\mathrm{K} = \frac{1720}{\mathrm{V}^4}.$$

où le diamètre a du projectile est exprimé en décimètres et le poids p en kilogrammes. La densité de l'air est supposée à peu près égale à 0,0012. Dans l'état actuel des choses, il n'est guère possible de dire laquelle des trois mérite la préférence (§ 14).

§ 21. — Applications numériques.

$$\text{Boulets massifs de 30.} \begin{cases} \text{Diamètre.} \ldots \ldots & a = 1^{d}596 \\ \text{Poids.} \ldots \ldots \ldots & p = 15^{k}1 \\ \text{Vitesse initiale} \ldots & \mathrm{V} = 400^{m} \end{cases}$$

1° *Calcul du coefficient* K.

$$\text{Formule } 10^{10}\,\frac{p}{a^2}\,\mathrm{K} = \frac{2570}{\mathrm{V}^5\,\dfrac{p}{a^2}}$$

$$\text{Log } a = 0,20303 \qquad \left.\begin{array}{l}\text{Log } p = 1,17898 \\ \text{Log } a^2 = 0,40606\end{array}\right\} \qquad \text{Log } \mathrm{V} = 2,60206$$

$$\text{Log } \frac{p}{a^2} = 0,77292$$

$$\text{Log } \mathrm{V}^5 = 1,04082 \quad\Big\} \text{Log } 2570 = 3,40993$$

$$\text{Log } \frac{p}{a^2}\mathrm{V}^5 = 1,81374 \ldots\ldots 1,81374$$

$$\text{Log } 10^{10}\,\mathrm{K} = 1,59619$$

$$\text{Log } \mathrm{K} = 0,59619 - 9$$

$$\text{Log } \mathrm{V}^2 = 5,20412$$

$$\text{Log } \mathrm{K}\mathrm{V}^2 = 0,80031 - 4$$

2° *Trouver l'angle de départ correspondant à la portée de 1500 mètres.*

Formule $\dfrac{10^{10}\sin 2\alpha}{gX} = \dfrac{10^{10}}{V^2} + 10^{10}KX$ $X = 1500$ mètres.

$$\text{Log } X = 3,17609$$
$$\text{Log } 10^{10}K = 1,59619$$
$$\text{Log } V_2 = 5,20442 \qquad \text{Log } 10^{10}KX = 4,77228$$
$$\text{Log } \dfrac{10^{10}}{V^2} = 4,79588 \ldots \quad 10^{10}KX = 59194$$
$$\dfrac{10^{10}}{V^2} = \quad 62500. \ldots \ldots \ldots \quad 62500$$
$$\dfrac{10^{10}}{V^2} + 10^{10}KX = 121694$$
$$\text{Log } 121694 = 5,08526$$
$$\text{Log } g = 0,99167$$
$$\text{Log } X = 3,17609$$
$$\text{Log } 10^{10}\sin 2\alpha = 9,25302$$
$$2\alpha = 10° \ 18' \ 56''$$
$$\alpha = \ 5° \ \ 9' \ 28''$$

3° *Trouver la portée correspondante à l'angle de 10°.*

Formule $X = \dfrac{1}{2KV^2}\left(\sqrt{\left(1 + 2KV^2\dfrac{2V^2\sin 2\alpha}{g}\right)} - 1\right)$ $\alpha = 10°$

$$2\alpha = 20°$$
$$\text{Log }\sin 2\alpha = 0,53405 - 1$$
$$\text{Log } V^2 = 5,20442$$
$$\text{Log } V^2\sin 2\alpha = 4,73847$$
$$\text{Log } g = 0,99167$$
$$\text{Log }\dfrac{V^2\sin 2\alpha}{g} = 3,74650$$
$$\text{Log } KV^2 = 0,80031 - 4 \qquad \text{Log } 2 = 0,30103$$
$$\text{Log } 2 = 0,30103 \qquad \text{Log }\dfrac{2V^2\sin 2\alpha}{g} = 4,04753$$
$$\text{Log } 2KV^2 = 0,10134 - 3 \ldots \ldots \quad 0,10134 - 3$$
$$4,14887$$

$$\text{Log } \frac{1}{3KV^2} = 2,89866 \qquad \text{Log } 2KV^2\frac{2V^2\sin 2\alpha}{g} = 1,14887$$

$$2KV^2\frac{2V^2\sin 2\alpha}{g} = 14,088$$

$$1 + 2KV^2\frac{2V^2\sin 2\alpha}{g} = 15,088$$

$$\text{Log }(15,088) = 0,17863$$

$$\text{Log }\sqrt{15,088} = 0,08931$$

$$\sqrt{15,088} = 3,8844$$

$$\sqrt{15,088} - 1 = 2,8844$$

$$\left.\begin{array}{l}\text{Log } 2,8844 = 0,46006 \\ \text{Log } \dfrac{1}{2KV^2} = 2,89866\end{array}\right\}$$

$$\overline{\text{Log X} = 3,35872}$$

$$\text{X} = 2284 \text{ mètres.}$$

4° *L'angle de départ étant de 10°, trouver l'abscisse* X_1 *du sommet.*

$$\text{Formule } X_1 = \frac{1}{3KV^2}\left(\sqrt{\left(1 + 3KV^2\frac{V^2\sin 2\alpha}{g}\right)} - 1\right)$$

$$\left.\begin{array}{l}\text{Log } KV^2 = 0,80031 - 4 \\ \text{Log } 3 = 8,47712\end{array}\right\} \text{Log }\frac{V^2\sin 2\alpha}{g} = 3,74650 \quad \left.\right\}$$

$$\text{Log } 3KV^2 = 0,27743 - 3. \ldots \ldots \quad 0,27743 - 3 \Big\}$$

$$\text{Log } \frac{1}{3KV^2} = 2,72257 \quad \log 3KV^2\frac{V^2\sin 2\alpha}{g} = \overline{1,02393}$$

$$3KV^2\frac{V^2\sin 2\alpha}{g} = 10,5665$$

$$1 + 3KV^2\frac{V^2\sin 2\alpha}{g} = 11,5665$$

$$\text{Log }(11,5665) = 1,06322$$

$$\text{Log }\sqrt{11,5665} = 0,53161$$

$$\sqrt{11,5665} = 3,401$$

$$\sqrt{11,5665} - 1 = 2,401$$

$$\text{Log } 2{,}404 = 0{,}48039$$
$$\text{Log } \frac{1}{3KV^2} = 2{,}72257$$
$$\text{Log } X_1 = 3{,}20296$$
$$X_1 = 1596$$

5° *L'angle de départ étant de 10°, trouver l'ordonnée Y du sommet.*

$$\text{Formule } Y = X_1 \text{ tang } \alpha \frac{1+2KV^2X_1}{2+3KV^2X_1}$$

$$\text{Log } KV^2 = 0{,}80034 - 4$$
$$\text{Log } X_1 = 3{,}20296$$
$$\text{Log } KV^2X_1 = 0{,}00327$$
$$KV^2X_1 = 1{,}0076$$

$$\frac{1+2KV^2X_1}{2+3KV^2X_1} = \frac{3{,}0152}{5{,}0228}$$

$$\text{Log } 3{,}0152 = 0{,}47932$$
$$\text{Log } X_1 = 3{,}20296$$
$$\text{L tang } \alpha = 0{,}24632 - 1$$
$$\text{Somme} = 3{,}92860$$
$$\text{Log } 5{,}0228 = 0{,}70095$$
$$\text{Log } Y = 2{,}22765$$
$$Y = 168{,}9$$

6° *L'angle de départ étant de 10°, calculer l'angle de chute ω.*

$$\text{Formule } \frac{\text{tang } \omega}{\text{tang } \alpha} = 1 + \frac{KV^2X}{1+KV^2X}$$

$$\text{Log } KV^2 = 0{,}80034 - 4$$
$$\text{Log } X = 3{,}35872$$
$$\text{Log } KV^2X = 0{,}15903 \qquad KV^2X = 1{,}4422$$
$$\text{Log } (1+KV^2X) = 0{,}38779 \qquad 1+KV^2X = 2{,}4422$$
$$\text{Log } \frac{KV^2X}{1+KV^2X} = 0{,}77124 - 1$$

$$\frac{KV^2X}{1+KV^2X} = 0,5905$$

$$1 + \frac{KV^2X}{1+KV^2X} = 1,5905$$

$$\text{Log } 1,5905 = 0,20153$$

$$\text{Log tang } \alpha = 0,24632 - 1$$

$$\text{Log tang } \omega = 0,44785 - 1$$

$$\omega = 16° 17'.$$

La question suivante se présente fréquemment.

Connaissant l'angle de départ α et la portée X, trouver la vitesse initiale V.

Dans ce cas, à l'équation (2)

$$\frac{10^{10}}{V^2} = \frac{10^{10}\sin 2\alpha}{gX} - 10^{10}KX,$$

il faut joindre l'une des équations (7), (8), (9). En donnant la préférence à l'équation (8), on a

$$10^{10}\, K = \frac{2570}{\frac{p}{a^3}\, V^2},$$

d'où

$$\text{Log } (10^{10}\, KX) = \log \frac{2570X}{\frac{p}{a^3}} - \frac{2}{3}\log V,$$

on obtient la valeur de V par la méthode des substitutions successives.

Qu'il s'agisse, par exemple, de boulets massifs de 30. Soit $\alpha = 10°$; $X = 2000$.

Alors $\dfrac{10^{10}\sin 2\alpha}{gX} = 174320$; et, d'après les valeurs de p et de a données précédemment, $\log \dfrac{2570X}{\frac{p}{a^3}} = 5,93804$; de sorte qu'on a les deux équations

(A)
$$\frac{10^{10}}{V^2} = 174320 - 10^{10}KX$$

(B)
$$\text{Log } (10^{10}KX) = 5,93804 - \tfrac{5}{7}\log V.$$

Soit, comme premier essai, $V=330$; $\log V=2,51851$; $\tfrac{5}{7}\log V = 1,00740$, et l'équation (B) donne $\log (10^{10}KX) = 4,93064$; d'où $10^{10}KX = 85240$.

L'équation (A) devient par suite $\frac{10^{10}}{V^2} = 89080$; il est facile d'en conclure $\log V = 2,52511$ et $V = 335,05$.

Ce résultat indique que la vitesse initiale est comprise entre 330 et 335,05.

Substituant, dans l'équation (B), la valeur que l'on vient de trouver, $\text{Log} V = 2,52511$, on trouve $\log (10^{10}KX) = 4,92800$; d'où $10^{10}KX = 84720$. L'équation (A) se réduit à $\frac{10^{10}}{V^2} = 89600$; il en résulte $\log V = 1,52384$, et $V = 334,05$.

La vitesse initiale est comprise entre 335,05 et 334,05.

Portant encore dans l'équation (B) la dernière valeur $\log V = 2,52384$, on obtient $\log (10^{10}KX) = 4,92850$ et $10^{10}KX = 84820$; l'équation (A) devient $\frac{10^{10}}{V^2} = 89500$; d'où $\log V = 2,52406$ et $V = 334,24$.

Ainsi, la vitesse initiale est intermédiaire entre les deux nombres 334^m05 et 334^m24, et il est tout à fait inutile de pousser plus loin l'approximation.

Le nombre plus ou moins grand des essais dépend du choix de la première valeur. Il est bien rare qu'on ne soit pas guidé par quelques analogies.

§ 22. — Construction des tables de tir.

La construction des tables de tir est le but de toutes les recherches sur les portées.

Les données du calcul sont la bouche à feu, la charge de poudre et le projectile.

Les formules données dans le chapitre I permettent de déterminer la vitesse initiale du boulet.

Il devient possible alors de former une table des angles de départ correspondant aux distances indiquées, par exemple, par les divers termes de la progression arithmétique,

$$100^m,\ 200^m,\ 300^m,\ 400^m,\ 500^m.$$

Il suffit pour cela de recourir aux deux formules

$$\frac{10^{10} \sin 2\alpha}{gX} = \frac{10^{10}}{V^2} + 10^{10} KX,$$

$$10^{10} K \frac{p}{a^2} = \frac{2570}{V^{\frac{1}{2}}}$$

qui ne demandent que des calculs d'une extrême simplicité. On en a donné un exemple dans le § 24.

Ces formules ne sont que l'expression des faits observés. La table devra donc être considérée comme la conséquence de l'expérience.

Pour apprécier la simplicité de la méthode, il suffit de la comparer aux procédés proposés par divers auteurs, et qui offrent une telle complication qu'il est fort douteux qu'on eût jamais été tenté de les mettre en pratique *.

---

* Ainsi qu'on en a fait l'observation dans le § 7, c'est M. Piton-Bressant qui, le premier, a proposé l'usage étendu de l'équation $\dfrac{\sin 2\alpha}{gX} = \dfrac{1}{V^2} + KX$. Il avait remarqué que les tables qu'il construisait de cette manière différaient à peine de celles que l'on calculait par les autres procédés.

On sait que l'angle moyen de départ α surpasse toujours un peu l'inclinaison i de la bouche à feu. Soit ε leur différence, l'inclinaison correspondante à la portée X est alors donnée par l'équation

$$i = \alpha - \varepsilon.$$

La différence ε n'est pas négligeable, elle ne peut être obtenue que par une observation directe; elle est d'ailleurs assez variable, et l'incertitude où on se trouve à son égard nuit beaucoup à l'exactitude des tables, surtout sous les faibles inclinaisons.

Les expériences faites avant 1840 avaient conduit aux valeurs suivantes :

	VALEUR DE ε.	
	Boulets massifs.	Boulets creux.
Canon de 30 n° 1.	9'	4'
— n° 2.	12'	6'
Obusier de 16 centimètres. . . .	7'	3'
Caronade de 30.	30'	15'
Obusier de 22 centimètres n° 1.		11'

On sait la manière dont s'opère le pointage dans la marine. Un fronteau ou guidon est placé à la hauteur des tourillons; un curseur portant un cran à sa partie supérieure est mobile dans une boîte fixée à la culasse. Le plan passant par la pointe du fronteau et l'axe du curseur quelquefois se confond avec le plan de tir; d'autres fois, est parallèle à ce dernier. Le curseur est perpendiculaire à l'axe du canon.

La ligne de mire passe par le fond du cran et la pointe du fronteau. Quand le curseur est au plus bas de sa course, cette ligne est parallèle à l'axe du canon. Soit l

la distance comprise alors entre le cran et la pointe du fronteau.

La quantité dont il faut élever le curseur pour que la ligne de mire passe par le point à battre est ce qu'on appelle la hausse. En la désignant par h, il est clair que

$$h = l \, \text{tang} \, i.$$

Lorsqu'on veut former une table des portées correspondantes à des inclinaisons données, il faut se servir de l'équation (3) du § 20, en prenant $\alpha = i + \epsilon$. Un exemple a été donné dans le § 21 en supposant $\alpha = 10°$.

Les tables ne représentent que des résultats moyens; il faut donc toujours s'attendre à quelques déceptions lorsqu'on en fait l'application à des tirs particuliers; les anomalies que l'on a rencontrées dans les expériences qui ont servi à établir les formules doivent à plus forte raison se reproduire dans la pratique, où on ne s'assujettit pas à des précautions aussi minutieuses.

§ 23. — Cas où le point à battre n'est pas au niveau du point de départ.

Le plus souvent le point à battre ne se trouve pas sur le plan horizontal qui passe par le point de départ.

L'équation de la trajectoire étant mise sous la forme

$$\frac{y}{x} = \text{tang} \, \alpha - \frac{gx}{2 \cos^2 \alpha} \left(\frac{1}{V^2} + Kx \right),$$

on peut supposer que y et x représentent les coordonnées du point à battre; y est alors l'élévation de ce point au-dessus du point de départ, et x la distance horizontale qui l'en sépare. L'angle β, déterminé par l'équation

$$\text{tang} \, \beta = \frac{y}{x}$$

est l'angle d'élévation du point à battre; il devient négatif quand ce dernier est moins élevé que le point de départ.

La différence $\alpha - \beta$ est l'inclinaison de la tangente au point de départ sur la ligne qui joint ce point au point à battre. En la désignant par γ, on a $\gamma = \alpha - \beta$ et $\alpha = \beta + \gamma$.

Cela posé, l'équation précédente donne

$$2 \cos^2 \alpha \, (\tang \alpha - \tang \beta) = yx \left(\frac{1}{V^2} + Kx \right).$$

Or, $\sin 2\gamma = 2 \sin \gamma \cos \gamma = 2 \sin (\alpha - \beta) \cos (\alpha - \beta)$

$$\sin 2\gamma = 2 \, (\sin \alpha \cos \beta - \cos \alpha \sin \beta)(\cos \alpha \cos \beta + \sin \alpha \sin \beta)$$

$$\frac{\sin 2\gamma}{2} = \left\{ \begin{array}{l} \sin \alpha \cos \alpha \cos^2 \beta - \cos^2 \alpha \sin \beta \cos \beta \\ - \sin \alpha \cos \alpha \sin^2 \beta + \sin^2 \alpha \sin \beta \cos \beta \end{array} \right\}$$

$$\sin 2\gamma = 2 \cos^2 \alpha \cos^2 \beta \left\{ \begin{array}{l} \tang \alpha - \tang \beta - \tang \alpha \tang^2 \beta \\ + \tang^2 \alpha \tang \beta \end{array} \right\}$$

$$\sin 2\gamma = 2 \cos^2 \alpha \cos^2 \beta \, (\tang \alpha - \tang \beta)(1 + \tang \alpha \tang \beta).$$

Donc,

$$\sin 2\gamma = \cos^2 \beta \, (1 + \tang \alpha \tang \beta) \, yx \left(\frac{1}{V^2} + Kx \right);$$

mais $\tang \alpha = \tang (\beta + \gamma) = \dfrac{\tang \beta + \tang \gamma}{1 - \tang \beta \tang \gamma}$; par suite,

$$\cos^2 \beta \, (1 + \tang \alpha \tang \beta) = \cos^2 \beta \, \frac{1 + \tang^2 \beta}{1 - \tang \beta \tang \gamma} =$$

$$\frac{1}{1 - \tang \beta \tang \gamma}.$$

Par conséquent,

$$\sin 2\gamma = \frac{1}{1 - \tang \beta \tang \gamma} \, yx \left(\frac{1}{V^2} + Kx \right).$$

Généralement le produit $\tang \beta \tang \gamma$ est négligeable, soit parce que les angles γ et β ont tous deux de faibles valeurs, soit parce que, quand le premier se trouve plus grand par suite de l'accroissement de la distance, le second diminue très-rapidement. On a donc à très-peu près l'équation

$$\sin 2\gamma = gx\left(\frac{1}{V^2} + Kx\right),$$

de sorte qu'entre l'angle γ et la distance x, il existe la même relation qu'entre l'angle de départ α et la portée horizontale X. Il en résulte que l'inclinaison à donner à la bouche à feu et indiquée par les tables d'après la distance doit être prise relativement à la ligne qui joint le point de départ au point à battre, sans qu'il y ait lieu de s'inquiéter de la différence de niveau qui peut exister entre ces deux points. Ainsi, après avoir pris la hausse donnée par les tables, on dirige toujours la ligne de mire sur le point à battre.

Il y a cependant des circonstances où le produit $\tan\gamma \tan\beta$ n'est pas négligeable; et alors la valeur de γ se trouve trop faible, si le point à battre est plus élevé que le point de départ; elle est trop grande dans le cas contraire.

Dans les expériences de Gâvre, le point de chute se trouvait au-dessous du point de départ; mais la valeur numérique du produit $\tan\beta \tan\gamma$ était toujours inférieure à $\frac{1}{1000}$.

§ 24. — **Conséquences auxquelles on est conduit lorsqu'on suppose la trajectoire du troisième degré et la résistance de l'air dirigée suivant la tangente.**

Il est intéressant de rechercher les résultats auxquels on parvient lorsque, supposant toujours la résistance de l'air dirigée suivant la tangente à la trajectoire, on considère en même temps cette dernière comme une courbe du troisième degré.

Dans ce cas, l'équation

$$y = x \tan\alpha - \frac{gx^2}{2\cos^2\alpha}\left(\frac{1}{V^2} + Kx\right)$$

doit s'accorder avec les équations (1) et (2) du § 3. On en tire :

$$\frac{d^2y}{dx^2} = -\frac{g}{V^2\cos^2\alpha} - \frac{3gKx}{\cos^2\alpha},$$

et l'équation (1) du § 3 donne

$$\frac{d^2y}{dx^2} = -\frac{g}{\left(\dfrac{dx}{dt}\right)^2}.$$

Egalant ces deux valeurs, il vient

$$(a) \qquad \left(\frac{dx}{dt}\right)^2 = \frac{V^2\cos^2\alpha}{1+3KV^2x},$$

$\dfrac{dx}{dt}$, composante horizontale de la vitesse, devient, d'après les notations adoptées, $U\cos\omega$, lorsque $x=X$; donc

$$U = \frac{V}{\sqrt{1+3KV^2X}}\frac{\cos\alpha}{\cos\omega},$$

ce serait l'expression de la vitesse finale.

De l'équation (a), on tire

$$V\cos\alpha\, dt = (1+3KV^2x)^{\frac{1}{2}}dx.$$

Intégrant et observant que x et t s'évanouissent simultanément, on a

$$Vt\cos\alpha = \frac{2}{9KV^2}\left((1+3KV^2x)^{\frac{3}{2}} - 1\right).$$

Quand on remplace x par X, on doit obtenir la durée T du trajet; donc

$$T = \frac{2}{\cos\alpha}\frac{1}{3V}\frac{1}{3KV^2}\left((1+3KV^2X)^{\frac{3}{2}} - 1\right).$$

La différentiation de l'équation (a) donne

$$\frac{d^2x}{dt^2} = -\frac{3KV^4\cos^2\alpha}{2(1+KV^2x)^2},$$

ou, en remplaçant $1 + 3KV'^2 x$ par sa valeur tirée de la même équation (a)

$$\frac{d^2x}{dt^2} = -\frac{3K\left(\frac{dx}{dt}\right)^4}{2\cos^2\alpha};$$

or, l'équation (2) du § 3 est

$$\frac{d^2x}{dt^2} = -r\frac{dx}{ds},$$

donc

$$r = \frac{3K\left(\frac{dx}{dt}\right)^4 \frac{ds}{dx}}{2\cos^2\alpha}.$$

ou, en observant que $v = \frac{ds}{dt}$

$$r = \frac{3K\left(\frac{dx}{ds}\right)^3 v^4}{2\cos^2\alpha},$$

de sorte que τ désignant l'inclinaison de la tangente

$$r = \frac{3K\cos^3\tau}{2\cos^3\alpha}\, v^4.$$

Il est probable que les premiers auteurs qui, dans leurs approximations, ont réduit la trajectoire à une courbe du troisième degré, ne se doutaient guère de la singulière modification qu'ils apportaient à la loi de la résistance de l'air.

On n'est arrivé à cette expression si différente de celles auxquelles conduisent les expériences exécutées à l'aide du pendule balistique, qu'en supposant la résistance constamment dirigée suivant la tangente. A-t-elle réellement une pareille direction? C'est une question qui sera examinée plus tard, § 30.

§ 25. — Tir sous des angles supérieurs à 10°. — Modifications à faire subir aux formules. — Tables de tir à grandes portées.

La quantité K, sensiblement constante tant que l'inclinaison de la bouche à feu ne surpasse pas 10°, doit se montrer croissante lorsque cette inclinaison devient supérieure et se rapproche de l'angle de la plus grande portée.

L'accroissement doit d'abord être très-peu rapide ; c'est une condition à laquelle satisfait l'expression

$$K = H\,(1 + N \sin^2 \alpha);$$

mais les variations de K étant tout à fait négligeables sous les faibles inclinaisons et la formule qu'il s'agit d'établir ne devant être employée qu'autant que l'angle α surpasse 10°, il sera plus avantageux de prendre

$$K = K_0 \frac{1 + N \sin^2 \alpha}{1 + N \sin^2 10°},$$

K_0 désignant la valeur constante que conserve la quantité K dans toute l'étendue du tir surbaissé. La difficulté est de trouver le nouveau coefficient N ; elle est d'autant plus grande que le tir sous les angles élevés offre des variations très-considérables et que, par suite, ce tir n'étant que très-rarement employé, du moins pour les canons, n'a été l'objet que d'un petit nombre d'expériences. Celles qui ont été exécutés à Gâvre antérieurement à 1850 sur le canon de 30 n° 1, le canon de 36 et l'obusier de 22° n° 1 ont conduit à prendre N = 0,9 ; et c'est en adoptant ce nombre qu'on a calculé en 1854 les tables du tir à grandes portées demandées d'urgence par le ministère de la marine.

D'autres expériences ont été faites en 1857 sur cinq nouvelles bouches à feu de 36, savoir, quatre canons de diverses longueurs et une caronade dont on proposait l'adoption. Entreprises dans une saison défavorable où des vents souvent violents soufflaient tantôt dans un sens et tantôt dans un autre, elles ont présenté parfois de fortes anomalies; mais elles n'ont point indiqué la nécessité de changer la valeur précédemment attribuée à N.

Il en résulte que les tables de 1854 représentent d'une manière suffisamment exacte les effets qu'on peut attendre des bouches à feu de la marine.

C'est pourquoi on croit devoir en donner ici un extrait.

Les vitesses initiales ont été évaluées, en supposant l'emploi de la poudre du Ripault.

Les valeurs de K_o ont été calculées à l'aide de la formule $10^{10} K = \dfrac{1707}{V^{\frac{1}{2}} \dfrac{p}{a^2}}$.

Dans les tirs sous les angles de 25° et de 30°, il arrive fréquemment que des portées moyennes prises sur une vingtaine de coups diffèrent de plus de 200 mètres. C'est une observation qu'il ne faut pas perdre de vue lorsqu'on en vient aux applications. Quelle que soit l'exactitude des tables, les résultats des tirs particuliers pourront parfois s'en écarter beaucoup.

The portée (range) values below are given in mètres; the small figure beside each range is the difference to the following line.

ANGLE de départ.	BOULETS MASSIFS DE 50. Poids........ 22k,26 Diamètre...... 0m,189		BOULETS MASSIFS DE 36. Poids........ 17k,9 Diamètre...... 0m,169	
	BOUCHES À FEU. Canon de 50.		Canon de 36 (modèle 1850).	
	CHARGE DU CANON (kilogrammes).			
	8.33	6.25	6.00	4.00
	VITESSE INITIALE DU PROJECTILE (mètres).			
	470.00	440.00	493.00	460.00
	Portée. mètr.	Portée. mètr.	Portée. mètr.	Portée. mètr.
10°	2710 (140)	2600 (140)	2640 (140)	2560 (130)
11	2850 (140)	2740 (140)	2780 (130)	2690 (130)
12	2990 (130)	2880 (130)	2910 (120)	2820 (120)
13	3120 (120)	3010 (120)	3030 (110)	2940 (120)
14	3240 (110)	3130 (110)	3140 (100)	3060 (100)
15	3350 (100)	3240 (100)	3250 (100)	3160 (100)
16	3450 (100)	3340 (100)	3350 (90)	3260 (90)
17	3550 (90)	3440 (90)	3440 (90)	3350 (90)
18	3640 (90)	3530 (90)	3530 (80)	3440 (80)
19	3730 (80)	3620 (70)	3640 (70)	3520 (70)
20	3810 (70)	3690 (70)	3680 (70)	3590 (70)
21	3880 (70)	3760 (70)	3750 (60)	3660 (70)
22	3950 (60)	3830 (70)	3810 (60)	3730 (60)
23	4010 (60)	3900 (60)	3870 (60)	3790 (50)
24	4070 (50)	3960 (50)	3930 (50)	3840 (50)
25	4120 (50)	4010 (50)	3980 (40)	3890 (40)
26	4170 (40)	4060 (40)	4020 (40)	3930 (40)
27	4240 (40)	4100 (40)	4060 (40)	3970 (40)
28	4260 (40)	4140 (30)	4100 (30)	4010 (30)
29	4290 (30)	4170 (30)	4130 (30)	4040 (30)
30	4320 (20)	4200 (30)	4160 (20)	4070 (20)
31	4340 (20)	4230 (30)	4180 (20)	4090 (20)
32	4360 (20)	4260 (20)	4200 (20)	4110 (20)
33	4380 (20)	4270 (10)	4220 (10)	4130 (10)
34	4400 (10)	4280 (10)	4230 (10)	4140 (10)
35	4410 (10)	4290 (10)	4240 (5)	4150 (10)
36	4420	4300 (10)	4245 (5)	4160 (5)
37	4420	4310	4250	4165
38	4420	4310	4250 (−5)	4165 (−5)
39	4420 (−10)	4310 (−10)	4245 (−5)	4160 (−5)
40	4410	4300	4240	4155

BOULETS MASSIFS DE 30.

Poids.............. 15k400 | Diamètre........... 0m196

BOUCHES À FEU. — *Charge du canon (kilogrammes)* et *Vitesse initiale du projectile (mètres)* :

Bouche à feu	Charge (kg)	Vitesse initiale (m)
Canon de 30 n° 1.	5,00	485,00
Canon de 30 n° 1.	3,75	455,00
Canon de 30 n° 2.	3,75	440,00
Canon de 30 n° 3.	3,00	418,00
Canons n° 1, n° 2, n° 3, n° 4.	2,50	397,00
Canon n° 4. Obusier de 16c.	2,00	367,00

Portée (mètr.), avec la différence entre portées successives :

Angle de départ	Cn 30 n°1 (485,00) Portée	Diff.	Cn 30 n°1 (455,00) Portée	Diff.	Cn 30 n°2 (440,00) Portée	Diff.	Cn 30 n°3 (418,00) Portée	Diff.	Cns n°1-4 (397,00) Portée	Diff.	Obusier 16c (367,00) Portée	Diff.
10°	2560	140	2480	130	2450	130	2360	130	2290	130	2470	130
11	2700	130	2640	130	2580	130	2490	120	2420	120	2500	120
12	2830	110	2740	110	2740	110	2610	120	2540	110	2520	120
13	2940	110	2850	110	2850	110	2730	110	2650	110	2630	110
14	3050	110	2960	100	2930	100	2840	100	2760	100	2640	110
15	3160	100	3060	100	3030	100	2940	90	2860	90	2740	100
16	3260	90	3160	90	3130	90	3030	90	2960	90	2830	90
17	3350	80	3250	80	3220	80	3120	80	3040	80	2910	80
18	3430	80	3330	80	3300	80	3200	80	3120	80	2990	80
19	3540	70	3440	70	3380	70	3280	80	3200	70	3070	70
20	3580	70	3480	70	3450	70	3360	70	3270	70	3140	70
21	3650	60	3550	60	3520	60	3420	60	3340	60	3210	70
22	3710	60	3610	60	3580	60	3480	60	3400	60	3270	60
23	3770	50	3670	50	3640	50	3510	50	3460	50	3330	60
24	3820	50	3720	50	3690	50	3590	50	3510	50	3380	50
25	3870	40	3770	40	3740	40	3640	40	3560	40	3430	50
26	3940	40	3840	40	3780	40	3680	40	3600	40	3470	40
27	3950	40	3860	40	3820	30	3720	40	3650	40	3510	40
28	3990	30	3890	30	3850	30	3750	30	3670	30	3540	30
29	4020	30	3920	30	3880	20	3780	30	3700	30	3570	30
30	4080	20	3950	20	3940	20	3840	30	3730	30	3600	30
31	4070	20	3970	20	3740	18	3840	20	3760	20	3630	30
32	4090	10	3990	15	3960	10	3860	20	3780	20	3650	20
33	4105	10	4005	10	3970	10	3875	18	3800	20	3670	20
34	4115	10	4015	10	3980	10	3885	10	3810	10	3680	10
35	4125	5	4025	5	3990	10	3905	10	3820	10	3690	10
36	4130		4030		4000	5	3910	10	3825	5	3700	10
37	4135		4035		4005		3910		3830		3705	
38	4135		4035		4005		3910		3830		3710	
39	4130		4035		4005		3910		3830		3740	
40	4125		4030		4000		3905		3825		3705	

ANGLE de départ.	BOULETS CREUX de 27c ensabotés. Poids.. 48k08 — Diamètr. 0m271	BOULETS CREUX de 22c ensabotés. Poids. 27k40 — Diamèt. 0m202	BOULETS CREUX de 19c ensabotés. Poids 17k37 — Diamèt. 0m192	BOULETS CREUX de 17c ensabotés. Poids. 14k40 — Diamèt. 0m174
	BOUCHES À FEU.			
	Obusier de 27c.	Obusier de 22c n° 4.	Canon de 30.	Canon de 30 modèle 1856.
	CHARGE (kilogrammes).			
	6.00	3.5	6.25	4.5
	VITESSE INITIALE DU BOULET (mètres).			
	340.00	382.00	620.00	629.00
	Portée.	Portée.	Portée.	Portée.
10°	2130m (130)	2180m (120)	2460m (120)	2140m (110)
11	2260 (120)	2300 (120)	2580 (120)	2570 (110)
12	2380 (120)	2420 (110)	2700 (110)	2580 (113)
13	2500 (110)	2530 (100)	2810 (100)	2790 (110)
14	2610 (100)	2630 (100)	2940 (90)	2890 (90)
15	2710 (100)	2730 (90)	3000 (90)	2980 (90)
16	2810 (90)	2820 (80)	3090 (80)	3070 (80)
17	2900 (90)	2900 (80)	3170 (80)	3160 (80)
18	2990 (80)	2980 (80)	3250 (70)	3230 (70)
19	3070 (70)	3060 (70)	3320 (70)	3300 (70)
20	3140 (70)	3130 (60)	3390 (60)	3370 (60)
21	3210 (60)	3190 (60)	3450 (60)	3430 (50)
22	3270 (60)	3250 (50)	3500 (50)	3480 (50)
23	3330 (60)	3300 (50)	3550 (50)	3530 (50)
24	3290 (50)	3350 (50)	3600 (40)	3580 (50)
25	3440 (50)	3400 (40)	3640 (40)	3630 (40)
26	3490 (40)	3440 (40)	3680 (40)	3670 (30)
27	3530 (40)	3480 (30)	3720 (30)	3700 (30)
28	3570 (30)	3540 (30)	3750 (30)	3730 (30)
29	3600 (30)	3540 (30)	3780 (20)	3760 (20)
30	3630 (30)	3570 (30)	3800 (20)	3780 (20)
31	3660 (30)	3600 (20)	3820 (10)	3800 (20)
32	3680 (20)	3620 (10)	3840 (10)	3820 (10)
33	3700 (20)	3630 (10)	3850 (10)	3830 (10)
34	3720 (10)	3640 (10)	3860 (10)	3840 (10)
35	3730 (10)	3650 (10)	3870	3850 (10)
36	3740 (10)	3660 (10)	3870	3860
37	3750	3670	3870	3860
38	2700	3670	3870	3860
39	3750	3670	3870	3860 (−10)
40	3750	66	3865	3850

BOULETS CREUX DE 16e ENSABOTÉS.

Poids. . . . . 44k480 | Diamètre. 0m1602

BOUCHES A FEU.

ANGLE de départ.	Canon de 30 n° 1.		Canon de 30 n° 2.		Canon de 30 n° 3.		Canons de 30 { n° 1. n° 2. n° 3. n° 4. }		Canon de 30 n° 4. Obusier de 16e.	
CHARGE DU CANON (kilogrammes).	3.75		3.75		3.00		2.50		2.00	
VITESSE INITIALE DU PROJECTILE (mètres).	516.00		509.00		477.0		462.00		425.00	
	Portée. mètr.		Portée. mètr.		Portée. mètr.		Portée. mètr.		Portée. mètr.	
10°	2350	120	2330	120	2260	120	2230	110	2140	110
11	2470	110	2450	110	2380	110	2340	110	2250	110
12	2580	100	2560	100	2490	100	2450	100	2360	100
13	2680	100	2660	100	2590	100	2550	100	2460	90
14	2780	90	2760	90	2690	90	2650	90	2550	90
15	2870	90	2850	90	2780	80	2740	80	2640	80
16	2960	80	2940	80	2860	80	2820	80	2720	80
17	3040	70	3020	70	2940	70	2900	70	2800	70
18	3110	70	3090	70	3010	70	2970	70	2870	70
19	3180	60	3160	60	3080	60	3040	60	2910	60
20	3240	60	3220	60	3140	60	3100	60	3000	60
21	3300	60	3280	60	3200	60	3160	50	3060	50
22	3360	50	3340	50	3260	50	3210	50	3140	50
23	3410	40	3390	40	3310	40	3260	50	3160	40
24	3450	40	3430	40	3350	40	3310	40	3200	40
25	3490	40	3470	40	3390	40	3360	40	3240	40
26	3530	30	3510	30	3430	30	3390	30	3280	30
27	3560	30	3540	30	3460	30	3420	30	3310	30
28	3590	30	3570	30	3490	30	3450	30	3340	30
29	3620	20	3600	20	3520	20	3480	20	3370	20
30	3640	20	3620	20	3540	20	3500	20	3390	20
31	3660	20	3640	20	3560	20	3520	20	3410	20
32	3680	10	3660	10	3580	10	3540	10	3430	10
33	3690	10	3670	10	3590	10	3550	10	3440	10
34	3700	10	3680	10	3600	10	3560	10	3450	10
35	3710	5	3690	5	3610	5	3570	5	3460	10
36	3715	0	3695	0	3615	0	3575	5	3470	5
37	3715	0	3700	0	3615	0	3580	0	3475	0
38	3715	−5	3700	−5	3615	−5	3580	−5	3475	−5
39	3710	−5	3695	−5	3610	−5	3575	−5	3470	−5
40	3705		3690		3605		3570		3465	

En différentiant, par rapport à α, l'équation

$$K = K_0 \frac{1 + N \sin^2 \alpha}{1 + N \sin^2 10^\circ},$$

on a

$$\frac{dK}{d\alpha} = K' = \frac{2NK_0 \sin \alpha \cos \alpha}{1 + N \sin^2 10^\circ} = \frac{NK_0 \sin 2\alpha}{1 + N \sin^2 10^\circ}.$$

Par suite, l'équation relative à l'angle de plus grande portée α_1, donnée dans le § 7, devient

$$V^4 \left(N \sin^2 2\alpha_1 - 2 \left(1 + N \sin^2 \alpha_1\right) \cos 2\alpha_1\right)^2 =$$
$$\frac{2gN(1 + N \sin^2 10^\circ)}{K_0} \sin 2\alpha_1 \cos 2\alpha_1.$$

Lorsque la vitesse initiale V croît, l'angle de plus grande portée décroît et se rapproche d'une limite inférieure α_2 déterminée par l'équation

$$N \sin^2 2\alpha_2 - 2 \left(1 + N \sin^2 \alpha_2\right) \cos 2\alpha_2 = 0.$$

Remplaçant $\sin 2\alpha_2$ et $\cos 2\alpha_2$ par leurs valeurs respectives $2 \sin \alpha_2 \cos \alpha_2$, $\cos^2 \alpha_2 - \sin^2 \alpha_2$, on a

$$(N + 1) \sin^2 \alpha_2 - \cos^2 \alpha_2 = 0$$

ou

$$\tan^2 \alpha_2 = \frac{1}{N + 1}.$$

En faisant comme précédemment $N = 0,9$, on trouve

$$\alpha_2 = 35^\circ 18'.$$

Telle est, dans cette hypothèse, la limite à laquelle l'angle de plus grande portée reste toujours supérieur.

§ 26. — Restrictions à l'emploi des formules. — Observations générales.

Les formules précédentes ont été appliquées en 1857 à la construction des tables de tir du mortier de 32$^\text{c}$, décrit dans le chapitre I, § 37, et sur lequel ou exécutait à Gâvre une suite d'expériences.

A l'aide de ces formules, les valeurs des vitesses initiales ont été déduites des portées observées ; comme d'ordinaire, elles ont présenté d'assez fortes irrégularités que l'on a fait disparaître en multipliant les épreuves et en ayant recours à un tracé graphique. On a ensuite calculé les portées correpondantes aux vitesses ainsi corrigées et on les a inscrites dans les tables.

Voici quelques-unes de ces vitesses que l'on a plus tard cherché à soumettre à la sanction d'une mesure directe.

POIDS des bombes.	CHARGE du mortier.	VITESSE calculée d'après les portées.
kilog.	kilog.	mètr.
	2.0	99.6
	5.0	178.5
94.0	10.0	272.5
	13.0	347.7

Dans les expériences exécutées en 1859, avec l'appareil électro-balistique et rapportées chapitre I, § 37, on a obtenu avec les charges de 2 et de 5 kilogrammes des vitesses respectivement égales à 109^m6 et 185^m5 ; mais les bombes ne pesaient que 91^k ; il y a donc lieu de faire subir à ces vitesses une certaine réduction avant de les comparer à celles du tableau.

Comme les poids des mobiles, savoir : 91^k et 94^k ne présentent qu'une faible différence et sont fort supérieurs à ceux des charges, il est permis de faire usage du principe, d'après lequel les vitesses initiales sont à peu près en raison inverse des racines carrées du poids des mobiles. Multipliant donc les vitesses précédentes par $\sqrt{n}$, on les réduit à 108^{m}0 et 182^{m}5 ; toutes deux surpassent celles qui leur correspondent dans le tableau.

Quant aux charges de 10^k et de 13^k, également employées en 1859, mais avec des bombes dont le poids était égal à 94^k, elles ont donné des vitesses respectivement égales à 257^{m}5 et 269^{m}1, inférieures, surtout la seconde, aux vitesses correspondantes du tableau. Sans doute, les circonstances du tir n'étaient pas tout à fait les mêmes ; mais cela ne suffirait pas pour expliquer d'aussi fortes différences.

Ainsi la valeur attribuée au coefficient N, savoir : 0,9, trop faible pour des charges de 1^{k}0 et de 2^{k}0, est certainement trop forte pour les deux autres.

Les formules du § 25 ont encore été appliquées à l'obusier de montagne dont les dimensions sont données dans le chapitre I, § 32. En supposant le diamètre du projectile $a = 1^d184$ et le poids $p = 4^k310$, d'après les prescriptions réglementaires, et prenant 244^m pour la vitesse due à la charge de 270 grammes, on a formé la table suivante :

	ANGLE DE DÉPART.			
	20°.	25°.	30°.	38°.
	mètr.	mètr.	mètr.	mètr.
Portée..	1926	2124	2254	2342

Dans une expérience faite à Gâvre le 27 novembre 1854, on n'a obtenu, sous l'inclinaison de 30°, qu'une portée de 1,880^m, moyenne prise sur 17 coups.

D'après un tableau inséré dans la seconde édition de l'*Aide-Mémoire de l'artillerie de terre*, la charge de

306 grammes n'aurait donné sous l'inclinaison de 35° qu'une portée de 1770 mètres.

Ainsi la valeur $N = 0,9$ est trop faible pour l'obusier de montagne.

De là, il résulte que le coefficient N, que, dans les premières expériences exécutées sur les canons de 30 et de 36 et l'obusier de 22°, on avait pu considérer comme constant, est en réalité une fonction décroissante de la vitesse initiale et du rapport $\frac{p}{a^3}$.

Une circonstance qu'il ne faut pas perdre de vue entre pour quelque chose dans ce décroissement. Lorsque les valeurs de la vitesse initiale et du rapport $\frac{p}{a^3}$ sont grandes, le projectile s'élève à une hauteur considérable où la densité de l'air qu'il traverse est sensiblement moindre que dans le voisinage du sol.

Ici s'ouvre un nouveau champ de recherches; mais l'abandon dont sont menacés les projectiles sphériques leur ôte l'intérêt qu'elles pourraient avoir.

Une dernière observation reste à faire. La constance de la quantité K, tant que l'inclinaison du canon ne surpasse pas 10°, est uniquement due à la faiblesse des valeurs que conserve le coefficient N dans les circonstances ordinaires du tir. La limite de cette constance de K n'est donc point absolue; elle doit s'étendre au delà de 10°, lorsque la vitesse initiale est grande, ainsi que la valeur de $\frac{p}{a^3}$; dans le cas contraire, elle doit être restreinte.

La formule $K = K_0 (1 + N \sin^2 \alpha)$ s'est présentée la première, et il n'y a aucun inconvénient à en faire usage, tant que l'inclinaison ne surpasse pas 45°; mais on va voir que l'expression générale doit être telle que le produit $K \cos \alpha$ converge vers une limite différente de zéro, lorsque l'angle α se rapproche de 90°.

En effet, l'abscisse X_1 du sommet de la courbe est donnée par l'équation (4) du § 20, savoir :

$$X_1 = \frac{1}{3KV^2}\left(\sqrt{\left(1 + \frac{3KV^4\sin 2\alpha}{g}\right)} - 1\right)$$

ou

$$X_1 = -\frac{1}{3KV^2} + \sqrt{\frac{2\sin\alpha\cos\alpha}{3gK} + \frac{1}{9K^2V^4}}.$$

De là, on tire

$$KX_1 = -\frac{1}{3V^2} + \sqrt{\frac{2K\cos\alpha\sin\alpha}{3g} + \frac{1}{9V^4}}$$

$$\frac{X_1}{\cos\alpha} = \frac{1}{K\cos\alpha}\left(-\frac{1}{3V^2} + \sqrt{\frac{2K\cos\alpha\sin\alpha}{3g} + \frac{1}{9V^4}}\right).$$

Soit maintenant λ la limite qu'atteint le produit $K\cos\alpha$ quand l'angle α devient égal à 90°. En faisant, pour abréger

$$\Lambda = -\frac{1}{3V^2} + \sqrt{\frac{2\lambda}{3g} + \frac{1}{9V^4}},$$

il est clair que

$$\lim(KX_1) = \Lambda$$

$$\lim\left(\frac{X_1}{\cos\alpha}\right) = \lim(X_1\tan\alpha) = \frac{\Lambda}{\lambda}.$$

Cela posé, l'ordonnée Y du sommet de la courbe est donnée (§ 20) par l'équation

$$\frac{Y}{X_1\tan\alpha} = 1 - \frac{gX_1}{V^2\sin 2\alpha}(1 + KV^2X_1)$$

ou

$$\frac{Y}{X_1\tan\alpha} = 1 - \frac{g}{2V^2\sin\alpha\cos\alpha}\frac{X_1}{1} - \frac{g}{2\sin\alpha}KX_1\frac{X_1}{\cos\alpha}.$$

Par conséquent, quand $\alpha = 90°$, c'est-à-dire, lorsque

le mouvement devient vertical,

$$Y = \frac{\Lambda}{\lambda}\left(1 - \frac{g\Lambda}{2V^2\lambda} - \frac{g\Lambda^2}{2\lambda^3}\right).$$

D'autre part,

$$\frac{\Lambda}{\lambda} = -\frac{1}{3\lambda V^2} + \sqrt{\frac{2}{3g\lambda} + \frac{1}{9\lambda^2 V^4}} = \frac{2}{3g\left(\dfrac{1}{3V^2} + \sqrt{\dfrac{2\lambda}{3g} + \dfrac{1}{9V^4}}\right)}.$$

Si la limite λ était nulle, la quantité Λ le serait également, et le rapport $\dfrac{\Lambda}{\lambda}$ deviendrait égal à $\dfrac{V^2}{g}$; par suite, on aurait $Y = \dfrac{V^2}{2g}$; en sorte que le mobile lancé verticalement s'élèverait dans l'air à la même hauteur que dans le vide.

La limite λ doit donc être différente de zéro. Il est visible que cette condition n'est pas remplie quand $K = K_0 (1 + N \sin^2 \alpha)$.

§ 27. — Expériences exécutées à Gâvre en 1843 sur des obus excentriques de 22 centimètres.

Les projectiles sphériques sont dits excentriques, lorsque le centre de gravité ne coïncide pas avec le centre de figure.

Les obus employés dans les expériences dont on va rendre compte différaient des obus ordinaires, en ce qu'ils avaient un culot formé par un segment sphérique dont la base était parallèle à l'axe de la lumière.

Diamètre extérieur. . . . . $220^{mm}2$
Épaisseur des parois. . . . . $30^{mm}0$
Épaisseur au milieu du culot. . . . . $70^{mm}0$

La base du culot raccordée avec la sphère intérieure par un arc dont le rayon était de 20^{mm}.

Diamètre	à l'orifice extérieur...	26^{mm}7
de la lumière	à l'orifice intérieur...	25^{mm}2
Diamètre	à l'orifice extérieur...	25^{mm}2
du trou de charge	à l'orifice intérieur....	24^{mm}0

Les axes de la lumière et du trou de charge faisaient un angle de 45°; le trou de charge était placé du côté opposé au culot.

Poids moyen des obus vides, 25^{k}935.

Un mélange de sable et de sciure de bois remplissait la chambre. La lumière était fermée par une cheville en bois de chêne qui se prolongeait jusqu'à la paroi opposée de la chambre; une cheville plus courte bouchait le trou de charge; les têtes des chevilles étaient coupées au ras de la surface extérieure du métal.

Le poids des obus ainsi préparés variait entre 27^{k}24 et 27^{k}80. Le poids moyen était de 27^{k}6.

Chaque projectile était ensuite placé dans un bain de mercure, et lorsqu'il avait pris la position d'équilibre stable, on plaçait, à environ 2^{mm} au-dessus, une planchette mobile dans deux coulisses verticales et dont la surface inférieure était enduite de craie; on vérifiait son horizontalité au moyen d'un niveau à bulle d'air; un léger coup la mettait en contact avec le boulet; l'empreinte laissée par la craie indiquait la position du point culminant; on la marquait par un coup de pointeau. Il est clair que le centre de gravité se trouvait sur le diamètre passant par ce point, mais de l'autre côté du centre de figure.

Les projectiles ont été ensabotés; les sabots avaient une partie cylindrique.

Longueur totale d'un sabot...	110^{mm}
— de la partie cylindrique...	72
Diamètre du cylindre...	220
— de la petite base du tronc de cône.	190
Rayon de la cavité...	110
Profondeur...	72
Poids...	1^{k}73

Les axes de la lumière et du sabot coïncidaient; l'em-

— 312 —

preinte du pointeau se trouvait à 30^{mm} de la tranche du sabot; un arc de grand cercle tracé à la craie joignait ce point au centre de la lumière.

En introduisant le projectile dans la pièce, on plaçait cet arc dans le plan de tir; lorsqu'il se trouvait au-dessous de l'axe, le centre de gravité était au-dessus, et réciproquement. On poussait ensuite doucement le projectile avec le refouloir, et à l'aide d'un miroir on vérifiait si l'arc avait conservé sa position primitive.

Les expériences ont été faites sur un obusier de 22° n° 1 ; on a employé successivement les charges de 2ᵏ et de 3ᵏ5; la première, ne remplissant pas la chambre, était surmontée d'un tampon.

La poudre fabriquée à Angoulême portait la date de 1842.

Les deux positions du centre de gravité étaient essayées comparativement le même jour.

CHARGE.	INCLINAISON de l'obusier.	PORTÉE MOYENNE prise sur six coups.		DIFFÉRENCE.
		Le centre de gravité au-dessous de l'axe.	Le centre de gravité au-dessus de l'axe.	
kilog.		mètr.	mètr.	mètr.
2.0	2°	587	747	130
	5°	946	1253	307
	10°	1463	2094	631
3.5	2°	784	843	59
	5°	1209	1546	337
	10°	1774	2528	754

Ainsi, suivant qu'on plaçait le centre de gravité au-dessus ou au-dessous de l'axe, on obtenait des portées bien différentes; la première position augmentait beaucoup leur étendue.

En plaçant le centre de gravité à droite ou à gauche du plan de tir, et sur le rayon perpendiculaire à ce plan, on faisait dévier le projectile du même côté. Voici le résultat d'un tir exécuté par un temps calme, les moyennes prises sur trois coups; inclinaison de l'obusier, 5° :

CHARGE.	POSITION du centre de gravité.	PORTÉE.	ÉCART MOYEN	
			à gauche.	à droite.
kilog.		mètr.	mètr.	mètr.
2.0	A gauche.	990	14.7	"
	A droite.	1004	"	15.7
3.6	A gauche.	1305	11.3	"
	A droite.	1299	"	10.3

Les épreuves ont été continuées sur un mortier de 22° en bronze et à chambre cylindrique; les obus étaient ensabotés de la même manière; de sorte que la distance entre l'avant du projectile et la tranche était réduite à 40ᵐᵐ.

Inclinaison du mortier, 45°.

CHARGE.	PORTÉE MOYENNE prise sur six coups.		DIFFÉRENCE.
	Le centre de gravité au-dessous de l'axe.	Le centre de gravité au-dessus de l'axe.	
kilog.	mètr.	mètr.	mètr.
0.300	335	355	20
0.600	749	794	45

Dans d'autres expériences faites en 1844 sur l'obusier

de 22° n° 1, on a rendu le chargement beaucoup plus facile en laissant la tête de la fusée saillante et plaçant de chaque côté de cette dernière, à une distance d'environ 30^{mm}, sur une des bandelettes du sabot, un anneau en fer-blanc de 15^{mm} de diamètre. Une cavité ménagée dans la tête du refouloir recevait la partie saillante de la fusée; elle était accompagnée de deux rainures dans lesquelles se logeaient les anneaux.

Dès lors, en maniant convenablement le manche du refouloir, il était facile de donner à l'arc tracé à la craie la position qu'il devait avoir. On a pu renoncer aux sabots en partie cylindriques et employer ceux qui sont en usage pour les obus ordinaires.

En plaçant le centre de gravité au-dessus de l'axe, on a obtenu les portées ci-après; moyennes prises sur dix coups. Charge, 3^{k}50; poudre du Ripault; poids moyen des obus, 27^{k}76.

	INCLINAISON DE L'OBUSIER.				
	15°	20°	25°	30°	37°
Portée (mètres)............	3497	3796	4444	4459	4475

Les obus ordinaires, ramenés au poids de 26^{k}510, n'ont donné sous les angles de 30° et de 37° que des portées de 3,514^m et 3,687^m.

§ 28. — Autres expériences exécutées à Gâvre en 1844 sur l'obusier de 27 centimètres.

Dimensions intérieures de l'obusier de 27° :

Diamètre de l'âme. . . . . 274^{mm}4
   — de la chambre.. . . . . 180.0
Longueur de la chambre. 270.0

	Longueur du raccordement, tronconique. . .	190mm0
	— du cylindre de l'âme.	2020.0
Projectiles ordinaires	Diamètre extérieur.	271.0
	Epaisseur des parois.	38.0
	Diamètre de la lumière, à l'orifice extérieur.	35.5
	Idem, à l'orifice intérieur. . . .	33.5
	Diamètre du trou de charge, à l'orifice extérieur.	12.6
	Idem, à l'orifice intérieur.. . . .	9.6
	Angle formé par les axes de la lumière et du trou de charge.	45°
	Poids du projectile vide.	45k42

Les projectiles excentriques différaient des projectiles ordinaires par un culot formé par un segment sphérique dont la base était parallèle à l'axe de la lumière ; l'épaisseur au milieu du culot était de 98mm. La base du segment était raccordée avec la sphère intérieure par un arc dont le rayon était de 29mm. Le culot se trouvait placé du côté opposé au trou de charge. Le poids moyen des projectiles vides était de 51k57.

La charge intérieure a été remplacée par un mélange de sable et de sciure de bois. La cheville du trou de charge était coupée au ras de la surface extérieure du métal ; celle qui fermait la lumière avait une partie saillante.

Poids moyen des obus chargés	ordinaires	48k8
	excentriques.	54.11
Sabots tronconiques communs aux deux espèces de projectiles	Diamètre de la grande base.	245mm
	— petite base.	180.0
	Longueur	100.0
	Rayon de la cavité. . . .	135.5
	Profondeur.	71.0

On avait adopté pour les obus excentriques les dispositions indiquées à la fin du § 27 ; le centre de gravité au-dessus de l'axe de la pièce.

Poudre du Ripault. Diamètre du mandrin des gargousses, 158mm.

CHARGE de l'obusier.	INCLINAISON de l'obusier.	PORTÉE MOYENNE prise sur dix coups.	
		Obus ordinaires.	Obus excentriques.
kilog.		mètr.	mètr.
	15°	2663	3265
5.00	20°	»	3809
	25°	3400	3986
	30°	3682	4181

§ 20. — Conséquences des expériences précédentes.

Lorsque le rayon qui passait au centre de gravité était placé dans le plan de tir sur une perpendiculaire à l'axe de la pièce, la portée était augmentée ou diminuée suivant que le centre de gravité se trouvait au-dessus ou au-dessous du centre de figure.

Lorsque le même rayon était perpendiculaire au plan de tir, le projectile déviait à droite ou à gauche, suivant que le centre de gravité était à droite ou à gauche du centre de figure.

En sorte que, dans tous les cas, le mobile a éprouvé une déviation vers le côté où se trouvait le centre de gravité.

La résultante des pressions des gaz étant toujours dirigée vers le centre de figure, l'effet immédiat de l'excentricité est de faire contracter au mobile, en outre de son mouvement de translation, une rotation autour d'un axe passant par le centre de gravité.

Lorsque le rayon mené par ce point se trouve dans le plan de tir et sur une perpendiculaire à l'axe de la pièce, la symétrie du système indique que l'axe de rotation doit être horizontal et perpendiculaire au plan de tir ; l'hémisphère antérieur tourne de bas en haut ou de haut en bas, suivant que le centre de gravité est au-dessus ou au-dessous du centre de figure.

Ainsi, quand le projectile est doué d'un mouvement de rotation autour d'un axe horizontal et perpendiculaire au plan de tir, la portée est augmentée, si l'hémisphère antérieur tourne de bas en haut ; elle est diminuée s'il tourne de haut en bas.

Lorsque le rayon mené par le centre de gravité est perpendiculaire au plan de tir, il est clair que l'hémisphère antérieur tourne de droite à gauche ou de gauche à droite, suivant que le centre dé gravité se trouve à gauche ou à droite.

Ainsi, quand l'hémisphère antérieur tourne de droite à gauche, le projectile est dévié à gauche ; si l'hémisphère tourne de gauche à droite, la déviation a lieu à droite.

De sorte que le sens de la déviation est toujours le même que celui de la rotation de l'hémisphère antérieur.

Ces faits étant bien constatés, il n'a pas été difficile d'en donner une explication.

Lorsque le projectile a un mouvement de rotation, la vitesse absolue varie d'un point à un autre, tant en direction qu'en grandeur. On l'obtient en chaque point en cherchant la résultante de la vitesse de rotation et de la vitesse de translation : cette dernière n'est autre que celle du centre de gravité.

Cela posé, quand l'axe de rotation est, par exemple, horizontal et que la partie antérieure du mobile tourne de haut en bas, les vitesses sont plus grandes sur l'hémisphère supérieur que sur l'hémisphère inférieur : le premier tourne, en effet, de l'arrière à l'avant, et le second en sens opposé. La résistance de l'air croissant avec la vitesse, la pression se trouve plus grande sur l'hémisphère supérieur ; cet excès de pression abaisse le projectile et diminue la portée.

Lorsque la partie antérieure du mobile tourne de droite à gauche, la rotation s'effectue de l'arrière à l'avant sur l'hémisphère de droite et en sens opposé sur celui de gauche. C'est donc sur le premier que se trouvent les plus fortes vitesses et, par suite, les plus grandes pressions. Le projectile doit, par conséquent, être dévié vers la gauche.

§ 30. — Applications aux projectiles sphériques ordinaires. — Véritable direction de la résistance de l'air.

Dans les projectiles sphériques ordinaires, le centre de gravité ne se confond jamais avec le centre de figure; mais cette excentricité, toujours fort petite, ne donne naissance qu'à de faibles mouvements de rotation ; et comme d'ailleurs, lorsque le tir se prolonge, ils se produisent indifféremment dans tous les sens, leurs effets sont sans influence sur la trajectoire moyenne.

Mais il n'en est pas de même d'une autre rotation que le projectile contracte par suite du frottement qu'il éprouve contre la paroi inférieure de l'âme; l'axe autour duquel elle s'opère est généralement horizontal, et l'hémisphère antérieur tourne de haut en bas.

Le général Didion mentionne dans son *Traité de balistique* quelques essais entrepris en vue de constater l'existence de ce mouvement. On observait le dérangement qu'avait subi le diamètre du projectile, primitivement parallèle à l'axe de l'âme, dans un trajet de quelques mètres compris entre sa sortie de la bouche à feu et son entrée dans un massif pénétrable. On a trouvé, par exemple, qu'un obus ordinaire de 15°, lancé par l'obusier de campagne, possède au point de départ un mouvement de rotation capable de lui faire faire par seconde 10,8 tours ou 16,3 tours, suivant que la charge est de 0ᵏ5 ou de 1ᵏ0; l'hémisphère antérieur tournant de haut en bas.

Les vitesses correspondantes prises à l'extrémité d'un rayon perpendiculaire à l'axe sont respectivement de 5^m et de 7^{m}5, en sorte que chacune se trouve à peu près égale à $\frac{1}{14}$ de la vitesse de translation.

D'après les faits rapportés précédemment, cette rotation doit diminuer la portée ; et de là vient, sans doute, la nécessité où l'on se trouve d'atténuer les valeurs des vitesses initiales lorsqu'on veut faire concorder avec l'expérience les résultats que donnent pour de faibles inclinaisons les formules où la résistance de l'air est réduite à une force tangentielle.

La ligne autour de laquelle le corps tourne resterait constamment parallèle à la position primitive, si elle coïncidait avec un des axes de l'ellipsoïde central et si, de plus, la direction de la résistance de l'air passait par le centre de gravité ou, sans passer par ce point, restait au moins dans le plan de tir; mais ce sont des circonstances sur lesquelles on ne peut compter. L'axe de la rotation change donc continuellement de direction. On aura une idée de la manière dont il se déplace en considérant un cas assez simple pour qu'on puisse y appliquer la théorie exposée dans le chapitre II de la seconde partie, § 2. On se conformera, d'ailleurs, aux hypothèses admises dans cette théorie en regardant l'ellipsoïde central du boulet comme un corps de révolution.

Supposons que l'horizontale autour de laquelle s'effectue la rotation initiale coïncide avec l'axe de l'ellipsoïde et que la direction de la résistance de l'air la rencontre, mais sans passer par le centre de gravité. Dans ce cas, l'axe de la rotation tournera autour d'une droite menée par ce point parallèlement à la direction de la résistance. Lorsqu'il aura ainsi accompli une demi-révolution, l'hémisphère antérieur du boulet qui, à l'origine du mouvement, tournait de haut en bas, tournera, au contraire, de bas en haut, et la rotation augmentera l'étendue de la portée.

Il suit évidemment de là que la résistance totale de l'air n'est pas dirigée suivant la tangente à la trajectoire. Si donc on veut se conformer à la réalité, il faut joindre à la composante tangentielle une composante normale qui, dès qu'il ne s'agit que de la trajectoire moyenne, doit être considérée comme contenue dans le plan de tir.

C'est ce que le général Didion a essayé de faire dans quelques cas particuliers.

Cette nouvelle composante varierait d'intensité et changerait même de sens dans le cours d'un trajet un peu long, et la nécessité d'avoir égard à ces circonstances ajouterait de singulières complications à un sujet hérissé déjà de tant de difficultés.

Les considérations précédentes peuvent donner l'explication d'un fait signalé dans le § 14, lorsqu'on a cherché à vérifier la constance du coefficient K qui entre dans l'équation du troisième degré substituée à la véritable équation de la trajectoire, quand l'inclinaison de la bouche à feu ne surpasse pas 10°. Ce coefficient, qui, d'après toutes les théories admises antérieurement, devait croître assez rapidement à mesure que l'inclinaison devenait plus grande, a paru, au contraire, éprouver un léger décroissement; et, en effet, quand l'inclinaison est très-faible, la rotation du mobile reste, pendant tout le cours du trajet, dirigée de manière à réduire la grandeur de la portée; il n'en est plus ainsi quand l'inclinaison devient plus grande.

§ 31. — Vitesse finale des projectiles. — Durée du trajet.

Il est quelquefois utile de connaître la vitesse finale du projectile; mais alors force est de se contenter d'une approximation semblable à celle que peut donner la formule du § 6.

$$v = \frac{\dfrac{\cos x}{\cos \tau}\, V}{\left(1 + \dfrac{c V^{\frac{1}{2}} x}{2}\right)^{2}},$$

lorsqu'on y fait $\tau = \omega$ et $x = X$. On a vu (chapitre II, § 8) que $c = 0{,}0002018 \dfrac{a^{2}}{p}$, le diamètre a du projectile étant évalué en décimètres et le poids p en kilogrammes. Tant que l'inclinaison ne surpasse pas 10° à 12°, cette approximation peut être regardée comme suffisante. Le rapport $\dfrac{\cos \alpha}{\cos \omega}$ se réduit sensiblement à l'unité, lorsque l'inclinaison est faible, et la formule devient

$$v = \frac{V}{\left(1 + \dfrac{c V^{\frac{1}{2}} x}{2}\right)^{2}};$$

c'est à l'aide de cette expression qu'ont été construites les tables du chapitre II, § 10.

Il reste à évaluer la durée T du trajet. Le paragraphe 6 donne à cet effet la formule

$$T = \frac{\left(1 + \dfrac{c V^{\frac{1}{2}} X}{2}\right)^{3} - 1}{\frac{3}{2} c V^{\frac{1}{2}} \cos \alpha}.$$

Jusqu'à présent, il n'a point été fait d'observations qui puissent servir à la vérifier; cependant il est permis de regarder les résultats qu'elle fournit comme suffisamment exacts, du moins tant que l'inclinaison ne surpasse pas 10° à 12°. Une très-grande précision n'est pas absolument nécessaire.

On peut, si on le préfère, se servir des formules données par le général Didion; mais elles sont moins simples, et il ne faut pas en attendre une plus grande approximation.

CHAPITRE VII.

§ 1. — Considérations générales.

Lors même que dans une expérience on s'attache à rendre toutes les circonstances du tir aussi identiques que possible, les diverses trajectoires particulières diffèrent les unes des autres. La distance qui, à chaque instant, sépare un projectile de la trajectoire moyenne a reçu le nom de déviation.

Elle est le résultat de plusieurs causes qu'on ne peut écarter complétement : 1° la vitesse initiale éprouve des variations ; 2° la direction que suit le centre de gravité du mobile, en sortant de la bouche à feu, ne se confond pas en général avec celle de la tangente à la trajectoire moyenne ; ces deux lignes comprennent un petit angle qui constitue l'*écart angulaire initial*; 3° la résistance de l'air, par suite de la rotation dont le mobile est toujours animé, donne naissance à une force déviatrice.

Tant qu'il ne s'agit que des projectiles sphériques ordinaires, la trajectoire moyenne doit être considérée comme renfermée dans le plan de tir, du moins si le mouvement s'opère dans un air calme; c'est la conséquence de la symétrie du système par rapport à ce plan.

A l'écart angulaire initial, on peut substituer ses deux projections, l'une sur le plan de tir, l'autre perpendiculaire à ce plan ; la première est l'écart vertical ; la seconde l'écart latéral.

Soit α l'angle de départ,

X la portée,

ε l'écart angulaire latéral,

ε' la projection horizontale de cet écart.

Il est aisé de voir que

$$\operatorname{tang} \varepsilon' = \frac{\operatorname{tang} \varepsilon}{\cos \alpha}.$$

On donne le nom de déviation latérale à la quantité dont, au point de chute, le projectile s'écarte du plan de tir, soit à droite, soit à gauche.

Si cette déviation n'était occasionnée que par l'écart initial, elle serait évidemment égale à $X \operatorname{tang} \varepsilon'$, c'est-à-dire, à $\dfrac{X \operatorname{tang} \varepsilon}{\cos \alpha}$.

Quelles que soient les causes qui la produisent, il faut les considérer comme agissant indifféremment dans un sens ou dans l'autre, de manière que dans une longue suite d'épreuves les mêmes variations se reproduisent à droite et à gauche du plan de tir ; autrement la symétrie n'existerait pas relativement à ce plan. Souvent, il est vrai, il n'en est pas ainsi, et il arrive que quelque cause particulière fait dévier les projectiles d'un côté plutôt que de l'autre ; on en élimine alors les effets en rapportant tous les coups à la direction moyenne du tir, et c'est relativement à cette ligne que sont prises les déviations latérales ; elle est déterminée par la condition que la somme des déviations à droite soit égale à la somme des déviations à gauche.

Lorsqu'on fait la somme des valeurs numériques de toutes les déviations, quel que soit leur sens, et qu'on divise cette somme par leur nombre, on a la *déviation latérale moyenne*. On la désignera par la lettre q.

La *déviation longitudinale* est la quantité dont la portée particulière que l'on considère diffère de la portée moyenne, soit en plus, soit en moins.

Lorsqu'on fait la somme des valeurs numériques de toutes les déviations longitudinales obtenues dans le tir et qu'on divise cette somme par le nombre de coups, on a la *déviation longitudiale moyenne*. On la désignera par la lettre Q.

Enfin, on appelle *déviation verticale*, la quantité dont le projectile s'élève au-dessus de la trajectoire moyenne ou s'abaisse au-dessous.

§ 2. — Déviation latérale moyenne.

Il serait facile d'obtenir l'expression de la déviation latérale moyenne, si elle ne devait être attribuée qu'aux écarts initiaux.

Soient, en effet,

ε_1, ε_2, ε_3, les valeurs numériques des divers écarts angulaires latéraux,
α_1, α_2, α_3, les angles de départ correspondants,
ε l'écart angulaire latéral moyen,
α l'angle de départ moyen,
n le nombre de coups.

Il est clair que, vu la petitesse des angles ε_1, ε_2, ε_3,

$$\tan g\, \varepsilon = \frac{\tan g\, \varepsilon_1 + \tan g\, \varepsilon_2 + \tan g\, \varepsilon_3 + \dots}{n}.$$

Soit encore X la portée moyenne; les diverses portées particulières peuvent être représentées par

$$X + \Delta_1, \quad X + \Delta_2, \quad X + \Delta_3 \dots$$

Δ_1, Δ_2, $\Delta_3 \dots$ désignant des quantités positives ou négatives telles que $\Delta_1 + \Delta_2 + \Delta_3 + \dots = 0$. Les valeurs numériques de ces quantités sont les diverses déviations longitudinales.

Si les déviations latérales étaient uniquement dues aux écarts, elles seraient respectivement égales à

$$(X + \Delta_1)\frac{\tang \epsilon_1}{\cos \alpha_1} \qquad (X + \Delta_2)\frac{\tang \epsilon_2}{\cos \alpha_2} \qquad (X + \Delta_3)\frac{\tang \epsilon_3}{\cos \alpha_3} \ldots$$

et leur valeur moyenne, désignée par q' serait donnée par l'équation

$$q' = \left(\frac{\tang \epsilon_1}{\cos \alpha_1} + \frac{\tang \epsilon_2}{\cos \alpha_2} + \frac{\tang \epsilon_3}{\cos \alpha_3} + \ldots\right)\frac{X}{n} + \left(\Delta_1\frac{\tang \epsilon_1}{\cos \alpha_1} + \Delta_2\frac{\tang \epsilon_2}{\cos \alpha_2} + \ldots\right)\frac{1}{n}.$$

La bouche à feu conservant la même inclinaison pendant toute la durée du tir, il est bien clair que les cosinus des angles α_1, α_2, α_3... ne peuvent différer que très-peu les uns des autres et, par conséquent, de $\cos \alpha$. Par suite, à cette équation, on peut substituer la suivante :

$$q' = \frac{\tang \epsilon_1 + \tang \epsilon_2 + \tang \epsilon_3 + \ldots}{n}\frac{X}{\cos \alpha} + \frac{\Delta_1 \tang \epsilon_1 + \Delta_2 \tang \epsilon_2 + \ldots}{n \cos \alpha}.$$

Le premier terme du second membre est égal à $X\dfrac{\tang \epsilon}{\cos \alpha}$.

Quant au second, il est négligeable; en effet, les facteurs Δ_1, Δ_2, Δ_3...., les uns positifs, les autres négatifs, ont une somme nulle; et les facteurs positifs $\tang \epsilon_1$, $\tang \epsilon_2$... sont tous très-petits. Le numérateur $\Delta_1 \tang \epsilon_1 + \Delta_2 \tang \epsilon_2$... n'a donc qu'une faible valeur que la division par n fait à peu près disparaître.

Ainsi, quand le nombre des épreuves est considérable, on a sensiblement

$$q' = X\frac{\tang \epsilon}{\cos \alpha}.$$

Dans le tir surbaissé où $\cos \alpha$ diffère peu de l'unité, la déviation latérale moyenne serait, d'après cela, proportionnelle à la distance. Il est, d'ailleurs, bien reconnu qu'elle croît beaucoup plus rapidement, et cette seule remarque suffit pour mettre en évidence l'existence des forces déviatrices.

La déviation latérale moyenne du tir est ainsi le résultat du concours de deux causes, et d'après une proposition établie dans la note 2, son carré doit être égal à la somme des carrés des deux déviations latérales moyennes que produiraient ces deux causes si elles agissaient isolément.

Si donc q' désigne la déviation latérale moyenne qui serait uniquement due aux écarts angulaires et q'' celle qui serait le résultat de la seule action des forces déviatrices, on doit avoir (note 2),

$$q^2 = q'^2 + q''^2.$$

A une petite distance de la bouche à feu, les effets des forces déviatrices sont encore peu sensibles; le terme q''^2 est alors négligeable; de sorte que l'on a à très-peu près $q = q'$.

Cette circonstance se présente surtout dans le tir à mitraille, où les écarts angulaires sont, d'ailleurs, très-considérables; et la dispersion moyenne des balles reste proportionnelle à la distance, tant que celle-ci ne dépasse pas 300 ou 400 mètres (chapitre IX).

Mais les effets des forces déviatrices croissent rapidement, à mesure que la distance augmente; ils ne tardent pas à surpasser de beaucoup ceux des écarts angulaires, de sorte que le terme q'^2 devenant négligeable à son tour, on a à très-peu près $q = q''$.

C'est dans cette hypothèse qu'a été établie la formule suivante. La vitesse initiale V, la portée X et la déviation latérale q sont exprimées en mètres; le diamètre a du projectile en décimètres et son poids p en kilogrammes,

$$q = 0{,}007 \frac{X^2}{V\frac{p}{a^3}} \left(1 + \frac{3X}{5V\frac{p}{a^3}} + \left(\frac{3X}{5V\frac{p}{a^3}} \right)^2 \right).$$

Cette équation reproduit avec une approximation suffisante les résultats moyens des expériences exécutées à Gâvre sur des bouches à feu de tous les calibres et même sur l'obusier de montagne. Elle ne convient, d'ailleurs, qu'à partir de la distance à laquelle l'influence des forces déviatrices devient tout à fait prédominante. Cette distance peut être évaluée à 500 mètres pour les canons de 30 tirant à fortes charges ; pour l'obusier de montagne, elle est au-dessous de 300 mètres. A des distances moindres, la formule cesse de représenter les résultats du tir ; elle donne des valeurs trop faibles.

Il est à observer que dans les expériences qui ont servi de base à l'établissement de la formule, l'inclinaison des canons n'a jamais surpassé 10°.

Si les écarts initiaux devenaient supérieurs à ceux qui se produisent dans un tir exécuté avec soin, l'expression précédente cesserait d'être applicable ou du moins elle ne le serait qu'à de plus grandes distances.

Au reste, les déviations sont, par leur nature même, assez variables, et il ne faut pas s'attendre à ce que des tirs de 40 ou 50 coups reproduisent exactement les résultats indiqués par la formule. Les coefficients qui entrent dans cette dernière devraient, d'ailleurs, subir une réduction, si des perfectionnements étaient introduits dans la fabrication des projectiles.

En général, dans un tir prolongé, les déviations extrêmes sont à peu près triples des déviations moyennes.

§ 3. — Influence du vent du projectile sur les déviations.

Le vent du projectile fait perdre une partie de l'action des gaz et entraîne, par suite, une diminution de la vitesse initiale, à laquelle on remédie ordinairement par une augmentation de la charge ; il permet, en outre, au boulet de prendre une direction qui s'écarte de l'axe de la bouche à feu, et cette circonstance a été considérée de tout temps comme très-nuisible à la justesse du tir.

C'est pour cette raison qu'on a si souvent cherché à réduire le vent. Ainsi, pour mieux assurer le tir des boulets creux, toujours plus incertain que celui des boulets massifs, on leur a donné un diamètre supérieur à celui de ces derniers, bien que, par suite de leur ensabotage, ils soient enveloppés de bandelettes en fer-blanc qui peuvent quelquefois entraver le chargement du canon.

Mais ce n'est qu'à une assez faible distance de la bouche à feu qu'une petite diminution des écarts angulaires initiaux, telle que celle qui résulterait d'une légère réduction du vent, peut avoir des effets sensibles; plus loin, les écarts initiaux disparaissent de l'expression de la déviation moyenne.

Le 1er juin 1858, un tir de 50 coups a été exécuté à Gâvre, avec une caronade de 36 et en se servant de boulets de 30 :

Calibre de la caronade. . . . . 173^{mm}
Diamètre des boulets. 159.6
Le vent était donc égal à.. . . . . $13^{mm}4$
Charge de la caronade. . . . . 2^k0
Poids des boulets. 15^k1
Inclinaison de la caronade . . . . $5°$
Angle de départ moyen.. . . . . $5°15'40''$
Angle additionnel. $20'10''$
Angle total.. . . . . $5°35'50''$
Portée moyenne. . . . . 1071^m

La vitesse initiale, calculée au moyen des formules du chapitre I, § 21, devait être égale à 267 mètres. On peut encore la déduire de la portée et de l'angle total, en se servant des formules du chapitre VI, § 20. On trouve alors une valeur peu différente de la précédente, savoir : 270^m.

D'après cela, la formule du § 2 assigne à la déviation latérale moyenne une valeur à peu près égale à 7^m8 :

l'expérience n'a donné que 4^m8. De là, il est du moins permis de conclure que les écarts initiaux provenant de l'exagération du vent n'ont pas augmenté la grandeur de la déviation latérale moyenne.

La déviation longitudinale moyenne a été de 59^m.

Il est donc bien inutile de s'imposer, relativement au vent, des conditions qui peuvent devenir gênantes dans le service, et l'avantage que l'on prétend obtenir en donnant aux boulets creux un diamètre supérieur à celui des boulets massifs est tout à fait illusoire.

Mais ces considérations ne concernent que les canons à âme lisse ; et il faut se garder de les étendre aux canons rayés.

§ 4. — Tables des déviations latérales moyennes des projectiles sphériques.

Les tables suivantes ont été déduites de la formule donnée dans le § 2.

BOUCHE À FEU....	BOULETS MASSIFS DE 36. Poids........ 17ᵏ49 Diamètre...... 1ᵈ692			BOULETS MASSIFS DE 30. Poids........ 15ᵏ1 Diamètre...... 1ᵈ596						BOULETS MASSIFS de 12. Poids.... 6ᵏ093 Diamètre.. 1ᵈ173	
	Canon de 36.		Caronade de 36.	Canon de 30 n° 1.	Canon de 30 n° 1.	Canon de 30 n° 2.	Canons n° 1, 2, 3 et 4.	Canon n° 4. Obusier de 16c.	Caronade de 30	Canon de 12.	
CHARGE.......	6.00	4 5	2.0	5.0	3.75	3.75	2.5	2.0	1.6	2.0	1.5
VITESSE INITIALE DU BOULET (mètr.)	494ᵐ00	466ᵐ00	311ᵐ00	485ᵐ00	455ᵐ00	446ᵐ00	397ᵐ00	367ᵐ00	315ᵐ00	500ᵐ00	467ᵐ00
DISTANCE.	Déviation.	Déviation.	Déviation.	Déviation.	Déviation.	Déviation.	Déviation.	Déviation.	Déviation.	Déviation.	Déviation.
mètr.	mètr.	mètr.	mètr.	mètr.	mètr.	mètr.	mètr.	mètr.	mètr.	mètr.	mètr.
600	0.9	1.0	1.2	1.0	1.1	1.1	1.2	1.4	1.6	1.3	1.4
800	1.7	1.8	2.2	1.9	2.0	2.1	2.4	2.6	3.4	2.6	2.8
1000	2.8	3.0	3.6	3.0	3.3	3.4	3.9	4.3	5.2	4.2	4.7
1200	4.2	4.5	5.5	4.6	5.1	5.2	6.0	6.6	8.1	6.6	7.2
1400	6.0	6.5	7.9	6.6	7.3	7.5	8.6	9.7	11.8	9.4	10.4
1600	8.2	8.8	11.0	9.0	10.1	10.4	12.0	13.5	16.6	13.2	14.5
1800	10.8	11.7	14.7	12.0	13.5	13.9	16.4	18.2	22.6	17.7	19.7
2000	15.0	15.2	19.2	15.5	17.6	18.2	21.4	23.9	30.0	23.2	25.9
2200	17.7	19.3	24.6	19.7	22.5	23.1	27.0	30.8	33.9	»	»
2400	22.4	24.4	30.0	24.6	28.2	29.2	34.4	34.9	49.6	»	»

On a pu réunir quelques bouches à feu dans une même colonne, les vitesses correspondantes n'offrant que de très-légères différences.

BOUCHE A FEU	BOULETS creux de 22e ensabolés. Poids. 2740. Diamètre. 2e202	BOULETS CREUX DE 17e ensabolés. Poids. . . . . 43e9 Diamètre. 4e602		BOULETS CREUX DE 16e ensabolés. Poids. . . . . 44e480 Diamètre. 4e702					BOULETS CREUX DE 12e ensabolés. Poids. . . . . . 4e310 Diamètre. 4e184	
	Obusier de 22e n° 4.	Canon de 36.	Caronade de 36.	Canon de 30 n° 1.	Canon de 30 n° 2.	Canons n° 1, 2, 3 et 4.	Canon n° 4. Obusier de 16e.	Caronade de 30.	Canon de 12.	Obusier de montagne.
CHARGE (kilog.) . . .	3.50	4.5	2.0	3.75	3.75	2.50	2.00	1.6	1.50	0.27
VITESSE INITIALE . .	382m	529m	353m	516m	509m	462m	435m	360m	548m	214m
DISTANCE.	Déviation.	Déviation.	Déviation.	Déviation	Déviation	Déviation	Déviation	Déviation	Déviation.	Déviation.
mètr.	mètr.	mètr.	mètr.	mètr.	mètr.	mètr.	mètr.	mètr.	mètr.	mètr.
600	1.	1.1	1.6	1.3	1.3	1.5	1.6	2.0	1.9	5.7
800	2.7	2.2	3.1	2.1	2.1	2.8	3.1	3.9	3.6	13.2
1000	4.5	3.6	5.3	4.0	4.1	4.6	5.3	6.4	6.1	22.8
1200	6.9	5.4	8.2	6.2	-6.3	7.2	8.4	10.3	9.6	38.7
1400	10.0	7.8	11.9	8.9	9.0	10.4	11.8	15.3	11.1	»
1600	13.9	10.7	16.8	12.3	12.6	14.6	16.0	21.7	20.1	»
1800	18.8	14.3	22.8	16.6	16.9	19.7	22.6	29.5	27.6	»
2000	24.8	18.7	30.3	21.7	22.7	26.1	29.9	40.0	36.9	»

§ 5. — **Comparaison des déviations latérales et des déviations verticales. — Observations faites à bord du bâtiment-école de Toulon.**

Jusqu'à présent, les déviations longitudinales des boulets sphériques n'ont été l'objet d'aucune étude, mais les déviations verticales ont donné lieu à quelques recherches.

En général, les déviations verticales sont supérieures aux déviations latérales ; mais quand le tir est très-surbaissé, la différence des moyennes est extrêmement faible et de nature à être négligée.

C'est ce qui résulte, par exemple, des tirs exécutés à Metz en 1846, avec un canon de 16, contre des réseaux en ficelles (chapitre VI, § 16) :

	DISTANCE.		
	200ᵐ	400ᵐ	600ᵐ
Déviation verticale moyenne..............	0.31	0.85	1.31
Déviation latérale moyenne..............	0.28	0.72	1.29

On doit à M. Lewal, capitaine de frégate, longtemps employé à l'école des matelots-canonniers, une suite de nombreuses observations dont il a consigné les résultats dans un ouvrage publié en 1863 sous le titre de *Traité pratique d'artillerie navale.*

Voici la manière dont il expose les procédés qu'il a suivis : « .... Le bâtiment-école était à voiles ; il faisait la plus grande partie de ses tirs devant une falaise située dans la rade des îles d'Hyères, au lieu appelé *la Badine.* Cette falaise, composée de roches schisteuses et d'un relief assez irrégulier, avait sa crête supérieure à peu près horizontale et élevée de 20 mètres au-dessus du rivage de la mer. Le but sur lequel on tirait était habituellement un ballon de toile (d'un diamètre compris entre 0™6 et 1™8), et monté sur une hampe ou une saillie de rocher peinte en blanc. Il était, dans tous les cas, contigu à la falaise, et son élévation au-dessus de la mer variait de 2™ à 4™. Le choc des boulets contre la falaise était donc assez apparent pour qu'on jugeât des écarts par rapport au but.

« Pour les écarts en hauteur, l'appréciation était facile : l'œil juge aisément des rapports d'éloignement dans un espace restreint, limité par deux lignes droites parallèles, distantes entre elles de 20 mètres, comme celles que présentaient l'horizon de la mer et la crête de la falaise.

« Avec un peu d'habitude, il est facile de constater que tel boulet a frappé à $\frac{1}{2}$, $\frac{1}{3}$, $\frac{1}{4}$, $\frac{1}{5}$ de la hauteur de la falaise, et, à mesure que l'éducation de l'œil se fait, il peut apprécier des distances de plus en plus petites.

« Pour les écarts en direction, la difficulté est plus grande ; mais certains détails des roches, certaines marques apparentes viennent en aide à l'observateur. En comparant à l'avance leur écartement du but à la hauteur de la falaise, on parvient à se faire une idée assez nette des écarts latéraux des projectiles. L'exactitude est, toutefois, un peu moindre que pour les écarts verticaux.

« Ce n'est qu'après m'être exercé pendant une année à estimer les déviations que j'ai commencé à recueillir les chiffres qui figurent dans mon travail.

« Je notais toutes les circonstances du tir et leurs variations. J'appréciais les écarts latéraux en mètres et les hauteurs des points de chute en fractions de celle de la falaise. L'élévation du but étant connue, il était facile d'obtenir les déviations verticales.

« Au bout d'une quarantaine de tirs, j'avais ainsi des observations sur plusieurs milliers de coups tirés dans des circonstances très-diverses. »

RÉSULTATS MOYENS DES OBSERVATIONS.

	DÉVIATION MOYENNE		DISTANCE
	latérale.	verticale.	moyenne.
	métr.	métr	métr.
Canon de 30 nᵒ 1, boulets massifs, charges 3 k. 75 et 2 k. 5.	5.83	4.46	1100
Canons de 30 nᵒ 2, idem.	5.32	4.14	1100
Caronade de 30, boulets massifs, charge 4 k. 60.	6 76	5.06	1100
Obusier de 22ᵉ nᵒ 1, boulets creux, charge 3 k. 5.	07	4.61	1000

La déviation verticale se montre ici inférieure à la déviation latérale ; mais M. Lewal fait observer que généralement on abaissait un peu la direction du tir, en sorte que le point réellement visé se trouvait au-dessous du centre du ballon. Un nombre considérable de boulets, 24 pour 100, a ricoché sur la mer avant de rencontrer la falaise ; il n'en a pas été tenu compte dans la formation du tableau précédent, qui ne concerne que les coups où la falaise a été atteinte de plein fouet.

Ainsi, quand les boulets s'élevaient au-dessus du point visé, les valeurs assignées à leurs déviations verticales devaient être un peu trop faibles, et quant à ceux qui passaient au-dessous, leurs déviations se trouvaient écartées, dès qu'elles surpassaient la hauteur du point au-dessus du niveau de la mer.

Les valeurs des déviations verticales moyennes étaient donc réellement supérieures à celles qui leur sont attribuées dans le tableau.

Les déviations latérales offrent une anomalie, car le tir du 30 nᵒ 1 ne doit pas avoir moins de justesse que celui du 30 nᵒ 2. Quoi qu'il en soit, en comparant leurs valeurs à celles que donne la formule du § 2, on a les résultats suivants :

BOUCHES A FEU.	RAPPORT de la déviation latérale moyenne observée à la déviation calculée.
Canon de 30 n° 1	1.208
Canon de 30 n° 2	1.469
Caronade de 30	1.006
Obusier de 22°	1.127
Rapport moyen . .	1.15

On devait s'attendre à ce que les déviations observées dans des tirs d'exercice, et avec des moyens d'appréciation aussi imparfaits, surpasseraient celles qui sont indiquées par la formule; toutefois, elles s'en écartent assez peu.

CHAPITRE VIII.

§ 1. — Vitesses initiales des projectiles.

Le tir à deux boulets, fréquemment employé dans la marine, a été à Gâvre, en 1838, l'objet de plusieurs expériences.

On a opéré sur trois bouches à feu différentes : un canon de 30 n° 1 ; un canon-obusier de 30 ; enfin, une caronade de 30.

Diamètre moyen des boulets. . . . . $159^{mm}4$
Poids moyen. . . . . 15^k086
Poudre du Pont-de-Buis 1837.

Le premier boulet touchait la gargousse et se trouvait en contact immédiat avec le second ; ce dernier était arrêté par un valet erseau dans la caronade et par un valet cylindrique dans les deux autres bouches à feu.

La fonte de fer jouissant d'une certaine élasticité, il est assez clair que les deux projectiles ne doivent pas être animés de la même vitesse initiale ; c'est ce que l'on a vérifié en mesurant leurs pénétrations dans un massif eu bois de chêne.

Afin d'éviter la confusion des empreintes, la bouche à feu était placée à 100^m du massif.

La vitesse, au moment du choc, a été déduite de la pénétration à l'aide de la formule (2) du chapitre III, § 6, et pour obtenir la vitesse au sortir de la bouche à feu, on s'est servi de la formule donnée dans le chapitre II, § 8.

BOUCHES A FEU.	CHARGE de la bouche à feu.	NOMBRE de coups.	ÉPAIS-SEUR du massif.	BOULET en contact avec la charge.			BOULET le plus éloigné de la charge.			RAPPORT des vitesses initiales.	VITESSE initiale moyenne.
				Pénétration moyenne.	Vitesse au moment du choc.	Vitesse initiale	Pénétration moyenne.	Vitesse au moment du choc.	Vitesse initiale.		
	kilog.		mètr.	mètr.	mètr.	mètr.	mètr.	mètr.	mètr.		mètr.
Canon n° 4	3.75	3	1.60	0.752	261	276	1.07	316	369	0.75	324
Après cette expérience, le massif a été réparé.											
Canon-obusier.	2.0	2	1.03	0.535	205	215	0.775	267	282	0.76	248
Le massif a été réparé une seconde fois.											
Caronade.	1,60	2	0.78	0.500	196	206	0.650	235	218	0.83	227

Le boulet en contact avec la gargousse est toujours celui qui a la moindre vitesse. Dans le canon n° 1 et le canon-obusier, le rapport des deux vitesses initiales est à très-peu près le même; dans la caronade, il a une plus grande valeur; toutefois, la différence n'est pas supérieure aux irrégularités inhérentes à de pareilles recherches.

Par suite, on peut admettre que le rapport des vitesses initiales des deux boulets est à peu près égal à $\frac{3}{4}$.

Quant aux valeurs absolues de ces vitesses, le procédé par lequel on est parvenu à les déterminer ne permet pas d'y joindre l'idée d'une grande exactitude; la résistance du bois est sujette à trop de variations. On obtiendra, sans doute, une approximation plus grande, en regardant leur vitesse moyenne comme sensiblement égale à celle que la charge employée communiquerait à un projectile unique de même diamètre, mais d'un poids double. Dans le cas actuel, ce projectile pèserait 30^k172.

Soit V sa vitesse,

V_1 la vitesse du boulet qui touche la gargousse,
V_2 celle de l'autre.

Posant, d'après ce qu'on vient de dire,

$$\frac{V_1 + V_2}{2} = V,$$

et, admettant conformément à ce qui précède, que

$$V_1 = \tfrac{3}{4} V_2,$$

on obtient

$$V_1 = \tfrac{6}{7} V \qquad V_2 = \tfrac{8}{7} V.$$

Les formules établies dans le chapitre I fournissent le moyen de calculer la valeur de V. La poudre employée dans les expériences précédentes provenant du Pont-de-Buis, il faut recourir à celles qui sont données dans le § 23. On obtient ainsi les résultats ci-après :

	VALEUR de V.	VALEUR de V_1.	VALEUR de V_2.
	mètr.	mètr.	mètr.
Canon n° 4.	342	207	357
Canon-obusier.	247	214	282
Caronade.	218	187	240

Pour le canon-obusier, ces vitesses s'accordent à très-peu près avec celles qui ont été trouvées précédemment ; pour les deux autres bouches à feu, les différences sont plus fortes.

§ 2. — Trajectoires des projectiles. — Courbes moyennes.

C'est évidemment sur la courbe moyenne entre les trajectoires décrites par les deux projectiles que le tir doit être réglé. Pour arriver à la détermination de cette courbe, chaque bouche à feu a été placée successivement à diverses distances d'un écran en planches qui avait 13^m de hauteur sur 30^m de largeur. Une horizontale tracée sur l'écran passait par le point où il était percé par le prolongement de l'axe de la pièce. A chaque coup, on relevait les positions des centres des trous formés par les deux projectiles et on en déduisait : 1° l'ordonnée de la courbe moyenne rapportée au prolongement de l'axe de la pièce ; 2° l'écart horizontal et l'écart vertical des centres des deux trous.

On tirait six coups à chaque distance.

_— 341 —_

BOUCHES A FEU et charges.	DISTANCE de la pièce à l'écran.	INCLINAISON de la bouche à feu.	ORDONNÉE de la courbe moyenne.	ÉCART DES CENTRES des deux trous	
				horizontal.	vertical.
	mètr.		mètr.	mètr.	mètr.
Canon n° 1. Charge..... 3k50	50	0°	— 0.43	0.31	0.24
	100	0°	— 0.50	0.59	0.49
	150	0°	— 0.66	0.63	1.23
	200	1°	— 2.14	0.95	1.38
	250	1°	— 3.62	0.72	2.82
	300	1°30'	— 4.89	1.44	2.80
	350	1°50'	— 7.57	1.64	3.36
	400	1°50'	— 10.08	2.03	4.49
Canon-obusier. Charge..... 2k40	50	1°40'	— 0.04	0.22	0.20
	100	1°40'	— 0.34	0.70	0.61
	150	1°40'	— 1.02	0.50	0.86
	200	1°40'	— 2.73	1.42	1.02
	250	1°40'	— 4.60	1.22	1.09
	300	1°40'	— 6.86	1.34	1.60
	350	2°	— 10.23	1.64	3.32
	400	2°45'	— 12.80	2.90	3.52
Caronade. Charge..... 1k50	50	2°	+ 0.57	0.45	0.40
	100	2°	+ 0.68	0.30	0.40
	150	2°	— 0.53	0.45	0.76
	200	2°	— 1.28	1.09	0.65
	250	2°	— 2.73	1.54	0.90
	300	2°	— 5.29	2.30	1.31

Toutes les ordonnées sont rapportées au prolongement de l'axe de la pièce.

Soient maintenant,

y_1 l'ordonnée de la trajectoire du boulet en contact avec la charge,

y_2 celle de l'autre,

α_1 et α_2 les angles que les tangentes au point de départ font avec l'axe de la pièce.

Les équations des deux trajectoires sont, vu la petitesse de ces angles,

$$y_1 = x \tang \alpha_1 - \frac{gx^2}{2}\left(\frac{1}{V_1{}^2} + K_1 x\right)$$

$$y_2 = x \tang \alpha_2 - \frac{gx^2}{2}\left(\frac{1}{V_2{}^2} + K_2 x\right)$$

Les valeurs des constantes K_1 et K_2 dépendent des vitesses V_1 et V_2.

Soit encore y l'ordonnée de la courbe moyenne,

$$y = \frac{y_1 + y_2}{2};$$

donc

$$y = x\,\frac{\tang\alpha_1 + \tang\alpha_2}{2} - \frac{gx^2}{2}\left(\tfrac{1}{2}\left(\frac{1}{V^2} + \frac{1}{V_2{}^2}\right) + \frac{K_1 + K_2}{2}\,x\right).$$

Les angles α_1 et α_2 étant très-petits, on a à très-peu près

$$\tang\left(\frac{\alpha_1 + \alpha_2}{2}\right) = \frac{\tang\alpha_1 + \tang\alpha_2}{2}.$$

De plus, la demi-somme des nombres K_1 et K_2 peut sans inconvénient être remplacée par le nombre K correspondant à la vitesse V. Enfin, de ce que $V_1 = \frac{6}{7} V$ et $V_2 = \frac{8}{7} V$, il est facile de conclure que $\frac{1}{2}\left(\frac{1}{V_1{}^2} + \frac{1}{V_2{}^2}\right) = \frac{1}{(0{,}97 V)^2}$ à très-peu près. De là, il résulte que l'équation de la courbe moyenne peut être présentée sous la forme

$$(1) \qquad y = x \tang \frac{\alpha_1 + \alpha_2}{2} - \frac{gx^2}{2}\left(\frac{1}{(0{,}97 V)^2} + K x\right),$$

le nombre K étant déterminé par l'une des formules données dans le chapitre VI, § 14, et, par exemple, par la suivante

$$(2) \qquad 10^{10}\,\frac{p}{a^2}\,K = \frac{2570}{V^{\frac{3}{2}}}.$$

Il est important d'examiner jusqu'à quel point l'équation (1) s'accorde avec les données de l'expérience.

Or, d'après le § 1, on a

Pour le canon n° 1. . . $V = 312$ et, par suite, $10^{10}K = 43,6$
Pour le canon-obusier $V = 247$ $10^{10}K = 47,9$
Pour la caronade. . . $V = 218$ $10^{10}K = 50,3$

Il est, dès lors, facile de former pour chaque distance la valeur du deuxième terme du second membre de l'équation (1), de sorte qu'on obtient immédiatement celle du premier $x \tang \frac{\alpha_1 + \alpha_2}{2}$ en prenant pour y le nombre positif ou négatif donné par l'observation.

Prenant la moyenne entre toutes les valeurs de

$$\tang \frac{\alpha_1 + \alpha_2}{2}$$

trouvées de cette manière, et l'introduisant dans l'équation, on peut alors à toute distance calculer l'ordonnée et la comparer à celle qui résulte de l'expérience.

DIS-TANCE.	CANON $\tang \frac{\alpha_1 + \alpha_2}{2} = 0,0008$		CANON-OBUSIER $\tang \frac{\alpha_1 + \alpha_2}{2} = 0,00392$		CARONADE $\tang \frac{\alpha_1 + \alpha_2}{2} = 0,01734$	
	Ordonnée calculée.	Excès sur l'expérience.	Ordonnée calculée.	Excès sur l'expérience.	Ordonnée calculée.	Excès sur l'expérience.
mètr.	mètr.	mètr.	mètr.	mètr.	mètr.	mètr.
50	— 0.43	0	— 0.04	+ 0.06	+ 0.64	+ 0.04
100	— 0.56	— 0.06	— 0.54	— 0.17	+ 0.64	— 0.07
150	— 1.23	— 0.55	— 1.44	+ 0.44	+ 0.03	+ 0.50
200	— 2.28	— 0.44	— 2.89	+ 0.46	— 0.13	+ 0.42
250	— 3.43	+ 0.49	— 4.59	0	— 2.93	— 0.20
300	— 5.36	— 0.47	— 6.90	— 0.04	— 5.36	— 0.07
350	— 7.42	+ 0.45	— 9.73	+ 0.50		
400	— 9.88	+ 0.48	—13.08	— 0.22		

Les moyennes n'étant prises que sur six coups, on ne doit pas s'étonner de la grandeur de quelques différences. Ce genre de tir d'ailleurs est assez irrégulier.

On peut donc se servir des équations (1) et (2) pour déterminer la courbe moyenne et, par suite, pour former la table de tir; mais il est nécessaire qu'une expérience fasse connaître l'angle $\frac{\alpha_2 + \alpha_1}{2}$.

§ 3. — Écart horizontal des projectiles.

Les écarts horizontaux rapportés dans le premier tableau du § 2 présentent des irrégularités qui auraient disparu si les épreuves avaient été plus multipliées ; mais rien dans les faits observés ne s'oppose à ce qu'on puisse les regarder comme à peu près proportionnels aux distances.

Soit donc e l'écart correspondant à la distance x, on peut écrire

$$e = hx,$$

h désignant une constante qu'il s'agit de déterminer.

En y remplaçant e et x par les données de l'expérience, on obtient pour chaque bouche à feu une suite d'équations. En traitant ces dernières par la méthode des moindres carrés, afin de mieux s'accorder avec les résultats fournis par les plus grandes distances, on trouve les nombres ci-après :

	RAPPORT moyen de l'écart horizontal à la distance.
Canon nᵒ 4.	0.00465
Canon-obusier.. .	0.00559
Caronade.	0.00644

On voit que le rapport de l'écart horizontal à la distance croît à mesure que la longueur de l'âme devient moindre.

§ 4. — Écart vertical des projectiles.

L'écart vertical des deux projectiles est la valeur numérique de la différence $y_2 - y_1$.

Or,

$$y_2 - y_1 = x\,(\tang\,\alpha_2 - \tang\,\alpha_1) + \frac{gx^2}{2}\left(\frac{1}{V_1^2} - \frac{1}{V_2^2}\right)$$
$$+ \frac{gx^2}{2}\,(K_1 - K_2).$$

Les angles étant très-petits, on peut remplacer $\tang\,\alpha_2 - \tang\,\alpha_1$ par $\tang\,(\alpha_2 - \alpha_1)$; comme, d'ailleurs, $V_1 = \frac{6}{7}\,V$ et $V_2 = \frac{8}{7}\,V$, le deuxième terme du second membre revient à $2,921\,\dfrac{x^2}{V^2}$, en sorte que

$$y_2 - y_1 = x\,\tang\,(\alpha_2 - \alpha_1) + 2,921\,\frac{x}{V^2} + \frac{gx^2}{2}\,(K_1 - K_2).$$

Le terme $\dfrac{gx^2}{2}\,(K_1 - K_2)$ est positif; on obtient les valeurs de K_1 et de K_2, en remplaçant successivement V par V_1 et par V_2 dans l'équation (2), § 2. On peut s'assurer ainsi que le plus souvent ce terme est tout à fait négligeable.

Lorsque le boulet le plus éloigné de la gargousse est celui qui sort sous le plus grand angle, le terme $x\,\tang\,(\alpha_2 - \alpha_1)$ est également positif; et cette circonstance est celle qui s'est présentée le plus souvent dans le canon n° 1; car, en introduisant dans l'équation les données de l'expérience, on trouve pour $\tang\,(\alpha_2 - \alpha_1)$ une valeur moyenne égale à $+0,000768$.

Le contraire a eu lieu pour les deux autres bouches à feu; aussi les écarts ont-ils été moindres. En calculant les valeurs moyennes de tang $(\alpha_2 - \alpha_1)$ on les trouve égales à — 0,0022 pour le canon-obusier et à — 0,00747 pour la caronade.

La différence des angles variant d'un coup à l'autre, le tir offre de grandes irrégularités, et il n'est, en général, employé qu'autant que la distance ne surpasse pas 400 ou 500 mètres.

CHAPITRE IX.

§ 1. — Considérations générales.

Dans le tir à mitraille, les diverses trajectoires décrites par les balles forment une gerbe dont il faut déterminer la forme et les dimensions. Il est clair qu'on y parviendra si, par une suite d'expériences, on obtient l'étendue et la situation d'un certain nombre de sections faites par des plans perpendiculaires au plan de tir; et, pour cela, il suffit de tirer à diverses distances contre un écran en planches et d'observer chaque fois les positions des trous formés par les balles; il est essentiel que ces dernières rencontrent toujours l'écran de plein fouet.

On ne fait usage du tir à mitraille que sous un petit angle de projection; dès lors, on peut bien admettre que dans les divers changements que subit cet angle, la forme de la gerbe et sa position relativement à l'axe du canon n'éprouvent pas de variations sensibles.

C'est en se conformant à ces considérations qu'on a exécuté à Gâvre, en 1837, 1838 et 1840, une assez longue série d'expériences; l'écran avait 30 mètres de largeur et 13 mètres de hauteur; les positions des trous formés par les balles étaient toujours rapportées à deux axes, l'un horizontal, l'autre vertical, tracés sur l'écran et passant par le point où ce dernier était rencontré par le prolongement de l'axe de la pièce.

Quatre bouches à feu différentes ont été employées : un canon de 30 n° 1, un canon-obusier de 30, une caronade de 30, enfin un obusier de 22° n° 1.

La poudre provenait du Pont-de-Buis.

La section faite dans la gerbe à une distance donnée, par un plan vertical perpendiculaire au plan de tir, étant supposée inscrite dans un rectangle à côtés alternativement horizontaux et verticaux, la base horizontale de ce rectangle est ce qu'on appelle *dispersion horizontale;* la hauteur du même rectangle est la *dispersion verticale.*

§ 2. — Description des mitrailles.

Les mitrailles employées dans la marine sont de l'espèce dite *grappes de raisin;* les balles en fonte de fer sont réunies autour d'une tige en fer forgé, fixée sur un plateau circulaire du même métal; un sac de toile les enveloppe, et un transfilage bien serré assure la stabilité du système.

Les balles sont calibrées au moyen de deux lunettes dont les diamètres diffèrent de 1^{mm}; on les désigne généralement par le diamètre de la plus grande; ainsi, par exemple, les balles dites de 56^{mm} ont un diamètre moyen égal à $55^{mm}5$.

Il y a deux sortes de grappes pour les bouches à feu de 30; les unes sont composées de 15 balles de 56^{mm}; les autres de 120 balles de 28^{mm}; dans les premières, les balles forment trois rangs, et, dans les secondes, six. Le diamètre de la tige est de 38^{mm}; l'extrémité engagée dans le plateau est prismatique et a 24^{mm} de côté; l'autre est terminée par une tête cylindrique d'un diamètre égal à 52^{mm}. Le plateau a 13^{mm} d'épaisseur et 160^{mm} de diamètre. Le poids moyen des grappes est de $13^{k}45$.

Poids moyen des balles de 56^{mm}. . . . . 637 grammes.
     —   de 28^{mm}. . . . 79   —

Les grappes destinées aux obusiers de 22° ont un plateau de 22° de diamètre et de 13^{mm} d'épaisseur; mais elles sont encore de deux sortes; les unes sont composées de dix boulets de 4 disposés sur deux rangs, le diamètre de la tige est de 57^{mm}; le poids moyen des boulets est de 1^k96 et leur diamètre de 80^{mm}8. Le poids de ces grappes est égal à 26^k31.

Les grappes de la seconde espèce sont formées de 48 balles de 47^{mm} disposées en trois couches; la tige a 35^{mm} de diamètre. Le poids moyen des balles est de 375 grammes et celui des grappes est de 23^k08.

Dans le tir, le plateau prend une légère courbure dont la concavité est tournée vers la volée de la pièce; les balles avec lesquelles il se trouve en contact y laissent des empreintes dont la forme est celle d'une calotte sphérique; entre ces empreintes, la courbure est plus prononcée; de sorte que le contour du plateau prend une forme ondulée.

§ 3. — Vitesses des balles.

On conçoit que les diverses balles qui composent une grappe doivent, au sortir de la bouche à feu, avoir des vitesses fort inégales; il serait intéressant de connaître au moins leur vitesse moyenne; mais c'est ce dont jusqu'à présent on ne s'est guère occupé.

En 1838, quelques expériences ont été faites à Gâvre, en vue de déterminer les pénétrations des balles dans le bois de chêne. La bouche à feu était placée à 50 mètres du massif, afin d'éviter la confusion des empreintes.

BOUCHE A FEU.	CHARGE.	MITRAILLE.	PÉNÉTRA-TION moyenne.	NOMBRE des coups.
	kilog.		mètr.	
Canon-obusier de 30.	2.0	45 balles de 56ᵐᵐ.	0.192	4
		120 balles de 28ᵐᵐ.	0.085	4
Obusier de 22ᵐᵐ. . .	4.0	48 balles de 47ᵐᵐ.	0.240	4
Après ces trois expériences, le massif a été réparé.				
Canon de 30 nᵒ 1 . .	3.67	45 balles de 56ᵐᵐ.	0.254	4
Obusier de 22ᵉ. . . .	4.0	40 boulets de 4.	0.376	4
Canon de 30 nᵒ 1 . . .	3.67	120 balles de 28ᵐᵐ.	0.421	4

Calculant la vitesse au moment du choc, au moyen de l'équation (2) du chapitre III, § 6, puis se servant de la formule du chapitre II, § 8, pour obtenir la vitesse au sortir de la bouche à feu, on obtient les résultats ci-après :

BOUCHE A FEU.	CHARGE.	MITRAILLE.	VITESSE initiale moyenne.
	kilog.		mètr.
Obusier de 22ᵉ. . . .	4.0	40 boulets de 4	273
		48 balles de 47ᵐᵐ.	288
Canon de 30 nᵒ 1. . .	3.67	45 balles de 56ᵐᵐ.	267
		120 balles de 28ᵐᵐ.	293
Canon-obusier de 30.	2.0	45 balles de 56ᵐᵐ.	274
		120 balles de 28ᵐᵐ.	225

Il est bien clair que ces évaluations numériques ne doivent pas être regardées comme très-approximatives.

Dans le canon-obusier de 30, les vitesses des balles de 56ᵐᵐ et de 28ᵐᵐ se montrent presque égales ; il n'en est pas tout à fait de même dans le canon de 30 nᵒ 1 ; mais la différence, quoique assez notable, n'est pas telle qu'elle ne puisse être attribuée au peu de précision que comportent de pareilles recherches ; et si, dans l'obusier de 22ᵉ, les balles de 47ᵐᵐ ont une vitesse un peu supérieure à celle des boulets de 4, il ne faut pas oublier que leur grappe est plus légère (§ 2).

De cette remarque, il résulte que, lorsque le poids de la grappe reste le même, le diamètre des balles peut éprouver de très-grandes variations sans que leur vitesse initiale soit sensiblement altérée.

Dans les cas ordinaires, on obtiendra une approximation suffisante en regardant la vitesse moyenne des balles comme à peu près égale aux $\frac{3}{4}$ de celle d'un boulet qui aurait même poids que la grappe et même diamètre que le plateau.

Le calcul fait dans cette hypothèse reproduit, en effet, à très-peu près les nombres indiqués dans le tableau précédent.

La suppression du plateau ou l'affaiblissement de son épaisseur amènerait une diminution dans la vitesse des balles. La grappe de 48 balles de 47^{mm} employée dans l'obusier de 22° était d'abord montée sur un sabot conique en bois garni latéralement et sur la grande base d'une feuille de tôle de 2^{mm} d'épaisseur; un écrou fixait à ce sabot la tige de la grappe. Les abaissements des balles sont devenus moins forts lorsque le sabot a été remplacé par le plateau.

		DISTANCE DE L'ÉCRAN à la bouche à feu.				
		50^m	100^m	150^m	200^m	
Abaissement moyen des balles au-dessous de l'axe de la pièce.	grappes à sabot. .	0^{m}45	0^{m}72	1^{m}83	3^{m}72	Chaque nombre est déduit de 3 coups.
	grappes à plateau .	0^{m}04	0^{m}50	1^{m}37	2^{m}76	

La charge était de 4^{k}0.

La substitution du plateau au sabot a donc amené une

augmentation dans la portée et, par conséquent, dans la vitesse initiale.

L'épaisseur qu'il convient de donner au plateau dépend, d'ailleurs, du poids de la mitraille et du nombre de points d'appui que lui présente cette dernière. On a cherché à employer dans l'obusier de 22° une grappe composée de six boulets de 6 disposés sur deux rangs ; les plateaux de 13^{mm} d'épaisseur, reconnus suffisants pour les autres grappes, ont tous été brisés ; il a fallu porter l'épaisseur à 18^{mm}, et les déchirures ont encore été nombreuses.

§ 4. — Trajectoire moyenne des balles.

C'est sur la courbe moyenne entre toutes les trajectoires des balles que le tir doit être réglé ; il faut donc chercher à la déterminer.

Soient V_1, V_2, V_3... les vitesses initiales des différentes balles,

y_1, y_2, y_3 ... leurs ordonnées à la distance x et rapportées à l'axe de la pièce prolongé,

α_1, α_2, α_3 ... les angles que les tangentes au point de départ font avec l'axe du canon.

Les équations des diverses trajectoires sont

$$y_1 = x \tang \alpha_1 - \frac{gx^2}{2}\left(\frac{1}{V_1^2} + K_1 x\right)$$

$$y_2 = x \tang \alpha_2 - \frac{gx^2}{2}\left(\frac{1}{V_2^2} + K_2 x\right)$$

. . . .

Les valeurs des constantes K_1, K_2, K_3... dépendent de V_1, V_2, V_3...

Soit y l'ordonnée de la courbe moyenne; n le nombre des balles.

$$y = \frac{y_1 + y_2 + y_3 + \ldots}{n}.$$

Soit encore

$$V = \frac{V_1 + V_2 + V_3 + \ldots}{n}$$

$$\alpha = \frac{\alpha_1 + \alpha_2 + \alpha_3 + \ldots}{n}.$$

V est la vitesse initiale moyenne; α la quantité moyenne dont les angles de départ surpassent l'inclinaison du canon.

La petitesse des angles α_1, α_2, α_3 ... permet de substituer tang α à $\frac{\text{tang}\,\alpha_1 + \text{tang}\,\alpha_2 + \ldots}{n}$; de même au lieu de $\frac{K_1 + K_2 + K_3 + \ldots}{n}$, on peut prendre le nombre K correspondant à la vitesse moyenne V et déterminé par l'une des équations du chapitre VI, § 14, la suivante, par exemple,

$$10^{11} \frac{p}{a^2} K = \frac{2570}{V^2}.$$

En faisant alors

$$\frac{1}{U^2} = \frac{1}{n} \left(\frac{1}{V_1^2} + \frac{1}{V_2^2} + \frac{1}{V_3^2} + \ldots \right),$$

l'équation de la courbe moyenne devient

$$y = x\,\text{tang}\,\alpha - \frac{gx^2}{2} \left(\frac{1}{U^2} + Kx \right).$$

La valeur de U est un peu inférieure à celle de la vitesse moyenne V; mais vu le peu de précision qu'exige le tir à mitraille, il est permis de négliger la différence; dès lors, si on connaît à peu près l'angle α, on a toutes les données nécessaires pour construire la courbe avec une approximation suffisante.

On peut faire l'application de ce procédé aux grappes de dix boulets de 4 employées dans l'obusier de 22°, à la charge de 4ᵏ. D'après le § 3, $V = 273^m$; dès lors, $10''K = 90,8$, et, en prenant $a = 8'$, on s'accorde assez bien avec les données de l'expérience. On en jugera par le tableau suivant :

| DISTANCE. | ORDONNÉE | | NOMBRE |
	calculée.	indiquée par l'expérience.	de coups.
mètr.	mètr.	mètr.	
100	— 0.47	— 0.53	3
150	— 1.28	— 1.34	3
200	— 2.02	— 2.17	3
250	— 4.23	— 4.44	3
300	— 6.48	— 6.54	3

§ 5. — Tir à boulet et mitraille.

Le tir à boulet et mitraille, fréquemment employé dans la marine, peut être exécuté de deux manières différentes en mettant tour à tour le boulet et la grappe en contact avec la gargousse.

Ces deux modes de chargement ont été comparés dans des expériences faites à Gâvre en 1838.

BOUCHES A FEU et charges.	DISTANCE.	LE BOULET en contact avec la gargousse.			LA MITRAILLE en contact avec la gargousse.		
		Ordonnée du boulet.	Ordonnée de la trajectoire moyenne des balles.	Nombre de coups.	Ordonnée du boulet.	Ordonnée de la trajectoire moyenne des balles.	Nombre de coups.
	mètr.	mètr.	mètr.		mètr.	mètr.	
Canon de 30 nº 1. Charge. 3ᵏ75.	50	— 0.50	— 0.53	3	— 0.16	— 0.18	3
	100	— 0.47	— 1.24	3	— 0.80	— 0.04	6
	150	— 1.08	— 2.13	6	— 1.21	— 1.38	7
	200	— 2.14	— 6.73	3	— 2.28	— 2.93	6
Canon-obusier de 30. Charge, 2ᵏ0.	50	— 0.40	— 0.38	3	+ 0.03	+ 0.01	3
	100	— 0.60	— 1.49	6	— 0.16	— 0.34	6
	150	— 1.16	— 3.73	4	— 1.50	— 1.48	6
	200	»	»	»	— 2.06	— 2.49	6
Caronade de 30. Charge, 1ᵏ6.	50	+ 0.60	+ 0.01	3	+ 0.54	+ 0.40	3
	100	+ 0.54	— 1.94	6	+ 0.64	+ 0.45	6
	150				— 0.79	— 0.06	6

On voit que lorsque la grappe se trouve en contact avec la gargousse, les balles dont les abaissements sont très-rapides ne tardent pas à se séparer du boulet; elles doivent avoir, en effet, des vitesses fort inférieures à celles de ce dernier, conformément aux observations faites lors du tir à deux projectiles, chapitre VIII, § 1; de plus, elles éprouvent une plus forte résistance de la part de l'air.

Mais quand le boulet se trouve en contact avec la gargousse, sa vitesse subit une diminution, tandis que celle des balles est augmentée; par suite, la séparation ne s'opère que beaucoup plus tard.

Ce mode de chargement doit donc obtenir la préférence; d'autres raisons qui sont exposées plus loin militent encore en sa faveur : aussi est-il prescrit par les règlements actuels, tandis qu'il était, au contraire, interdit par les instructions antérieures.

Quand on l'adopte, les ordonnées de la trajectoire du

23.

boulet se rapprochent beaucoup de celles de la courbe moyenne du tir à deux projectiles; il est facile de s'en assurer en consultant le dernier tableau du chapitre VIII, § 2. Pour le canon et le canon-obusier l'accord est aussi satisfaisant qu'on peut raisonnablement le désirer. La caronade seule présente une assez forte différence à la distance de 150^m.

Ainsi la même table peut servir pour le tir à deux projectiles et pour le tir à boulet et mitraille; cette considération n'est pas sans importance dans la pratique.

Lorsque la grappe se trouve en contact avec la gargousse, le plateau est souvent déchiré; s'il échappe à la rupture, il prend une courbure très-prononcée, dont la concavité est tournée vers les balles ; celles-ci laissent sur lui de profondes empreintes. Comme il est fortement poussé en avant et que sa tige est retenue par le boulet, il s'avance le long de cette dernière; son trou central, trop petit pour donner passage à la tige, s'agrandit et devient rond, de carré qu'il était. La tête de la tige est souvent arrachée; enfin, il y a fréquemment des balles brisées.

Quand le boulet est en contact avec la gargousse, la courbure que prend le plateau est moins forte et sa convexité est tournée vers les balles; les empreintes de celles-ci sont plus faibles. Le trou central reste carré; mais la tige se sépare. Ce n'est que très-rarement que le plateau est brisé.

§ 6. — **Egalité de la dispersion dans tous les sens. — Indépendance de la dispersion et de la vitesse initiale. — Proportionnalité de la dispersion à la distance.**

Il n'est guère de pays où le tir à mitraille n'ait été l'objet de quelques épreuves; mais, en général, on s'est borné à tirer à diverses distances contre des panneaux de

— 357 —

2^m de hauteur et à tenir note des balles qui les atteignaient, soit de plein fouet, soit après des ricochets. Cette façon de procéder est, d'ailleurs, justifiée par l'usage que l'on fait de ce genre de tir sur les champs de bataille.

Mais à Gâvre la gerbe entière traversait l'écran de plein fouet, et cette circonstance a permis de reconnaître la manière dont s'opère la dispersion.

Il fallait examiner d'abord si elle est la même dans le sens horizontal et dans le sens vertical, et si elle ne varie pas avec la vitesse initiale.

Canon de 30 n° 1 ; grappes de 15 balles de 56^{mm}.

DIS-TANCE.	CHARGE (kilog.).							
	4.90		3.67		2.50		1.0	
	Dispersion.		Dispersion.		Dispersion.		Dispersion.	
	hori-zontale	ver-ticale.	hori-zontale	ver-ticale	hori-zontale	ver-ticale.	hori-zontale	ver-ticale.
mètr	mètr.	mètr.	mètr.	mètr.	mètr.	mètr.	mètr.	mètr.
50	4.53	4.67	4.19	4.61	4.45	1.09	4.43	0.93
100	2.92	2.72	2.34	2.78	2.62	2.60	2.00	2.35
150	4.84	4.78	4.80	4.22	3.93	3.47	3.92	4.82
200	7.70	6.44	5.62	6.44	5.52	5.58	7.53	6.03
250	7.65	7.79	8.47	5.73	8.08	6.88	9.80	8.27
Nombre de coups par charge. .	6		3		3		3	

Ce tableau offre des irrégularités ; mais la comparaison des deux dispersions horizontale et verticale n'indique nullement que l'une l'emporte sur l'autre ; il n'en serait pas, sans doute, de même à de plus grandes distances, l'inégalité des vitesses entraînerait la supériorité de la dispersion verticale.

Quoi qu'il en soit, *dans les circonstances ordinaires que*

présente le tir, on peut admettre que la dispersion s'opère également dans tous les sens.

Prenant, en conséquence, à chaque distance une moyenne entre les deux dispersions horizontale et verticale, on obtient le tableau ci-après :

DISTANCE.	CHARGE (kilog.).			
	4.9 — Dispersion.	3.67 — Dispersion.	2.5 — Dispersion.	1.00 — Dispersion.
mètr.	mètr.	mètr.	mètr.	mètr.
50	1.60	1.12	1.12	1.01
100	2.82	2.66	2.66	2.46
150	4.83	4.64	3.39	4.37
200	7.05	5.98	5.55	6.73
250	7.72	7.40	7.48	9.03

Les irrégularités n'ont pas encore disparu ; mais *la dispersion se montre tout à fait indépendante de la vitesse initiale.*

D'après cela, il est permis de prendre, à chaque distance, une moyenne entre les dispersions données par les diverses charges, en ayant égard, d'ailleurs, au nombre des coups par lesquels chacune est déterminée. De là, le tableau suivant :

	DISTANCE (mètr.).				
	50	100	150	200	250
Dispersion (mètres).	1.30	2.60	4.39	6.67	7.64
Rapport de la dispersion à la distance.	0.026	0.026	0.0293	0.0333	0.304

Ces résultats sont nécessairement affectés d'erreurs qu'on n'aurait pu faire disparaître qu'en multipliant beaucoup les épreuves; ils ne s'opposent nullement à ce qu'on puisse regarder la dispersion comme proportionnelle à la distance, du moins tant que cette dernière ne surpasse pas 250^m.

Représentant, en conséquence, par d le rapport de la dispersion à la distance et prenant une moyenne entre les cinq nombres précédents, on a

$$d = 0,029.$$

Les conséquences générales déduites de ces premiers essais ont été confirmées, ainsi qu'on va le voir, par la suite des expériences.

CANONS DE 30.

Charge, 3^{k}67. — Grappes de 420 balles de 28^{mm}.

DISTANCE.	DISPERSION		DIS-PERSION moyenne.	RAPPORT de la dispersion moyenne à la distance.	NOMBRE de coups.
	horizontale.	verticale.			
mètr.	mètr.	mètr.	mètr.		
50	3.57	3.04	3.29	0.0658	3
100	5.67	6.05	5.86	0.0586	3
150	9.95	9.81	9.88	0.0659	3

Valeur moyenne du rapport de la dispersion à la distance $d = 0,0634$.

CANON-OBUSIER DE 30.

Charge, 2k0.

	DIS-TANCE.	DISPERSION		DIS-PERSION moyenne.	RAPPORT de la disper-sion moyenne à la distance.	NOMBRE de coups.
		horizon-tale.	verticale.			
	mètr.	mètr.	mètr.	mètr.		
Grappes de 15 balles de 56mm....	50	1.44	1.42	1.44	0.0282	3
	100	3.07	2.87	2.97	0.0297	3
	150	4.70	4.43	4.56	0.0304	3
	200	6.37	6.98	6.67	0 0333	3
	250	·8.93	9.35	9.14	0.0366	3
Grappes de 120 bal-les de 28mm...	50	2.50	2.83	2.66	0.0532	3
	100	6.47	7.26	6.71	0.0671	3
	150	9.58	8.76	9.16	0.0611	3

Pour la grappe de 15 balles de 56mm . . $d = 0,0316.$

—   120 balles de 28mm . . $d = 0,0604.$

CARONADE DE 30.

Charge, 1k60.

	DIS-TANCE.	DISPERSION		DISPER-SION moyenne.	RAPPORT de la disper-sion moyenne à la distance.	NOMBRE de coups.
		horizon-tale.	verticale.			
	mètr.	mètr.	mètr.	mètr.		
Grappes de 15 balles de 56mm.....	50	2.12	2.40	2.11	0.0422	3
	100	4.53	4.43	4.48	0.0448	3
	150	7.00	6.53	6.76	0.0450	3
Grappes de 120 bal-les de 28mm...	50	3.70	3.40	3.55	0.0710	3
	100	8.40	7.20	7.65	0.0765	3
	150	11.33	11.77	11.55	0.0770	3

Pour les grappes de 15 balles de 56mm . . $d = 0,0440.$

—   120 balles de 28mm . . $d = 0,0748.$

OBUSIER DE 22.

Charge, 4^k0.

	DISTANCE.	DISPERSION		DISPERSION moyenne.	RAPPORT de la dispersion moyenne à la distance.	NOMBRE de coups.
		horizontale.	verticale.			
	mètr.	mètr.	mètr.	mètr.		
Grappes de 48 balles de 47mm.....	50	1.82	1.98	1.90	0.0380	3
	100	3.07	3.50	3.68	0.0368	3
	150	6.47	5.78	5.97	0.0398	3
	200	8.33	8.82	8.57	0.0428	3
Grappe de 64 balles de 47mm.....	50	2.03	1.98	2.00	0.0400	3
	100	4.48	4.53	4.50	0.0450	3
	150	7.07	6.35	6.71	0.0147	3
Grappe de 10 boulets de 4.....	100	2.26	2.31	2.28	0.0228	3
	150	3.43	3.66	3.55	0.0233	3
	200	4.90	4.60	4.75	0.0437	3
	250	6.52	6.08	6.30	0.0252	3
	300	6.67	6.44	6.55	0.0218	3
	350	8.62	8.62	8.62	0.0246	3

Pour les grappes de 48 balles de 47^{mm} . . $d = 0,0391.$

— 64 — . . $d = 0,0432.$

— 10 boulets de 4. . . $d = 0,0235.$

La proportionnalité de la dispersion à la distance se soutient assez bien pour les boulets de 4 jusqu'à 350 mètres.

Il faut encore citer les expériences sur le tir à boulet et mitraille, § 5.

MITRAILLE.	BOUCHES A FEU.	DISTANCE	LA MITRAILLE en contact avec la gargousse.				LE BOULET en contact avec la gargousse.			
			Dispersion horizontale.	Dispersion verticale.	Dispersion moyenne.	Rapport de la dispersion moyenne à la distance.	Dispersion horizontale.	Dispersion verticale.	Dispersion moyenne.	Rapport de la dispersion moyenne à la distance.
		mètr.	mètr.	mètr.	mètr.		mètr.	mètr.	mètr.	
Grappes de 45 balles de 56mm...	Canon de 30 nᵒ 1 (charge, 3k75).	50	2.45	2.31	2.38	0.0476	1.17	1.21	1.49	0.0238
		100	5.40	4.66	5.03	0.0503	2.90	2.62	2.76	0.0276
		150	6.40	7.86	8.63	0.0375	4.04	3.92	3.98	0.0265
		200	10.57	8.78	9.67	0.0483	5.47	4.80	4.98	0.0249
	Canon-obusier (charge, 2k0).	50	3.51	3.57	3.54	0.0708	1.51	1.33	1.52	0.0401
		100	8.07	8.33	8.20	0.0820	2.89	3.17	3.03	0.0303
		150	14.25	8.07	9.66	0.0644	4.49	4.52	4.50	0.0300
		200					6.87	6.55	6.74	0.0335
	Caronade (charge, 1k6).	50	4.07	3.79	3.93	0.0786	2.58	2.17	2.37	0.0574
		100	8.96	8.59	8.77	0.0877	4.35	4.53	4.31	0.0431
		150					6.05	6.33	6.19	0.0413
Grappes de 120 balles de 28mm...	Canon-obusier (charge, 2k0)	50					3.86	3.79	3.82	0.0764
		100					7.33	7.58	7.55	0.0755
		150					10.63	12.05	11.34	0.0755
	Caronade (charge, 1k6).	50					5.0	5.21	5.42	0.1024
		100					9.78	8.09	8.93	0.0893

Prenant, comme précédemment et pour chaque tir, la valeur moyenne du rapport de la dispersion à la distance, on obtient les résultats ci-après :

MITRAILLE.	BOUCHE A FEU.	LA GRAPPE en contact avec la gargousse.	LE BOULET en contact avec la gargousse.
Grappe de 15 balles de 56mm	Canon n° 1. Canon-obusier. Caronade.	$d = 0.0509$ $d = 0.0724$ $d = 0.0834$	$d = 0.0257$ $d = 0.0310$ $d = 0.0440$
Grappes de 120 balles de 28mm.	Canon-obusier. Caronade.		$d = 0.0758$ $d = 0.0958$

De l'ensemble général des faits qui viennent d'être exposés, on peut tirer les conclusions suivantes.

La dispersion s'opère également dans tous les sens ; elle est indépendante de la vitesse initiale et proportionnelle à la distance.

Cette proportionnalité doit faire considérer la dispersion comme le résultat des écarts initiaux ; il faut donc que ces derniers se produisent indifféremment dans tous les sens et soient à peu près les mêmes, quelle que soit la charge.

Mais l'exactitude des conclusions est nécessairement limitée à une certaine distance. Ainsi qu'on l'a déjà dit, par suite de l'inégalité des vitesses, la dispersion verticale doit finir par l'emporter sur la dispersion horizontale ; de plus, les effets des forces déviatrices, masqués d'abord par la grandeur des écarts initiaux, doivent plus tard devenir sensibles et faire croître la dispersion plus rapidement que la distance. La proportionnalité se maintient d'autant plus longtemps que les projectiles ont un plus grand diamètre ; on a vu que pour les boulets de 4 elle subsistait encore à 350 mètres.

7. — **Influence du plateau sur la dispersion.**

Le plateau, en fer forgé, interposé entre la poudre et les balles diminue la dispersion.

La grappe de 48 balles de 47^{mm}, employée dans l'obusier de 22°, était d'abord montée sur un sabot en bois (§ 3) ; et alors, aux distances de 50, 100, 150 et 200 mètres, elle a donné des dispersions moyennes respectivement égales à 2^{m}18, 4^{m}77, 6^{m}30 et 11^{m}51 ; de sorte que le rapport moyen de la dispersion à la distance était 0,0478. Ce rapport s'est réduit à 0,0391 quand la grappe a été placée sur un plateau (§ 6).

Les grappes destinées à la caronade étaient autrefois montées sur des culots en fonte de fer dont la forme s'adaptait à celle du raccordement de la chambre. Chaque fois que le culot était brisé, et cela arrivait fréquemment, la dispersion devenait très-grande ; par suite, le tir offrait beaucoup d'irrégularité.

L'interposition d'un boulet entre la gargousse et la grappe fortifie le plateau et, par suite, peut amener une diminution dans la dispersion ; c'est ce qui est arrivé dans le canon n° 1 pour la grappe de 15 balles de 56^{mm} ; mais dans les deux autres bouches à feu la dispersion est restée à peu près la même.

Les grappes de 120 balles de 28^{mm} ont donné des résultats contraires ; l'introduction du boulet a paru augmenter la dispersion ; mais les expériences relatives à ces grappes ont présenté de l'incertitude ; quelques balles n'atteignaient pas l'écran ou ne le rencontraient qu'après des ricochets.

En prenant des moyennes entre les résultats des tirs exécutés, les uns sans boulet, les autres avec un boulet touchant la gargousse, on a le tableau suivant :

	GRAPPE de 45 balles de 60^{mm}.	GRAPPE de 128 balles de 28^{mm}.
Canon n° 4.	$d = 0.0274$	$d = 0.0034$
Canon-obusier.	$d = 0.0341$	$d = 0.0081$
Caronade.	$d = 0.0440$	$d = 0.0853$

§ 8. — Augmentation de la dispersion quand on oppose un obstacle au mouvement des balles. — Influence de la position du boulet dans le tir à boulet et mitraille.

Un corps placé dans la bouche à feu en avant des balles augmente la dispersion.

Un essai a été fait en 1840, en vue de supprimer le sac de toile et le transfilage de la grappe de dix boulets de 4. Les boulets étaient pressés entre deux plateaux en fer forgé de 13^{mm} d'épaisseur et réunis par une tige centrale; trois cercles en fer feuillard les maintenaient latéralement. Le rapport de la dispersion à la distance est devenu égal à 0,0264, tandis qu'il n'est que de 0,0235 pour la grappe ordinaire à un seul plateau (§ 6).

Les expériences sur le tir à boulet et mitraille ont offert un résultat singulièrement remarquable. On a varié l'ordre du chargement, en mettant successivement en contact avec la gargousse, d'abord la mitraille, puis le boulet. Dans le premier cas, la dispersion s'est toujours montrée à peu près double de ce qu'elle était dans le second. Pour s'en convaincre, il suffit de jeter les yeux sur le dernier tableau du § 6.

Ainsi, un simple changement dans la position du boulet suffit pour faire varier la dispersion dans le rapport de 2 à 4.

La position du boulet près de la gargousse réduit donc

de moitié la dispersion ; on a vu, d'ailleurs (§ 5) qu'elle avait l'avantage d'éloigner la limite à laquelle la trajectoire du boulet se sépare complétement de celles des balles ; elle permet, par suite, d'employer le tir à de plus grandes distances : aussi est-elle prescrite par les règlements.

Mais quelquefois le but est extrêmement rapproché et offre une certaine étendue ; c'est alors la grappe qui doit être mise en contact avec la gargousse.

En général, on augmente la dispersion toutes les fois qu'on apporte quelque obstacle au mouvement des balles ; c'est, par exemple, ce qui est arrivé lorsqu'en 1840 on a voulu substituer au sac de toile et à son transfilage un réseau en fil de fer.

§ 9. — Influence du nombre et du diamètre des balles.

Dans une même bouche à feu, la dispersion est à peu près proportionnelle à la racine cubique du nombre des balles qui composent la grappe ; en sorte que N désignant le nombre des balles, le rapport $\dfrac{d}{\sqrt[3]{N}}$ est sensiblement constant. C'est du moins ce qui résulte du tableau suivant qui résume les expériences exécutées sur l'obusier de 22^c.

NATURE DE LA GRAPPE.	VALEUR de d.	VALEUR DE $\dfrac{d}{\sqrt[3]{N}}$	VALEUR moyenne.
Grappe de 10 boulets de 4..	0.0235	0.01091	
— 48 balles de 47ᵐᵐ.	0.0394	0.01076	0.01082
— 64 balles de 47ᵐᵐ.	0.0432	0.01080	

On peut encore comparer les grappes de 120 balles de 28ᵐᵐ aux grappes de 15 balles de 56ᵐᵐ. Si le principe précédent est exact, la dispersion des premières doit être double de celle des secondes; et c'est, en effet, ce qu'il est facile de vérifier en examinant le tableau qui termine le § 7.

En général, quand le poids de la grappe reste le même, la dispersion est en raison inverse du diamètre des balles.

§ 10. — Influence de la longueur de l'âme sur la dispersion.

Le rapprochement des résultats donnés par le canon n° 1, le canon-obusier et la caronade de 30, montre que la dispersion croît à mesure que la longueur de l'âme devient moindre. Il est naturel alors de comparer entre elles les longueurs qui, dans les trois bouches à feu, sont parcourues par les balles.

L'espace qui reste dans le canon n° 1, en avant de la gargousse, quand on emploie la charge de 3ᵏ75, est de 2ᵐ430; dans le canon-obusier, la longueur de la partie cylindrique est égale à 1ᵐ788, et dans la caronade à 1,093. En retranchant de ces trois longueurs l'épaisseur du plateau ou 13ᵐᵐ, on a les espaces parcourus par les balles quand le plateau touche la gargousse, savoir : 2ᵐ417, 1ᵐ775, 1ᵐ080.

Dans le cas où un boulet se trouve placé entre la gargousse et la grappe, ces longueurs doivent encore être réduites de 0ᵐ160.

Lorsque, comme on l'a fait dans le § 7, on confond les résultats des deux espèces de tirs, il faut prendre des moyennes entre les longueurs correspondantes ainsi déterminées.

Cela posé, la dispersion paraît être en raison inverse de la racine carrée de la longueur parcourue par les balles dans l'intérieur de la bouche à feu; en sorte qu'en désignant par L cette longueur, le produit $d\sqrt{L}$ est sensiblement constant, en supposant, toutefois, que les autres circonstances qui influent sur la dispersion restent les mêmes. On en jugera par le tableau suivant :

GRAPPES DE 15 BALLES DE 50^{mm}.				VALEUR de $d\sqrt{L}$.	VALEUR moyenne.
Tir sans boulet ou avec boulet en contact avec la gargousse.	Canon n° 1.	$d=0.0274$	$L=2.337$	0.0419	0.0423
	Canon-obusier.	$d=0.0314$	$L=1.695$	0.0409	
	Caronade.	$d=0.0440$	$L=1.000$	0.0440	
Tir à mitraille et boulet, la grappe en contact avec la gargousse.	Canon n° 1.	$d=0.0809$	$L=2.417$	0.0794	0.0873
	Canon-obusier.	$d=0.0724$	$L=1.775$	0.096	
	Caronade.	$d=0.0831$	$L=1.080$	0.0864	

§ 11. — Expression générale de la dispersion.

Des expériences plus multipliées deviendraient nécessaires, s'il s'agissait d'obtenir pour la dispersion une expression d'une grande exactitude ; mais le peu de précision du tir à mitraille empêchera toujours de les entreprendre ; et on est assez disposé à se contenter à cet égard de simples aperçus.

Si l'on regarde, d'après ce qui précède, la dispersion comme étant à la fois proportionnelle à la racine cubique du nombre N des balles et en raison inverse de la racine carrée de la longueur L qu'elles parcourent dans l'âme, on est conduit, par le principe de la similitude, à admettre pour une bouche à feu d'un diamètre quelconque A. l'expression générale

$$d = H \frac{\sqrt[3]{N}\sqrt{A}}{\sqrt{L}}.$$

H étant un coefficient dont les expériences exécutées

sur les grappes de 15 balles de 56^{mm} permettent de déterminer la valeur. Alors N = 15 ; le calibre du canon est 0^{m}1647 ; celui des deux autres bouches à feu est un peu moindre, mais la différence est sans importance ; il en résulte que le produit $\sqrt{N}\sqrt{A}$ diffère extrêmement peu de l'unité, et que la valeur de H est sensiblement égale à la valeur moyenne de $d\sqrt{L}$, donnée dans le § 10.

Ainsi, lorsque le tir s'effectue sans boulet ou que le boulet se trouve en contact avec la gargousse,

$$H = 0,0423.$$

Mais on peut encore se servir pour déterminer H des expériences exécutées sur l'obusier de 22^c ; alors, A = 0^{m}2233, L = 1,991 et la valeur moyenne de $\dfrac{d}{\sqrt{N}}$ est 0,01082 (§ 9). Par suite, H = 0,0323.

Cette valeur est inférieure à la précédente ; mais une circonstance tend à atténuer l'importance de la différence. Le diamètre du cylindre circonscrit au groupe des balles de 56^{mm} n'est que de 149^{mm} et laisse ainsi dans le canon de 30 un vent de 15^{mm}7 ; tandis que le cylindre circonscrit aux boulets de 4 a un diamètre égal à 218^{mm}6 ; en sorte que dans l'obusier de 22^c, le vent n'est que de 4^{mm}7. Ainsi, la similitude n'existe pas dans les deux systèmes.

§ 12. — Expériences exécutées en 1844 sur un obusier de 27 centimètres.

En 1844, on s'est occupé du tir à mitraille de l'obusier de 27^c.

La grappe se composait de dix boulets disposés en deux couches autour d'une tige centrale.

Diamètre des boulets. . . . . 0^{m}098
— de la tige. 0.070
— du plateau. 0.710

Épaisseur du plateau. . . . .   0^m025
Poids moyen des boulets. . . . .   3^k491
Poids total de la grappe. 53.00

Dans les essais antérieurs on n'avait donné au plateau qu'une épaisseur de 18^{mm}; mais elle avait été reconnue insuffisante.

A la toile dite rondelette, employée jusqu'alors pour la confection du sac, on avait substitué une toile beaucoup plus forte dite à doublage supérieur. Le transfilage était très-résistant.

Un fait fort inattendu se produisit dans les premières épreuves; le plateau et les boulets restaient groupés jusqu'à une certaine distance, 100 mètres environ, au delà de laquelle la séparation s'opérait d'une manière fort irrégulière.

Ce n'était donc qu'à cette distance que le sac se trouvait déchiré; il sortait de la bouche à feu à peu près intact, ce qui s'explique non-seulement par l'excellente qualité de la toile, mais encore par les faibles vitesses des balles, la charge de l'obusier n'étant que de 5^k, et aussi par la grande résistance du plateau; le tir ne laissait sur ce dernier que de très-légères empreintes.

Le moyen de remédier à cet état de choses s'offrait en quelque sorte de lui-même. Après avoir introduit la grappe dans la bouche à feu et avant de la pousser jusqu'à la charge, on coupait le transfilage et on ouvrait le sac qui alors ne pouvait plus faire obstacle à la séparation des boulets; puis on plaçait le valet erseau et on faisait agir le refouloir. Le tir a repris alors sa régularité ordinaire, et le rapport de la dispersion à la distance est devenu égal à 0,0252.

§ 13. — Emploi des mitrailles dans les canons rayés.

Les grappes n'ont pu être employées dans les canons

rayés ; les chocs des balles et peut-être aussi ceux de la tige dégradaient promptement les arêtes des rayures.

On a cherché à y remédier en enfermant les balles dans une boîte formée d'une tôle fort épaisse ; mais dès le commencement du mouvement elles se dégageaient de leur enveloppe, et les dégradations se produisaient toujours. On n'est parvenu à éviter ces dernières qu'en substituant des balles en zinc aux balles en fonte de fer.

La mitraille actuellement adoptée pour les canons rayés de 30 se compose de 20 balles en zinc de 53^{mm} de diamètre et renfermées dans une boîte cylindrique en tôle ; 18 de ces balles disposées en trois couches sont tangentes à la paroi intérieure de la boîte ; les deux autres sont au centre et surmontées d'un tampon en bois ; les intervalles des balles sont remplis de sciure de bois pour éviter les ballottements.

Diamètre extérieur de la boîte..	164^{mm}
Épaisseur de la tôle formant le cylindre.. . . .	1
— du couvercle en tôle..	1
— du culot en fer forgé.	14
Poids de la boîte..	13^{k}6

Le rapport de la dispersion à la distance est 0,068, et ce nombre paraît fort lorsqu'on le compare aux résultats obtenus dans les expériences précédentes : mais deux causes contribuent à son augmentation ; l'une est la résistance que le couvercle oppose au mouvement des balles ; l'autre est la largeur des rayures qui permet aux balles de s'y introduire ; elles ont ainsi un très-grand jeu dans l'intérieur du canon.

24.

CHAPITRE X.

RÉSISTANCE DES CANONS EN FONTE DE FER AU TIR DES BOULETS SPHÉRIQUES.

---

§ 1. — Manière dont s'opère la rupture d'un canon en fonte de fer.

Les ruptures des canons en fonte de fer sont trop fréquentes pour qu'il ne soit pas d'un haut intérêt d'étudier les circonstances dans lesquelles elles se produisent.

Le boulet n'a généralement éprouvé qu'un très-faible déplacement lorsque la tension des gaz atteint sa plus plus grande valeur; elle s'affaiblit dès que son mouvement leur permet de se répandre dans un espace plus étendu, bien que la combustion continue de donner de nouveaux produits.

On sait qu'un corps solide est un assemblage de molécules maintenues à certaines distances les unes des autres par des forces qui, dans l'état de repos, se font mutuellement équilibre.

Les molécules qui forment les parois de l'âme reçoivent immédiatement l'action des gaz développés par l'explosion; elles s'éloignent légèrement de l'axe du canon et transmettent la pression aux molécules situées dans leur voisinage; celles-ci agissent de même sur les suivantes, et le mouvement se propage dans toute la masse.

La pression ne se maintient pas assez longtemps pour que, pendant sa durée, l'équilibre s'établisse de nouveau entre les molécules.

Celles qui sont placées sur une circonférence de cercle dont le centre se trouve sur l'axe, s'éloignant simultanément de ce dernier, s'écartent nécessairement les unes des autres, mais cet écartement est d'autant plus petit que le rayon de la circonférence est plus grand. En effet, pour qu'il fût constamment le même, il faudrait que toutes les circonférences, et par suite leurs rayons, prissent des accroissements proportionnels à leurs longueurs primitives; en sorte que pendant l'explosion le canon acquerrait une augmentation d'épaisseur, ce qui est inadmissible. Il est évident que le mouvement en se propageant de l'intérieur à l'extérieur tend à rapprocher les particules placées sur un même rayon.

Ainsi les molécules situées sur une circonférence dont le centre est sur l'axe sont d'autant moins écartées les unes des autres que cette circonférence a un plus grand rayon. C'est donc à la paroi même de l'âme que cet écartement est le plus grand; de là, il décroît jusqu'à la surface extérieure.

Par conséquent, c'est sur la paroi de l'âme que les altérations du métal sont le plus à craindre.

Si la pression ne dépassait pas une certaine limite, dès qu'elle aurait cessé, les molécules, après quelques vibrations, reprendraient leurs positions primitives, de sorte que l'explosion n'aurait nullement altéré le canon.

Mais si une suite de coups identiques finit par mettre une bouche à feu hors de service, il faut bien que chaque coup ait produit une altération particulière. Cette altération, pour être imperceptible, n'en est pas moins réelle.

Ainsi, après chaque explosion, les molécules ne reprennent pas exactement les positions qu'elles avaient auparavant, et le diamètre de l'âme s'agrandit peu à peu. Cet agrandissement est peu sensible dans le canon en fonte de fer, cette substance offrant une grande résistance à l'extension; il est, au contraire, très-rapide dans les canons en bronze.

L'écartement des molécules peut devenir tel que leur action mutuelle soit détruite, et alors il y a rupture. Cet accident est particulièrement à craindre pour la fonte.

Il y a donc une tendance à la rupture dans chaque plan méridien; mais elle est surtout menaçante dans le plan qui passe par l'axe de la lumière, à cause de la solution de continuité qu'il présente. Par suite, c'est dans ce plan et à l'orifice intérieur de la lumière que la rupture commence à se manifester; une fente se forme et s'agrandit à chaque coup.

La résistance de la culasse, dans le voisinage de laquelle la lumière se trouve placée, s'oppose à cet agrandissement; et c'est du côté de la volée que la fente s'étend avec plus de facilité. De là, il résulte qu'en éloignant la lumière du fond de l'âme, on accélérerait la rupture longitudinale de la bouche à feu.

La pression que les gaz exercent sur le fond de l'âme tend à l'entraîner vers l'arrière; les molécules ainsi pressées s'écartent légèrement de leurs voisines plus rapprochées de la volée, puis les entraînent, et le mouvement de recul se propage dans toute la masse.

On conçoit que cet écartement qui précède l'établissement général du mouvement puisse devenir une cause de rupture. Cette cause serait même très-dangereuse si on supprimait la surface de raccordement du fond de l'âme et des parois latérales (§ 3). C'est évidemment dans le voisinage du fond de l'âme qu'elle agit avec le plus d'énergie: l'orifice intérieur de la lumière, placé en cet endroit, favorise, d'ailleurs, la formation d'une fente transversale.

C'est ainsi qu'on reconnaît l'existence d'une seconde ligne de rupture qui n'est autre chose que le cercle passant par le centre de l'orifice intérieur de la lumière.

En résumé, à partir de cet orifice, deux fentes tendent à se former, l'une suivant la génératrice supérieure de l'âme, l'autre suivant la section perpendiculaire à cette génératrice; la première tend surtout à se propager vers l'avant; mais la seconde doit généralement s'étendre également à droite et à gauche, sauf les différences qui peuvent résulter des variations que présente parfois la constitution du métal.

Lorsque deux petites fentes initiales sont ainsi formées, elles s'ouvrent à chaque coup et se ferment immédiatement après; mais le courant de fluide qui les traverse en s'échappant par la lumière, en détache des particules et leur donne bientôt dans leurs parties inférieures une certaine largeur. Ainsi s'explique naturellement la formation des pointes que l'on ne tarde pas à apercevoir à l'orifice intérieur de la lumière. Deux sont dirigées dans le plan perpendiculaire à l'axe du canon, l'une à droite et l'autre à gauche, et présentent, en général, des longueurs à peu près égales; la troisième se prolonge en avant suivant la génératrice supérieure de l'âme; une quatrième, toujours plus petite, se montre quelquefois vers l'arrière. Ces pointes ne sont que la conséquence des fentes qui les ont précédées.

L'existence de ces fentes a été mise hors de doute par des tronçonnages opérés sur des canons de 30 qui avaient été soumis à Gâvre à de très-longues épreuves. Sur la surface lisse de chaque tronçon, la fente ne se manifestait que par un filet excessivement délié; mais, exposé au choc d'un mouton, le tronçon se brisait suivant le prolongement du filet; la fente primitive se distinguait alors du reste de la cassure par la teinte noirâtre dont elle était affectée et qui était occasionnée par les particules que les gaz y avaient déposées en la traversant.

Il est facile maintenant de se rendre compte des circonstances qui accompagnent la rupture finale d'une bouche à feu en fonte de fer. L'action des gaz écarte l'une de l'autre les deux faces de la fente longitudinale qui a pris naissance à l'orifice intérieur de la lumière et la prolonge en avant et en arrière; mais la partie antérieure de l'âme n'a que peu souffert du tir, par suite de l'affaiblissement de la force élastique des gaz au moment où ils la traversent; ce n'est donc qu'avec difficulté que la fente s'étend vers l'avant. Les parties du canon déjà séparées et continuellement écartées l'une de l'autre ont une tendance à se rompre latéralement; des ruptures transversales se produisent, et généralement la volée reste intacte, elle tombe sur le sol sans prendre de mouvement vers l'avant.

Ordinairement la fente transversale formée à l'orifice intérieur de la lumière est assez avancée pour que la culasse se détache; elle est alors projetée vers l'arrière.

La lumière est rapidement dégradée par le tir; et c'est, en général, par l'agrandissement du canal qu'on juge du nombre de coups que la bouche à feu a déjà supportés et du service qu'on peut encore lui faire subir.

L'emploi d'un grain de lumière priverait de ce moyen d'appréciation et n'empêcherait pas la formation des fentes; il augmenterait, au contraire, la solution de continuité qui leur donne naissance.

§ 2. — Influence du mode de chargement sur la rupture.

La destruction de la bouche à feu est très-prompte, lorsque la gargousse ayant le diamètre réglementaire à peu près égal aux $\frac{1015}{1000}$ du calibre, est poussée jusqu'au fond de l'âme et se trouve en contact immédiat avec le projectile; en général, 400 coups à la charge de 5^k et à boulets massifs suffisent pour déterminer la rupture d'un canon de 30 n° 1.

Mais il n'en est plus de même lorsqu'un valet mou en étoupe est interposé entre la gargousse et le projectile.

Dans les expériences exécutées à Gâvre en 1847 sur les canons de 30 n° 1, ce valet avait 16ᶜ de diamètre, 11ᶜ de longueur et pesait environ 400 grammes. Les bouches à feu ont supporté plus de 2,000 coups à boulets massifs et à la charge de 5ᵏ, sans qu'aucune rupture se soit produite. Les lumières avaient acquis des dimensions énormes ; la forme cylindrique avait disparu et la section de moindre étendue se trouvait à environ 20ᵐᵐ de la surface extérieure. Le tableau suivant, formé en prenant les résultats moyens des observations, peut donner une idée de la marche progressive des dégradations.

NOMBRE de coups.	DIAMÈTRE de la sonde traversant la lumière.	ORIFICE EXTÉRIEUR. Dimension		ORIFICE INTÉRIEUR. Distance	
		perpendiculaire à l'axe du canon.	parallèle à l'axe du canon.	des deux pointes dirigées perpendiculairement à l'axe du canon.	de la pointe antérieure à la partie postérieure de l'orifice.
	millim.	millim.	millim.	millim.	millim.
0	5.6	5.6	5.6	5.6	5.6
100	6.9	7	7	15	13
200	8.2	9	9	24	18
300	9.5	11	11	34	24
400	10.8	14	13	36	26
500	12.1	17	16	40	29
600	13.4	21	19	46	32
700	14.7	25	23	53	37
800	16.0	30	28	60	42
900	»	36	33	68	47
1000	»	45	39	77	53
1100	»	56	46	84	47
1200	»	65	54	91	63
1300	»	79	65	98	70
1400	»			103	75
1500	»			108	80
1600	»			112	85
1700	»			117	89
1800	»			119	94
1900	»			121	93
2000	»			122	94

Le tronçonnage a fait reconnaître l'existence des fentes signalées dans le § 1 ; leur profondeur, prise à partir de la surface agrandie du canal de la lumière, atteignait 30 et même 40^{mm}.

Au-dessus de l'emplacement occupé par le projectile dans le chargement l'âme présentait une foule de sillons légèrement sinueux et dirigés dans le sens des génératrices.

En avant de cet emplacement l'âme était intacte.

Il résulte de ces faits que le valet mou en étoupe, placé entre la gargousse et le projectile, assure la sécurité du tir ; en cédant à l'action des gaz, il leur fournit un espace dans lequel ils se répandent, ce qui les empêche d'acquérir les tensions dangereuses qui déterminent les ruptures, et cependant leur pression moyenne se trouve augmentée ; la vitesse initiale devient, en effet, un peu plus grande, comme on a pu le voir dans le chapitre 1, § 28.

Mais dans le tir, l'étoupe prend feu, et dans un combat sous le vent, des débris enflammés seraient rejetés sur le bâtiment.

C'est à raison de cela que les valets en algue marine ont été substitués aux valets en étoupe ; ils ont les mêmes dimensions et à peu près le même poids que ces derniers ; mais formés de torons très-serrés, ils n'offrent pas la même souplesse, et leurs effets sont un peu différents. La vitesse du projectile est moindre (chapitre 1, § 29).

L'artillerie de terre emploie les bouchons de foin qui, à Gâvre, ont donné, quant à la conservation des bouches à feu, les mêmes résultats que les valets en étoupe. L'usage est de leur donner une longueur égale à leur diamètre.

Un mode de chargement qui, tout en étant conservateur, dispenserait de placer à bord des bâtiments une matière à la fois inerte et encombrante, obtiendrait certainement dans la marine la préférence sur tous les autres.

C'est le but que M. Delvigne a cherché à atteindre en proposant le chargement dont il a été question dans le chapitre I, § 30. Le feu étant mis par l'avant de la charge, les premiers gaz développés agissent immédiatement sur le projectile dont l'inertie est, par suite, graduellement vaincue; le vide ménagé à l'arrière de la gargousse empêche les tensions dangereuses; les grains de poudre écartés les uns des autres sont plus facilement atteints par la flamme, et la combustion est plus complète.

Des expériences comparatives ont été faites à Ruelle en 1847 sur deux canons de 18 forés au calibre de 30. Pour l'un, on employait le chargement à bouchons de foin de 16^c de longueur; pour l'autre, on se servait du chargement de M. Delvigne; la longueur du vide à l'arrière était de 8^c, et le feu était mis à l'aide d'un brin de mèche qui traversait la lumière, passait par-dessus la gargousse, dont il était parfaitement isolé, et aboutissait à l'avant de la charge.

Les résultats ont été favorables au chargement proposé par M. Delvigne.

Un autre essai a été fait à Gâvre, en 1847, sur un canon de 30 n° 1 neuf. La lumière avait été bouchée par une tige en fer introduite par l'intérieur de l'âme, maintenue dans sa partie inférieure par une tête et dans sa partie supérieure au moyen d'un écrou. Une nouvelle lumière dont le centre se trouvait à 360^{mm} du fond de l'âme avait été percée perpendiculairement à l'axe du canon.

Les boulets étaient massifs et la charge de 5^k; le vide à l'arrière avait 8^c de longueur.

Une observation importante a été faite pendant le tir; après chaque coup il ne restait dans l'âme aucun débris de gargousse.

Au 288e coup, le canon a éclaté. Le renfort était fendu suivant le plan méridien passant par les deux lumières, la surface de rupture traversait la culasse, mais en se recourbant vers la droite, de manière à devenir à peu près tangente au bouton; en avant elle se prolongeait un peu au delà des tourillons et s'arrêtait à une rupture transversale; la volée intacte comme à l'ordinaire. Une seconde rupture transversale se trouvait en arrière des tourillons.

Après 40 coups, l'orifice intérieur de la lumière avait déjà pris la forme d'une étoile à quatre pointes; l'écartement des deux pointes perpendiculaires à l'axe du canon était alors égal à 9^{mm}; il s'est accru graduellement et est devenu égal à 14^{mm} après 280 coups.

Les deux pointes dirigées dans le sens des génératrices étaient beaucoup plus prononcées et surtout plus aiguës; leur écartement était de 18^{mm} après 40 coups et de 38^{mm} après 160. A la suite du 200e coup, chaque pointe se prolongeait sous la forme d'un filet extrêmement délié et légèrement sinueux; la longueur totale du filet était de 75^{mm}; après le 280e coup, elle était devenue égale à 110^{mm}, mais les deux parties du filet en avant et en arrière de l'orifice avaient des longueurs fort inégales; l'étendue de la première était à peu près double de celle de la seconde. L'existence d'une longue fente longitudinale qui menaçait la pièce d'une prochaine destruction se trouvait clairement indiquée.

Le déplacement de la lumière est sans doute la cause à laquelle il faut attribuer la rupture prématurée du canon; son éloignement du fond de l'âme favorise, en effet, la formation de la fente longitudinale; mais cet éloignement devient obligatoire, si on veut introduire le mode de chargement dans la pratique *.

Peut-être, pour ne pas déplacer la lumière, serait-on disposé à ménager le vide, non plus en arrière de la gargousse, mais entre cette dernière et le boulet. Dans ce

---

* Les objections contre le déplacement de la lumière perdent de leur valeur quand il s'agit des canons rayés et frettés.

cas, les gaz, animés d'une certaine vitesse au moment où ils atteindraient le projectile, éprouveraient à sa rencontre une résistance qui donnerait naissance à des réactions dont les résultats ont toujours été considérés comme dangereux.

§ 3. — Observations sur la construction des bouches à feu en fonte de fer.

Des faits qui précèdent, il résulte que la résistance d'une bouche à feu en fonte de fer dépend principalement de l'épaisseur que présente le métal autour de l'emplacement occupé par le chargement.

Dans les canons de 30 n° 1, modèle 1820, l'épaisseur prise sur le plan du fond de l'âme et sans tenir compte de la surface annulaire qui raccorde ce plan avec le cylindre est de 188^{mm}. Dans le modèle de 1849, elle est portée à 195^{mm}6; le rapport de cette épaisseur au calibre est donc 1,1876; le renfort est formé de deux troncs de cône: le premier, qui s'arrête à 523^{mm} du fond de l'âme, s'écarte peu de la forme cylindrique, l'inclinaison des génératrices sur l'axe n'est que de 1°25'; dans le second, dont la longueur est de 336^{mm}, cette inclinaison est de 3°12'. L'épaisseur comprise entre le fond de l'âme et le collet du bouton de culasse est de 251^{mm}.

Les modifications apportées au modèle de 1820 n'ont pas augmenté le poids de la bouche à feu, parce que la volée a été allégée; on sait que cette partie n'est jamais altérée par le tir; à son extrémité antérieure l'épaisseur a été réduite à 67^{mm}6.

Les mêmes errements ont été suivis en 1856, lorsqu'il s'est agi de rectifier le tracé des canons de 36; au fond de l'âme l'épaisseur a été augmentée, et la première partie du renfort est devenue presque cylindrique; en même temps la volée a été affaiblie.

Dans la construction d'une bouche à feu nouvelle, les dimensions des canons existants qui ont à supporter les mêmes efforts et dont la résistance a été reconnue satisfaisante doivent naturellement servir de guides. On passe d'un calibre à un autre, au moyen du principe de la similitude ; les erreurs ne sont à craindre que dans le cas où les calibres présentent une grande différence.

Plusieurs auteurs prétendent déterminer l'épaisseur correspondante à chaque élément de l'âme en la prenant proportionnelle à la plus grande des pressions que cet élément est exposé à supporter : mais jusqu'à présent aucune expérience n'a fait connaître les grandeurs des tensions que les gaz acquièrent pendant l'explosion et les lois suivant lesquelles elles varient ; les formules par lesquelles on a cherché à les exprimer sont fondées sur des hypothèses tout à fait gratuites.

La forme de la partie postérieure de l'âme demande une attention particulière ; si le cylindre se prolongeait jusqu'au plan du fond, une rupture transversale serait imminente ; en effet, deux molécules placées près de l'arête de jonction, l'une sur le plan, l'autre sur la paroi cylindrique, seraient poussées par les gaz dans des directions faisant entre elles un angle droit. On écarte ce danger en raccordant le plan et le cylindre au moyen d'une surface annulaire engendrée par un quart de cercle tangent à l'un et à l'autre ; l'usage est de donner au rayon de cet arc une longueur égale au quart du calibre.

IIE PARTIE.

CANONS RAYÉS

IIᵉ PARTIE.

CANONS RAYÉS.

CHAPITRE I.

NOTIONS GÉNÉRALES.

§ 1. — Considérations préliminaires.

On connaît les inconvénients des projectiles sphériques; leurs rotations irrégulières produisent de fortes déviations qui, dès que la distance devient un peu grande, rendent le tir fort incertain.

Des boulets oblongs et terminés par des surfaces de révolution offriraient de grands avantages, si on parvenait à maintenir leur axe dans la direction du mouvement. La faculté de varier leur forme et en même temps d'augmenter leur masse, sans être obligé de leur donner des dimensions latérales plus considérables permettrait de diminuer les effets de la résistance de l'air.

25.

C'est en vue de réaliser, sinon complétement, du moins en grande partie, un pareil état de choses qu'on a adopté des dispositions telles que le projectile, en sortant de la bouche à feu, tourne autour de son axe. L'expérience a fait reconnaître l'efficacité de ce procédé.

Les circonstances principales du mouvement sont, du reste, les conséquences des propriétés dont jouit un corps de révolution doué d'une rotation autour de son axe. C'est pourquoi, bien que ces propriétés soient connues, on croit devoir les rappeler succinctement.

§ 2. — Propriétés d'un corps de révolution animé d'un mouvement de rotation autour de son axe.

Comme il ne s'agit ici que de mouvements rotatoires, il est permis de supposer que le centre de gravité reste fixe.

On peut substituer au corps son ellipsoïde central qui est aussi un solide de révolution.

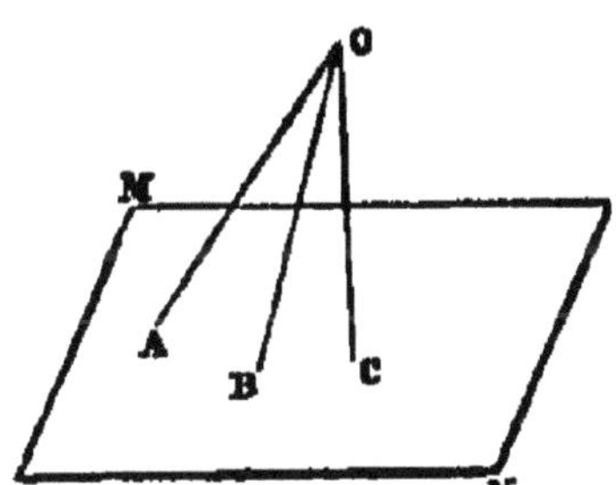

Soit O le centre de gravité ; OA l'axe.

Lorsque, à la rotation autour de l'axe, il vient s'en joindre une autre accidentelle, elles se composent en une seule autour d'une certaine droite OB. Soit MN le plan tangent à la surface de l'ellipsoïde au point B, où elle est percée par la droite OB. D'après le théorème de Poinsot, le corps tourne autour du point O, de telle sorte que l'ellipsoïde reste toujours tangent au plan MN. L'axe OA décrit donc un cône autour de la perpendiculaire OC abaissée du point O sur le plan MN.

Si la rotation accidentelle est faible relativement à celle

qui s'opère autour de OA, l'angle du cône est très-aigu et l'axe s'écarte peu de la direction primitive.

La question devient plus compliquée quand le mouvement est modifié par une cause permanente; mais il suffira d'examiner le cas où une force P constante en direction et en grandeur se trouve appliquée à un point de l'axe.

Soit Ω la vitesse angulaire constante que le mobile possède autour de son axe; A le moment d'inertie relativement à ce dernier. La valeur du couple capable de produire la rotation est $A\Omega$; la somme des forces vives est $A\Omega^2$.

Concevons au centre de gravité O, trois axes coordonnés rectangulaires Ox, Oy, Oz, le troisième Oz parallèle à la direction de la force P.

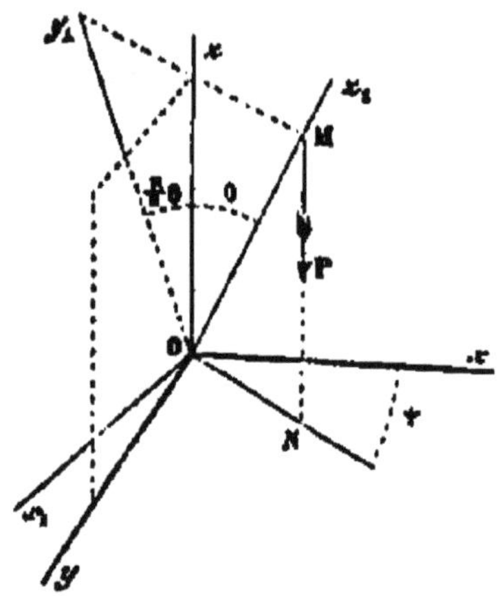

Soit, au bout du temps t, Oz_1 la position de l'axe du mobile,

ON la projection de Oz_1 sur le plan xy,

Ox_1 une droite située dans le plan xy et perpendiculaire à ON,

Oy_1 une autre droite perpendiculaire à Oz_1 et située dans le plan zOz_1.

Il est clair que les droites Oy_1 et Ox_1 forment un angle droit; leur plan est perpendiculaire à l'axe Oz_1 du mobile; c'est le plan de l'équateur.

Ox_1 est la trace du plan de l'équateur sur le plan xy.

Soit enfin M le point d'application de la force P, laquelle est dirigée suivant la droite MN parallèle à Oz.

Faisons $\qquad$ angle $zOz_1 = \theta$

$$\text{angle } \widehat{NOx} = \psi,$$

chacun des angles $\widehat{zOy_1}$, $\widehat{z_1ON}$ est égal à $\frac{\pi}{2} - \theta$.

L'équateur du corps est circulaire ; désignons par B le moment d'inertie relatif à l'un quelconque de ses diamètres.

Pendant chaque instant dt la force P engendre une rotation infiniment petite autour de la trace de l'équateur. Cette trace varie continuellement ; mais tous ces mouvements élémentaires se composant entre eux, il en résulte qu'au bout du temps t, le corps possède une certaine rotation autour d'un diamètre de l'équateur, lequel, d'ailleurs, reste inconnu.

Cette rotation peut être décomposée en deux autres, l'une autour de la trace actuelle Ox_1, l'autre autour du diamètre Oy_1 perpendiculaire à cette trace.

En vertu de la première, l'axe Oz_1 du mobile tourne pendant l'instant dt autour de la droite Ox_1, à laquelle il est perpendiculaire, et l'angle θ devient $\theta + d\theta$. La vitesse angulaire est donc représentée par $\frac{d\theta}{dt}$; et puisque B est le moment d'inertie relatif à Ox_1, la valeur du couple capable de produire le mouvement est $B\frac{d\theta}{dt}$; la somme des forces vives est $B\left(\frac{d\theta}{dt}\right)^2$.

La seconde rotation fait varier l'angle ψ qui devient $\psi + d\psi$. L'axe Oz_1 tournant autour de la droite Oy_1, à laquelle il est perpendiculaire, décrit pendant l'instant dt un angle infiniment petit dont le plan a sur le plan xy une inclinaison égale à $\frac{\pi}{2} - \theta$. La projection de ce petit angle sur le plan xy n'est autre chose que $d\psi$, et il est aisé de voir qu'il est égal à $\sin\theta\, d\psi$. Par conséquent, la rotation autour de Oy_1 a pour vitesse angulaire $\sin\theta\frac{d\psi}{dt}$.

Le couple capable de produire cette rotation est égal à $B \sin \theta \frac{d\psi}{dt}$; la somme des forces vives est $B \sin^2 \theta \left(\frac{d\psi}{dt}\right)^2$.

On voit qu'au bout du temps t le corps peut être considéré comme soumis à l'action des trois couples

$$A\Omega, \quad B\frac{d\theta}{dt}, \quad B\sin\theta\frac{d\psi}{dt},$$

ayant respectivement pour axes les trois droites rectangulaires Oz_1, Ox_1 et Oy_1.

La somme des forces vives est alors

$$A\Omega^2 + B\left(\frac{d\theta}{dt}\right)^2 + B\sin^2\theta\left(\frac{d\psi}{dt}\right)^2.$$

Avant l'action de la force P, elle était égale à $A\Omega^2$, les vitesses $\frac{d\theta}{dt}$ et $\frac{d\psi}{dt}$ étaient nulles. L'accroissement

$$B\left(\frac{d\theta}{dt}\right)^2 + B\sin^2\theta\left(\frac{d\psi}{dt}\right)^2$$

doit être égal au double du travail de la force P.

Désignons la distance OM par l et soit α la valeur primitive de l'angle θ.

Supposons l'angle α aigu.

Si la force P agit dans le sens zO, il est bien clair que son travail ne peut être positif qu'autant que θ surpasse α; il est alors exprimé par

$$Pl(\cos\alpha - \cos\theta).$$

Quand, au contraire, la force P agit dans le sens Oz, il faut que θ devienne inférieur à α, et le travail est représenté par

$$Pl(\cos\theta - \cos\alpha) \quad \text{ou} \quad -Pl(\cos\alpha - \cos\theta).$$

On peut donc, dans les deux cas, adopter la même expression, pourvu qu'on convienne de regarder la force P comme positive quand elle agit dans le sens zO, et comme négative quand elle est dirigée en sens opposé.

Cela posé, on a l'équation

$$(1) \qquad \left(\frac{d\theta}{dt}\right)^2 + \sin^2\theta \left(\frac{d\psi}{dt}\right)^2 = \frac{2Pl}{B}(\cos\alpha - \cos\theta).$$

Si l'angle α était obtus, on remplacerait la force P par une autre qui lui serait égale et parallèle, mais de sens opposé, et appliquée sur le prolongement de MO, de l'autre côté du point O et à une distance de ce point égale à l. On retomberait alors dans le cas de l'angle aigu.

Les trois couples $A\Omega$, $B\dfrac{d\theta}{dt}$, $B\sin\theta\dfrac{d\psi}{dt}$, peuvent être décomposés en d'autres dont les axes seraient les trois droites Ox, Oy, Oz.

Les couples $A\Omega$ et $B\sin\theta\dfrac{d\psi}{dt}$, dont les axes sont Oz_1 et Oy_1 fournissent seuls des composants ayant pour axe la droite Oz. La somme de ces composants est

$$A\Omega\cos\theta + B\sin^2\theta\frac{d\psi}{dt}.$$

Telle est donc la valeur du couple qui a Oz pour axe, et elle doit rester la même pendant toute la durée du mouvement, puisque la seule force du système est parallèle à Oz. Or, cette valeur était $A\Omega\cos\alpha$ au moment où la force a commencé à agir. Donc

$$A\Omega\cos\theta + B\sin^2\theta\frac{d\psi}{dt} = A\Omega\cos\alpha$$

ou

$$(2) \qquad B\sin^2\theta\frac{d\psi}{dt} = A\Omega(\cos\alpha - \cos\theta).$$

L'angle ψ ne restant pas constant, le plan zOz_1 tourne autour de Oz. C'est à ce mouvement qu'on a donné le nom de *précession*.

La position de Ox est tout à fait arbitraire ; on peut la

faire coïncider avec celle qu'occupait ON au moment où la force **P** a commencé à agir. L'angle ψ désigne alors la quantité dont la droite s'est écartée de la direction primitive.

$\dfrac{d\psi}{dt}$ est la vitesse angulaire du mouvement de précession.

Dans le cas où θ surpasse α et où, par conséquent, cos θ est inférieur à cos α, l'équation (2) montre que la vitesse angulaire a le même signe et par conséquent le même sens que la vitesse $A\Omega \cos\alpha$. La force **P** agit alors dans le sens zO.

Le contraire arrive évidemment quand θ est moindre que α, c'est-à-dire quand la force **P** est dirigée dans le sens Oz.

Ainsi, le mouvement de précession et la rotation primitive ont le même sens ou des sens opposés, suivant que l'action de la force **P** tend à augmenter ou à diminuer l'angle α supposé aigu.

L'élimination de $\dfrac{d\psi}{dt}$ entre les équations (1) et (2) conduit à

$$(3) \quad B^2 \sin^2\theta \left(\frac{d\theta}{dt}\right)^2 = (\cos\alpha - \cos\theta) \left\{ \begin{array}{c} 2BPl\sin^2\theta \\ -A^2\Omega^2(\cos\alpha - \cos\theta) \end{array} \right\}.$$

Supposons, pour fixer les idées, que la force **P** agisse dans le sens zO. Alors, le premier facteur du second membre n'est jamais négatif; il faut donc qu'il en soit de même de l'autre $2BPl\sin^2\theta - A^2\Omega^2(\cos\alpha - \cos\theta)$. Quand $\theta = \alpha$, ce facteur est égal à $2BPl\sin^2\alpha$; il deviendrait négatif si on supposait $\theta = \pi$; il y a donc entre α et π une certaine valeur θ qui l'annule, et que l'angle θ ne peut dépasser.

Après avoir atteint cette limite, l'angle θ doit nécessairement décroître; le rapport $\dfrac{d\theta}{dt}$, positif jusqu'alors, devient négatif en passant par zéro, et reste tel jusqu'à ce qu'il s'annule de nouveau, quand θ, décroissant toujours, reprend sa valeur primitive α. Après quoi, tout recommence.

L'axe du corps fait ainsi une suite d'oscillations isochrones dans le plan zOz_1, pendant que ce plan tourne autour de la droite Oz. Ce mouvement oscillatoire a reçu le nom de *nutation*.

Lorsque la force P agit dans le sens Oz, elle est considérée comme négative; l'angle θ ne pouvant être supérieur à α, le premier facteur du second membre n'est jamais positif; l'autre doit être dans le même cas. Il est en effet négatif quand $\theta=\alpha$, mais il acquerrait une valeur positive si on supposait $\theta = o$. Il y a donc entre α et zéro une valeur qui l'annule et qu'on peut encore désigner par 6. L'angle θ décroît jusqu'à ce qu'il ait atteint cette limite, puis croît. L'axe éprouve donc toujours un mouvement oscillatoire.

Toutes les courbes décrites par les divers points de l'axe Oz_1 sont semblables, et on prend une idée très-nette de leurs formes en considérant leurs projections sur le plan xy.

Prenons par exemple le point M dont N est la projection, et soit $ON = \rho$. Il est clair que $\rho = l \sin \theta$, et comme θ ne varie qu'entre α et 6, la courbe que décrit le point N est comprise entre deux circonférences de cercles ayant le point O pour centre. Le rayon de l'une est $l \sin \alpha$, celui de l'autre est $l \sin 6$. La courbe se compose d'une suite de festons tous égaux entre eux. Quand elle atteint la première circonférence, elle lui est normale; en rencontrant la seconde, elle lui devient tangente; c'est ce dont il est facile de s'assurer. En effet, $d\rho = l \cos \theta \, d\theta$, par conséquent

$$\frac{d\rho}{d\psi} = l \cos \theta \, \frac{d\theta}{d\psi},$$

et on obtient le rapport $\frac{d\theta}{d\psi}$ en divisant l'équation (3) par l'équation (2), après avoir élevé les deux membres de cette dernière au carré. Ce calcul conduit à

$$\left(\frac{d\rho}{d\psi}\right)^2 = \frac{l^2 \sin^2\theta \cos^2\theta\left(2BPl\sin^2\theta - A^2\omega^2(\cos\alpha - \cos\theta)\right)}{A^2\omega^2(\cos\alpha - \cos\theta)}.$$

La dérivée $\frac{d\rho}{d\psi}$ devient infinie quand $\theta = \alpha$, tandis qu'elle se réduit à zéro si $\theta = \beta$, attendu qu'alors le second facteur du numérateur est nul.

Quand la force P agit dans le sens zO, la circonférence dont le rayon est $l\sin\beta$ se trouve extérieure à l'autre; le contraire arrive quand elle est dirigée dans le sens Oz.

Il est clair, d'ailleurs, que les deux circonférences se rapprochent d'autant plus l'une de l'autre que le mouvement de rotation du mobile autour de son axe est plus rapide.

§ 3. — Projectiles.

D'après les dispositions le plus généralement adoptées, le corps du boulet est cylindrique, la partie antérieure a une forme ogivale, le rapport de la longueur totale au diamètre est toujours un peu supérieur à 2. Le projectile a, comme les obus, une chambre remplie de poudre, et son poids est ordinairement à peu près égal au double de celui du boulet sphérique de même diamètre.

Le mouvement de rotation est imprimé au moyen de parties saillantes appelées *tenons*, et placées sur la portion cylindrique. Ces tenons s'engagent dans des rayures ménagées sur la surface de l'âme du canon et inclinées sur l'axe.

Dans les canons de la marine, la partie supérieure

du projectile tourne de droite à gauche ; dans les canons du département de la guerre, la rotation s'opère en sens opposé.

Les mouvements irréguliers ne peuvent être écartés qu'autant que l'axe du mobile coïncide avec l'axe de l'âme. Lorsque cette condition est remplie, on dit que le projectile est *centré*. Le maintien du centrage exige que le boulet soit en quelque sorte forcé dans la bouche à feu.

L'emploi d'un métal un peu mou pour la confection des tenons permet d'ailleurs d'obtenir le forcement sans que les rayures aient à en souffrir.

On emploie quelquefois des boulets cylindriques et massifs ; ils sont destinés à agir contre les bâtiments cuirassés et portent le nom de boulets de rupture.

§ 4. — Tenons et rayures. — Résistance des canons.

La recherche de la meilleure manière de disposer les tenons sur le projectile est la première qui se présente.

Supposons que l'axe du boulet se trouve exactement placé sur l'axe de l'âme.

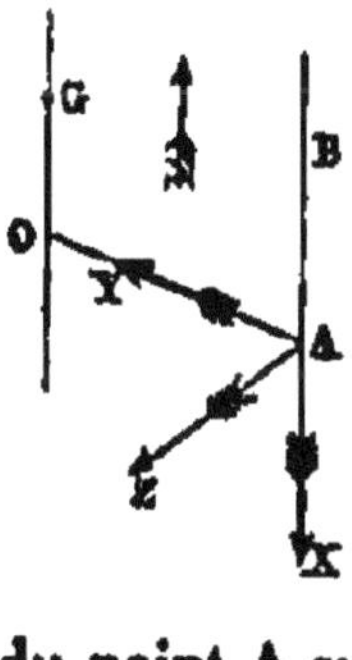

Soit G le centre de gravité du corps ;

OG l'axe ; le mouvement de translation s'effectue dans le sens OG ;

AB une parallèle à l'axe sur laquelle doit se trouver le contact d'un tenon et de la rayure correspondante ;

A le point de contact ; la figure suppose ce point en arrière du centre de gravité ;

O le pied d'une perpendiculaire abaissée du point A sur l'axe.

En A le tenon éprouve à la fois une pression et un frottement qui se composent en une seule force F. La pression est dirigée suivant la normale commune au tenon et à la rayure ; le sens du frottement est l'opposé de celui du mouvement du point A.

La force F est décomposable en trois autres : la première X dirigée suivant BA, la seconde Y suivant AO, la troisième Z suivant une perpendiculaire au plan des deux droites AO et AB.

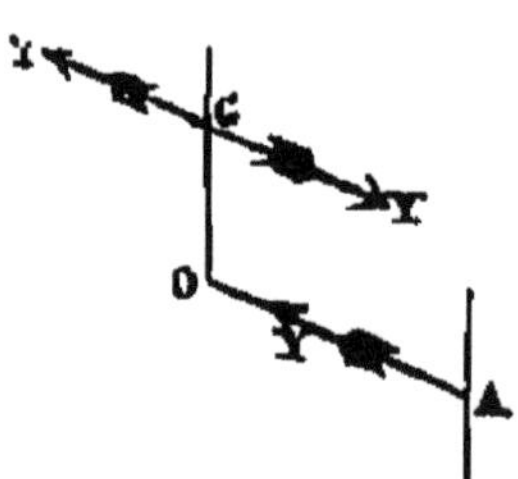

La composante X a un sens contraire à celui de la translation ; son transport au centre de gravité G s'effectue par l'addition d'un couple situé dans le plan des deux droites OG et AB, et ayant un moment égal à $\overline{OA}.X$. La force ainsi transportée retarde le mouvement de translation. Quant au couple, il tend à produire une rotation autour d'une droite perpendiculaire à l'axe, et c'est un genre de mouvement qu'il faut éviter.

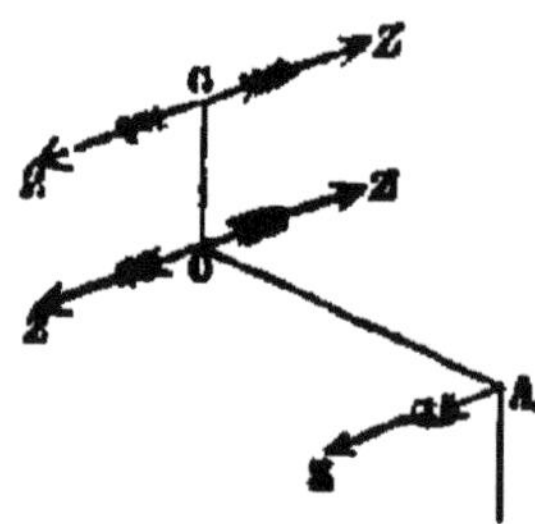

La composante Y, provenant d'une pression exercée sur le tenon, agit dans le sens AO. Pour la transporter au point G, il faut un second couple situé encore dans le plan des deux droites OG et AB, et dont le moment est égal à $\overline{OG}.Y$. Son effet s'ajoute à celui du premier. La force Y tend à déplacer le mobile latéralement ; c'est encore un mouvement qu'il faut écarter.

Le transport de la troisième force Z du point A au point O exige un troisième couple situé dans un plan perpendiculaire à l'axe, et dont le moment est $\overline{OA}.Z$; il produit une rotation autour de l'axe, et c'est précisément le mouvement qu'on veut obtenir.

Mais il faut encore porter la force Z du point O au

centre de gravité, et un quatrième couple devient nécessaire ; son plan passe par l'axe et est perpendiculaire au plan des deux droites OG et AB ; son moment est égal à $\overline{OG}.Z$. Il ne peut avoir pour effet que de produire une rotation autour d'une perpendiculaire à l'axe. Quant à la force Z, elle tend à déplacer le mobile latéralement.

Il y a donc deux forces perturbatrices, Y et Z, et trois couples perturbateurs $\overline{OA}.X$, $\overline{OG}.Y$ et $\overline{OG}.Z$. Il faut tâcher de neutraliser leurs effets.

Ordinairement, plusieurs tenons également espacés sont placés sur le contour d'une section perpendiculaire à l'axe ; à chacun d'eux correspond une rayure particulière. Il est bien clair que s'ils supportaient exactement les mêmes efforts, l'équilibre subsisterait entre les diverses forces qui tendent à déplacer le mobile latéralement, aussi bien qu'entre les couples perturbateurs ; mais il ne faut pas compter sur une pareille répartition des pressions ; de plus, des forces ne peuvent se faire équilibre par l'intermédiaire d'un corps qu'en exerçant sur lui des actions auxquelles il ne résiste pas toujours ; il convient donc de rechercher si, par des dispositions particulières, il ne serait pas possible d'en amoindrir ou d'en faire disparaître quelques-unes.

Les couples perturbateurs $\overline{OG}.Y$ et $\overline{OG}.Z$ cessent d'exister, lorsque la distance OG devient nulle ; *il y a donc un grand avantage à placer les centres des tenons sur le contour de la section circulaire qui passe par le centre de gravité*. Cette disposition a été adoptée par la marine.

On peut encore faire disparaître la force Y ; il suffit évidemment pour cela que la normale suivant laquelle la rayure presse le tenon soit perpendiculaire à AO. Cette condition sera, d'ailleurs, remplie si le flanc directeur de la rayure, c'est-à-dire le flanc qui agit sur le tenon, est normal à la surface cylindrique de l'âme, disposition qui a, en outre, l'avantage de réduire la pression à sa moindre valeur, et est, par suite, favorable à la conservation de la bouche à feu.

Dans les canons de la marine, la section transversale des rayures a la forme d'une anse de panier. La configuration des tenons est telle qu'ils n'opposent d'abord qu'une très-faible saillie aux flancs directeurs dont alors l'action ne s'exerce que dans le voisinage de la surface cylindrique de l'âme et, par conséquent, suivant une direction à peu près tangente à cette dernière ; de sorte que les forces Y sont sensiblement nulles.

Le métal mou dont les tenons sont formés est entamé par les flancs ; la portion ainsi arrasée, et dont l'épaisseur est devenue à peu près égale à la moitié du vent du boulet, passe sous les parois de l'âme : par suite, le projectile se trouve maintenu *.

A mesure que le mouvement se prolonge, les flancs directeurs, rencontrant une saillie plus considérable, agissent par une plus grande portion de leur surface. A raison de la concavité de cette dernière, les forces Y ne peuvent plus être considérées comme nulles, mais alors la grandeur des pressions est beaucoup moins à craindre, et la présence de ces forces peut être avantageuse. En effet, si l'axe du mobile se trouve momentanément écarté de l'axe de l'âme, il importe qu'il se manifeste quelque action qui tende à l'en rapprocher. Or, cette action ne manquera pas de se produire si les forces Y existent, les pressions devenant nécessairement plus fortes du côté où l'axe du projectile a été porté.

Le zinc convient très-bien pour la confection des tenons, si la bouche à feu est en fonte de fer ; mais quand elle est en bronze, l'arrasement exige un métal plus

---

* Les tenons disposés de manière à être en partie arrasés, sont employés dans la marine depuis 1858 ; mais le profil des rayures a varié, et ce n'est qu'en 1860 que la forme en anse de panier a été adoptée.

mou, on a recours à un alliage de plomb et d'étain.

Au point de vue de la conservation de la bouche à feu, il convient d'écarter tout ce qui peut apporter quelque retard aux premiers déplacements du projectile; c'est alors surtout que la tension des gaz peut acquérir une intensité considérable et devenir dangereuse. Les rayures hélicoïdales offrent cet inconvénient que l'obstacle qu'elles opposent se fait sentir dès les premiers instants; il est clair qu'il n'en est plus de même lorsqu'on adopte des rayures dont l'inclinaison, nulle à l'origine, croît progressivement jusqu'à la tranche du canon. La rotation du mobile à la sortie de l'âme est, d'ailleurs, la même, si l'inclinaison finale est égale à celle des hélices et les conditions du tir ne sont pas changées.

Il faut seulement faire choix d'une forme simple et facile à construire, et l'on satisfait à cette condition en prenant la courbe qui, dans le développement du cylindre, devient une parabole du second degré.

Soit l la longueur comprise entre l'origine des rayures et la tranche du canon.

θ l'inclinaison finale des rayures sur les génératrices de l'âme.

En supposant les abscisses x parallèles aux génératrices et les ordonnées y dans la direction perpendiculaire; prenant, d'ailleurs, l'origine des rayures pour celle des coordonnées, il est facile de voir que l'équation de la parabole est

$$y = \frac{\tang\,\theta}{2l} x^2.$$

On a généralement trouvé qu'une inclinaison finale de 5° à 6° suffisait pour obtenir un tir d'une grande justesse, et, dès lors, la crainte de nuire à la conservation de la bouche à feu a fait écarter les inclinaisons supérieures.

Les rayures paraboliques sont adoptées dans la marine.

Au commencement du mouvement, les projectiles dont les tenons n'ont pas encore subi l'action des flancs directeurs, éprouvent des battements qui dégradent les rayures. On en atténue les effets au moyen de petites plaques en métal mou convenablement disposées sur l'arrière.

Lorsque les bouches à feu sont en fonte de fer, le tir produit dans les rayures des fentes longitudinales qui finissent par amener leur destruction ; ces fentes seraient évidemment plus dangereuses si elles se trouvaient deux à deux diamétralement opposées ; il convient donc que les rayures soient en nombre impair. Les canons de la marine en ont trois.

Il est bien clair que si le fond de la rayure faisait avec les flancs des angles un peu prononcés, cette circonstance favoriserait la formation des fentes.

Le canal de la lumière donne aussi naissance à une fissure longitudinale ; il faut donc que l'on adopte une disposition telle que ce canal soit compris dans l'intervalle de deux rayures.

La tension des gaz ne varie pas lorsqu'on augmente le nombre des rayures, si l'ensemble des vides qu'elles présentent reste constamment le même ; mais la pression que chaque flanc directeur a à supporter par suite de la réaction du tenon sur lequel il agit éprouve nécessairement une diminution. La multiplicité des rayures est donc favorable à la conservation de la pièce ; toutefois, il est à remarquer que lorsqu'on se conforme aux dispositions qui viennent successivement d'être énumérées, l'action des flancs directeurs se trouve à peu près insensible au commencement du mouvement.

L'usage est maintenant de revêtir de frettes en acier la partie postérieure des canons de fonte employés sur la flotte ; cette partie a une forme cylindrique, et le diamètre intérieur des frettes, avant leur mise en place, est un peu inférieur à celui du cylindre. On chauffe les frettes pour les placer ; en se refroidissant elles acquièrent une certaine tension, attendu qu'elles ne peuvent reprendre leurs dimensions primitives.

Les frettes n'empêchent pas la formation des fissures longitudinales; mais elles apportent un obstacle à leur agrandissement, par suite de la pression qu'elles exercent sur le cylindre; de plus, elles rendent les éclatements beaucoup moins dangereux, en ce qu'elles s'opposent à la dispersion latérale des fragments.

Dans les canons en bronze du département de la guerre, les rayures sont héliçoïdales et au nombre de six. Chaque boulet porte douze tenons en zinc, savoir : six à l'avant et six à l'arrière de la partie cylindrique. La même rayure reçoit ainsi deux tenons. Cette disposition empêche tout contact entre le projectile et les parois de l'âme et préserve ainsi le bronze des dégradations auxquelles il serait exposé par suite des battements. Les flancs directeurs font un angle aigu avec la surface cylindrique de l'âme. Il n'y a point d'arrasement de métal; le forcement est le résultat de la grandeur des pressions, aussi le tir offre-t-il d'autant plus de justesse que l'angle des flancs et de la surface de l'âme devient plus aigu.

CHAPITRE II.

RÉSISTANCE DE L'AIR AU MOUVEMENT DES PROJECTILES.

§ 1. — Considérations générales. — Formules.

Le projectile est toujours un corps de révolution dont la partie postérieure est cylindrique. En sortant de la bouche à feu, il est animé d'un mouvement de rotation autour de son axe.

Soit a le diamètre du cylindre ;

  V la vitesse initiale de translation ;

  Ω la vitesse angulaire initiale de rotation ;

  Θ l'inclinaison finale des rayures.

Un point placé à la surface du cylindre possède à la fois les deux vitesses V et $\dfrac{a\Omega}{2}$, la première parallèle, et la seconde perpendiculaire aux génératrices ; le rapport de la seconde à la première est égal à tang Θ.

Donc
$$\Omega = \frac{2V \, \text{tang} \, \Theta}{a}.$$

Ainsi, quand l'inclinaison des rayures demeure la même, et c'est ce qui arrive dans les bouches à feu semblables, la vitesse angulaire est en raison inverse du calibre et proportionnelle à la vitesse de translation.

Si les projectiles sont semblables et ont la même vitesse de translation, leurs points homologues ont alors

des vitesses de rotation égales, et par conséquent possèdent la même vitesse absolue.

Jusqu'à une certaine distance de la bouche à feu, l'axe
du projectile ne s'écarte guère de la direction du mouvement, et ce dernier peut être considéré comme à peu
près rectiligne, de sorte qu'il est permis de négliger les
petites variations que la pesanteur fait subir aux vitesses.

Dès lors, quand il s'agit de comparer les mouvements
de projectiles semblables et lancés par des canons dont
les rayures ont la même inclinaison finale, l'expression
de la résistance de l'air prend une forme analogue à celle
que l'on a employée dans le cas des boulets sphériques.
La résistance se trouve proportionnelle à la densité de
l'air, à la section transversale du corps et à une certaine
fonction de la vitesse de translation.

Soit δ la densité ou le poids du mètre cube d'air ;
p le poids du mobile ;
a le diamètre de la partie cylindrique ;
v la vitesse de translation ;
R la résistance ;
r l'accélération correspondante.

On a

$$R = \frac{\pi a^2 \delta}{4} \varphi\,(v)$$

$$r = \frac{gR}{p} = \frac{\pi a^2 g \delta}{4p} \varphi\,(v).$$

La fonction $\varphi\,(v)$ dépend de la forme et de la constitution du corps ; elle ne peut être déterminée que par l'expérience.

§ 2. — Boulets ogivaux. — Formules.

Les expériences auxquelles on a soumis les boulets ogivaux, c'est-à-dire terminés à l'avant par une ogive, ont conduit, comme on le verra bientôt, à regarder la résistance de l'air comme proportionnelle au cube de la vitesse de translation. Dès lors

$$\varphi(v) = H v^3,$$

H désignant une constante qui doit être la même pour les projectiles semblables. En faisant

$$n = \frac{\pi g H}{4} \qquad c = n \delta \frac{a^2}{p},$$

il vient

$$r = c v^3.$$

De plus, si la résistance de l'air est la seule cause qui modifie le mouvement du mobile, en désignant par v' et v'' deux vitesses prises en deux points séparés par un intervalle égal à x, on a la relation

$$v'' = \frac{v'}{1 + c v' x}$$

(Ire partie, chapitre II, § 7).

Dans tout ce qui va suivre, on représentera par :

    l la longueur totale du projectile, entre la pointe et l'arrière ;

    j la longueur de l'ogive ;

    J le rayon de l'arc ogival ;

    g la distance du centre de gravité à la pointe.

Il est clair que quand les projectiles sont semblables, les divers rapports

$$\frac{l}{a}. \quad \frac{j}{a}, \quad \frac{J}{a}, \quad \frac{g}{a},$$

conservent les mêmes valeurs.

Lorsque l'ogive est tangente au cylindre, on a

$$j^2 = a \, (J - a) \, ;$$

mais cette tangence n'existe pas toujours.

Dans toutes les expériences, la charge du projectile était remplacée par un mélange inerte, ordinairement composé de sable et de sciure de bois.

§ 3. — Boulets ogivaux. — Premières expériences (Gâvre, 1859).

Dans les premières expériences on s'est servi d'un canon de 30 ; l'âme avait un diamètre égal à $0^m 1648$, et sa longueur était de $2^m 75$. Les rayures, au nombre de trois et paraboliques, l'origine à $0^m 185$ du fond de l'âme, inclinaison finale, 6°.

Projectiles :

$$a = 0^m 1623 \quad l = 0^m 371 \quad j = 0^m 196 \quad J = 0^m 320 \quad g = 0^m 223 \quad p = 30^k$$

$$\frac{l}{a} = 2.286 \quad \frac{j}{a} = 1.208 \quad \frac{J}{a} = 1.972 \quad \frac{g}{a} = 1.374$$

La figure ci-jointe fait connaître les formes et les dimensions de la chambre. La lumière traversait l'ogive, qui, à cet effet, était tronçonnée ; mais le canal était fermé par un bouchon en fer et à vis dont la tête complétait la forme ogivale.

Poudre du Ripault 1856. Diamètre du mandrin des gargousses, 150^{mm}.

Un valet en algue était interposé entre la gargousse et le boulet ; longueur 110^{mm} ; poids 450 grammes.

Dans chaque séance, en ayant soin de ne donner à la bouche à feu qu'une très-légère inclinaison et en employant la même charge, on mesurait successivement, à

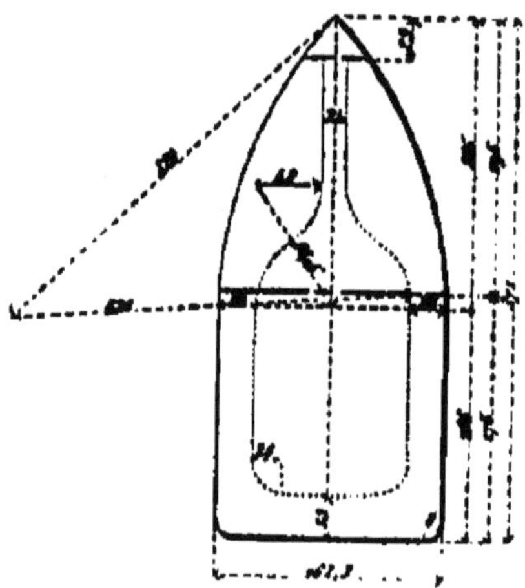

l'aide de l'appareil électro-balistique, les vitesses des projectiles à deux distances différentes; les moyennes étaient déduites de dix coups. On observait l'état de l'atmosphère.

La même charge était employée pendant trois séances. La première vitesse v' était prise à 33^m du canon, la seconde v'' à 500^m environ.

De l'équation rappelée dans le § 2 on tire

$$c = \frac{v'-v''}{v'v''x}.$$

Ainsi, si la résistance de l'air est réellement proportionnelle au cube de la vitesse, on doit avoir un résultat sensiblement constant en substituant, dans l'expression $\frac{v'-v''}{v'v''x}$, les valeurs de v', v'' et x correspondantes à la même charge.

RÉSULTATS MOYENS DES EXPÉRIENCES.

(Chaque vitesse est déduite de 30 coups.)

CHARGE du canon.	PREMIÈRE VITESSE v' à 33 mètres du canon.	DERNIÈRE VITESSE v''.	INTERVALLE des points d'observation x.	VALEUR DE $\dfrac{v'-v''}{v'v''x}$ ou c.
kilog.	mètr.	mètr.	mètr.	
1.5	225.1	245.6	464	0.000000422
2.0	263.7	252.5	467	0.000000360
2.5	294.9	275.9	467	0.000000425
3.0	309.6	294.8	467	0.000000422
3.5	326.9	306.4	467	0.000000438

Sauf l'anomalie que présente la charge de 2^k0, la valeur de $\dfrac{v'-v''}{v'v''x}$ se montre sensiblement constante. La formule $r = cv^2$ est donc suffisamment justifiée. En prenant une moyenne, on a

$$c = 0{,}000000413.$$

Pendant la durée des expériences, le poids moyen du mètre cube d'air a été de 1^k231. Portant les valeurs précédentes de c et de δ dans l'équation $c = n\delta\dfrac{a^2}{p}$, et observant en outre que $a = 0^m1623$ et $p = 30^k$, on obtient

$$n = 0{,}0003821,$$

ce qui conduit à l'expression

$$c = 0{,}0003821\,\delta\dfrac{a^2}{p},$$

applicable aux boulets semblables à ceux qui ont été employés dans les expériences.

Lorsqu'on suppose, avec le général Didion, le poids moyen du mètre cube d'air égal à 1^k208, on a

$$c = 0,000462\,\frac{a^2}{p}\,;$$

et si le diamètre du boulet est exprimé en décimètres,

$$c = 0,00000462\,\frac{a^2}{p}\,.$$

§ 4. — Boulets ogivaux. — Deuxième suite d'expériences (Gâvre, 1859).

Dans une seconde série d'expériences, on a opéré sur deux perriers en bronze : l'un avait le calibre réglementaire 0^m0532, l'autre un diamètre un peu plus grand. Le premier a, par suite, donné des vitesses supérieures ; longueur de l'âme, 0^m874. Les rayures, au nombre de trois et paraboliques ; distance de l'origine au fond de l'âme, 0^m150 ; inclinaison finale, $6°23'$.

Projectiles :

$$a = 0^m0522 \quad l = 0^m130 \quad j = 0^m067 \quad J = 0^m099 \quad g = 0^m0768 \quad p = 1^k110$$

$$\frac{l}{a} = 2.491 \quad \frac{j}{a} = 1.283 \quad \frac{J}{a} = 1.897 \quad \frac{g}{a} = 1.471$$

La forme et les dimensions de la chambre sont données

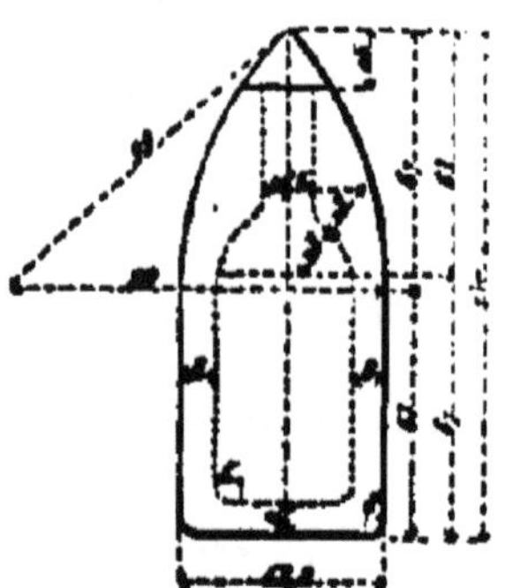

dans la figure ci-jointe. La lumière traversait l'ogive qui, par suite, était tronçonnée ; mais un bouchon en fer était vissé dans le canal, et la tête de ce bouchon avait exactement la forme de la partie enlevée, de sorte que l'ogive se trouvait complète.

Le même jour, en employant la même charge et le même perrier, on mesurait la vitesse des boulets à deux distances différentes.

RÉSULTATS MOYENS DES EXPÉRIENCES.

(Chaque vitesse est déduite de 40 coups.)

CHARGE du perrier.	PREMIÈRE VITESSE v' à 20 mètres du perrier.	DEUXIÈME VITESSE v''.	INTERVALLE des points d'observation x.	VALEUR DE $\dfrac{v' - v''}{v\,v''x}$ ou c.
kilog.	mètr.	mètr.	mètr.	
0.120	267.2	243.9	282.2	0.000000936
	263.2	240.2	277.0	0.000001343
0.130	274.2	241.5	382.7	0.000001292
0.140	287.8	258.6	382.0	0.000001027
	280.0	258.9	277.0	0.000001010
0.160	307.2	282.5	277.0	0.000001020
	292.5	270.2	270.2	0.000001019

Les différences que présentent les valeurs de c peuvent être attribuées à la direction variable des vents qui, quelquefois, favorisaient le mouvement des projectiles, et d'autres fois le contrariaient. En prenant une moyenne, on a

$$c = 0{,}000001094.$$

Le poids moyen du mètre cube d'air, pendant la durée des expériences, a été de 1ᵏ290. Par suite, en opérant de la même manière que dans le § 3, on trouve

$$c = 0,0003537 \frac{a^3}{p} \delta.$$

Si $\delta = 1^k 208$ et si, en même temps, le diamètre a est exprimé en décimètres,

$$c = 0,00000427 \frac{a^3}{p}.$$

Cette valeur est un peu inférieure à celle du § 3 ; mais si l'on compare les boulets du perrier aux boulets de 30, on verra que les formes des premiers étaient plus allongées que celles des seconds.

§ 5. — Boulets terminés à l'avant par un demi-ellipsoïde (Gâvre, 1861).

En 1861, on a essayé des boulets dont la partie antérieure avait la forme d'un demi-ellipsoïde de révolution.

Diamètre de la partie cylindrique.. . . . . . . $0^m 1366$
Longueur. 0.165
Demi-grand axe de l'ellipsoïde. 0.135

La lumière traversait l'ellipsoïde, qui, à cet effet, était tronçonné ; diamètre de la section, $0^m 050$. Un bouchon

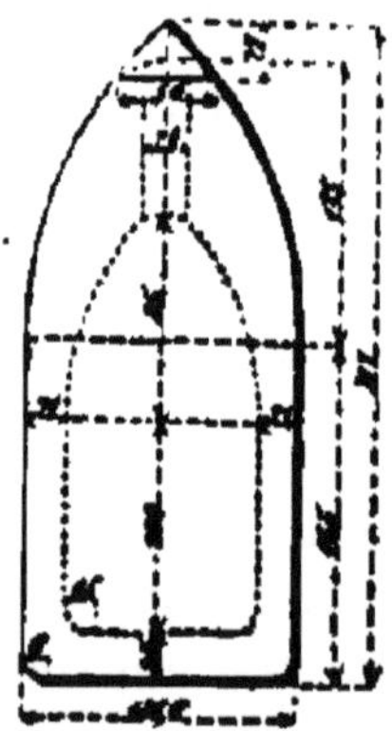

en fer et à vis fermait la lumière ; la tête de ce bouchon avait une forme conique tangente à la surface ellipsoïdale ; hauteur du cône, $0^m 027$.

Longueur totale du projectile.. . . . . $0^m 317$
Longueur de la partie ellipsoïdo-conique. . . $0^m 152$

Les rapports de ces deux longueurs au diamètre étaient respectivement égaux à 2,321 et 1,121.

La chambre, cylindrique à l'arrière, ellipsoïdale à l'avant, est représentée dans la figure ci-jointe.

Le poids moyen des boulets était 19ᵏ75.

Deux canons différents ont été employés.

	DIAMÈTRE de l'âme.	LONGUEUR de l'âme.
	mètr.	mètr.
Canon de 18 nº 1.	0.1387	2.436
Canon de 18 nº 2.	0.1387	2.288

Les rayures au nombre de trois et paraboliques. Distance de l'origine au fond de l'âme, 0ᵐ292. Inclinaison finale, 6°.

Poudre du Ripault 1859 ; diamètre du mandrin des gargousses, 126ᵐᵐ ; un valet en algue de 10° de longueur était placé entre la gargousse et le boulet.

Le même jour, on mesurait la vitesse du projectile à deux distances différentes, en employant la même bouche à feu et la même charge.

RÉSULTATS MOYENS DES EXPÉRIENCES.

Les vitesses données par le canon nº 1 sont déduites de 48 coups. Les autres de 15.

BOUCHE A FEU.	CHARGE	PRE-MIÈRE vitesse v' à 33ᵐ du canon.	SE-CONDE vitesse v''.	INTER-VALLE des points d'observation x.	POIDS moyen du mètre cube d'air δ.	
Canon nº 1 . .	2ᵏ5	337ᵐ3	322ᵐ6	267ᵐ	1ᵏ230	2, 12 et 17 octobre.
* Canon nº 2.	2.1	306.4	293.5	267ᵐ	1.260	21 décembre.

* La poudre employée le 24 décembre était affaiblie par un séjour trop pro-

Les expériences exécutées sur les boulets ogivaux au·
torisent à regarder la résistance de l'air comme proportionnelle au cube de la vitesse. Suivant dès lors la même
méthode de calcul que précédemment, on obtient, en se
servant des résultats fournis par le canon n° 1,

$$c = 0,0004364 \frac{a^2}{p} \delta,$$

et en employant ceux qui ont été donnés par le canon
n° 2,

$$c = 0,0004406 \frac{a^2}{p} \delta.$$

Les deux coefficients diffèrent peu l'un de l'autre. On
peut donc adopter l'expression

$$c = 0,00000438 \frac{a^2}{p} \delta,$$

qui, lorsqu'on prend $\delta = 1,208$, et qu'on exprime le diamètre a en décimètres, devient

$$c = 0,00000529 \frac{a^2}{p}.$$

La comparaison de ce résultat avec ceux qu'on a obtenus précédemment montre que la substitution de la forme
ellipsoïdale à la forme ogivale augmenterait la résistance
de l'air.

§ 6. — Boulets cylindriques. — Expériences de 1860.

Les boulets cylindriques employés en 1860 avaient un
diamètre égal à 0^m1623 et pesaient 45^k. L'avant était

---

longé dans le magasin de Gâvre; ce n'est donc point par les résultats de cette
épreuve qu'il faudrait juger des effets produits dans le canon n° 2 par la charge
de 2^k4.

formé par une calotte sphérique très-aplatie ; la flèche n'était que de 0ᵐ020. Rapport de la flèche au diamètre, 0,123.

Ces projectiles, creux à l'arrière, avaient une longueur égale à 0ᵐ,374. Rapport de la longueur au diamètre, 2,304.

La lumière, percée dans le culot, était fermée par un bouchon à vis.

Les rayures du canon avaient leur inclinaison finale égale à 6°.

Le 6 septembre, en employant la charge de 7ᵏ5, on a mesuré les vitesses des boulets à 33ᵐ et à 300ᵐ de la bouche à feu ; vitesse à la première distance 319ᵐ3 ; à la seconde 303ᵐ, moyennes prises sur 15 coups ; de là

$$c = 0,0000006025.$$

Le poids du mètre cube d'air était égal à 1ᵏ211.

Prenant comme précédemment $\delta = 1,208$ et exprimant le diamètre a en décimètres, on a

$$c = 0,00001027 \frac{a^2}{p}.$$

§ 7. — Boulets cylindriques. — Expériences de 1861.

Les boulets cylindriques sur lesquels on a opéré en 1861 avaient le même diamètre, le même poids et la même forme antérieure que ceux de 1860 (§ 6) ; mais ils étaient massifs, et leur longueur se trouvait égale à 0ᵐ298.

Rapport de la longueur au diamètre 1,787.

La bouche à feu était un canon de 30 dit à grande puissance (chap. III, § 5). Inclinaison finale des rayures 6°30′.

La charge de poudre pesait 12ᵏ0.

Le 9 juillet, les vitesses des projectiles ont été mesurées à 38ᵐ et à 300ᵐ de la bouche à feu. Les moyennes, prises sur 11 coups, ont été trouvées respectivement égales à 406ᵐ6 et 380ᵐ ; par suite

$$c = 0,000000657.$$

Le poids du mètre cube d'air était de 1ᵏ214, de sorte qu'en supposant $\delta = 1,208$ et exprimant le diamètre a en décimètres, on trouve

$$c = 0,00001117 \frac{a^2}{p}.$$

Cette valeur, comparée à celle du § 5, montre que le raccourcissement du projectile a augmenté la résistance de l'air.

§ 8. — Résumé et conclusion.

Les expériences précédentes autorisent à regarder la résistance de l'air comme proportionnelle au cube de la vitesse de translation, du moins tant que l'axe du mobile s'écarte peu de la tangente à la trajectoire que décrit le centre de gravité. En supposant

$$c = n\delta \frac{a^2}{p},$$

l'expression de l'accélération correspondante est

$$r = cv^3.$$

La valeur de la constante n dépend de la forme du corps.

Dans les expériences, les vitesses initiales ont varié entre 200ᵐ et 340ᵐ, et l'inclinaison finale des rayures était d'environ 6°.

Il est bien clair que les diverses valeurs de c que l'on a obtenues ne peuvent être appliquées qu'à des projectiles semblables à ceux qui ont été employés dans les expériences ; elles sont réunies dans le tableau suivant.

PROJECTILES.	VALEUR DE c.	
Boulets ogivaux : $\frac{l}{a} = 2.286 \quad \frac{j}{a} = 1.208 \quad \frac{J}{a} = 1.072 \,(\S 3)$	$c = 0.00000462 \dfrac{a^2}{p}$	Le diamètre a est exprimé en décimètres et le poids p en kilogrammes.
$\frac{l}{a} = 2.494 \quad \frac{j}{a} = 1.283 \quad \frac{J}{a} = 1.897 \,(\S 4)$.	$c = 0.00000427 \dfrac{a^2}{p}$	Le poids du mètre cube d'air est $1^k 208$.
Boulets à forme antérieure ellipsoïdale semblables à ceux du § 3.	$c = 0.00000520 \dfrac{a^2}{p}$	
Boulets cylindriques terminés à l'avant par une calotte sphérique très-aplatie. (Rapport de la longueur au diamètre, 2.304. .	$c = 0.00004027 \dfrac{a^2}{p}$	
Rapport de la flèche au diamètre, 0.423.) *Idem*, 1.787. .	$c = 0.00004447 \dfrac{a^2}{p}$	

La première valeur de c, savoir $c = 0,00000462\,\dfrac{a^2}{p}$ peut être adoptée pour tous les boulets ogivaux de 30 qui ont été successivement essayés à Gâvre.

La connaissance de la valeur de c permet de calculer la vitesse initiale V lorsque, à l'aide de l'appareil électro-balistique, on a mesuré la vitesse à une distance x de la bouche à feu. On a en effet

$$v = \frac{V}{1 + cVx}.$$

Dans les projectiles qu'emploie l'artillerie de terre, les ogives sont tronçonnées ; cette disposition, que peuvent motiver certaines considérations, augmente la résistance de l'air.

CHAPITRE III.

§ 1. — Notations et formules.

Soit ϖ le poids de la charge de poudre
p le poids du boulet
} en kilogrammes,

A le diamètre du cylindre de l'âme
A, le diamètre du cercle équivalent à la section transversale de l'âme et des rayures
a le diamètre du boulet
a, le diamètre du cercle équivalent à la section transversale du boulet et des tenons
} en décimètres,

C la capacité totale de l'âme et des rayures exprimée en décimètres cubes,

V la vitesse du boulet au sortir du canon et exprimée en mètres,

V, la vitesse qu'acquerrait le mobile, si aucun vide ne permettait aux gaz de s'échapper entre sa surface et les parois de la bouche à feu et si les rayures étaient rectilignes.

Il est bien clair que, pour calculer V,, on peut assimiler la bouche à feu à un canon lisse dont le calibre serait égal à A, et, par conséquent, faire usage des formules qui ont été données dans le chapitre I de la première partie.

D'après cela,

$$V_{,} = \sqrt{\frac{\varpi}{p}}\, 10^{v-\imath}.$$

Admettant l'emploi d'une poudre semblable à celle du Ripault 1842,

$$y = 3,0933578 - 1,32232 \left(\frac{\varpi}{C}\right)^2,$$

lorsque $\frac{\varpi}{C}$ ne surpasse pas 0,0444;

$$y = 3,1039372 - 6,69425 \left(\frac{\varpi}{C}\right)^2,$$

quand $\frac{\varpi}{C}$ varie entre 0,0444 et 0,0666;

enfin,

$$y = \frac{0,00302}{2,80149 + \frac{\varpi}{C}},$$

si $\frac{\varpi}{C}$ est intermédiaire entre 0,0666 et 0,1.

Quant à la valeur de z, elle est donnée par l'équation

$$z = 3,37 \frac{A_{,}{}^2}{C}\frac{\varpi}{p},$$

tant que $\frac{A_{,}{}^2}{C}\frac{\varpi}{p}$ ne surpasse pas 0,037 (Ire partie, chapitre I, § 19).

Ces formules supposent que le diamètre a du mandrin de la gargousse est égal aux 0,916 du diamètre de la partie de l'âme qui enveloppe la charge. D'après cela, pour qu'on soit autorisé à en faire usage, il faut que a = 0,916 A, si l'origine des rayures est placée en avant de la charge et que a = 0,916 A,, si elle se trouve au fond même de l'âme.

Il n'est pas inutile de rappeler encore que dans les

expériences qui ont servi de base à l'établissement des formules, le boulet se trouvait toujours en contact immédiat avec la gargousse.

La différence qui existe entre V_1 et V est due en partie à l'inclinaison des rayures et en partie au vide qu'on est obligé de laisser subsister entre la surface du projectile et les parois de l'âme. Il semble assez naturel de séparer les effets de ces deux causes, en se servant, pour calculer la perte de vitesse due au vide, des formules qui ont été données dans la première partie, chapitre I, § 16; mais il se présente une difficulté. Au commencement du mouvement, le rapport de la section transversale du vide à la section transversale de l'âme et des rayures est égal à $\dfrac{A_1{}^2 - a_1{}^2}{A_1{}^2}$ ou $1 - \dfrac{a_1{}^2}{A_1{}^2}$; plus tard, l'usure et la déformation des tenons font varier la grandeur du vide. Quoi qu'il en soit, cette marche ne conduit pas immédiatement à un résultat simple, et on réussit mieux en cherchant le rapport qui existe entre la valeur de V donnée par l'expérience est celle de V_1.

Dans le chargement des canons rayés un valet est toujours interposé entre la gargousse et le projectile. Cette circonstance exerce une certaine influence sur la vitesse initiale et, par conséquent, sur le rapport $\dfrac{V}{V_1}$.

Dans les expériences dont on va rendre compte, les vitesses mesurées à l'aide de l'appareil électro-balistique étaient toujours prises à 30 ou 40 mètres de la bouche à feu. On en déduisait les valeurs des vitesses initiales en se servant des formules établies dans le chapitre II.

§ 2. — Canons de 30. — Expériences de 1858.

Canon de 36 foré au calibre de 30.
Diamètre de l'âme, $A = 1^d 644$.
Longueur de l'âme, $L = 27^d 5$.

Trois rayures paraboliques, inclinaison finale 6°, distance de l'origine au fond de l'âme, 2ᵈ5.

Diamètre du cercle équivalent à la section transversale de l'âme et des rayures $A_1 = 1^d 685$.

Capacité totale de l'âme et des rayures, $C = 61^{dc} 17$.

Projectiles * ogivaux :

$$a = 1^d 823 \quad l = 3^d 78 \quad j = 1^d 96 \quad J = 3^d 20 \quad g = 2^d 26 \quad p = 30,0$$

$$\frac{l}{a} = 2,320 \quad \frac{j}{a} = 1,208 \quad \frac{J}{a} = 1,972 \quad \frac{g}{a} = 1,392$$

Ces boulets différaient en quelques points de ceux qui ont été décrits dans le chapitre II, § 3 ; dans la partie cylindrique ils avaient un peu plus de longueur ; en outre, la lumière traversait le culot, et la chambre était terminée à l'avant par une demi-sphère.

Rapport de la section transversale du boulet et des tenons à celle de l'âme et des rayures $\left(\dfrac{a_1}{A_1}\right)^2 = 0,964$.

Poudre de Vonges 1856, produisant à très-peu près les mêmes effets que celle du Ripault, ainsi qu'on s'en est assuré par des épreuves comparatives.

Diamètre du mandrin des gargousses, 1ᵈ5.

Un valet en étoupe de 2ᵈ00 de longueur et du poids de 0ᵏ65 était interposé entre la gargousse et le boulet.

RÉSULTATS MOYENS DES EXPÉRIENCES.

	CHARGE (kilog.).						
	1.0	1.5	2.0	2.5	3.0	3.5	4.0
	mètr.	mètr.	mètr.	mètr.	mètr.	mètr.	mètr.
Vitesse V, déduite des formules..	221.7	268.4	306.4	333.7	364.3	384.3	400.2
Vitesse V donnée par l'expérience..	182.4	225.8	250.0	286.5	309.8	325.5	341.2
Valeur du rapport $\frac{V}{V_i}$.	0.823	0.841	0.816	0.816	0.852	0.847	0.853
Nombre de coups..	10	10	10	15	20	24	18
Jour de l'expérience.	7 juillet.					6 juillet.	

On voit que, si le rapport $\frac{V}{V_i}$ n'est pas rigoureusement constant, au moins peut-il être regardé comme tel entre des limites fort écartées l'une de l'autre. Il est permis d'attribuer les variations que présente le tableau précédent aux anomalies inévitables des expériences.

§ 3. — Canons de 30. — Expériences de 1859.

Le but principal des expériences de 1859 était la détermination de la résistance de l'air; elles ont été décrites dans le chapitre II, § 3. On en a déduit le tableau suivant. Le poids du boulet était encore de 30^k.

	CHARGE (kilog.).				
	1.5	2,00	2.5	3.00	3 5
	mètr.	mètr.	mètr.	mètr.	mètr.
Vitesse initiale V donnée par l'expérience. . . .	225.8	204.7	203.1	310.9	328.3
Valeur du rapport $\frac{V}{V_i}$ . .	0.841	0.864	0.865	0.853	0.854

Les variations du rapport paraissent encore irrégulières. En prenant des moyennes entre les résultats donnés par les mêmes charges dans les deux séries d'expériences, on obtient ce qui suit :

	CHARGE (kilog.).				
	1.5	2.0	2.5	3.0	3.5
Valeur de $\frac{V}{V_i}$.	0.844	0.855	0.855	0.852	0.850

§ 4. — Canons de 30. — Expériences de 1860.

Canon de 30 modèle 1849 fretté.
Diamètre de l'âme, $A = 1^d648$.
Longueur de l'âme, $L = 26^d68$.

Trois rayures paraboliques ; inclinaison finale 6° ; distance de l'origine au fond de l'âme 4ᵈ5. Diamètre du cercle équivalent à la section transversale de l'âme et des rayures, $A_{,} = 1^d654$; capacité totale de l'âme et des rayures $C = 59^{dc}29$.

Boulets cylindriques creux à l'arrière décrits dans le chapitre II, § 6. Diamètre, $a = 1^d623$; poids, $p = 45^k$.

Rapport de la section transversale du boulet et des tenons à celle de l'âme et des rayures $\left(\dfrac{a_{,}}{A_{,}}\right)^2 = 0,96$.

Poudre du Ripault 1859 ; diamètre du mandrin des gargousses, 1ᵈ50.

Un valet en algue de 1ᵈ1 de longueur, interposé entre la gargousse et le projectile.

RÉSULTATS MOYENS DES EXPÉRIENCES.

	CHARGE (kilog.).		
	6.0	7.5	8.0
Vitesse V, déduite des formules (mètr.).. . .	367.9	380.4	382.8
Vitesse V donnée par l'expérience (mètr.).. .	310.9	323.4	326.4
Valeur du rapport $\dfrac{V}{V_{,}}$.	0.845	0.850	0.856
Nombre de coups..	21	27	12
Jour de l'expérience.	4 et 5 septembre.	5 et 6 septembre.	5 septembre.

Dans la journée du 6 septembre on avait mesuré la résistance de l'air (chapitre II, § 6).

Ce tableau, s'il était isolé, porterait à croire que le rapport $\dfrac{V}{V_{,}}$ croît avec la charge, mais les valeurs qu'il renferme sont comprises entre celles qui se trouvent dans le § 2 et le § 3.

§ 5. — Canons de 30. — Expériences de 1861.

Canon de 30 dit à grande puissance, se chargeant par la culasse.

L'âme se composait de deux cylindres raccordés par une partie tronconique.

$$
\begin{array}{ll}
\text{Cylindre de l'arrière.} & \left\{ \begin{array}{l} \text{Diamètre}\dots\dots\dots 1^{d}66 \\ \text{Longueur}\dots\dots\dots 12^{d}25 \end{array} \right. \\[1em]
\text{Partie tronconique, longueur} & \dots\dots\dots\dots 0^{d}6 \\[1em]
\text{Cylindre de l'avant.} & \left\{ \begin{array}{l} \text{Diamètre}\dots\dots\dots 1^{d}646 \\ \text{Longueur}\dots\dots\dots 33^{d}25 \end{array} \right.
\end{array}
$$

Trois rayures paraboliques s'étendant nécessairement dans toute la longueur de l'âme ; inclinaison finale, 6°30′.

Diamètre du cercle équivalent à la section transversale de l'âme et des rayures $\left\{ \begin{array}{l} \text{dans le cylindre de l'arrière, } A_{,} = 1,6912, \\ \text{dans le cylindre de l'avant, } A_{,} = 1,6815. \end{array} \right.$

Capacité de l'âme et des rayures, $C = 102^{d}69$.

Projectiles massifs et cylindriques terminés à l'avant par une calotte sphérique très-aplatie ; les uns pesaient 45^{k} ; les autres, 60^{k} ; diamètre, $1^{d}623$; flèche de la calotte, $0^{d}23$.

En outre des trois tenons chaque projectile portait sur l'arrière, de même que sur l'avant, trois petites plaques en cuivre disposées de manière à rester toujours dans les intervalles des rayures. Leur saillie était réglée de telle sorte que le projectile pût traverser facilement une lunette d'un diamètre égal à $1^{d}647$. L'arrière de l'âme étant au calibre de $1^{d}66$, elles n'apportaient aucun obstacle au chargement ; elles étaient destinées à empêcher les battements du boulet sur les bords des rayures.

Rapport de la section transversale du boulet et des tenons à la section transversale de l'âme et des rayures $\left\{\begin{array}{l}\text{dans le cylindre de l'arrière } \left(\dfrac{a_{\prime}}{A_{\prime}}\right)^2 = 0,9583, \\ \text{dans le cylindre de l'avant } \left(\dfrac{a_{\prime}}{A_{\prime}}\right)^2 = 0,9667.\end{array}\right.$

Poudre du Ripault 1859. Le diamètre du mandrin des gargousses était de 155^{mm} et se trouvait, par conséquent, à très-peu près égal aux $\frac{946}{1000}$ du diamètre du cercle équivalent à la section transversale de l'arrière de l'âme. La charge était de $12^{k}0$.

Un valet en algue de $1^{d}10$ de longueur et du poids de $0^{k}35$ était placé entre la gargousse et le boulet.

Les résultats auxquels conduit le calcul des vitesses V, présentent une légère différence, suivant qu'on adopte pour A, la valeur correspondante au cylindre de l'arrière ou à celui de l'avant; mais ne s'élevant guère qu'à $0^{m}6$, elle est sans importance, et on peut adopter les résultats moyens.

Le 9 juillet, les vitesses du boulet de 45^{k} ont été mesurées à 38^{m} et à 300^{m} du canon, et de leur comparaison on a déduit, pour ces projectiles, le coefficient de la résistance de l'air (chapitre II, § 7).

Les vitesses du boulet de 60^{k} n'ont été prises qu'à la distance de 38^{m}; leur moyenne s'est trouvée égale à $360^{m}4$. Pour en déduire la vitesse initiale on s'est servi de l'expression donnée dans le chapitre II, § 6; les projectiles sur lesquels on a opéré pour l'établir avaient, en effet, le même diamètre, la même forme antérieure et à peu près la même longueur que les boulets de 60^{k}.

RÉSULTATS MOYENS DES EXPÉRIENCES.

	CHARGE (kilog.).	
	12.0	12.0
Poids du boulet (kilog.)..	45.0	60.0
Vitesse V, déduite des formules (métr.).	493.8	438.2
Vitesse V donnée par l'expérience (métr.).	440.8	364.4
Valeurs du rapport $\frac{V}{V_{,}}$	0.832	0.825
Nombre de coups.	11	8

Ces résultats semblent indiquer que le rapport $\frac{V}{V_{,}}$ décroît lorsque la gargousse acquiert une grande longueur. Toutefois, cette question ne pourrait être décidée que par des expériences plus nombreuses.

§ 6. — Obusier rayé de 22 centimètres. (Octobre 1861.)

Obusier de 22° n° 1, modèle 1840, fretté et rayé.

Diamètre de l'âme, $A = 2^d233$.

À l'ancienne chambre cylindrique on en avait substitué une nouvelle de forme tronconique et d'une longueur égale à 1^d62 ; la grande base ou l'entrée avait le même diamètre que l'âme, 2^d233 ; celui de la petite base était égal à 1^d647 ; deux arrondissements dont l'un avait 0^d47 de rayon et l'autre 2^d238 raccordaient la surface tronconique, le premier avec le fond, le second avec le cylindre de l'âme.

Trois rayures paraboliques ; inclinaison finale, 6° ; distance de l'origine au fond de l'âme, 1^d6.

Diamètre du cercle équivalent à la section de l'âme et des rayures $A_{,} = 2^d288$.

Capacité totale de l'âme et des rayures, $C = 93^{dm}289$.

Projectiles ogivaux :

$$a = 2^d 209 \qquad l = 5^d 15 \qquad j = 2^d 65 \qquad J = 3^d 73 \qquad g = 3^d 07 \qquad p = 81^k 5$$

$$\frac{l}{a} = 2{,}331 \qquad \frac{j}{a} = 1{,}2 \qquad \frac{J}{a} = 1{,}689 \qquad \frac{g}{a} = 1{,}39$$

La forme de la chambre est représentée dans la figure ci-jointe :

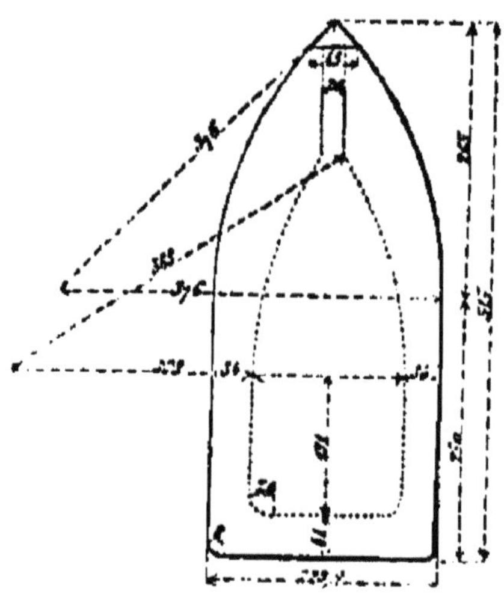

La lumière traversait l'ogive ; la tête du bouchon qui la fermait rétablissait la forme ogivale.

Rapport de la section transversale du projectile et des tenons à celle de l'âme et des rayures $\left(\dfrac{a_{,}}{A_{,}}\right)^{2} = 0{,}949$.

Poudre du Ripault 1859. Afin que la gargousse pût pénétrer facilement jusqu'au fond de la chambre, le diamètre du mandrin avait été pris égal à $1^d 59$.

Un valet en algue du poids de $1^k 28$ était placé entre la gargousse et le projectile.

Pour le calcul des vitesses initiales on s'est servi de l'expression de la résistance de l'air déduite des expériences exécutées sur les boulets ogivaux de 30 (chapitre II, § 3).

RÉSULTATS MOYENS DES EXPÉRIENCES.

	CHARGE (kilog.)						
	1.0	2.0	3.0	4.0	4.5	5.0	6.0
Vitesse V, déduite des formules (mètr.).....	135.7	189 3	228.7	260.4	272.5	282.8	300.4
Vitesse V donnée par l'expérience (mètr.)...	116.4	167.4	199.5	222.2	232.4	242.4	257.7
Valeur du rapport $\frac{V}{V_{,}}$..............	0.858	0.884	0.872	0.854	0.854	0.857	0.858
Nombre de coups..................	40	40	8	40	40	40	40
Jour du tir...............	15 octobre.				3 octobre.	15 octobre.	8 octobre.

Les variations du rapport $\frac{V}{V_{,}}$ ne suivent aucune loi, et en prenant une moyenne, on a

$$\frac{V}{V_{,}} = 0{,}862.$$

Une autre série d'expériences a été faite au mois de janvier 1862; les poudres avaient subi l'influence de l'humidité de l'air, et le rapport $\frac{V}{V_{\prime}}$ s'est trouvé réduit à 0,836.

§ 7. — Expériences exécutées en 1864 sur deux canons, l'un de 24 centimètres, l'autre de 26 centimètres.

Chaque canon avait trois rayures paraboliques.

Les boulets, cylindriques et massifs, étaient terminés à l'avant par une calotte sphérique dont la flèche se trouvait égale à 20^{mm}.

	CANON de 24 centim.	CANON de 26 centim.
Diamètre de l'âme................	2^{d}4	2^{d}64
Longueur................	45^{d}3	48^{d}36
Distance de l'origine des rayures au fond de l'âme.	7^{d}4	8^{d}7
Inclinaison finale des rayures...........	6°	4°45'
Projectiles. } Diamètre...........	2^{d}37	2^{d}58
} Poids..	144^k	150^k
Diamètre du mandrin des gargousses......	2^{d}19	2^{d}39
Valets en algue. } Longueur...........	4^{d}5	4^{d}7
} Poids...........	1^{k}98	2^{k}42

Poudre du Ripault 1861.

Les vitesses ont été mesurées à 65^m de la bouche à feu. Pour en déduire les valeurs des vitesses initiales, on s'est servi de l'expression donnée dans le chapitre II, § 7; à la vérité, les boulets de 24^c et de 26^c n'étaient pas exactement semblables à ceux de 16^c au moyen desquels cette expression a été obtenue; la similitude exigerait que la flèche de la calotte antérieure fût de 29^{mm} pour les premiers et de 32^{mm} pour les seconds; par suite, les corrections apportées aux vitesses observées doivent être un peu trop petites; en d'autres termes, les valeurs des vitesses initiales se trouvent légèrement affaiblies, mais les différences sont tout à fait négligeables.

	CANON du 24ᵉ.	CANON DE 26ᵉ.	
Charge.	20^k	20^k	18^k
Vitesse initiale V donnée par l'expérience.. .	328^m4	343^m0	330^m0
Vitesse V, déduite des formules	384^m1	364^m0	384^m0
Valeur du rapport $\frac{V}{V_{,}}$.	0.8474	0.8600	0 8609
Nombre de coups..	19	10	10

La valeur du rapport $\frac{V}{V_{,}}$ n'a pas été diminuée par la
grandeur du calibre, ainsi qu'on aurait pu le penser
d'après les résultats des expériences exécutées sur les canons lisses de 19ᵉ et de 32ᵉ. Cette valeur est un peu plus
forte pour le canon de 26ᵉ que pour celui de 24ᵉ; dans
le premier, les rayures avaient une moindre inclinaison.

D'autres expériences, dans lesquelles on a fait varier
les diamètres des mandrins des gargousses ont été exécutées en 1865 sur les canons de 26ᵉ. La plus grande
vitesse a été obtenue avec le mandrin de 239^{mm}, c'est-à-
dire avec celui dont le diamètre se trouvait égal aux $\frac{111}{1000}$
du calibre de l'âme. C'est le résultat auquel on était parvenu en opérant sur les canons lisses.

§ 8. — Expériences exécutées sur des perriers en 1859.

Les formules rappelées dans le § 1 cessent d'être applicables quand la bouche à feu est d'un très-faible calibre
(Iʳᵉ partie, chapitre I, § 32); elles donnent alors pour V,
des valeurs trop grandes; par suite, si on continue à en
faire usage, le rapport $\frac{V}{V_{,}}$ doit nécessairement s'amoindrir. C'est ce qui résulte, en effet, des expériences exécu-

tées en 1859 sur des perriers et rapportées dans le chapitre II, § 4.

Diamètre du cercle équivalent à la section transversale de l'âme et des rayures, $A_{,} = 0^d554$.

Capacité totale de l'âme et des rayures, $C = 2^{dc}078$.

Rapport de la section transversale du boulet et des tenons à celle de l'âme et des rayures $\left(\dfrac{a_{,}}{A_{,}}\right)^2 = 0,937$.

Poids du boulet, $p = 1^k11$.

		CHARGE (kilog.).			
		0.120	0.130	0.140	0.160
Vitesse V, déduite des formules (mèt.)		370.5	380.0	388.2	401.2
Premier perrier	Vitesse initiale V donnée par l'expérience (mèt.)..	268.7	275 8	289.6	309.2
	Valeur du rapport $\dfrac{V}{V_{,}}$...	0.725	0 726	0.746	0.774
Deuxième perrier	Vitesse initiale V donnée par l'expérience (mètr).	264.7	"	284.7	304.6
	Valeur du rapport $\dfrac{V}{V_{,}}$...	0.715	"	0.726	0.789

Chaque vitesse est déduite de dix coups. Le deuxième perrier avait un diamètre un peu supérieur au calibre réglementaire.

Dans un troisième perrier, la charge de 0^k120 a donné $V = 275^{mm}$, moyenne prise sur 20 coups; la valeur correspondante de $\dfrac{V}{V_{,}}$ est 0,742.

Toutes ces valeurs de $\dfrac{V}{V_{,}}$ sont fort inférieures à celles que l'on a trouvées précédemment; il est vrai que le rapport $\left(\dfrac{a_{,}}{A_{,}}\right)^2$ est moindre que dans les autres bouches à feu, mais cette circonstance ne suffirait pas pour expliquer la grandeur des différences.

§ 9. — Conclusions.

Les expériences exécutées tant sur les canons de 30 que sur l'obusier de 22° montrent que la charge peut varier entre des limites fort éloignées l'une de l'autre, sans que le rapport $\dfrac{V}{V_{,}}$ change sensiblement de valeur. Entre ces limites, la vitesse initiale V peut donc être calculée au moyen d'une équation de la forme

$$V = \theta V_{,,}$$

mais il faut déterminer le coefficient θ.

Dans les canons de 30 sur lesquels on a opéré, l'inclinaison finale des rayures était de 6°, le rapport de la section transversale du boulet et des tenons à celle de l'âme et des rayures était à peu près égal à 0,96. Les gargousses avaient le diamètre correspondant au maximum d'effet, et un valet se trouvait interposé entre la charge et le projectile. Ce valet était le plus souvent en algue, et alors il avait une longueur égale aux $\frac{2}{3}$ du calibre. Le résultat moyen des épreuves a été

$$\theta = 0,85,$$

et il est clair que cette valeur pourra être adoptée pour les bouches à feu qui se trouveront dans les mêmes conditions.

Cette manière d'obtenir la vitesse initiale est assurément très-simple et se prête facilement aux applications. Toutefois, il y a quelques restrictions à apporter à l'usage qu'on pourrait en faire. On sait, par exemple, que quand le calibre devient petit, les formules rappelées dans le § 1 donnent pour V, une valeur trop forte; c'est ce qui arrive pour le perrier.

La même circonstance doit également se présenter lorsque la bouche à feu est d'un calibre fort supérieur à celui du canon de 30, à moins que le rapport du poids de la charge au poids du projectile n'ait qu'une faible valeur, et il est vrai que dans l'artillerie rayée cette condition est ordinairement remplie ; et c'est, sans doute, par suite de cette circonstance que les expériences exécutées sur deux canons, l'un de 24°, l'autre de 26°, et rapportées dans le § 7, ont conduit à des valeurs de θ très-peu différentes de la précédente.

Le mode de chargement pourrait être changé. Si, par exemple, on adoptait celui qui a été proposé par M. Delvigne, il est bien clair que le coefficient θ ne conserverait pas la même valeur. De nouvelles expériences seraient alors nécessaires.

Il est visible encore que le changement du système de rayures et de tenons entraînerait, en général, une modification du coefficient.

Il serait sans doute à désirer que l'on possédât des formules dans lesquelles les effets de toutes les causes qui exercent quelque influence sur les vitesses initiales seraient séparément mis en évidence, mais elles ne pourraient être établies qu'à la suite de nombreuses expériences qu'on se déciderait difficilement à entreprendre.

CHAPITRE IV.

§ 1. — Considérations préliminaires.

Le projectile, qui est toujours un corps de révolution le plus souvent terminé à l'avant par une pointe, est animé, au sortir de la bouche à feu, d'un mouvement de rotation autour de son axe.

Si alors il n'était soumis qu'à la seule action de la pesanteur, son mouvement de translation serait seul altéré, son centre de gravité décrirait une courbe plane tournant sa concavité vers la terre, la vitesse de rotation resterait constante et l'axe serait transporté parallèlement à lui-même, faisant ainsi avec la tangente à la trajectoire un angle de plus en plus grand.

Il en serait encore de même quand le projectile traverse l'atmosphère, si la résistance de l'air était constamment dirigée suivant la tangente à la trajectoire passant par le centre de gravité.

Mais les choses se passent tout autrement.

Le centre de gravité du mobile ne reste pas dans le plan de tir; il se porte du côté vers lequel tourne la partie supérieure du corps, à gauche par conséquent, si cette partie tourne de droite à gauche, hypothèse que l'on admettra dans tout ce qui va suivre, parce que c'est de cette manière que s'opère la rotation des projectiles de l'artillerie navale. La trajectoire est donc une courbe à double courbure ; sa projection horizontale se trouve à gauche du plan de tir et tourne sa convexité vers ce plan.

Ainsi la résistance de l'air qui, à l'origine, était dirigée suivant la tangente à la trajectoire, s'en écarte peu à peu à mesure que le mouvement se prolonge.

De plus, l'axe ne conserve pas son parallélisme ; dès qu'il fait un petit angle avec la tangente à la trajectoire, on le voit s'incliner vers la gauche et la pointe s'abaisser. Cette altération de la rotation primitive montre que la direction de la résistance de l'air ne passe pas par le centre de gravité du mobile.

Toutefois, ces effets ne sont pas sensibles quand le trajet est court, et c'est pour cette raison que, dans les recherches relatives à la grandeur de la résistance de l'air, on a pu se dispenser d'y avoir égard (chapitre II).

Il est visible que, dès que la pointe s'élève au-dessus de la tangente à la trajectoire, la résistance de l'air ne peut être la même sur la partie supérieure et sur la partie inférieure du mobile, elle est nécessairement plus grande sur la seconde. Par suite, elle tend à élever ou à abaisser la pointe suivant que sa direction passe en avant ou en arrière du centre de gravité.

Toutes les circonstances du mouvement s'expliquent facilement si l'on admet que la ligne suivant laquelle est dirigée l'action de la résistance de l'air, tout en faisant un petit angle avec la tangente à la trajectoire, passe entre le centre de gravité et la pointe. En effet, le projectile doit prendre un mouvement de précession, c'est-à-dire que l'axe doit tourner autour d'une droite menée par le centre de gravité parallèlement à la direction de la résistance ; et comme dans les hypothèses admises l'action de cette résistance tend à élever la pointe et, par conséquent, à l'écarter de la droite autour de laquelle elle tourne, le sens du mouvement de précession est le même que celui de la rotation primitive. Ainsi l'axe doit tourner de droite à gauche (chapitre I, § 2). Ce mouvement de rotation entraîne, d'ailleurs, l'abaissement de la pointe.

Le changement de la direction de l'axe fait varier celle de la ligne suivant laquelle agit la résistance et donne naissance à une composante qui pousse le projectile vers la gauche. On peut encore observer que le frottement de l'air est plus grand sur la partie inférieure du mobile que sur la partie supérieure ; le premier équivaut à une force dirigée de droite à gauche, le second à une force dirigée de gauche à droite.

Comme la grandeur et la direction de la résistance varient continuellement, le mouvement de précession ne s'effectue pas avec la régularité indiquée dans le chapitre I, § 2 ; toutefois, il doit présenter des phases du même genre. Ainsi, si le mouvement se prolongeait beaucoup, on verrait la pointe revenir vers la droite.

Le mouvement de précession est toujours accompagné d'un mouvement oscillatoire par suite duquel l'axe du mobile tantôt s'éloigne et tantôt se rapproche de la ligne autour de laquelle il tourne, et la courbe que décrit la pointe se compose d'une suite de festons qui, d'ailleurs, ne présentent pas la même égalité que dans le cas particulier examiné chapitre I, § 2.

Si la direction de la résistance passait en arrière du centre de gravité, la précession aurait un sens contraire à celui de la rotation du mobile, et ce serait vers la droite que s'inclinerait l'axe des projectiles de l'artillerie navale.

Le problème qu'offre la détermination de la trajectoire moyenne se décompose naturellement en deux autres ; il faut, en effet, obtenir les deux projections de cette courbe sur le plan de tir et sur le plan horizontal. Dans ce chapitre, il ne sera question que de la première.

La projection horizontale est, à son origine, tangente

au plan de tir, et sa courbure est, d'ailleurs, très-faible ; il en résulte que les portées mesurées sur le sol no diffèrent pas sensiblement de leurs projections sur le plan de tir.

Généralement le projectile, au sortir de la bouche à feu, en outre de la rotation qui lui est imprimée autour de son axe, en possède une autre anormale. De là, des mouvements irréguliers qui varient d'un coup à l'autre.

On donne le nom de *dérivation* à la quantité dont, au point de chute, le projectile s'écarte du plan de tir.

§ 2. — Trajectoire moyenne projetée sur le plan de tir.

Rapportant la courbe à deux axes coordonnés rectangulaires Ox, Oy situés dans le plan de tir et passant par le point de départ, le premier horizontal, le second vertical, il est naturel d'examiner si, de même que pour les projectiles sphériques, on n'aurait pas une approximation suffisante, en adoptant l'équation du troisième degré,

$$y = x \tang \alpha - \frac{g x^2}{2 \cos^2 \alpha}\left(\frac{1}{V^2} + K x\right),$$

α désignant l'angle de départ, V la vitesse iniale, g la gravité. Le coefficient K peut dépendre de la vitesse initiale ; il doit, d'ailleurs, finir par croître avec l'angle α, ainsi qu'on l'a fait voir ailleurs (Ire partie, chapitre VI), mais il est possible que cet accroissement ne devienne sensible que sous de fortes inclinaisons.

En représentant la portée par X, on a la relation

$$\frac{\sin 2\alpha}{g X} = \frac{1}{V^2} + K X,$$

au moyen de laquelle on peut calculer K, lorsque l'expérience a fait connaître un système de valeurs correspondantes de V, α et X.

Toutefois, la détermination de ce coefficient offre de grandes difficultés qui proviennent principalement des variations qu'éprouve l'état de l'atmosphère; la force et la direction des vents exercent sur l'étendue des portées une influence considérable et qu'on ne peut guère songer à apprécier. Les indications d'un anémomètre placé à quelques mètres seulement au-dessus du sol sont le plus souvent fort trompeuses; dès que l'on fait croître l'inclinaison de la bouche à feu, le projectile s'élève à de très-grandes hauteurs. Il faut donc s'attendre à rencontrer fréquemment des anomalies; on ne peut les atténuer que par la multiplicité des tirs.

§ 3. — Canons de 30. — Expériences de 1858.

En 1858 on a opéré sur quatre canons de 30 dont les effets balistiques se sont trouvés sensiblement les mêmes. Inclinaison finale des rayures, 6°.

Projectiles ogivaux décrits dans le chapitre III, § 2 * :

$$a = 1^m683 \qquad l = 3^m78 \qquad j = 1^m06 \qquad J = 3^m20 \qquad g = 2^m26 \qquad p = 30^k0$$

$$\frac{l}{a} = 2.329 \qquad \frac{j}{a} = 1,208 \qquad \frac{J}{a} = 1,072 \qquad \frac{g}{a} = 1,302$$

Les vitesses étaient mesurées à une petite distance du canon. On en a déduit les vitesses initiales en se servant des formules établies dans le chapitre II.

Chaque tir se composait de quinze coups. On déterminait la portée et la dérivation moyennes, aussi bien que les déviations moyennes tant latérales que longitudinales. Il ne sera ici question que des portées.

Lorsque l'inclinaison ne surpassait pas 10°, on mesu-

---

* Les significations des lettres a, l, j, J, g ont été données dans le chapitre II, § 2.

rait l'angle de départ, auquel il fallait joindre l'angle additionnel dû à la hauteur du point de départ au-dessus du point de chute.

La différence moyenne entre l'angle de départ et l'inclinaison de la pièce s'est élevée à 12'. On a supposé qu'elle restait à peu près la même quand l'inclinaison devenait plus grande ; une légère erreur à cet égard n'aurait qu'une faible importance. En conséquence, on a regardé alors l'angle de départ comme égal à l'inclinaison de la pièce augmentée de 12'. Quant à l'angle additionnel, il devenait négligeable.

Le tableau suivant donne les moyennes prises sur tous les tirs exécutés sous la même inclinaison et avec la même charge.

CHARGE du canon.	VITESSE initiale du boulet (V).	ANGLE (α).	PORTÉE (X).	VALEUR de 10^{10} K.	NOMBRE de coups.
kilog.	mètr.		mètr.		
3.00	309	5° 24'	1557	10.39	60
		10° 19' 45"	2727	9.70	60
		15° 12'	3672	9.55	30
		25° 12'	4965	10.03	30
		35° 12'	5726	10.88	30
3.5	325	5° 21' 36"	1685	10.49	75
		10° 13' 58"	2925	10.46	75
		15° 12'	3948	9.11	45
		25° 12'	5379	9.55	45
		35° 12'	6439	10.04	45

Les variations que présentent les valeurs du coefficient K paraissent tout à fait indépendantes de l'inclinaison de la bouche à feu, en sorte qu'on peut les attribuer aux irrégularités inévitables des expériences.

En prenant des moyennes, on a les résultats suivants :

VITESSE initiale.	VALEUR de 10ᵐK.
mètr.	
309	10.430
328	9.924

A la moindre vitesse correspond la plus grande valeur de K.

§ 4. — Canons de 30. — Expériences de 1860.

Projectiles ogivaux :

$$a = 1^m623 \quad l = 3^m71 \quad j = 1^m06 \quad J = 3^m20 \quad g = 2^m20 \quad p = 30^k4$$

$$\frac{l}{a} = 2,280 \quad \frac{j}{a} = 1,208 \quad \frac{J}{a} = 1,072 \quad \frac{g}{a} = 1,350$$

Ces projectiles sont représentés chapitre II, § 3 ; mais leur poids était un peu plus fort qu'en 1859.

Quatre canons ont été employés et les vitesses initiales déterminées comme précédemment. Chaque tir se composait de 20 coups et quelquefois de 30. La différence moyenne entre l'angle de départ et l'inclinaison de la pièce a encore été trouvée égale à 12'. Les moyennes entre les résultats des tirs où la vitesse initiale était la même sont réunies dans le tableau ci-après :

VITESSE initiale du boulet (V).	ANGLE (α).	PORTÉE (X).	VALEUR de $10^{10}K$.	NOMBRE de coups.
mètr.		mètr.		
334	5° 24' 18"	4800	8.08	70
	10° 47' 43"	3108	8.27	90
	25° 12'	5688	8.02	80
	35° 12'	6670	8.06	60

Les quatre valeurs de $10^{10}K$ n'offrent que de très-légères variations, leur moyenne est 8,508 ; ce nombre, moindre que les précédents, correspond à une plus grande vitesse.

Ces résultats joints à ceux du § 3 montrent que, du moins, pour les boulets ogivaux de 30, lorsque la vitesse initiale reste constante, le coefficient K conserve sensiblement la même valeur, tant que l'inclinaison ne surpasse pas 35°. Pour mieux s'en assurer on peut encore prendre une moyenne entre les trois valeurs obtenues sous la même inclinaison avec les trois vitesses 309^m, 325^m, 334^m. On trouve ainsi les nombres suivants :

	ANGLE MOYEN.			
	5° 23' 48"	10° 17' 8"	25° 12'	35° 12'
Valeur moyenne de $10^{10}K$.	9.95	9.59	9.60	9.88

§ 5. — Canons de 30. — Expériences de 1863.

A la fin de 1862 et ou commencement de 1863, de nouvelles expériences ont été faites sur quatre canons de 30 de divers modèles; les profils des rayures offraient quelques légères différences; mais l'inclinaison finale était toujours de 6°.

La poudre provenait du Ripault et portait la date de 1860.

La charge était constamment de 3ᵏ5.

Dans les trois premiers canons un valet en algue de 110ᵐᵐ de longueur était interposé entre la gargousse et le projectile; dans le quatrième, ce valet était remplacé par un bouchon de foin dont la longueur était de 160ᵐᵐ.

Les vitesses des projectiles ont été mesurées à la distance de 33ᵐ, au moyen de l'appareil électro-balistique, les moyennes prises sur 60 coups. De là, on a déduit les valeurs des vitesses initiales.

Chaque tir se composait de 20 coups. Quand l'inclinaison ne dépassait pas 10°, on déterminait par les procédés ordinaires l'angle de départ et l'angle additionnel,

1° *Premier canon.*

Projectiles :

$$a = 1^k623 \qquad l = 3^d71 \qquad j = 1^d96 \qquad J = 3^d20 \qquad g = 2^d13 \qquad p = 31^k9$$

$$\frac{l}{a} = 2{,}286 \qquad \frac{j}{a} = 1{,}208 \qquad \frac{J}{a} = 1{,}072 \qquad \frac{g}{a} = 1{,}374$$

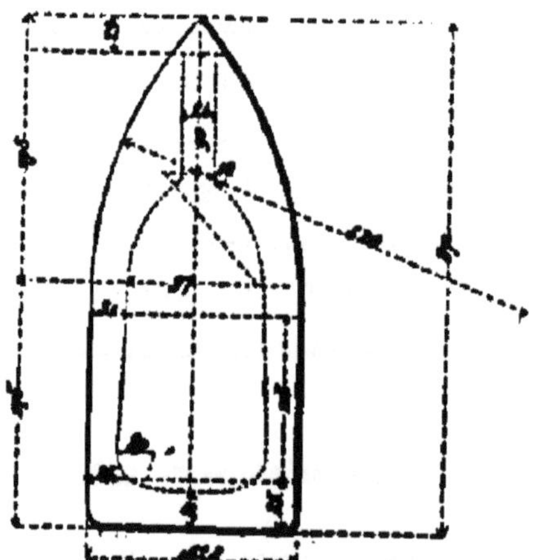

La forme extérieure de ces projectiles ne différait en

rien de celle qui est représentée chapitre II, § 3; mais des modifications avaient été apportées à la chambre en vue de renforcer les parties les plus exposées aux ruptures; de là, l'augmentation de poids.

Vitesse initiale des projectiles, $V = 321^m$.

La différence moyenne entre l'angle de départ et l'inclinaison de la pièce a été trouvée égale à 17'.

RÉSULTATS DES EXPÉRIENCES.

JOUR DU TIR.	INCLINAISON du canon.	ANGLE TOTAL (α).	PORTÉE moyenne (X).	VALEUR de 10^{10}K.		
			mètr.			
8 décembre 1862.	1°	1° 42' 20"	603,4	5.87		
11 —	2	2° 43' 33"	904	11.16		
0 —	3	3° 40' 7"	1184,9	10.82		
12 —	4	4° 31' 0"	1469	8.43		
22 —	5	5° 25' 49"	1699	9.42	9.533	
23 —	6	6° 30' 42"	1930	11.05		
23 —	7	7° 29' 31"	2178	11.00		
12 —	8	8° 23' 42"	2505	8.48	9.213	
0 —	9	9° 26' 27"	2743	8.46		
29 novembre 1862.	10	10° 33' 5"	2981	8.74		
20 —	15	15° 17'	3925	8.02		9.083
21 —	20	20° 17'	4642	9.86	9.50	
12 février 1863.	20	20° 17'	4726	9.48		
22 novembre 1862.	25	25° 17'	5441	8.74	9.16	
6 février 1863.	25	25° 17'	5320	9.58		
26 novembre 1862.	30	30° 17'	6067	8.42	8.36	
4 février 1863.	30	30° 17'	5978	8.61		8.96
4 décembre 1862.	35	35° 17'	6268	8.98	9.36	
17 janvier 1863.	35	35° 17'	6430	9.75		

Les erreurs dont peuvent être affectées les observations faites sous de très-faibles inclinaisons rendent les trois premières déterminations de 10^{11}K fort incertaines.

Les différences que présentent les douze dernières valeurs paraissent tout à fait indépendantes des angles et uniquement dues aux variations auxquelles les portées sont sujettes. Les résultats des deux tirs exécutés sous chacune des quatre dernières inclinaisons en offrent des exemples.

En prenant une moyenne entre ces douze valeurs, on a

$$10^{10}K = 9,19.$$

Les deux tirs du 12 décembre, l'un sous l'inclinaison de 4°, l'autre sous celle de 8°, ont donné des valeurs de $10^{10}K$ presque égales. Il en a été de même pour les deux tirs du 23 décembre; mais il ne faudrait pas compter toujours sur une pareille concordance.

2° *Deuxième canon.*

Ce canon se chargeait par la culasse.

Mêmes projectiles que pour le premier canon : seulement leur chargement intérieur avait été un peu réduit, et leur poids n'était que de 31ᵏ49.

Vitesse initiale des boulets, 320ᵐ.

La différence moyenne entre l'angle de départ et l'inclinaison de la pièce a encore été trouvée égale à 17'.

JOUR DU TIR.	INCLINAI-SON du canon.	ANGLE TOTAL (α).	PORTÉE moyenne (X).	VALEUR de $10^{10}K$.	
			mètr.		
4 mars 1863.	1°	1° 54' 0"	644.7	16.34	
26 février 1863.	2	2° 48' 56"	913.6	10.84	
24 —	3	3° 42' 1"	1223	7.95	
23 —	4	4° 36' 18"	1451	10.20 }	
23 —	5	5° 27' 41"	1740	7.97 } 8.523	
23 —	6	6° 30' 31"	2037	7.40 }	
27 —	7	7° 25' 34"	2257	8.06 }	
27 —	8	8° 24' 34"	2500	8.13 } 7.937	
9 mars 1863.	9	9° 23' 24"	2764	7.62 }	
24 février 1863.	10	10° 20' 6"	2897	9.46	
26 —	15	15° 17'	3968	8.34 9.45	
16 —	20	20° 17'	4643	9.08	
27 —	25	25° 17'	5342	9.31 }	
9 mars 1863.	30	30° 17'	5954	8.66 } 8.903	
4 —	35	35° 17'	6298	8.74 }	

Les deux tirs du 27 février ont donné pour $10^{10}K$ des

valeurs presque égales; il n'en a pas été de même pour les trois tirs du 23.

Prenant une moyenne entre les douze dernières valeurs, on a

$$10^{10}K = 8,63.$$

3° *Troisième canon.*

Projectiles :

$$a = 1^{d}023 \quad l = 3^{d}78 \quad j = 1^{d}90 \quad J = 3^{d}20 \quad g = 2^{d}26 \quad p = 30^{k}4$$

$$\frac{l}{a} = 2,320 \quad \frac{j}{a} = 1,208 \quad \frac{J}{a} = 1,972 \quad \frac{g}{a} = 1,302$$

Ces projectiles ne différaient en rien de ceux du § 4.

Vitesse initiale des boulets, 328^{m}.

L'excès moyen de l'angle de départ sur l'inclinaison du canon a été de 15'.

RÉSULTATS DES EXPÉRIENCES

JOUR DU TIR.	INCLINAISON du canon.	ANGLE TOTAL (α).	PORTÉE moyenne (X).	VALEUR de 10^{10}K.		
			métr.			
30 décembre 1862.	4°	4° 46' 40"	646	6.39		
8 janvier 1863.	2	2° 44' 58"	934	10.79		
9 —	3	3° 32' 9"	1189	13.32		
7 —	4	4° 33' 48"	1542	9.24		
7 —	5	5° 24' 50"	1782	8.44	8.69	
26 décembre 1862.	6	6° 24' 19"	2054	8.40		
26 —	7	7° 23' 52"	2314	8.44		
8 janvier 1863.	8	8° 23' 42"	2497	8.02	9.17	
9 —	9	9° 24' 5"	2669	11.05		
18 —	10	10° 19' 24"	2942	9.02		
30 décembre 1862.	15	15° 15'	4216	7.05		8.54
31 —	20	20° 15'	5000	7.89	8.56	
12 février 1863.	20	20° 15'	4816	9.24		
31 décembre 1862.	25	25° 15'	5626	8.33		
6 février 1863.	25	25° 15'	5449	9.43	8.88	
12 janvier 1863.	30	30° 15'	5850	10.04		
4 février 1863.	30	30° 15'	6044	8.94	9.47	9.61
12 janvier 1863.	35	35° 15'	6453	10.27		
17 —	35	35° 15'	6078	10.74	10.49	

Il y a égalité presque complète entre les valeurs de $10^{10}K$ obtenues dans les deux tirs du 26 décembre; mais cet accord ne se rencontre plus dans les deux tirs du 31 et surtout du 7 du même mois. Dans des moyennes prises sur 20 coups, de pareilles variations sont fréquentes.

On peut encore remarquer de fortes différences entre les portées données par les deux tirs exécutés sous chacune des quatre dernières inclinaisons.

La moyenne des douze dernières valeurs est

$$10^{10}K = 8,97.$$

Les résultats qui correspondent aux inclinaisons de 1°, 2° et 3°, et auxquels on n'a pas eu égard jusqu'à présent, sont fort irréguliers; ainsi, dans le premier et le troisième canon, le coefficient K se montre croissant avec l'angle; dans le second, c'est le contraire qui arrive; mais toutes ces irrégularités disparaîtraient si les épreuves devenaient plus nombreuses. En prenant, en effet, des moyennes entre les valeurs données par les trois canons sous chacune des dix premières inclinaisons, on a le tableau suivant :

Angle moyen.	1°50'23"	2°43'48"	3°38'38"	4°33'44"	6°25'53"
Portée moyenne.	623ᵐ	946ᵐ	1189ᵐ	1477ᵐ	1737ᵐ
Valeur moyenne de $10^{10}K$.	9.52	10.93	10.69	9.19	8.51
Angle moyen.	6°28'30"	7°26'19"	8°25'28"	9°23'39"	10°21'13"
Portée moyenne.	2012ᵐ	2249ᵐ	2534ᵐ	2720ᵐ	2940ᵐ
Valeur moyenne de $10^{10}K$.	8.95	9.17	8.44	9.04	9.27

On voit que les trois premières valeurs se rapprochent beaucoup des autres; à la vérité, elles leur sont un peu supérieures, mais toutes les irrégularités, bien qu'atténuées, n'ont pas encore disparu; et si cette supériorité était réelle, il serait assurément bien inutile d'en tenir compte.

Les variations des sept autres valeurs paraissent tout à

fait indépendantes des angles, et leur simple inspection suffît pour montrer que, au moins, tant que l'inclinaison ne surpasse pas 10°, la constance du coefficient peut être admise.

4° *Quatrième canon.*

Mêmes projectiles que dans le second canon.
Vitesse initiale, 319ᵐ6.

Les épreuves sous les angles inférieurs à 10° sont restées incomplètes ; elles ont seulement montré que l'excès moyen de l'angle de départ sur l'inclinaison du canon était de 12′.

RÉSULTATS MOYENS DES ÉPREUVES.

JOUR DU TIR.	INCLINAI-SON du canon.	ANGLE TOTAL (α).	PORTÉE (X).	VALEUR de $10^{10}K$.
			métr.	
21 février.	10°	10° 10′ 47″	2867	9.00
4ᵐ juin.	15	15° 12′	4024	7.57
16 février.	20	20° 12′	4658	9.43
30 mai.	25	25° 12′	5506	8.43
—	30	30° 12′	5944	8.60
3 juin.	35	35° 12′	6300	8.68

Les différences que présentent les nombres de la dernière colonne indiquent encore que la quantité K peut être traitée comme une constante, et en prenant une moyenne, on a

$$10^{11}K = 8,56.$$

Pour lever tous les doutes que l'on pourrait encore avoir touchant la constance attribuée à ce coefficient, il convient de prendre des moyennes entre les résultats donnés par les quatre canons sous les mêmes inclinaisons.

— 449 —

	INCLINAISON.					
	10°	15°	20°	25°	30°	35°
Valeur moyenne de 10^{10} K. .	9.24	7.96	9.40	8.87	8.77	9.31

De là, il serait difficile de déduire une augmentation sensible de 10^{10} K quand l'angle varie de 10° à 35°.

§ 6.—Conséquences des expériences exécutées sur les canons de 30.

De l'ensemble des faits qui viennent d'être rapportés, il résulte que lorsqu'il s'agit des boulets ogivaux de 30, le coefficient K conserve une valeur sensiblement constante, du moins tant que l'inclinaison ne surpasse pas 35°; en sorte que les variations que l'on rencontre quand on cherche à déterminer cette valeur au moyen des données de l'observation ne font que reproduire sous une autre forme les anomalies du tir.

Ce coefficient, dont l'existence est uniquement due à la résistance de l'air, doit, comme cette dernière, dans le cas de la similitude, décroître à mesure que le rapport $\frac{p}{a^2}$ du poids du projectile au carré de son diamètre augmente; les expériences de 1858 et de 1860 ont d'ailleurs montré qu'il était d'autant plus petit que la vitesse initiale était plus grande.

D'après cela, il est naturel de chercher si pour les projectiles semblables on ne pourrait pas admettre la formule

$$K = \frac{h}{V}\frac{a^2}{p},$$

h désignant une constante. Pour l'évaluation du rapport

29

$\frac{e^2}{p}$ on exprimera toujours a en décimètres et p en kilogrammes.

La forme de l'ogive était la même dans tous les projectiles de 30 qui ont été successivement employés, et la longueur de la partie cylindrique n'a éprouvé qu'une légère variation. Par conséquent, si l'expression précédente est suffisamment exacte, les diverses expériences doivent donner pour h des valeurs, sinon égales, du moins peu différentes les unes des autres.

Le tableau suivant renferme les résultats de ces calculs. Trois des canons employés en 1863, savoir, le premier, le second et le quatrième ayant donné des vitesses initiales presque égales, on a pris une moyenne entre les trois valeurs de h qui leur correspondaient.

VITESSE initiale.	VALEUR de h.	
mètr.		
309	0.00000356	Expériences de 1858, § 3.
320	0.00000338	Expériences de 1863, 1er, 2e et 4e canons, § 5.
325	0.00000367	Expériences de 1858, § 3.
334	0.00000328	Expériences de 1860, § 4.

Les différences que présentent les quatre valeurs ne sont pas de nature à faire rejeter la formule. En prenant une moyenne, on a

$$h = 0,00000347 ;$$

de sorte que l'on peut appliquer ce nombre à tous les projectiles semblables aux boulets ogivaux de 30 employés dans les expériences ; mais la similitude ne doit pas être restreinte aux formes extérieures. La position du centre de gravité du mobile et les valeurs des moments d'inertie relatifs aux axes de l'ellipsoïde central dépendent encore de la disposition et des dimensions de la chambre et exercent une grande influence sur la manière dont le mouvement s'opère.

On a pu remarquer à cet égard quelques variations entre les divers boulets de 30 soumis aux expériences; mais elles n'avaient qu'une faible importance.

On sait que jusqu'à une certaine distance de la bouche à feu, la résistance de l'air peut être regardée comme proportionnelle au cube de la vitesse et que, pour les boulets semblables à ceux de 30, le coefficient c de cette résistance est donné par l'équation

$$c = 0{,}00000462 \frac{a''}{p}$$

(chapitre II, § 3). De là, il résulte qu'en faisant, pour abréger, $h\frac{a''}{p} = k$, on a à très-peu près

$$k = \tfrac{3}{4} c,$$

et, par conséquent,

$$K = \tfrac{3}{4} \frac{c}{V}.$$

§7. — Canon de 50. — Expériences de 1858.

Diamètre de l'âme, 1ᵈ94.
Longueur. . . . . 30ᵈ94.
Trois rayures paraboliques; inclinaison finale, 6°.
Projectiles ogivaux :

$$a = 1^{d}915 \qquad l = 3^{d}91 \qquad j = 2^{d}00 \qquad J = 3^{d}23 \qquad p = 45^{k}$$

$$\frac{l}{a} = 2{,}04 \qquad \frac{j}{a} = 1{,}044 \qquad \frac{J}{a} = 1{,}087$$

L'ogive ne se prolongeait pas jusqu'à la pointe; cette dernière était remplacée par un arrondissement de 0ᵈ19 de rayon. La chambre, cylindrique à l'arrière, hémisphérique à l'avant, est représentée dans la figure ci-jointe.

Les vitesses ont été mesurées à 43ᵐ du canon, les moyennes prises sur 20 coups. Pour en déduire les vitesses initiales, on s'est servi de la formule du chapitre II, § 3 ; il est vrai que les projectiles n'étaient pas sem-

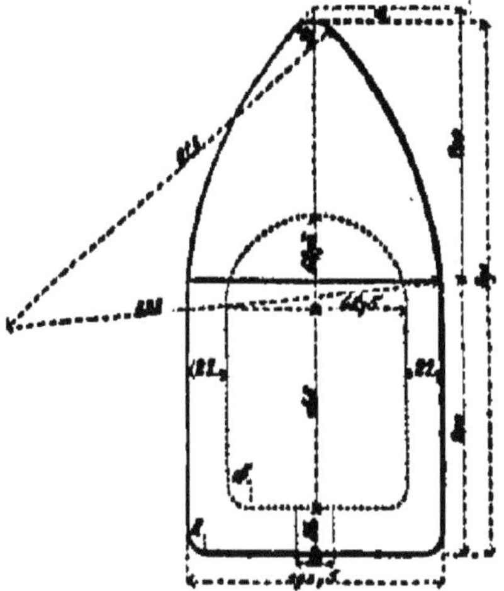

blables à ceux de 30, mais il ne s'agissait que d'une très-faible correction ; d'après le calcul elle ne s'élevait qu'à 1^m2.

Les tirs étaient généralement de 15 coups, quelquefois de 20. La différence moyenne entre l'angle de départ et l'inclinaison de la pièce a été trouvée égale à 15'.

CHARGE du canon.	VITESSE initiale du boulet (V).	ANGLE (α).	PORTÉE (X).	VALEUR de $10^{10}K$.	NOMBRE de coups.
kilog.	mètr.		mètr.		
		5° 33' 54"	1543	12.43	20
		10° 49' 7"	2596	11.59	16
4.1	303.8	15° 45'	3497	11.32	15
		25° 45'	4923	10.46	15
		35° 45'	5688	10.65	15
		5° 31' 20"	1716	9.76	30
		10° 46' 40"	2768	11.63	15
5.2	320.9	15° 45'	3874	9.44	15
		25° 45'	5200	10.44	15
		35° 45'	5992	10.54	15

Les variations du coefficient K ne paraissent pas déterminées par celles de l'inclinaison.

RÉSULTATS MOYENS.

VITESSE initiale.	VALEUR de 10^{10}K.	VALEUR de KV$\frac{p}{a^2}$.	
mètr. 303.8 320.9	11.288 10.344	0.000004208 0.000004073	a est exprimé en décimètres. p en kilogrammes.

On ne devait pas s'attendre à rencontrer une parfaite égalité entre les deux valeurs de KV$\frac{p}{a^2}$ et la légère différence qu'elles présentent ne s'oppose pas à ce qu'on puisse regarder ce produit comme constant. En prenant une moyenne, on a

$$K = \frac{0{,}00000414}{V} \frac{a^2}{p},$$

ou, en faisant comme précédemment, $K = \frac{h}{V}\frac{a^2}{p} = \frac{k}{V}$,

$$h = 0{,}00000414.$$

Cette valeur surpasse celle que l'on a trouvée dans le § 6; mais les projectiles de 50 étaient loin d'être semblables à ceux de 30, ils avaient une forme moins allongée. La résistance de l'air n'ayant pas été mesurée, on n'a aucun moyen de vérifier la relation $k = \frac{1}{4}c$; en l'admettant, on obtient

$$c = 0{,}00000552 \frac{a^2}{p}.$$

§ 8. — Obusier rayé de 22 centimètres. — Expériences de 1861-62.

Pour tout ce qui concerne la bouche à feu et les projectiles, on peut consulter le chapitre III, § 6.

Les expériences commencées au mois de septembre 1861, mais souvent interrompues, n'ont été terminées qu'au mois de janvier 1862. L'inclinaison était tantôt de 30°, tantôt de 40°. Chaque tir se composait de dix coups, quelquefois de quinze. On a réuni tous les tirs exécutés sous la même inclinaison et avec la même charge.

La différence moyenne entre l'angle de départ et l'inclinaison de l'obusier était de 30'; c'est la conséquence à laquelle ont conduit plusieurs expériences faites sous l'inclinaison de 40°. Il est à remarquer à ce sujet que la bouche à feu, eu égard à la grandeur de son calibre, doit être considérée comme fort légère.

Les détails relatifs à la mesure des vitesses se trouvent dans le chapitre III, § 6.

Les vitesses rapportées dans le tableau ci-après sont les moyennes de celles qui ont été observées dans le cours des expériences.

CHAR-GE de l'o-bu-sier.	VITESSE initiale du boulet.	INCLINAISON DE 30°.		INCLINAISON DE 40°.		NOMBRE DE COUPS	
		Portée.	Valeur de $10^{10}K$.	Portée.	Valeur de $10^{10}K$.	à 30°.	à 40°.
kilog.	mètr.	mètr.		mètr.			
3	194.7	3045	10.588	3383	9.992	45	35
4	218.4	3621	10.099	4447	7.989	30	40
5	240.4	4275	8.275	4699	8.743	55	55
6	255.9	4752	7.346	5092	8.841	30	30

Pour calculer $10^{10}K$, on a toujours ajouté 30' à l'inclinaison.

Moyennes des valeurs de 10^{10}K correspondantes à l'inclinaison de $\begin{cases} 30^\circ. \ldots 9,077. \\ 40^\circ. \ldots 8,891. \end{cases}$

De cette comparaison il ne faudrait pas conclure que la valeur de K décroît quand l'inclinaison passe de 30° à 40°; on sait bien que c'est le contraire qui peut seul avoir lieu; mais la variation est si légère qu'elle ne se manifeste pas dans la pratique, de sorte que les différences indiquées par les expériences sont tantôt dans un sens et tantôt dans un autre. Prenant, en conséquence, pour chaque charge la moyenne des deux valeurs correspondantes, l'une à l'inclinaison de 30°, l'autre à celle de 40°, on a le tableau ci-après.

CHARGE de l'obusier.	VITESSE initiale du boulet.	VALEUR du 10^{10}K.	VALEUR du produit $KV\frac{p}{a^2}$.	
kilog.	mètr.			
3	194. 7	10. 280	0.00000334	a est exprimé en décimètres.
4	218. 4	9. 044	0.00000329	p en kilogrammes.
5	240. 4	8. 509	0.00000341	
6	255. 9	8. 093	0.00000346	

Comme précédemment, la valeur de K décroît à mesure que la vitesse augmente. Les variations que présente le produit $KV\frac{p}{a^2}$ sont faibles. En prenant une moyenne entre les quatre nombres, on a

$$K = \frac{0,00000338}{V} \frac{a^2}{p}.$$

Ces expériences ont été reprises en 1863, mais sur une échelle un peu moindre. On a encore retrouvé la même différence de 30' entre l'angle de départ et l'inclinaison de la pièce, et on a obtenu pour K une valeur un peu supérieure à la précédente, savoir $K = \dfrac{0,00000348\,a^2}{V}\dfrac{}{p}$. La moyenne est

$$K = \frac{0,00000343\,a^2}{V}\frac{}{p} \; ;$$

elle diffère à peine de celle que l'on a trouvée pour les boulets de 30 (§ 6), et en effet les formes des deux sortes de projectiles s'écartent peu de la similitude.

§ 9. — Expériences sur des perriers (juin et août 1859).

Projectiles, voir le chapitre II, § 4.

On a opéré successivement sur deux perriers neufs; avec le premier, on a déterminé la vitesse initiale et la portée sous l'inclinaison de 10°; avec l'autre on a recherché les portées sous les inclinaisons supérieures.

Différence moyenne entre l'angle de départ et l'inclinaison de la pièce, 43'20".

CHARGE du perrier.	VITESSE initiale du boulet (V).	ANGLE (α).	PORTÉE (X).	VALEUR de 10^{10}K.	NOMBRE de coups.
kilog.	mètr.		mètr.		
0,420	275	10° 55' 32"	1984	29.74	40
		15° 43' 20"	2436	35.35	20
		25° 43' 20"	3075	41.30	39
		30° 43' 20"	3318	44.47	40
		35° 43' 20"	3372	45.76	40

Ici la valeur de K croît assez rapidement dès que l'inclinaison s'élève au-dessus de 10°.

Si, pour déterminer ce coefficient, on se servait de la relation $K = \frac{1}{4}\dfrac{c}{V}$, en attribuant à c la valeur relative aux boulets du perrier et consignés dans le chapitre II, § 4, on trouverait $10^{10}\,K = 29,84$; c'est à très-peu près le nombre qui, dans le tableau précédent, correspond à $\alpha = 10°55'32''$.

§ 10. — Résumé général.

Des faits qui précèdent, il résulte que l'équation

$$\frac{\sin 2\alpha}{gX} = \frac{1}{V^2} + KX$$

peut être employée pour le calcul des portées. Le coefficient K conserve une valeur sensiblement constante tant que l'inclinaison ne surpasse pas une certaine limite qui, pour les boulets ogivaux de 30, est d'environ 35°. Il est vrai que, toutes choses égales d'ailleurs, cette limite s'abaisse lorsque le calibre devient moindre, et c'est ainsi que quand il s'agit du perrier, elle paraît être peu différente de 10°. Mais les bouches à feu d'un faible calibre ne sont généralement employées que sous des inclinaisons assez médiocres.

Cette constance apparente du coefficient tient uniquement à la faiblesse de la résistance de l'air ; on peut donc rapprocher ou reculer la limite à laquelle elle cesse d'avoir lieu, soit en modifiant les formes du projectile, soit en faisant varier son poids.

Dans les diverses expériences dont on a rendu compte, la valeur de K a paru être en raison inverse de la vitesse initiale. On est donc autorisé à poser

$$K = \frac{k}{V}.$$

L'équation de la courbe du troisième degré qui se trouve substituée à la trajectoire réelle est alors

$$y = x\,\tang\,\alpha - \frac{gx^2}{2\cos^2\alpha}\left(\frac{1}{V^2} + \frac{kx}{V}\right),$$

et l'équation qui donne la portée devient

$$\frac{V^2 \sin 2\alpha}{g} = X + kVX^2 \quad \text{ou} \quad \frac{\sin 2\alpha}{gX} = \frac{1}{V^2} + \frac{kX}{V}.$$

Résolue par rapport à X, elle donne

$$X = \frac{1}{2kV}\left(\sqrt{1 + 2kV\,\frac{2V^2\sin 2\alpha}{g}} - 1\right).$$

X_1 désignant l'abscisse du point culminant, on a

$$X_1 = \frac{1}{3kV}\left(\sqrt{1 + 3kV\,\frac{V^2\sin 2\alpha}{g}} - 1\right);$$

et si Y_1 désigne la hauteur du jet,

$$\frac{Y_1}{X_1\,\text{tang}\,\alpha} = \frac{1 + 2kVX_1}{1 + 3kVX_1}.$$

L'angle de chute ω est donné par l'équation

$$\frac{\text{tang}\,\omega}{\text{tang}\,\alpha} = 1 + \frac{kVX}{1 + kVX}.$$

Jusqu'à présent l'occasion ne s'est pas présentée de vérifier par des mesures directes l'expression de la hauteur du jet, non plus que celle de l'angle de chute.

Dans le chapitre II il a été établi que, du moins jusqu'à une certaine distance, la résistance de l'air était proportionnelle au cube de la vitesse. Il est dès lors naturel de comparer la valeur de k à celle du coefficient c de cette résistance. Lorsqu'il s'agit de projectiles semblables aux boulets ogivaux de 30, on a

$$k = \tfrac{1}{4}c.$$

§ 11. — Applications numériques.

On supposera les projectiles semblables aux boulets ogivaux de 30; alors

$$c = 0,00000462 \, \frac{a^2}{p},$$

et l'équation $k = \frac{3}{4}c$ devient

$$k = 0,000003465 \, \frac{a^2}{p}.$$

Premier exemple. — Un projectile a un diamètre égal à 1^c623 et pèse 30^k40; la vitesse initiale est de 320^m; quel doit être l'angle de départ pour que la portée soit de 6,000 mètres ?

$$a = 1,623 \qquad p = 30,4$$

$$\text{Log } a^2 = 0,4206370$$
$$\text{Log } p = 1,4828736$$

$$\text{Log } \frac{a^2}{p} = 0,9377634 - 2$$
$$\text{Log } (0,000003465) = 0,5397032 - 6$$

$$\text{Log } k = 0,4774666 - 7$$

Cela posé, la formule dont il faut se servir est

$$\frac{\sin 2\alpha}{gX} = \frac{1}{V^2} + \frac{k}{V} X.$$

On évite les petits nombres en l'écrivant ainsi

$$\frac{10^{10}\sin 2\alpha}{gX} = \frac{10^{10}}{V^2} + \frac{10^{10}k}{V} X.$$

$$g = 9,81 \qquad V = 320 \qquad X = 6000$$

$$\text{Log } 10^{10}k = 3,4774666)$$
$$\text{Log } X = 3,7781513)$$

$$\text{Log } 10^{10}\,kX = 7,2756179)$$
$$\text{Log } V = 2,5051500) \quad \text{Log } V^2 = 5,0103000$$

$$\text{Log } k\frac{10^{10}X}{V} = 4,7704679 \quad \text{Log } \frac{10^{10}}{V^2} = 4,9897000$$

$$- 460 -$$

$$\frac{10^{10}kX}{V} = 58948 \qquad\qquad \frac{10^{10}}{V^2} = 9,7656$$

$$\frac{10^{10}}{V^2} = 97656$$

$$\frac{10^{10}kX}{V^2} + \frac{10^{10}}{V^2} = 156604 \qquad \mathrm{Log}\, g = 0,9916690$$

$$\mathrm{Log}\left(\frac{10^{10}kX}{V^2} + \frac{10^{10}}{V^2}\right) = 5,1948029 \;\Big\rbrace \quad \mathrm{Log}\, X = 3,7781543$$

$$\mathrm{Log}\, gX = 4,7698203 \;\Big\rbrace \quad \mathrm{Log}\, gX = \overline{4,7698203}$$

$$\mathrm{Log}\, 10^{11}\sin 2\alpha = \overline{9,9646232}$$

$$2\alpha = 67^\circ\, 11'$$

$$\alpha = 33^\circ\, 35'\, 30''.$$

Deuxième exemple. — Le projectile et la vitesse initiale étant les mêmes que dans l'exemple précédent, quelle sera la portée correspondante à un angle de départ égal à 35° ?

La formule

$$X = \frac{1}{2kV}\left(\sqrt{1 + 2kV\frac{2V^2\sin 2\alpha}{g}} - 1\right)$$

est celle dont il faut se servir.

D'après ce qui précède $\quad\mathrm{Log}\, k = 0,4774666 - 7 \;\Big\rbrace$
d'ailleurs $\qquad\qquad\qquad \mathrm{Log}\, 2 = 0,3010300$
et puisque $V = 320 \qquad \mathrm{Log}\, V = 2,5051500$
donc $\qquad\qquad\qquad \mathrm{Log}\, 2kV = \overline{0,2836466 - 4}$

Cela posé,

$$\mathrm{Log}\, V^2 = 5,0103000 \;\Big\rbrace$$
$$\mathrm{Log}\, 2 = 0,3010300 \;\Big\rbrace$$
et puisque $2\alpha = 70^\circ \quad \mathrm{Log}\sin 2\alpha = 0,9729858 - 1$
Ainsi $\qquad\qquad \mathrm{Log}\, 2V^2\sin 2\alpha = \overline{5,2843158} \;\Big\rbrace$
$$\mathrm{Log}\, g = 0,9916690 \;\Big\rbrace$$

$$\mathrm{Log}\frac{2V^2\sin 2\alpha}{g} = 4,2926468 \;\Big\rbrace$$
$$\mathrm{Log}\, 2kV = 0,2836466 - 4 \;\Big\rbrace$$

$$\mathrm{Log}\, 2kV\frac{2V^2\sin 2\alpha}{g} = 0,5762934$$

$$2k\mathrm{V}\,\frac{2\mathrm{V}^2\sin 2\alpha}{g} = 3{,}7696$$

$$2k\mathrm{V}\,\frac{2\mathrm{V}^2\sin 2\alpha}{g} + 1 = 4{,}7696$$

$$\mathrm{Log}\left[2k\mathrm{V}\,\frac{2\mathrm{V}^2\sin 2\alpha}{g} + 1\right] = 0{,}6784820$$

$$\mathrm{Log}\sqrt{2k\mathrm{V}\,\frac{2\mathrm{V}^2\sin 2\alpha}{g} + 1} = 0{,}3392410$$

$$\sqrt{2k\mathrm{V}\,\frac{2\mathrm{V}^2\sin 2\alpha}{g} + 1} = 2{,}1839$$

$$\sqrt{2k\mathrm{V}\,\frac{2\mathrm{V}^2\sin 2\alpha}{g} + 1} - 1 = 1{,}1839$$

$$\mathrm{Log}\left(\sqrt{2k\mathrm{V}\,\frac{2\mathrm{V}^2\sin 2\alpha}{g} + 1} - 1\right) = 0{,}0733150 \;\Big\}$$
$$\mathrm{Log}\,2k\mathrm{V} = 0{,}2836466 - 4 \;\Big)$$
$$\mathrm{Log}\,\mathrm{X} = 3{,}7896684$$
$$\mathrm{X} = 6161 \text{ mètres.}$$

§ 12. — Formules du mouvement lorsque la résistance de l'air, dirigée suivant la tangente à la trajectoire, est proportionnelle au cube de la vitesse.

Les expériences rapportées dans le chapitre II montrent qu'au moins jusqu'à une certaine distance, le mobile peut être considéré comme éprouvant de la part de l'air une résistance tangentielle à la trajectoire et proportionnelle au cube de la vitesse. On n'est nullement autorisé à en conclure qu'il en est de même dans le cours d'un long trajet où bientôt l'axe du corps fait avec la tangente à la courbe un angle très-prononcé. Toutefois, il n'est pas inutile de rechercher les conséquences d'une pareille loi.

Quand la résistance est dirigée suivant la tangente, les équations du mouvement sont

$$\frac{dy'}{dx}\left(\frac{dx}{dt}\right)^2 = -g \qquad \frac{d^2x}{dt^2} = -r\frac{dx}{ds}$$

(Ire partie, chapitre VI, § 3).

Lorsqu'on admet la loi précédente, $r = cv^2$, et la seconde équation devient

$$\frac{d^2x}{dt^2} = -cv^2\frac{dx}{ds} \qquad \text{ou} \qquad \frac{d^2x}{dt^2} = -c\frac{ds^2dx}{dt^3}.$$

Les difficultés qu'offre l'intégration obligent de recourir à des méthodes d'approximation ou, en d'autres termes, à des altérations de l'hypothèse primitive.

En remplaçant le rapport variable $\frac{ds}{dx}$ par sa valeur moyenne θ, et écrivant par suite $ds = \theta dx$, on a

$$\frac{d^2x}{dt^2} = -c\theta^2\left(\frac{dx}{dt}\right)^3,$$

et on rend l'intégration facile ; mais l'expression de la résistance est changée. On a en effet

$$r = c\theta^2\frac{ds}{dx}\left(\frac{dx}{dt}\right)^2.$$

Soit u la vitesse horizontale, $u = \frac{dx}{dt}$, et l'équation précédente devient

$$\frac{du}{dt} = -c\theta^2u^3.$$

Comme $u = V\cos\alpha$, lorsque $t = o$, l'intégration donne

$$u = \frac{V\cos\alpha}{(1 + 2c\theta^2V^2\cos^2\alpha.t)^{\frac{1}{2}}}.$$

Remplaçant dt par $\frac{dx}{u}$ dans l'équation $\frac{du}{dt} = -c\theta^2u^3$, on obtient

$$\frac{du}{u^2} = -c\theta^2dx.$$

Intégrant et observant que $u = \mathrm{V} \cos \alpha$ lorsque $x = o$, on trouve

$$u = \frac{\mathrm{V} \cos \alpha}{1 + c\theta^2 \mathrm{V} \cos \alpha . x}.$$

Remplaçant u par $\dfrac{dx}{dt}$, il vient

$$(1 + c\theta^2 \, \mathrm{V} \cos \alpha . x)\, dx = \mathrm{V} \cos \alpha . dt.$$

La distance x s'évanouissant avec t, l'intégration donne

$$t = \frac{x}{\mathrm{V} \cos \alpha} \left(1 + \frac{c\theta^2 \mathrm{V} \cos \alpha}{2}\, x \right).$$

Portant dans l'équation $\dfrac{dy'}{dx} \left(\dfrac{dx}{dt} \right)^2 = -g$, à la place de $\dfrac{dx}{dt}$ ou u, la dernière valeur obtenue, on a

$$\frac{dy'}{dx} = - \frac{g}{\mathrm{V}^2 \cos^2 \alpha} (1 + c\theta^2 \mathrm{V} \cos \alpha . x)^2.$$

Comme $y' = \tang \alpha$ lorsque $x = o$, l'intégrale est

$$y' = \tang \alpha - \frac{g}{3 c\theta^3 \mathrm{V}^3 \cos^3 \alpha} \left((1 + c\theta^2 \mathrm{V} \cos \alpha . x)^3 - 1 \right).$$

Attendu que y s'annule avec x, l'intégration conduit à

$$y = x \tang \alpha - \frac{g x^2}{12 \theta^2 \mathrm{V} \cos^2 \alpha} \left\{ 6 + 4 c\theta^2 \mathrm{V} \cos \alpha . x + c^2 \theta^4 \mathrm{V}^2 \cos^2 \alpha . x^2 \right\}$$

Quand $y = o$, celle des deux valeurs de x qui n'est pas nulle devient la portée X ; donc

$$\frac{\sin 2\alpha}{g X} = \frac{1}{\mathrm{V}^2} + \frac{2 c\theta^2 \cos \alpha}{3 \mathrm{V}} X + \frac{c^2 \theta^4 \cos^2 \alpha}{6} X^2.$$

On a déjà fait la remarque (Ire partie, chap. VI, § 6) que le nombre θ devait être compris entre 1 et $\dfrac{1}{\cos \alpha}$; et les formules acquièrent le plus haut degré de simplicité quand $\theta = \dfrac{1}{\sqrt{\cos \alpha}}$, ce qui revient à $\theta^2 \cos \alpha = 1$.

On a, dans cette hypothèse :

$$u = \frac{V \cos \alpha}{(1 + 2cV^2 \cos \alpha . t)^{\frac{1}{2}}}$$

$$u = \frac{V \cos \alpha}{1 + cVx}$$

$$t = \frac{x}{V \cos \alpha} \left(1 + \frac{cVx}{2} \right)$$

$$y' = \operatorname{tang} \alpha - \frac{gx}{3V^2 \cos^2 \alpha} (3 + 3cVx + c^2 V^2 x^2)$$

$$y = x \operatorname{tang} \alpha - \frac{gx^2}{12V^2 \cos^2 \alpha} (6 + 4cVx + c^2 V^2 x^2)$$

$$\frac{\sin 2\alpha}{gX} = \frac{1}{V^2} + \frac{2c}{3V} X + \frac{c^2 X^2}{6}.$$

En prenant $\theta = 1$, on a les formules données par M. Piton-Bressant dans une note présentée à l'Académie des sciences en août 1862.

La dernière équation peut être écrite ainsi :

$$\frac{\sin 2\alpha}{gX} = \frac{1}{V^2} + \frac{2c}{3V} X \left(1 + \frac{cVX}{4} \right).$$

La formule donnée dans le § 10 est

$$\frac{\sin 2\alpha}{gX} = \frac{1}{V^2} + \frac{kX}{V}$$

et si $k = \frac{2}{3}c$, les deux formules s'accorderont lorsqu'on aura $X = \frac{1}{2cV}$.

§ 13. — Durée du trajet.

Il est souvent utile de connaître la durée du trajet, c'est-à-dire le temps T que le mobile emploie à parcourir sa trajectoire ; il faut donc tâcher d'en avoir une expression approximative.

Dans le § 12 on a obtenu l'équation $t = \dfrac{x}{V \cos \alpha}\left(1 + \dfrac{cVx}{2}\right)$ en supposant le mobile soumis à une résistance tangentielle proportionnelle au cube de la vitesse, et en remplaçant dans les formules ds par $dx\sqrt{\sec \alpha}$. Quand on suppose $x = X$, on a

$$T = \frac{X}{V \cos \alpha}\left(1 + \frac{cVX}{2}\right).$$

Il est bien clair que de graves objections peuvent être faites contre l'emploi de cette expression ; mais, à défaut d'autres, il convient d'examiner si elle ne donnerait pas une approximation suffisante. C'est dans cette vue qu'on en a fait l'application aux diverses expériences décrites précédemment. Pour déterminer dans chaque cas la valeur de c, on s'est servi de la formule du chapitre II, § 2.

1· EXPÉRIENCES DE 1858. — CANONS DE 30 (chap. IV, § 3).

$$c = 0,000004057$$

	V = 309ᵐ.				V = 325ᵐ.			
ANGLE α.	PORTÉE X.	DURÉE		Différence.	ANGLE α.	PORTÉE X.	DURÉE		Différence.
		observée.	calculée.				observée.	calculée.	
	mètr.	secondes.	secondes.	secondes.		mètr.	secondes.	secondes.	secondes.
5° 24'	1557	5.6	5.56	— 0.04	5° 21' 36"	1685	5.9	5.79	— 0.14
10° 49' 45"	2727	10.9	10.50	— 0.40	10° 43' 58"	2923	11.4	10.91	— 0.49
15° 42'	3672	15.2	15.15	— 0 04	15° 42'	3248	15.8	15.86	+ 0.09
25° 42'	4965	23.45	23.28	— 0.17	25° 42'	5379	24.15	24.79	+ 0.34
35° 42'	5726	31.3	30.82	— 0.48	35° 42'	6439	32.5	32.48	— 0.02

2ᵉ EXPÉRIENCES DE 1860. — CANONS DE 30 (chap. IV, § 4).

	$V = 334^m$		$c = 0,000004003$	
Angle α.	8° 24′ 48″	10° 17′ 43″	25° 12′	35° 12′
Portée X..	1806ᵐ	3408ᵐ	8688ᵐ	8879ᵐ
Durée observée..	6ˢ0	11ˢ3	25ˢ6	33ˢ8
Durée calculée.	6ˢ09	11ˢ43	25ˢ97	34ˢ70
Différence.	+ 0ˢ09	+ 0ˢ13	+ 0ˢ37	+ 0ˢ9

3ᵉ EXPÉRIENCES DE 1863. — CANONS DE 30 (chap. IV, § 5).

Dans chacun des tirs exécutés avec les trois premiers canons, la durée observée a été comparée à la durée calculée à l'aide de la formule.

En prenant des moyennes entre les résultats obtenus sous la même inclinaison avec les trois canons, on a le tableau ci-dessous.

Inclinaison du canon. .	1°	2°	3°	4°	5°
Durée observée.	1ˢ89	3ˢ00	3ˢ87	5ˢ10	5ˢ90
Durée calculée.	1ˢ98	3ˢ00	3ˢ96	5ˢ01	6ˢ00
Différence.	+ 0ˢ09	0	+ 0ˢ09	— 0ˢ09	+ 0ˢ01
Inclinaison du canon . .	6°	7°	8°	9°	10°
Durée observée.	6ˢ97	7ˢ96	9ˢ03	9ˢ98	10ˢ90
Durée calculée..	7ˢ01	7ˢ93	9ˢ21	10ˢ04	10ˢ98
Différence..	+ 0ˢ04	— 0ˢ03	+ 0.18	+ 0ˢ06	+ 0ˢ08
Inclinaison du canon. .	15°	20°	25°	30°	35°
Durée observée.	15ˢ89	20ˢ49	24ˢ90	29ˢ12	32ˢ62
Durée calculée.	16ˢ29	20ˢ45	25ˢ29	29ˢ44	33ˢ06
Différence..	+ 0.40	— 0.34	+ 0ˢ39	+ 0.32	+ 0.44

L'ensemble de ces faits montre que la formule

$$T = \frac{X}{\cos \alpha}\left(1 + \frac{cVX}{2}\right)$$

fait connaître la durée du trajet avec une approximation suffisante.

§ 14. — Vitesse finale du projectile.

Il serait utile de savoir quelle est la vitesse dont le projectile se trouve animé au moment de sa chute. Quand l'angle de départ est petit et que, par suite, la trajectoire est très-surbaissée, on peut à cet effet se servir avec confiance de la formule fondée sur l'hypothèse d'une résistance tangentielle et proportionnelle au cube de la vitesse, savoir :

$$v = \frac{V}{1 + cVx};$$

mais si l'angle de départ devient plus grand, cette hypothèse ne conduit qu'à des évaluations assez incertaines, et l'expérience n'a fourni jusqu'à présent aucune des données qu'exige l'établissement d'une formule réellement satisfaisante.

CHAPITRE V.

DÉRIVATION DES PROJECTILES.

—

§ 1. — Considérations générales.

La dérivation moyenne est la quantité moyenne dont, au point de chute, les projectiles s'écartent du plan de tir ; elle se manifeste toujours du côté vers lequel tourne la partie supérieure du corps, à gauche par conséquent dans l'artillerie navale, à droite dans l'artillerie de terre. Les causes qui la produisent ont été indiquées dans le chapitre IV, § 1 ; la difficulté est d'en trouver l'expression.

Lorsque la nature du projectile est connue, la dérivation, de même que la portée, est entièrement déterminée par l'angle de départ α et la vitesse initiale V ; ainsi, en la désignant par D, on peut écrire

$$D = f(\alpha, V).$$

Les considérations théoriques ne fournissent aucun moyen de découvrir la nature de cette fonction ; il faut donc de toute nécessité recourir à l'expérience.

Mais les dérivations subissent l'influence des agitations de l'atmosphère et sont, par suite, extrêmement variables. Celles des boulets de la marine augmentent quand le vent vient de la droite ; elles décroissent quand il souffle de la gauche ; le contraire arrive pour les projectiles de l'artillerie de terre.

Ce n'est qu'en multipliant beaucoup les tirs qu'on peut écarter ces influences journalières et arriver à des résultats réguliers.

§ 2. — Dérivation des boulets ogivaux de 30. — Expériences de 1858.

Les expériences exécutées en 1858 sur des canons de 30, et dont il est question dans le chapitre IV, § 3, montrent que la dérivation est sensiblement proportionnelle au carré du sinus de l'angle de départ.

Voici, en effet, les résultats donnés par la charge de 3^k5 :

	VITESSE initiale V.	ANGLE de départ α.	DÉRIVA-TION D.	VALEUR du rapport $\dfrac{D}{\sin^2\alpha}$	
	mètr.		mètr.		
Diamèt. des boulets. . 162^{mm}3		5° 21′ 36″	7.59	870.0	5 tirs de 15 coups.
		10° 13′ 58″	25.38	804.4	*Id.*
Poids. . . . 30^k	325	15° 12′	50.3	737.7	3 tirs de 15 coups.
		25° 12′	447.7	844.7	*Id.*
		35° 12′	275.0	827.6	*Id.*

Les variations du rapport $\dfrac{D}{\sin^2\alpha}$ paraissent tout à fait indépendantes de l'inclinaison de la pièce. En prenant une moyenne, on a

$$\frac{D}{\sin^2\alpha} = 809,6.$$

Il est facile de vérifier cette expression.

Dérivation calculée au moyen de la formule	7^{m}06	25^{m}55	55^{m}65	146^{m}8	269^m
Excès sur la dérivation observée. .	—0.53	+0.47	+5.35	—0.9	— 6

Les dérivations données par la charge de 3ᵏ0 se trouvent dans le tableau suivant :

VITESSE initiale V.	ANGLE de départ α.	DÉRIVA-TION D.	VALEUR du rapport $\dfrac{D}{\sin^2\alpha}$	
mètr.		mètr.		
	5° 24′	5.05	570.2	3 tirs de 15 coups.
	10° 19′ 45″	21.0	653.2	Id.
309	15° 12′	48.3	702.6	2 tirs de 45 coups.
	25° 12′	433.6	737.0	Id.
	35° 12′	236.4	740.6	Id.

Les épreuves sont moins nombreuses que pour la charge de 3ᵏ50 ; et la constance du rapport ne se montre pas d'une manière aussi régulière. Les valeurs relatives aux petites inclinaisons sont faibles ; mais il est à remarquer qu'il suffit alors d'apporter un très-léger changement à la dérivation pour que le rapport éprouve une variation notable. En prenant une moyenne, on a

$$\frac{D}{\sin^2\alpha}=674,7.$$

Dérivation calculée au moyen de la formule.	5ᵐ97	21ᵐ69	46ᵐ38	122ᵐ3	221ᵐ2
Excès sur la dérivation observée. . .	+0.93	+0.09	—4.92	—10.7	—11.9

§ 3. — Suite. — Expériences de 1860 (chap. IV, § 4).

Diamètre des boulets. 162ᵐᵐ3
Poids. 30ᵏ4

VITESSE initiale V.	ANGLE de départ α.	DÉRIVA- TION D.	VALEUR du rapport $\dfrac{D}{\sin^2\alpha}$.	NOMBRE de coups.
mètr.		mètr.		
334	5° 24' 18"	7.25	824.6	70
	10° 17' 43"	49.0	908.0	90
	25° 12'	182.0	1004.0	80
	35° 12'	324.0	978.0	60

En prenant une moyenne, on a

$$\frac{D}{\sin^2\alpha} = 927,9.$$

Cette valeur est probablement un peu forte ; pendant la durée des épreuves, les vents venaient presque cons- tamment de la droite.

§ 4. — Suite. — Expériences de 1863.

Ces expériences ont été décrites dans le chapitre IV, § 5.

Le tableau suivant a été formé en prenant les moyennes des résultats donnés par les trois premiers canons sous les mêmes inclinaisons.

ANGLE de départ α.	DÉRIVATION D.	VALEUR du rapport $\dfrac{D}{\sin^2\alpha}$	
		métr.	
2° 43' 46"	4.68	932.8	
3° 34' 54"	3.45	807.5	
4° 33' 44"	4.03	637.0	710.4
5° 26' 17"	4.98	554.5	
6° 28' 34"	8.5	608.4	
7° 26' 49"	13.4	784.5	
8° 24' 39"	44.0	653.6	
9° 23' 45"	25.2	945.5	748.6
10° 24' 42"	24.4	748.0	
15° 46' 20"	32.2	464.4	
20° 46' 20"	72.4	600.6	
25° 46' 20"	123.5	677.6	723.3
30° 46' 20"	244.5	832.3	
35° 46' 20"	258.0	782.7	

Les irrégularités sont nombreuses, mais les variations du rapport paraissent indépendantes de l'inclinaison du canon.

En prenant une moyenne, on a

$$\frac{D}{\sin^2\alpha} = 720.$$

La vitesse moyenne des boulets était égale à 323ᵐ, et leur poids moyen se trouvait de 31ᵏ26.

§ 5. — Conséquences des expériences précédentes.

Des faits qui précèdent on est autorisé à conclure que, tant que la charge ne varie pas, le rapport $\dfrac{D}{\sin^2\alpha}$ peut être considéré comme conservant sensiblement la même valeur; mais il croît avec la vitesse et même plus rapidement qu'elle. Dès lors, il est naturel de chercher s'il ne serait pas proportionnel à son carré, auquel cas la quantité $\dfrac{D}{V^2 \sin^2 \alpha}$ devrait être à très-peu près constante.

VALEUR de V.	VALEUR de $\dfrac{D}{\sin^2 \alpha}$.	VALEUR de $\dfrac{D}{V^2 \sin^2 \alpha}$.
mètr.		
309	674.7 (§ 2).	0.00707
323	720.0 (§ 4).	0.00690
325	809.6 (§ 2).	0.00746
334	927.9 (§ 3).	0.00832

D'après l'observation faite à la fin du § 3, la quatrième valeur doit être trop forte; les variations qu'offrent les trois premières ne s'opposent pas à ce que le rapport $\dfrac{D}{V^2 \sin^2 \alpha}$ puisse être regardé comme constant; en prenant leur moyenne, on a

$$\frac{D}{V^2 \sin^2 \alpha} = 0,00725.$$

§ 6. — Dérivations des boulets ogivaux de 22 centimètres. — Expériences de 1861 et de 1862 (chap. III, § 6; chap. IV, § 8).

Diamètre des boulets. 2²209
Poids. 81⁴⁵

RÉSULTATS MOYENS DES EXPÉRIENCES.

CHARGE de l'obusier.	VITESSE initiale des boulets.	VALEUR DE $\frac{D}{\sin^2\alpha}$, l'angle α étant de		VALEUR moyenne de $\frac{D}{\sin^2\alpha}$.	VALEUR de $\frac{D}{V'^2\sin^2\alpha}$.
		30° 30'.	40° 30'.		
kilog.	mètr.				
1,0	115.1	102.6	94.7	98.6	0.00744
2,0	163.8	258.4	243.8	251.1	0.00936
3,0	194.7	280.2	268.2	274.2	0.00728
4,0	248.4	299.4	318.7	309.0	0.00648
5,0	240.4	321.5	415.8	368.6	0.00593
6,0	265.9	520.3	515.3	522.9	0.00780

Le rapport $\frac{D}{\sin^2\alpha}$ se montre plus grand, tantôt sous l'angle de 30° 30', tantôt sous celui de 40° 30'; mais dans les deux cas il a à peu-près la même valeur moyenne.

L'examen de la dernière colonne du tableau fait voir que les variations du rapport $\frac{D}{V'^2\sin^2\alpha}$ ne suivent aucune loi; et en prenant une moyenne, on a

$$\frac{D}{V'^2\sin^2\alpha} = 0,00787.$$

Cette valeur est très-peu différente de celle qu'on a trouvée pour les boulets de 30 (§ 5). Les deux sortes de projectiles sont à peu près semblables.

§ 7. — Dérivations des boulets ogivaux lancés par le perrier. — Expériences de 1859 (chap. IV, § 9).

Diamètre des boulets. . . . . $a = 0^m532$
Poids. . . . . $p = 1^k41$

CHARGE du perrier.	VITESSE initiale du boulet V.	ANGLE α.	DÉRIVA-TION D.	VALEUR de $\dfrac{D}{\sin^2\alpha}$	
kilog.	mètr.		mètr		
0.120	275	15° 43′ 20″	38	517.3	Deux tirs de 20 coups.
		25° 43′ 20″	80	424.7	*Id.*
		30° 43′ 20″	129	404.2	*Id.*
		35° 43′ 20″	162	475.2	*Id.*

Les variations du rapport $\dfrac{D}{\sin^2\alpha}$ se montrent indépendantes de l'inclinaison de la pièce; en prenant une moyenne, on a $\dfrac{D}{\sin^2\alpha} = 478$, et par suite,

$$\frac{D}{V^2 \sin^2\alpha} = 0{,}00632.$$

§ 8. — Conclusions.

Des expériences soumises à tant de causes de variations ne peuvent guère conduire à des résultats dont on soit complétement satisfait. La recherche d'une formule susceptible de donner un haut degré d'approximation serait prématurée; il faut seulement tâcher d'obtenir quelque expression simple qui, tout en se conciliant avec l'ensemble général des faits, se prête facilement au calcul.

L'équation

$$D = h V^2 \sin^2\alpha$$

satisfait à ces conditions; elle revient à dire que la dérivation est proportionnelle au carré de la composante verticale de la vitesse initiale ou encore à la hauteur à laquelle le projectile s'élèverait si le mouvement s'opérait dans le vide.

Le coefficient h varie nécessairement avec l'inclinaison des rayures; il dépend, d'ailleurs, essentiellement de la constitution du mobile.

Boulets ogivaux de 22 centimètres. . . $h = 0.00737$
—   de 30.. . . . . $h = 0.00723$
—   du perrier. . . . . $h = 0.00632$

CHAPITRE VI.

§ 1. — Déviation latérale moyenne.

On entend ici par *déviation latérale* d'un projectile la quantité dont, au point de chute, il s'écarte de la projection horizontale de la trajectoire moyenne, soit à droite, soit à gauche.

La somme de toutes ces déviations, divisée par leur nombre, est ce qu'on appelle *la déviation latérale moyenne*.

Si le mouvement s'opérait dans le vide, toutes les trajectoires particulières seraient planes, et les déviations latérales ne pourraient être attribuées qu'aux écarts initiaux.

Soit alors ε l'écart angulaire latéral moyen,

q la déviation latérale moyenne,

on aurait

$$q = X \frac{\tang \varepsilon}{\cos \alpha},$$

en conservant aux lettres α et X leurs significations antérieures (Première partie, chapitre VII, § 2).

Si, quand le mouvement a lieu dans l'air, il n'existait pas d'autres causes de déviations, la même formule conviendrait encore à raison de la faible courbure des projections horizontales des trajectoires ; mais l'expérience montre que le rapport $\frac{q}{X}$ croît avec l'angle α plus rapidement que ne l'indique le facteur $\frac{1}{\cos\alpha}$; et, comme on ne peut guère admettre que l'angle ε augmente en même temps, on est conduit à reconnaître l'existence de forces déviatrices dont il est facile, d'ailleurs, de découvrir l'origine.

En effet, ce n'est jamais autour de son axe que tourne le projectile en sortant de la bouche à feu, mais autour d'une droite qui s'en écarte un peu; de là, des mouvements anormaux qui changent, d'ailleurs, d'un coup à l'autre. Ces circonstances doivent faire varier la direction de la résistance de l'air.

De l'équation $\frac{\sin 2\alpha}{gX} = \frac{1}{V^2} + \frac{k}{V}X$, on tire $\frac{X}{\cos\alpha} = \frac{2V^2\sin\alpha}{g(1+kVX)}$; portant cette valeur dans la formule $q = \frac{X}{\cos\alpha}\tang\varepsilon$, il vient

$$q = \frac{2V^2\sin\alpha}{g(1+kVX)}\tang\varepsilon.$$

Il est assez naturel d'essayer si, pour tenir compte de l'accroissement apporté à la déviation par les forces perturbatrices, il ne suffirait pas de négliger dans le dénominateur du second membre le terme kVX. On aurait alors la formule très-simple,

$$q = \frac{2V^2\sin\alpha}{g}\tang\varepsilon.$$

La déviation latérale moyenne se trouverait alors avoir la même grandeur que si le mouvement s'opérait dans le vide; mais elle correspondrait à une moindre portée.

Il est clair que l'angle ε dépend non-seulement de la constitution de la pièce et des projectiles, mais encore de la manière dont le tir est exécuté.

On vérifie la formule en cherchant, à l'aide des données que fournit l'expérience, si le rapport $\frac{q}{\sin\alpha}$ conserve une valeur sensiblement constante, quand la charge du canon reste la même. Lorsque les tirs sont exécutés avec des charges différentes, il faut recourir au rapport $\frac{q}{V^2\sin\alpha}$.

Les difficultés que l'on rencontre dans ce genre de recherches proviennent surtout des nombreuses irrégularités que présentent les expériences ; quelles que soient les formules que l'on adopte, il faut s'attendre à ce que parfois elles s'écarteront beaucoup des résultats du tir.

§ 2. — **Déviations latérales moyennes des boulets ogivaux de 30. — Expériences de 1858, décrites dans le chap. IV, § 3.**

Le rapport des carrés des vitesses 309^m et 325^m, imprimées par les deux charges qui ont été employées, étant à peu près égal à 0,9 et les déterminations des déviations ne pouvant être considérées comme exactes à moins de $\frac{1}{11}$ près, on a pris des moyennes entre les résultats de tous les tirs exécutés sous la même inclinaison.

Angle α	2° 23'	5° 23'	10°17'	15°12'	25°42	35°12'
Déviation latérale moyenne q.	0^{m}89	1^{m}98	3^{m}13	4^{m}75	8^{m}23	11^{m}87
Valeur du rapport $\frac{q}{\sin\alpha}$ . . .	20.00	21.40	17.53	18.13	19.33	20.59

Les variations du rapport ne suivent aucune loi et peuvent être attribuées aux anomalies des expériences. En prenant une moyenne, on a

$$\frac{q}{\sin\alpha} = 19,44.$$

La proportionnalité de la déviation latérale au sinus de l'angle de départ se trouve ainsi vérifiée.

— 482 —

La valeur 19,44 du rapport correspond à une vitesse initiale comprise entre 309^m et 325^m et à peu près égale à 317^m. L'équation $q = \dfrac{2V^2}{g} \sin \alpha \, \text{tang} \, \varepsilon$ devient donc

$19,44 = \dfrac{2}{g}(317)^2 \text{tang} \, \varepsilon$; de là, résulte tang$\varepsilon = 0,0009489$

et $\varepsilon = 3'16''$.

§ 3. — Suite. — Expériences de 1863, décrites chap. IV, § 5.

Le tableau suivant a été formé en prenant les moyennes des déviations données sous les mêmes inclinaisons, par les trois premiers canons employés dans les expériences.

ANGLE α.	DÉVIATION latérale moyenne q.	VALEUR du rapport $\dfrac{q}{\sin \alpha}$.	
	mètr.		
1° 46' 40"	0.83	26.75	
2° 43' 46"	1.11	23.24	
3° 34' 54"	1.38	21.40	22.90
4° 33' 44"	1.53	19.24	
5° 26' 17"	2.20	23.22	
6° 28' 31"	2.33	20.66	
7° 26' 19"	2.99	23.09	
8° 24' 39"	3.99	27.28	24.40
9° 23' 46"	4.40	25.44	
10° 24' 12"	4.49	24.36	
15° 16' 20"	5.84	22.06	
20° 16' 20"	8.76	25.28	
25° 16' 20"	13.40	34.79	27.04
30° 16' 20"	13.83	27.39	
35° 16' 20"	17.30	29.96	

Les irrégularités sont nombreuses, le tir a offert moins de justesse qu'en 1858; et soit que l'action des forces déviatrices ait été plus grande, soit que sous les grandes inclinaisons surtout on ait apporté moins de précision au pointage, le rapport $\dfrac{q}{\sin\alpha}$ se montre croissant avec l'angle α.

Quelle que soit la cause à laquelle on attribue cet accroissement, il est bien clair que si on veut obtenir la valeur de l'écart angulaire ε, c'est surtout aux résultats fournis par les faibles inclinaisons qu'il faut recourir. Les cinq premières donnent pour valeur moyenne $\dfrac{q}{\sin\alpha}=22,90$; et comme $V=323^{m}$, à très-peu près, on a $\varepsilon = 3'42''$.

§ 4. — Déviations latérales des boulets ogivaux de 50. — Expériences de 1858, chap. IV, § 7.

On a pris les moyennes des déviations données par les deux charges de 4^k5 et de 5^k2 sous les mêmes inclinaisons.

Angle α.	5°32'	10°18'	15°18'	25°18'	35°18'
Déviation latérale moyenne q (mètr.).	2.79	3.07	5.03	7.55	16.82
Valeur du rapport $\dfrac{q}{\sin\alpha}$	28.94	20.53	19.53	17.70	27.44

Les variations du rapport sont fortes, et c'est ce qui arrive presque toujours quand les expériences sont peu nombreuses. En prenant une moyenne, on a

$$\frac{q}{\sin\alpha}=22,79.$$

Cette valeur correspond à une vitesse à peu près égale à 312 mètres ; par suite, $\varepsilon = 3'57''$.

**§ 5. — Déviations des boulets ogivaux de 22 centimètres. —
Expériences de 1861-62, chap. IV, § 8.**

Quatre charges différentes ont été employées; il y a
donc à examiner si le rapport $\dfrac{q}{V^2 \sin \alpha}$ se montre sensiblement constant.

CHARGE de l'obusier.	VITESSE initiale du projectile V.	ANGLE α,	DÉVIA- TION latérale moyenne q.	VALEUR du rapport $\dfrac{q}{V^2 \sin \alpha}$.	
kilog.	mètr.		mètr.		
3.0	194.7	30° 30'	5.44	0.000283	0.000335
		40° 30'	9.50	0.000386	
4.0	218.4	30° 30'	9.30	0.000384	0.000370
		40° 30'	11.07	0.000357	
5.0	240.4	30° 30'	13.39	0.000457	0.000445
		40° 30'	16.22	0.000433	
6.0	255.9	30° 30'	11.60	0.000349	0.000339
		40° 30'	13.98	0.000329	

Les variations du rapport paraissent indépendantes de
la charge et de l'inclinaison ; en prenant une moyenne,
on a

$$\frac{q}{V^2 \sin \alpha} = 0{,}000372.$$

On a, en outre, exécuté sous l'inclinaison de 10° un
tir de 20 coups avec chacune des trois charges de 3, 4 et
5ᵏ, et les angles de départ ont été mesurés. Les résultats
de ces trois tirs ont donné pour le rapport $\dfrac{q}{V^2 \sin \alpha}$ une
valeur moyenne égale à 0,000392, peu différente, par
conséquent, de la précédente. En adoptant celle-ci, on
trouve $\varepsilon = 6' 16''$.

Cette valeur surpasse de beaucoup celles qu'ont données les canons de 30. La bouche à feu est, sans doute, trop légère relativement à son projectile, et c'est ce qu'indique, d'ailleurs, la grandeur de la différence entre l'angle de départ et l'inclinaison.

§ 6. — Déviations latérales des boulets ogivaux du perrier. — Expériences de 1859, chap. IV, § 9.

Angle α..	10°55'20"	15°43'20"	25°43'20"
Déviation latérale moyenne q (mètr.).	4.36	5.4	7.8
Valeur du rapport $\dfrac{q}{\sin\alpha}$.	23.62	18.82	17.99
Angle α..	30°43'20"	35°43'20"	
Déviation latérale moyenne q (mètr.).	12.6	10.3	
Valeur du rapport $\dfrac{q}{\sin\alpha}$.	24.62	17.64	

Les variations du rapport ne suivent aucune loi. Prenant une moyenne, on trouve

$$\frac{q}{\sin z} = 20,43,$$

et la vitesse initiale étant de 275^m, il en résulte $\varepsilon = 4'34''$.

§ 7. — Résumé et conclusions.

Sous une inclinaison donnée, la déviation latérale moyenne des boulets ogivaux est, dans l'état actuel des choses, sensiblement la même que si le mouvement s'opérait dans le vide; elle correspond seulement à une moindre portée ; elle est ainsi donnée par la formule

$$q = \frac{2}{g} V^2 \sin \alpha \, \text{tang} \, \varepsilon,$$

Sans doute, il n'en est pas toujours ainsi ; des circonstances accidentelles augmentent parfois la grandeur des forces perturbatrices ; et alors la déviation croît, avec l'angle α, plus rapidement que ne l'indique la formule ; c'est ce qui arrive, par exemple, quand l'atmosphère est agitée.

Dans les expériences exécutées à Gâvre sur les canons de 30, l'écart latéral moyen ε a toujours été inférieur à 4' ; mais il est clair que dans la pratique ordinaire du tir, il ne faudrait pas compter sur une pareille précision.

CHAPITRE VII.

DÉVIATIONS LONGITUDINALES DES PROJECTILES. — DÉVIATIONS
VERTICALES.

---

§ 1. — Déviation longitudinale moyenne.

La différence qui existe entre la portée particulière d'un projectile et la portée moyenne du tir est ce qu'on appelle la déviation *longitudinale*. En divisant la somme de ces différences, considérées toutes comme positives, par le nombre des coups, on a la *déviation longitudinale moyenne*.

Dans un tir exécuté par un temps calme, trois causes différentes concourent à la production des déviations longitudinales : les écarts angulaires initiaux, les variations des vitesses initiales et enfin les forces perturbatrices provenant des rotations irrégulières que possèdent les projectiles au sortir de la bouche à feu.

Soit donc,

Q la déviation longitudinale moyenne donnée par l'expérience ;

Q' celle qui serait occasionnée par les écarts angulaires, si les deux autres causes n'existaient pas ;

Q'' celle qui serait uniquement due aux variations des vitesses ;

Q''' celle qui proviendrait de l'action isolée des forces perturbatrices.

D'après une proposition établie dans la note 2,

$$Q^2 = Q'^2 + Q''^2 + Q'''^2.$$

Il est facile d'avoir l'expression de Q'. En effet, l'équation qui donne la portée est (chapitre IV, § 10)

$$V^2 \sin 2\alpha = gX + gkVX^2;$$

différentiée par rapport à α, elle donne

$$2V^2 \cos 2\alpha \, d\alpha = (g + 2gkVX) \, dX.$$

Soit ε l'écart angulaire vertical moyen;

A raison de la petitesse de cet écart, on peut prendre $d\alpha = \varepsilon$, et alors la valeur de dX devient celle de Q'; donc

$$Q' = \frac{2V^2 \cos 2\alpha}{g + 2gkVX} \operatorname{tang} \varepsilon.$$

Cette valeur décroît à mesure que l'inclinaison augmente; l'angle α se rapproche alors de 45°, et $\cos 2\alpha$ converge rapidement vers zéro.

Ainsi, l'influence des écarts angulaires initiaux, très-forte sous les petites inclinaisons, devient presque insensible sous les grands angles.

Il n'y a aucun inconvénient à supprimer le second terme $2gkVX$ du dénominateur; il est tout à fait négligeable quand les portées sont faibles, et lorsqu'il cesse de l'être, la valeur de Q' est très-amoindrie. D'après cela, on peut adopter l'expression

$$(1) \qquad Q' = \frac{2V^2 \cos 2\alpha}{g} \operatorname{tang} \varepsilon;$$

ce qui revient à admettre que la valeur de Q' est à peu près la même que si le mouvement s'opérait dans le vide.

On a trouvé dans le chapitre VI,

$$q = \frac{2V^2 \sin \alpha}{g} \operatorname{tang} \varepsilon;$$

mais alors ε représentait l'écart angulaire latéral moyen.

Si on admet que les écarts angulaires se produisent à peu près de la même manière dans le sens latéral et dans le sens vertical, il n'y a aucune distinction à faire entre ces deux valeurs de ε et, par suite,

$$(2) \qquad Q' = \frac{q}{\sin\alpha}\cos 2\alpha,$$

formule qui facilite les applications, parce que le rapport $\frac{q}{\sin\alpha}$, constant quand la vitesse initiale reste la même, est toujours donné par l'observation des déviations latérales. On peut alors calculer Q', et si l'expérience a fait connaître la valeur de Q, on obtient immédiatement celle de $Q''^2 + Q'''^2$.

Il faut maintenant former l'expression de Q''.

En différentiant par rapport à V l'équation qui donne la portée, on a

$$2V\sin 2\alpha.dV = g\,dX + gkX^2dV + 2gkVX\,dX.$$

Soit δ l'écart moyen des vitesses initiales; il est toujours fort petit et, par suite, on peut le substituer à dV; la valeur de dX devient alors celle de Q''. Ainsi,

$$Q'' = \frac{2V\sin 2\alpha - gkX^2}{g + 2gkVX}\,\delta,$$

formule qui donnerait lieu à un calcul assez pénible; dans le vide, elle se réduirait à

$$(3) \qquad Q'' = \frac{2V\sin 2\alpha}{g}\,\delta,$$

expression très-simple, mais qui augmente évidemment la valeur de Q''. Dès lors, il y a lieu d'examiner si en l'employant on ne serait pas dispensé de s'occuper de Q'''. On aurait alors

$$(4) \qquad Q^2 = Q'^2 + Q''^2,$$

et la question serait très-simplifiée.

Cet examen devient facile quand on possède les résul-

tats d'une suite de tirs exécutés avec les mêmes bouches
à feu et les mêmes projectiles sous diverses inclinaisons.
La valeur de Q est donnée par l'expérience ; celle de Q'
s'en déduit également, ainsi qu'on l'a expliqué plus haut.
Il faut alors qu'en calculant Q" au moyen de l'équation
$Q'' = \sqrt{Q'^2 - Q''^2}$, on obtienne une valeur telle que, dans
le cas où la charge reste la même, le rapport $\dfrac{Q''}{\sin 2\alpha}$ se
montre sensiblement constant.

C'est en effet ce qui résulte de la discussion des diverses séries d'expériences rapportées dans la suite de ce
chapitre ; les anomalies qu'elles présentent tiennent à la
nature des choses ; dans chaque tir les déviations subissent l'influence des agitations de l'atmosphère ; et c'est
ce dont il n'est pas tenu compte dans les formules ; elles
supposent que le mouvement s'opère dans un air calme.
Cette condition est très-rarement remplie, et on ne parvient, en général, à établir une certaine régularité dans
les résultats qu'en groupant un certain nombre de tirs
où les influences passagères se manifestent dans des sens
opposés.

Quelquefois on a à comparer des expériences exécutées
avec des charges différentes ; c'est alors le rapport $\dfrac{Q''}{V \sin 2\alpha}$
qui doit conserver une valeur constante.

Il y a ici une observation à faire. La valeur de δ à
laquelle on parvient ainsi doit être inférieure à l'écart
moyen que l'on rencontre lorsqu'on mesure les vitesses
à l'aide de l'appareil électro-balistique ; car, dans ce
dernier cas, aux variations réelles des vitesses viennent
se joindre celles qui résultent des moyens d'observation.

Peut-être encore n'obtient-on l'accord de la formule et
de l'expérience qu'en affaiblissant un peu la valeur de δ.

§ 2. — **Déviations longitudinales des boulets ogivaux de 30. —
Expériences de 1858, décrites dans le chapitre IV, § 3, et le
chapitre VI, § 2.**

Pour atténuer les anomalies, on a pris des moyennes
entre les déviations données par les deux charges de 3^k5
et de 3^k0.

On a obtenu, dans le chapitre VI, § 2, $\dfrac{q}{\sin\alpha} = 19,44$.

On a donc, en vertu de l'équation (2), $Q' = 19,44\cos 2\alpha$.
Par suite, on a immédiatement la valeur de Q' correspondante à chaque angle.

	5°23'	10°17'	15°12'	25°12'	35.12'
Angle α.................					
Déviation longitudinale moyenne observée Q.............	29=4	43=3	57=5	96=4	402=8
Valeur de Q' calculée.........	49.0	48.2	16.7	42.8	6.6
Valeur de $Q'' = \sqrt{Q^2 - Q'^2}$......	22.43	39.29	45.06	95.24	102.6
Valeur du rapport $\dfrac{Q''}{\sin 2\alpha}$......	420.4	444.08	89.4	423.6	408.9

Les variations du rapport ne suivent aucune loi; en
prenant une moyenne, on a

$$Q'' = 111 \sin 2\alpha.$$

On obtient une vérification en se servant des expressions de Q' et de Q'' pour calculer les valeurs de Q,

	5°23'	10°17'	15°12'	25°12'	35°12'
Angle α............					
Valeur de Q calculée........	28=4	40=6	58=6	87=4	404=6
Excès sur l'expérience........	− 4.3	− 2.7	+ 4.4	− 9.0	− 4.8

De ces cinq différences, une seule présente une valeur
numérique un peu forte.

D'après l'équation (3), $\dfrac{Q''}{\sin 2\alpha}=\dfrac{2V\delta}{g}$; dans le cas actuel, $\dfrac{Q''}{\sin 2\alpha}=111$ et $V=317^m$. Il en résulte $\delta=1^m72$.

§ 3. — Suite. — Expériences de 1863 (chapitre IV, § 5, chapitre VI, § 3).

Pour atténuer autant que possible les anomalies, on a pris, comme dans le chapitre VI, § 3, des moyennes entre les résultats donnés par les trois premiers canons ; néanmoins, ces moyennes ont encore présenté d'assez fortes irrégularités.

Les tirs exécutés sous les faibles inclinaisons ont conduit à prendre $\dfrac{q}{\sin \alpha}=22{,}9$ (chapitre VI, § 3) ; ainsi,

$$Q'=22{,}9 \cos 2\alpha.$$

Angle α.	8°24'39"	9°23'45"	10°24'32"	15°46'20"
Déviation longitudinale moyenne observée Q.	38ᵐ8	36ᵐ8	30ᵐ8	47ᵐ0
Valeur de Q' calculée.	32.0	22.0	21.6	19.8
Valeur de $Q''=\sqrt{Q^2-Q'^2}$.	34.77	29.5	24.95	42.63
Valeur du rapport $\dfrac{Q''}{\sin 2\alpha}$.	109.8	94.58	64.69	83.87
Angle α.	20°46'20"	25°46'20"	30°46'20"	35°46'20"
Déviation longitudinale moyenne observée Q.	55ᵐ5	73ᵐ5	80ᵐ6	95ᵐ8
Valeur de Q' calculée.	17.4	14.4	11.2	7.4
Valeur de $Q''=\sqrt{Q^2-Q'^2}$.	52.70	72.08	79.84	95.51
Valeur du rapport $\dfrac{Q''}{\sin 2\alpha}$.	81.07	93.35	94.67	104.3

Parmi les huit valeurs du rapport $\dfrac{Q''}{\sin 2\alpha}$, il s'en trouve une, la troisième, qui s'écarte beaucoup des autres ; en n'y ayant pas égard, on obtient pour moyenne 92 et, par suite,

$$Q'' = 92 \sin 2\alpha.$$

En se servant des expressions de Q' et de Q'' pour calculer les valeurs de Q, on obtient les résultats ci-après :

Angle α.................	8.24'39"	9.23'45"	10.24'32"	45.46'20"
Déviation longitudinale moyenne calculée Q.............	34m5	30m8	30m2	40m8
Excès sur l'expérience.........	— 3.5	0	+ 8.4	+ 3.8
Angle α.................	20.46'20"	25.46'20"	30.46'20"	35 46'20
Déviation longitudinale moyenne calculée Q.............	56m4	72m6	84m6	87m0
Excès sur l'expérience.........	+ 2.6	— 0.9	+ 4.0	— 8.8

Aucune de ces différences ne surpasse celles qu'il faut nécessairement admettre pour régulariser les données de l'observation.

La vitesse V étant égale à 323m, l'équation $\dfrac{Q''}{\sin 2\alpha} = \dfrac{2V\delta}{g}$ donne $\delta = 1^m4$.

Sous les faibles inclinaisons où l'influence des écarts angulaire est prédominante, les expériences sont plus incertaines. Voici le tableau comparatif des résultats calculés et des résultats observés.

Angle α.................		2.43'44"	3.54'54"	4.33'46"
Déviation longitudinale moyenne	calculée..	24m4	25m9	26m9
	observée..	30.4	30.0	28.8
Différence.................		— 6.0	— 4.4	— 1.9
Angle α.................		5.26'47"	6.28'30"	7.26'49"
Déviation longitudinale moyenne	calculée..	28m4	30m4	34m9
	observée..	28.2	32.8	37.9
Différence.................		+ 0.2	— 2.4	— 6.0

§ 4. — Déviations longitudinales des boulets ogivaux de 50. — Expériences de 1858 (chap. IV, § 7, chap. VI, § 4).

On a pris des moyennes entre les résultats donnés par les charges de 4^k5 et de 5^k2 sous les mêmes inclinaisons.

On a trouvé, chapitre VI, § 4, $\dfrac{q}{\sin\alpha} = 22,79$; de là,

$$Q' = 22,79 \cos 2\alpha.$$

A l'aide de cette équation et des données de l'expérience, on a formé le tableau suivant :

Angle α.	10.18′	15.15′	25.15′	35.15′
Déviation longitudinale moyenne observée Q..	52^m3	55^m9	84^m8	109^m8
Valeur de Q' calculée.	24.4	19.6	44.4	7.6
Valeur de $Q' = \sqrt{Q'^2 - Q''^2}$	47.7	52.35	80.53	109.5
Valeur du rapport $\dfrac{Q''}{\sin 2\alpha}$	435.6	103.4	104.4	116.2

En prenant une moyenne entre les quatre valeurs, on obtient

$$Q'' = 115 \sin 2\alpha.$$

Les déviations calculées au moyen des deux expressions de Q' et de Q'' peuvent être comparées aux données de l'observation.

Angle α.	10.18′	15.15′	25.15′	35.15′
Déviation longitudinale moyenne calculée..	45^m8	64^m6	92^m6	108^m8
Excès sur l'observation..	— 6.5	+ 5.7	+ 10.8	— 1.0

Les épreuves ayant été peu multipliées, la grandeur de ces différences n'offre rien d'inadmissible.

La vitesse V étant de 312^m, la valeur de l'écart moyen $\delta = 1^m 81$.

§ 5. — Déviations longitudinales des boulets ogivaux de 22 centimètres. — Expériences de 1861-1862 (chapitre IV, § 8, et chapitre VI, § 5).

Les charges ont varié; ce qui oblige à recourir au rapport $\dfrac{Q''}{V\sin 2\alpha}$. On a obtenu, chapitre VI, § 5,

$$\frac{q}{\sin \alpha} = 0{,}000372\, V^2 ; \text{ par suite,}$$

$$Q' = 0{,}000372\, V^2 \cos 2\alpha.$$

Connaissant Q' par cette équation et la déviation longitudinale Q étant donnée par l'expérience, il est facile d'obtenir dans chaque cas la valeur de Q'' et, par suite, celle de $\dfrac{Q''}{V\sin 2\alpha}$. De là, le tableau suivant :

CHARGE de l'obusier.	VITESSE initiale des projectiles.	ANGLE α.	DÉVIATION longitudinale moyenne observée Q.	VALEUR du rapport $\dfrac{Q}{V\sin 2\alpha}$	
kilog.	mètr.		mètr.		
3.0	194.7	30. 30′	50	0.291	0.395
		40. 30′	92	0.479	
4.0	218.4	30. 30′	94	0.490	0.414
		40. 30′	87	0.403	
5.0	240.4	30. 30′	96	0.453	0.465
		40. 30′	113	0.477	
6.0	255.9	30. 30′	86	0.380	0.380
		40. 30′	96	0.380	

Bien que la première valeur soit faible relativement aux autres, les variations du rapport paraissent irrégulières et peuvent être attribuées aux erreurs des observations. On est donc autorisé à prendre une moyenne entre les huit valeurs, et par là on obtient

$$Q'' = 0,42 \text{ V} \sin 2\alpha,$$

et l'écart moyen des vitesses $\delta = 2^m 06$.

§ 6. — Résumé et conclusions.

Les expériences exécutées sur les boulets ogivaux conduisent aux conséquences suivantes.

La déviation longitudinale moyenne Q' qui serait uniquement due aux écarts angulaires initiaux peut être calculée au moyen de l'expression

$$(1) \qquad Q' = \frac{2 V^2 \cos 2\alpha}{g} \, \text{tang} \, \varepsilon ;$$

ε représente l'écart angulaire vertical moyen ; mais en l'absence de données propres à le déterminer, il est permis de lui substituer l'écart latéral moyen ; ce qui donne l'équation

$$(2) \qquad Q' = \frac{q}{\sin \alpha} \cos 2\alpha.$$

Pour obtenir la déviation longitudinale Q'' qui serait uniquement produite par les variations des vitesses, on peut se servir de la formule

$$(3) \qquad Q'' = \frac{2 V \sin 2\alpha}{g} \delta,$$

où δ désigne l'écart moyen des vitesses. A la vérité, on s'expose à avoir une valeur un peu trop grande ; mais on n'a pas à s'occuper de l'action des forces perturbatrices ; de sorte que la déviation longitudinale moyenne Q qui résulte du concours de toutes les causes est donnée par l'équation

$$(4) \qquad Q^2 = Q'^2 + Q''^2.$$

Cela revient à dire que les déviations longitudinales moyennes sont, comme les déviations latérales, sensiblement les mêmes que si le mouvement avait lieu dans le vide ; mais elles correspondent à de moindres portées.

Dans les expériences exécutées à Gâvre sur les canons de 30, l'écart moyen des vitesses δ a toujours été inférieur à 2^m.

Lorsque l'angle α est très-petit, la valeur de $\cos 2\alpha$ est sensiblement égale à l'unité ; en sorte qu'on a à très-peu près $Q' = \dfrac{2V^2}{g} \tang \varepsilon$. De plus, Q''^2 devient négligeable devant Q'^2. On peut donc alors prendre $Q = \dfrac{2V^2}{g} \tang \varepsilon$ ou

$$Q = \frac{q}{\sin \alpha}.$$

C'est ordinairement en comparant les déviations tant latérales que longitudinales aux portées qu'on apprécie la justesse du tir. Or, toutes choses égales d'ailleurs, les portées croissent avec le calibre de la bouche à feu, tandis que, d'après ce qui précède, les déviations restent à peu près les mêmes. En se plaçant à ce point de vue, on peut donc dire que la justesse du tir augmente en même temps que le calibre.

L'exactitude des formules tient uniquement à la faiblesse de la résistance que l'air oppose au mouvement des boulets ogivaux dans leur état actuel. Il ne faudrait donc pas les appliquer indifféremment à toute espèce de projectiles.

§ 7. — Influence du mode de chargement sur les déviations longitudinales.

On s'est beaucoup occupé des déviations longitudinales et on a cherché les moyens de diminuer leur grandeur. Des expériences faites en 1864 sur deux canons de 18 montrent la grande influence qu'exerce à cet égard le mode de chargement.

Ces canons provenaient d'une ancienne fabrication, et leurs âmes n'étaient pas très-régulières. Inclinaison finale des rayures, 6°.

Projectiles ogivaux :

$$a = 1^d366 \quad l = 3^d227 \quad j = 1^d687 \quad J = 2^d70 \quad p = 18^k05$$

$$\frac{l}{a} = 2,362 \quad \frac{j}{a} = 1,235 \quad \frac{J}{a} = 1,067$$

La charge était toujours de 2^k0; la gargousse, confectionnée sur un mandrin de 1^d26 de diamètre, avait une longueur égale à 1^d80.

La distance comprise entre le fond de l'âme et l'arrière du projectile était toujours de 2^d70. Un petit bouton en zinc, placé à cet effet sur la partie cylindrique du mobile, venait s'arrêter à l'origine d'une rayure.

Trois chargements différents ont été employés. Dans le premier, la gargousse était, comme à l'ordinaire, en contact avec le fond de l'âme; un valet en algue de 0^d9 de longueur remplissait l'intervalle qui la séparait du boulet; dans le second, cet espace restait vide. Dans le troisième, la gargousse était liée au projectile; un vide d'une longueur égale à 0^d9 se trouvait entre elle et le fond de l'âme.

L'orifice intérieur de la lumière, placé à 1^d3 du fond de l'âme, se trouvait toujours entre les deux extrémités de la charge.

Le premier et le second chargement ont d'abord été comparés. On les a employés pendant les mêmes jours exactement de la même manière et tour à tour dans l'un et l'autre canon.

Une semblable comparaison a été établie ensuite entre le second et le troisième chargement.

Les vitesses ont été mesurées à diverses reprises.

CHARGEMENT.	VALET.	VIDE en avant de la gargousse.	VIDE en arrière de la gargousse.
	mètr.	mètr.	mètr.
Vitesse initiale moyenne..	305.4	306.0	343.8
Écart moyen.	9.60	4.49	2.72
Nombre de coups.	76	230	454

Les écarts moyens rapportés dans ce tableau ne sont
pas uniquement dus aux variations des vitesses; mais ils
montrent du moins que ces dernières deviennent moindres par la suppression du valet et qu'elles sont surtout
fortement atténuées lorsque le vide se trouve en arrière
de la gargousse.

On a exécuté une suite nombreuse de tirs sous l'inclinaison de 20°. Le tableau ci-dessous en fait connaître les
résultats moyens.

CHARGEMENT.	VALET.	VIDE en avant de la gargousse.	VIDE en arrière de la gargousse.
	mètr.	mètr.	mètr.
Déviation latérale moyenne.	9.98	8.66	8.2
Déviation longitudinale moyenne. . .	422.0	88.9	66.6
Nombre de coups.	476	320	445

La suppression du valet a diminué les déviations latérales; elle a surtout entraîné une réduction considérable
des déviations longitudinales. Le troisième chargement a
sur les deux autres une supériorité incontestable.

32.

§ 8. — Déviation verticale moyenne.

Les déviations verticales n'ont été jusqu'à présent l'objet d'aucunes recherches; mais il est bien clair que la déviation verticale moyenne doit être à très-peu près égale au produit de la déviation longitudinale moyenne par la tangente de l'angle de chute moyen. On peut donc prendre pour son expression

$$Q \operatorname{tang} \omega.$$

Quand l'angle de départ α est très-petit, $Q = \dfrac{2V^2}{g} \operatorname{tang} \varepsilon$ (§ 7). De plus, on a à très-peu près $\operatorname{tang}\omega = \operatorname{tang}\alpha = \sin\alpha$; la déviation verticale moyenne est donc alors égale à $\dfrac{2V^2}{g} \sin\alpha \operatorname{tang} \varepsilon$, c'est-à-dire qu'elle ne diffère pas de la déviation latérale moyenne.

L'une et l'autre sont, dans ce cas particulier, uniquement dues aux écarts angulaires; et on a supposé qu'ils se produisaient indifféremment dans tous les sens.

NOTES.

SIMILITUDE MÉCANIQUE.

§ 1.

La théorie de la similitude mécanique, due à Newton, est d'un grand secours dans la résolution des questions qui demandent le concours de l'expérience, et, comme l'a remarqué M. Jullien, elle se déduit presque immédiatement du principe de l'homogénéité des équations.

Deux systèmes de points matériels en mouvement sont dits semblables lorsqu'on passe du premier au second en multipliant les dimensions linéaires, les masses, les temps, les vitesses et les forces par des facteurs constants λ, μ, θ, $\aleph$ et φ, sans apporter aucun changement aux angles que les droites qui joignent les points font entre elles et avec les directions des forces.

Un point matériel du premier système se transforme ainsi en un point du second; ce sont les *points homologues*. Le rapport de leurs masses est μ.

La droite qui joint deux points du premier système et celle qui, dans le second, joint leurs homologues, sont appelées *lignes homologues*. Le rapport de leurs longueurs est λ.

Lorsque l'on commence à compter le temps, la similitude géométrique existe entre les deux systèmes; on la retrouve plus tard en comparant l'état du premier système au bout du temps t et celui du second après le temps θt. Ce sont les *états homologues* des deux systèmes. Le rapport des vitesses des points homologues est alors égal à δ; celui des forces qui les sollicitent est φ.

Mais les facteurs λ, μ, θ, δ et φ ne peuvent pas être choisis arbitrairement ; il faut que leur introduction dans les équations du mouvement du premier système ne les empêche pas de subsister, puisque alors elles doivent donner le mouvement du second.

Ces équations, supposées établies d'une manière générale, sont indépendantes des unités de longueur, de masse et de temps ; elles ne cessent pas d'exister quand on multiplie respectivement ces unités par λ, μ et θ. Il est clair que cela revient à multiplier les longueurs par λ, les masses par μ et les temps par θ. Reste à savoir ce que deviennent les vitesses et les forces.

Quand un point parcourt une longueur s pendant le temps t, la vitesse v qu'il possède au bout de ce temps est égale à $\dfrac{ds}{dt}$, expression qui se transforme en $\dfrac{\lambda ds}{\theta dt}$, puisque la longueur ds est multipliée par λ et l'instant dt par θ. Ainsi les vitesses sont multipliées par $\dfrac{\lambda}{\theta}$.

Si la force f est capable d'imprimer à une masse m, pendant l'instant dt, un accroissement de vitesse égal à dv, on a $f = m\,\dfrac{dv}{dt}$. La masse m est multipliée par μ, l'instant dt par θ, et, d'après ce qu'on vient de voir, la vitesse dv l'est par $\dfrac{\lambda}{\theta}$; l'expression $m\,\dfrac{dv}{dt}$ devient par suite $\dfrac{\mu\lambda}{\theta^2}\,m\,\dfrac{dv}{dt}$ ou $\dfrac{\mu\lambda}{\theta^2}\,f$. Les forces sont donc multipliées par $\dfrac{\mu\lambda}{\theta^2}$.

Ainsi les trois facteurs λ, μ et θ déterminent complétement les deux autres ; il faut, et c'est en cela que consiste le théorème de Newton, que

$$\delta = \frac{\lambda}{\theta} \qquad \varphi = \frac{\mu\lambda}{\theta^2}.$$

L'élimination de 0 donne

$$\varphi = \frac{\mu\lambda^2}{\lambda}.$$

Les points matériels peuvent former dans chaque groupe plusieurs corps solides, liquides ou gazeux ; il est clair qu'alors les corps composés par les points homologues sont de même nature. Le rapport de leurs dimensions linéaires est λ.

On peut, dans ce cas, au lieu du rapport des masses, prendre celui de leurs densités. En le désignant par ρ, on a

$$\mu = \lambda^3\rho,$$

et par suite

$$\varphi = \rho\lambda^2 v^2.$$

Ainsi, quand deux systèmes sont semblables, les forces qui, dans les positions homologues, sollicitent les points homologues, sont proportionnelles aux carrés des vitesses et des dimensions linéaires, ainsi qu'aux densités.

Il y a une observation à faire. Pour que deux corps satisfassent à toutes les conditions de la similitude, il faut qu'on puisse les considérer comme composés d'un même nombre de points matériels semblablement disposés , chaque point de l'un devant avoir son homologue dans l'autre ; mais il est bien clair que cela ne peut donner lieu à aucune difficulté, lorsqu'on admet la continuité de la matière, comme on le fait du reste dans tous les traités de mécanique rationnelle.

§ 2.

Considérons le cas particulier de deux corps solides semblables et tels que le rapport des densités de leurs éléments homologues ait une valeur constante p.

Si la similitude mécanique existe et si, dans les positions homologues, les points homologues possèdent la même vitesse, $s = 1$, et par suite $\theta = \lambda$ et $\varphi = \rho\lambda^2$, de sorte que le rapport des temps homologues est le même que celui des dimensions linéaires, et les forces sont proportionnelles aux carrés de ces mêmes dimensions, ainsi qu'aux densités.

Ces circonstances peuvent-elles se présenter quand les deux solides se meuvent dans deux milieux de même nature et ne sont soumis qu'aux forces provenant des résistances de ces milieux ?

Pour qu'il en soit ainsi, il faut évidemment que les solides et les milieux dans lesquels ils se meuvent forment deux systèmes tels que l'on passe du premier au second en multipliant simultanément les longueurs et les temps par λ, les densités par ρ et les forces par $\rho\lambda^2$.

Par conséquent, le même rapport doit exister entre les densités des milieux et entre celles des deux solides.

Ainsi, si ces deux corps se meuvent dans un même milieu, la similitude ne peut avoir lieu qu'autant que leurs éléments homologues possèdent la même densité.

Dans ce cas, $\rho = 1$ et $\varphi = \lambda^2$; il faut donc encore que les forces qui agissent sur les éléments homologues soient proportionnelles aux carrés des dimensions linéaires.

Or, les seules forces qui puissent entrer dans les équations du mouvement sont les pressions ou tractions provenant des actions moléculaires. Si on admet, suivant l'usage, la continuité de la matière, la pression ou traction doit rester sensiblement constante, tant en direction qu'en grandeur, dans une étendue infiniment petite ; et l'on est par suite conduit à regarder celle que supporte un petit élément plan comme étant proportionnelle à la grandeur de cet élément. C'est ainsi qu'on agit dans la mécanique des fluides ; alors la pression est toujours supposée perpendiculaire à l'élément sur lequel elle est exercée ; mais dans un milieu d'une autre nature, elle peut faire avec cet élément un angle très-différent de l'angle droit.

Rien ne s'oppose donc à ce que les forces qui, dans les états homologues, agissent sur les éléments homologues, soient proportionnelles aux carrés de leurs dimensions linéaires. La similitude est alors possible, et si elle est établie au commencement du mouvement, elle subsistera pendant toute sa durée. On passera du premier système au second en multipliant les longueurs et les temps par λ, et les forces par λ^2; il n'y aura aucun changement à apporter aux vitesses, non plus qu'aux densités. Les volumes des parties du milieu qui prendront part aux mouvements des deux corps seront proportionnels à ceux de ces derniers.

Le mouvement pourra faire varier la densité du milieu; mais, dans les états homologues, elle sera toujours la même autour des éléments homologues.

Lorsque le rapport ρ, supposé le même pour les deux corps et pour les milieux dans lesquels ils se meuvent, n'est pas égal à l'unité, la similitude ne peut exister qu'autant que, toutes choses égales d'ailleurs, les pressions ou tractions sont proportionnelles aux densités.

§ 3.

Souvent, avant de construire une machine, on veut procéder à des essais en opérant sur un modèle de faibles dimensions. Il est clair qu'alors la similitude mécanique doit être établie entre les deux appareils. Les équations

$$\aleph = \frac{\lambda}{\theta} \qquad \varphi = \rho\lambda^2\aleph'$$

expriment les conditions auxquelles il faut satisfaire; mais la nature des forces que l'on met en jeu oppose des obstacles à leur réalisation. Ce doit être dans chaque cas l'objet d'une discussion particulière.

NOTE II.

ÉCARTS DES OBSERVATIONS.

***

§ 1.

Toute épreuve entreprise en vue de déterminer une grandeur est entachée de quelque erreur ou écart. Supposons que chaque écart, quelle que soit sa valeur, puisse être indifféremment positif ou négatif, c'est-à-dire par excès ou par défaut. Dès lors, le nombre total des erreurs à craindre est nécessairement pair. Si on le désigne par $2m$, m sera le nombre de leurs valeurs numériques. Soient

$$\varepsilon_1, \quad \varepsilon_2, \quad \varepsilon_3 \ldots \varepsilon_m$$

ces valeurs.

Admettons que tous ces écarts soient également possibles. Il est clair qu'alors, dans une suite indéfinie d'épreuves, ils se reproduiront le même nombre de fois.

La moyenne arithmétique des valeurs numériques des écarts est ce qu'on appelle l'*écart moyen*. En le désignant par γ, on doit avoir

$$\gamma = \frac{\varepsilon_1 + \varepsilon_2 + \ldots + \varepsilon_m}{m}$$

ou, d'après une notation admise,

$$\gamma = \frac{\Sigma(\varepsilon)}{m}.$$

Les valeurs des carrés des écarts sont

$$\varepsilon^2_{1}, \quad \varepsilon^2_{2}, \quad \varepsilon_3^2, \quad \ldots \quad \varepsilon^2_{m} ;$$

elles sont toutes également possibles, et quand les épreuves se prolongent indéfiniment, elles doivent se reproduire le même nombre de fois.

La moyenne arithmétique de tous les carrés des écarts est le *carré moyen des écarts*. En le représentant par Γ^2, on a

$$\Gamma^2 = \frac{\varepsilon_1^2 + \varepsilon_2^2 + \ldots + \varepsilon^2_{m}}{m}$$

ou

$$\Gamma^2 = \frac{\Sigma(\varepsilon^2)}{m}.$$

§ 2.

Il arrive souvent que deux causes tout à fait indépendantes l'une de l'autre, concourent simultanément à la production des écarts.

Soient

$$\varepsilon'_{1}, \quad \varepsilon'_{2}, \quad \varepsilon'_{3} \ldots \varepsilon'_{m'},$$
$$\varepsilon''_{1}, \quad \varepsilon''_{2}, \quad \varepsilon''_{3} \ldots \varepsilon''_{m''},$$

les valeurs numériques des deux suites d'écarts que donneraient respectivement les deux causes si elles agissaient isolément ; Γ'^2, Γ''^2 les carrés moyens de ces écarts, en sorte que

$$\Gamma'^2 = \frac{\Sigma(\varepsilon'^2)}{m'} \qquad \Gamma''^2 = \frac{\Sigma(\varepsilon''^2)}{m''}.$$

Les deux causes agissant simultanément, chaque terme de l'une des suites vient se joindre successivement à chaque terme de l'autre. Dans les hypothèses admises, ces accouplements, dont le nombre s'élève à $m'm''$, sont tous également possibles, en sorte que, dans une suite indéfinie d'épreuves, ils se produisent le même nombre de fois.

L'accouplement des deux termes ε'_1 et ε''_1 donne lieu à un écart dont la valeur numérique est égale à leur somme ou à leur différence, suivant que les deux causes perturbatrices agissent dans le même sens ou dans des sens opposés. Dans le premier cas, le carré de l'écart est $\varepsilon_1'^2 + 2\varepsilon'_1\varepsilon''_1 + \varepsilon_1''^2$, et dans le second, $\varepsilon_1'^2 - 2\varepsilon'_1\varepsilon''_1 + \varepsilon_1''^2$.

La somme des carrés de ces deux écarts est donc $2_1\varepsilon'^2 + 2\varepsilon_1''^2$.

Le même terme ε'_1, s'accouplant de la même manière avec chacun des termes qui composent la seconde suite, le nombre des carrés des écarts devient $2m''$, et leur somme est

$$2m''\varepsilon_1'^2 + 2 \left(\varepsilon_1''^2 + \varepsilon_2''^2 + \dots + \varepsilon''^2_{m''}\right)$$

ou

$$2m''\varepsilon_1'^2 + 2\Sigma\left(\varepsilon''^2\right).$$

Les autres termes ε_2', $\varepsilon_3'\dots\dots$ de la première suite, se joignant de même aux divers termes de la seconde, le nombre des carrés des écarts s'élève à $2m'm''$, et leur somme devient

$$2m'' \left(\varepsilon_1'^2 + \varepsilon_2'^2 + \dots + \varepsilon_{m'}'^2\right) + 2m'\Sigma\left(\varepsilon''^2\right)$$

ou

$$2m''\Sigma\left(\varepsilon'^2\right) + 2m'\Sigma\left(\varepsilon''^2\right).$$

En divisant cette somme par $2m'm''$, on obtient le carré moyen des écarts Γ^2; donc

$$\Gamma^2 = \frac{\Sigma\left(\varepsilon'^2\right)}{m'} + \frac{\Sigma\left(\varepsilon''^2\right)}{m''}$$

ou

$$\Gamma^2 = \Gamma'^2 + \Gamma''^2.$$

Il est aisé de généraliser ce résultat et de l'étendre au cas où plusieurs causes indépendantes les unes des autres concourent simultanément à la production des écarts. Si alors Γ''^2, Γ''^2, Γ'''^2, ..., représentent les carrés moyens des écarts qui leur correspondent,

$$\Gamma^2 = \Gamma'^2 + \Gamma''^2 + \Gamma'''^2 + ...$$

§ 3.

En général, le nombre des écarts que peut produire une cause est infini, et la possibilité de chaque écart dépend de sa grandeur numérique. Le théorème auquel on vient de parvenir n'en subsiste pas moins ; il suffit, en effet, pour l'établir, de faire croître indéfiniment les nombres m', m'', m'''..., et de supposer en même temps que, parmi les termes de chaque suite ε'_1, ε'_2, ε'_3..., ε''_1, ε''_2, ε''_3, il s'en trouve plusieurs dont les valeurs deviennent égales entre elles.

On a donc toujours l'équation

$$\Gamma^2 = \Gamma'^2 + \Gamma''^2 + \Gamma'''^2 + ...$$

c'est-à-dire que, *lorsque plusieurs causes perturbatrices indépendantes les unes des autres agissent simultanément, le carré moyen des écarts est égal à la somme des carrés moyens de ceux que produiraient les diverses causes si elles étaient isolées.*

§ 4.

La proposition précédente subsisterait encore si, aux premières causes perturbatrices, il venait s'en joindre une nouvelle qui agirait toujours dans le même sens, en sorte que les écarts qu'elle produirait seraient par exemple tous positifs.

Soient en effet δ l'un d'eux et Δ^2 leur carré moyen, ε la valeur numérique de l'un des écarts dus aux autres causes, et qui peut être indifféremment positif ou négatif.

A tout accouplement où les valeurs δ et ε sont unies par addition, en correspond un autre où elles le sont par soustraction ; la somme des carrés des écarts qui en résultent est donc $2\delta^2 + 2\varepsilon^2$. Dès lors, en raisonnant comme précédemment, on obtient l'équation

$$\Gamma^2 = \Delta^2 + \Gamma'^2 + \Gamma''^2 + \Gamma'''^2 + \dots$$

Souvent, la cause qui agit toujours dans le même sens est constante dans ses effets ; Δ est alors l'erreur qu'elle donne à chaque épreuve.

§ 5.

Lorsque les causes perturbatrices agissent indifféremment dans les deux sens, en sorte que chaque écart se produit le même nombre de fois avec le signe $+$ et avec le signe $-$, il est bien clair que la valeur que l'on cherche est la moyenne arithmétique de toutes celles que peut donner l'observation. Par suite, lorsqu'on a exécuté une suite d'épreuves, on est naturellement porté à prendre la moyenne arithmétique de leurs résultats.

Si donc a représente la grandeur cherchée, a_1, a_2, a_3, les valeurs fournies par les observations ; enfin n le nombre de ces dernières, on prend

$$a = \frac{a_1 + a_2 + a_3 + \dots}{n}.$$

Cela revient à déterminer a de telle sorte que la somme des carrés des différences $a_1 - a$, $a_2 - a$, $a_3 - a$, soit un minimum.

En effet, en différentiant par rapport à a l'expression

$$(a_1 - a)^2 + (a_2 - a)^2 + (a_3 - a)^2 + \dots$$

et égalant ensuite la différentielle à zéro, on est précisément conduit à l'équation

$$a_1 + a_2 + a_3 + \dots - na = 0.$$

33

§ 6.

Le nombre des épreuves étant toujours limité, on ne peut pas compter sur. une parfaite compensation des écarts positifs et des écarts négatifs. La valeur donnée par la moyenne arithmétique ne doit donc jamais être regardée comme exacte, et dès lors se présente la question de savoir quel est le carré moyen des erreurs dont elle peut être affectée.

Pour plus de généralité, supposons que les causes perturbatrices varient d'une épreuve à l'autre; soient Γ'^2, Γ''^2, Γ'''^2..... les carrés moyens des écarts qui peuvent se produire à la première, à la seconde, à la troisième épreuve. Désignons toujours par n le nombre des observations.

Lorsqu'on fait la somme des résultats, les écarts particuliers se groupent absolument de la même manière que dans le § 2, et les choses se passent comme s'il n'y avait qu'une seule épreuve soumise à l'influence de n causes perturbatrices indépendantes les unes des autres. Le carré moyen des écarts auxquels peut donner lieu la formation d'une pareille somme est donc égal à
$$\Gamma'^2 + \Gamma''^2 + \Gamma'''^2 + \dots$$

Mais pour arriver à la moyenne arithmétique on divise la somme et, par conséquent, chaque écart par n; les carrés des écarts sont donc divisés par n^2; de sorte que si, après cette opération, Γ^2 désigne le carré moyen des écarts,
$$\Gamma^2 = \frac{\Gamma'^2 + \Gamma''^2 + \Gamma'''^2 + \dots}{n^2}.$$

Lorsque les causes perturbatrices restent les mêmes dans toutes les épreuves, $\Gamma' = \Gamma'' = \Gamma''' = \dots$ e l'équation devient

$$\Gamma' = \frac{\Gamma''}{n},$$

c'est-à-dire que *le carré moyen des écarts est en raison inverse du nombre des épreuves.*

§ 7.

Imaginons une suite d'épreuves où les causes perturbatrices demeurent constamment les mêmes. D'après l'hypothèse admise, tout écart peut être indifféremment positif ou négatif, et sa possibilité ne dépend que de sa grandeur numérique. Soit y le nombre des écarts dont la valeur numérique est ε ou plutôt une quantité proportionnelle à ce nombre, $y = f(\varepsilon)$.

Quel que soit le lieu géométrique de l'équation $y = f(\varepsilon)$, il n'y a à s'occuper que de la partie de cette courbe dont les ordonnées y et les abscisses ε sont positives.

Généralement la valeur de y décroît à mesure que ε augmente, et il est clair qu'elle devient nulle quand ε atteint la limite supérieure des écarts. On désignera cette limite par E.

Le nombre des écarts numériquement égaux à ε étant proportionnel à $y d\varepsilon$, la somme de leurs valeurs numériques est proportionnelle à $y\varepsilon d\varepsilon$ et la somme des carrés de ces valeurs l'est à $y\varepsilon^2 d\varepsilon$.

Soit A l'aire comprise entre la courbe et les deux axes coordonnés, M le moment de cette aire et I son moment d'inertie, tous deux pris relativement à l'axe des y, il est clair que

$$A = \int_0^E y\, d\varepsilon,$$

$$M = \int_0^E y\varepsilon\, d\varepsilon,$$

33.

$$I = \int_0^E y\varepsilon^2 d\varepsilon.$$

Donc le nombre total des écarts est proportionnel à A, la somme de leurs valeurs numériques l'est à M et la somme de leurs carrés à I.

Par conséquent, si, comme précédemment, γ désigne l'écart moyen et Γ^2 le carré moyen des écarts,

$$\gamma = \frac{M}{A},$$

$$\Gamma^2 = \frac{I}{A},$$

γ est l'abscisse du centre de gravité de l'aire.

La probabilité d'avoir, à une épreuve, l'écart ε est évidemment égale au quotient qu'on obtient en divisant le nombre des écarts numériquement égaux à ε par le nombre total des écarts. Ainsi cette probabilité est

$$\frac{y d\varepsilon}{A}.$$

§ 8.

On a

$$\frac{\Gamma^2}{\gamma^2} = \frac{IA}{M^2}.$$

Lorsque les courbes qui représentent les lois de la répartition des écarts sont semblables, ce rapport est constant et dans l'équation du § 3, savoir :

$$\Gamma^2 = \Gamma'^2 + \Gamma''^2 + \Gamma'''^2 + \ldots,$$

on peut remplacer Γ, Γ', Γ'', $\Gamma'''\ldots$ par les écarts moyens γ, γ', $\gamma''\ldots$; ce qui donne

$$\gamma^2 = \gamma'^2 + \gamma''^2 + \gamma'''^2 + \ldots;$$

c'est-à-dire que le carré de l'écart moyen résultant du

concours de plusieurs causes indépendantes les unes des autres est égal à la somme des carrés des écarts que produiraient ces diverses causes si elles agissaient isolément.

$\S$ 9.

Pour aller plus loin, il faudrait connaître la fonction y. Ordinairement on prend

$$y = c^2 c^{-a^2\varepsilon^2},$$

c et a désignant deux constantes et e la base des logarithmes népériens. Ce n'est pas qu'on regarde cette fonction comme l'expression de la véritable loi suivant laquelle les écarts sont répartis; mais dans la plupart des cas elle la représente à très-peu près; et bien qu'elle n'assigne aucune limite à la grandeur des écarts, il n'en résulte pas d'inconvénient, vu l'extrême rapidité avec laquelle y décroît, lorsque ε augmente.

Dans cette hypothèse, $\Lambda = c^2 \displaystyle\int_0^\infty c^{-a^2\varepsilon^2} d\varepsilon$; cette intégrale est connue, elle est égale à $\dfrac{\sqrt{\pi}}{2a}$; donc

$$\Lambda = \frac{c^2}{2a}\sqrt{\pi}.$$

On a

$$M = c^2 \int_0^\infty c^{-a^2\varepsilon^2}\varepsilon\, d\varepsilon; \quad \text{or,} \quad \int_0^\varepsilon e^{-a^2\varepsilon^2}\varepsilon\, d\varepsilon = \frac{1}{2a^2}\left(1 - c^{-a^2\varepsilon^2}\right);$$

ainsi,

$$M = \frac{c^2}{2a^2}.$$

Enfin,
$$I = c^2 \int_0^\infty e^{-a^2\varepsilon^2} \varepsilon^2 d\varepsilon;$$

or,
$$\int_0^\varepsilon e^{-a^2\varepsilon^2} \varepsilon^2 d\varepsilon = -\frac{e^{-a^2\varepsilon^2}\varepsilon}{2a^2} + \frac{1}{2a^2} \int_0^\varepsilon e^{-a^2\varepsilon^2} d\varepsilon;$$

par conséquent,
$$I = \frac{c^2\sqrt{\pi}}{4a^3}.$$

L'écart moyen $\gamma = \dfrac{M}{A}$; ainsi,
$$\gamma = \frac{1}{a\sqrt{\pi}}.$$

Le carré moyen des écarts $\Gamma^2 = \dfrac{I}{A}$; par suite,
$$\Gamma^2 = \frac{1}{2a^2} \quad \text{et} \quad \Gamma = \frac{1}{a\sqrt{2}}.$$

De là,
$$\frac{\Gamma}{\gamma} = \frac{\sqrt{\pi}}{\sqrt{2}}.$$

La probabilité d'avoir à une épreuve l'écart ε est, comme on l'a vu dans le § 7, $\dfrac{y d\varepsilon}{A}$ ou, en remplaçant y et A par leurs valeurs,
$$\frac{2a}{\sqrt{\pi}} e^{-a^2\varepsilon^2} d\varepsilon.$$

Donc la probabilité Π que la valeur numérique de l'écart ne surpasse pas une certaine grandeur λ est donnée par l'équation
$$\Pi = \frac{2a}{\sqrt{\pi}} \int_0^\lambda e^{-a^2\varepsilon^2} d\varepsilon,$$

ou, en substituant à a sa valeur $\dfrac{1}{\Gamma\sqrt{2}}$,

$$\Pi = \frac{\sqrt{2}}{\Gamma\sqrt{\pi}} \int_0^\lambda e^{-\frac{\varepsilon^2}{2\Gamma^2}} d\varepsilon,$$

soit $\dfrac{\varepsilon}{\Gamma\sqrt{2}} = t$; alors $d\varepsilon = \Gamma\sqrt{2}\,dt$; quand $\varepsilon = \lambda$, on a

$$t = \frac{\lambda}{\Gamma\sqrt{2}}.$$

La formule peut donc être écrite ainsi

$$\Pi = \frac{2}{\sqrt{\pi}} \int_0^{\frac{\lambda}{\Gamma\sqrt{2}}} e^{-t^2} dt.$$

C'est la probabilité que l'erreur du résultat donné par une épreuve ne surpasse pas λ.

L'exactitude de cette formule est subordonnée à celle de l'hypothèse admise relativement à la fonction y.

§ 10.

Lorsqu'on prend la moyenne arithmétique des résultats de n observations, le carré moyen de tous les écarts possibles est réduit à $\dfrac{\Gamma^2}{n}$. Pour obtenir la probabilité Π que la valeur numérique de l'écart dont peut être affectée cette moyenne ne surpasse pas λ, il suffit donc de remplacer dans l'expression précédente Γ par $\dfrac{\Gamma}{\sqrt{n}}$; ainsi

$$\Pi = \frac{2}{\sqrt{\pi}} \int_0^{\frac{\sqrt{n}\,\lambda}{\sqrt{2}\,\Gamma}} e^{-t^2} dt.$$

C'est la formule de Laplace.

On trouvera dans le § 11 une table des valeurs de l'intégrale $\dfrac{2}{\sqrt{\pi}}\displaystyle\int_0^t c^{-t^2}\,dt$; mais pour en faire usage, il faut connaître la valeur de Γ, et elle ne peut être donnée que par l'expérience (§ 12).

La probabilité croît en même temps que le nombre $\dfrac{\sqrt{n}}{\sqrt{2}\,\Gamma}$, qui, par suite, est souvent appelé *poids des obser-vations.*

§ 11.

PREMIÈRE TABLE.		DEUXIÈME TABLE.	
VALEUR de t.	VALEUR de $\dfrac{2}{\sqrt{\pi}}\displaystyle\int_{0}^{t} e^{-t^{2}}\,dt$.	VALEUR de $\dfrac{2}{\sqrt{\pi}}\displaystyle\int_{0}^{t} e^{-t^{2}}\,dt$.	VALEUR de t.
0.1	0.11216	0.1	0.0888
0.2	0.22270	0.2	0.1791
0.3	0.32863	0.3	0.2724
0.4	0.42819	0.4	0.3708
0.5	0.52050	0.5	0.4779
0.6	0.60386	0.6	0.5951
0.7	0.67780	0.7	0 7329
0.8	0.74210	0.8	0.9062
0.9	0.79691	0.9	1.1631
1.0	0.84270	0.90	1.8244
1.1	0.88020		
1.2	0.91031		
1.3	0.93404		
1.4	0.95228		
1.5	0.96611		
1.6	0.97635		
1.7	0.98379		
1.8	0.98909		
1.9	0.99279		
2.0	0.99535		

§ 12.

Supposons que Δ représente la valeur numérique de l'écart dont est affectée la moyenne arithmétique de m observations et δ', δ'', δ'''... les différences positives ou négatives qu'on obtient en comparant chacun des m

résultats de l'expérience à cette moyenne. Il est clair que

$$\delta' + \delta'' + \delta''' + \ldots = 0.$$

Ces différences ne donnent pas les véritables écarts; ceux-ci sont :

$$\delta' + \Delta, \quad \delta'' + \Delta, \quad \delta''' + \Delta \ldots$$

La somme de leurs carrés est donc

$$\delta'^2 + \delta''^2 + \delta'''^2 + \ldots + 2\Delta\,(\delta' + \delta'' + \delta''' + \ldots) + m\Delta^2,$$

expression qui se réduit à

$$\delta'^2 + \delta''^2 + \delta'''^2 + \ldots + m\Delta^2,$$

en vertu de l'équation précédente.

Soit donc

Γ_m^2 la moyenne des carrés des m écarts,

Γ'^2 la moyenne des carrés des m différences δ', δ'', $\delta'''\ldots$;

il est clair que

$$\Gamma_m^2 = \Gamma'^2 + \Delta^2.$$

A mesure que le nombre m des épreuves devient plus considérable, Δ converge vers zéro et Γ_m vers Γ; en sorte que Γ' finit par différer très-peu de Γ. Par suite, quand on veut passer aux applications, on peut prendre $\Gamma = \Gamma'$.

Ainsi, quand le nombre des épreuves est très-grand, la moyenne des carrés des différences que l'on obtient en comparant tous les résultats à leur moyenne arithmétique donne une valeur très-approchée du carré moyen de tous les écarts possibles.

§ 13.

Le calcul du carré moyen des écarts est extrêmement pénible, et le plus souvent on se borne à calculer l'écart moyen. Il est facile, d'ailleurs, de l'introduire dans la formule. On a, en effet, $\Gamma = \gamma \sqrt{\frac{\pi}{2}}$ et lorsqu'on remplace Γ par cette valeur, la probabilité Π, que la moyenne arithmétique des résultats de n observations est affectée d'une erreur numériquement inférieure ou tout au plus égale à λ, se trouve donnée par l'équation

$$\Pi = \frac{2}{\sqrt{\pi}} \int_0^{\frac{\sqrt{n}}{\sqrt{\pi}} \frac{\lambda}{\gamma}} e^{-t^2} dt.$$

Pour en faire usage, il faut connaître l'écart moyen γ; c'est à quoi on parvient en exécutant une longue suite d'épreuves; la moyenne arithmétique des valeurs numériques des différences qu'on obtient en comparant tous les résultats à leur moyenne finit par différer très-peu de γ et peut par suite lui être substituée.

Faisant successivement $\frac{\lambda}{\gamma} = 1$, $\frac{\lambda}{\gamma} = \frac{1}{2}$, $\frac{\lambda}{\gamma} = \frac{1}{3}\ldots$; $n = 10$, $n = 15$, $n = 20\ldots$, et prenant dans la table du § 11 les valeurs correspondantes de l'intégrale, on obtient le tableau suivant :

NOMBRE des épreuves.	PROBABILITÉ d'avoir un écart numériquement égal ou inférieur à				
	γ.	$\frac{\gamma}{2}$	$\frac{\gamma}{3}$	$\frac{\gamma}{4}$	$\frac{\gamma}{5}$
10	0.988	0.792	0.596	0,472	
15	0.998	0.877	0.696	0.560	
20	0.999	0.925	0.765	0.628	
25			0.846	0.680	0.566
30			0.855	0.725	0 648

Lorsque $\Pi = \frac{1}{2}$ la table du § 11 montre que la limite supérieure de l'intégrale est 0,4769 : ainsi, dans ce cas,

$$\frac{\sqrt{n}}{\sqrt{\pi}}\frac{\lambda}{\gamma}=0,4769, \text{ d'où } \lambda=0,8453\,\frac{\gamma}{\sqrt{n}}.$$ Cette valeur de λ est ce qu'on appelle l'*écart probable*, parce que le nombre des écarts supérieurs est égal à celui des écarts inférieurs.

Nombre des épreuves..	5	10	15	20
Ecart probable.	0.845γ	0.268γ	0.218γ	0.189γ
Nombre des épreuves	25	30	40	50
Ecart probable..	0.173γ	0.154γ	0.134γ	0.128γ

Mais il ne faut pas perdre de vue que cet écart le plus probable n'a réellement en sa faveur qu'une probabilité infiniment petite.

A l'aide de ces tableaux, il est facile d'apprécier immédiatement les erreurs dont peuvent être affectés les résultats moyens des observations.

§ 14.

Il est intéressant d'examiner si, au moins dans certains cas, la courbe réellement inconnue qui représente la répartition des écarts ne pourrait pas être remplacée par une simple ligne droite BC, hypoténuse d'un triangle

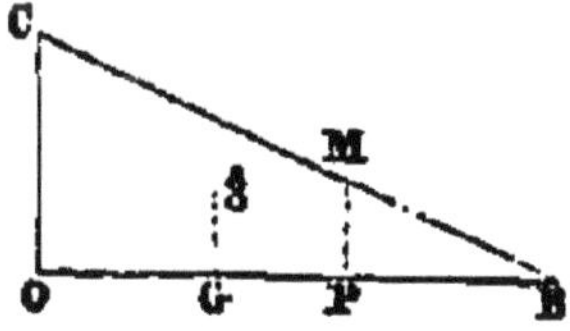

rectangle BOC dont la base OB serait égale à l'écart extrême.

L'aire A de ce triangle représente alors le nombre total des écarts, et l'abscisse OG du centre de gravité g est l'écart moyen γ. Comme $OG=\dfrac{OB}{3}$, il faut que l'écart extrême soit triple de l'écart moyen.

C'est, en effet, ce qui arrive généralement dans les expériences d'artillerie, du moins quand elles sont suffisamment prolongées.

Prenant l'abscisse $OP = \lambda$ et menant l'ordonnée PM, on forme un trapèze OPMC dont l'aire représente le nombre des écarts qui ne surpassent pas λ. On obtient donc la probabilité Π d'avoir, à une épreuve, un écart numériquement inférieur ou tout au plus égal à λ, en divisant l'aire du trapèze par celle du triangle. De là, on conclut facilement, en se rappelant que $OB = 3\gamma$.

$$\Pi = \frac{2\lambda}{3\gamma} - \frac{\lambda^2}{9\gamma^2}.$$

Quand $\lambda = 3\gamma$, la probabilité devient 1 et se change en certitude. Il faut, d'ailleurs, se garder d'attribuer à λ des valeurs supérieures à 3γ.

Il est naturel de comparer cette formule à celle du § 13, en faisant dans cette dernière $n = 1$.

VALEUR de $\dfrac{\lambda}{\gamma}$	VALEUR DONNÉE PAR LA FORMULE	
	$\Pi = \dfrac{2}{\sqrt{\pi}} \displaystyle\int_0^{\frac{\lambda}{\gamma\sqrt{\pi}}} e^{-t^2}\, dt.$	$\Pi = \dfrac{2\lambda}{\gamma} - \dfrac{\lambda}{3\gamma^2}$
$\frac{1}{4}$	0.153	0.160
$\frac{1}{2}$	0.310	0.306
1	0.574	0.556
$\frac{3}{2}$	0.767	0.750
2	0.889	0.889
$\frac{5}{2}$	0.952	0.972
3	0.983	1.000

La plus forte différence ne s'élève qu'à $\frac{1}{50}$, et souvent on ne prétend pas à une plus forte approximation.

Quand le rapport $\frac{\lambda}{\gamma}$ est petit, en sorte que son carré peut être négligé, la première formule donne $\Pi = \frac{2\lambda}{\pi\gamma}$ et la seconde $\Pi = \frac{2\lambda}{3\gamma}$.

Le triangle offre une image facile à saisir; les calculs auxquels il conduit sont simples et ne demandent le secours d'aucune table; ce n'est, d'ailleurs, qu'à ce point de vue qu'il présente quelque avantage. Pour les recherches plus compliquées il serait inadmissible.

§ 15.

La question suivante se présente dans la plupart des recherches physico-mathématiques.

u est une fonction linéaire de m variables x, y, z..., en sorte que

$$u = A + Bx + Cy + Dz + \dots$$

A, B, C, D... désignant $m+1$ constantes inconnues qui ne peuvent être déterminées qu'en ayant recours à l'expérience. On exécute donc une suite d'épreuves afin de savoir ce que devient la fonction u lorsque les variables x, y, z... prennent successivement des valeurs déterminées x', y', z'..., x'', y'', z''..., x''', y''', z'''...; mais les valeurs u', u'', u'''... qu'on obtient par là sont toutes entachées d'erreurs positives ou négatives ε', ε'', ε'''...; les valeurs exactes sont $u' + \varepsilon'$, $u'' + \varepsilon''$, $u''' + \varepsilon'''$...; et leur substitution dans l'expression de la fonction donne

$$\varepsilon' = -u' + A + Bx' + Cy' + Dz' + \dots$$
$$\varepsilon'' = -u'' + A + Bx'' + Cy'' + Dz'' + \dots$$
$$\varepsilon''' = -u''' + A + Bx''' + Cy''' + Dz''' + \dots$$

. . . .

C'est au moyen de ces équations qu'il faut déterminer A, B, C, D...; mais il se présente une difficulté en ce que chacune d'elles contient, en outre de ces coefficients, une erreur dont la grandeur reste inconnue aussi bien que le sens.

Admettons que les épreuves se prolongent indéfiniment et qu'alors chaque erreur, quelle que soit sa grandeur, se produise indifféremment avec le signe $+$ ou avec le signe $-$. Il en résulte d'abord que la somme totale des erreurs doit être nulle ; de plus, si pour un certain système de valeurs des variables x', y', z'..., par exemple, il s'est trouvé une épreuve qui a donné l'erreur ε', il doit nécessairement s'en rencontrer une autre qui, pour le même système, donne l'erreur $-\varepsilon'$; par conséquent, les produits qui, dans la première, étaient $\varepsilon'x'$, $\varepsilon'y'$, $\varepsilon'z'$..., sont dans la seconde $-\varepsilon'x'$, $-\varepsilon'y'$, $-\varepsilon'z'$... Ces remarques conduisent immédiatement aux équations suivantes :

$$\varepsilon' + \varepsilon'' + \varepsilon''' + \ldots = 0 \ \text{ ou } \ \Sigma(\varepsilon) = 0$$
$$\varepsilon'x' + \varepsilon''x'' + \varepsilon'''x''' + \ldots = 0 \ \text{ ou } \ \Sigma(\varepsilon x) = 0$$
$$\varepsilon'y' + \varepsilon''y'' + \varepsilon'''y''' + \ldots = 0 \ \text{ ou } \ \Sigma(\varepsilon y) = 0$$
$$\varepsilon'z' + \varepsilon''z'' + \varepsilon'''z''' + \ldots = 0 \ \text{ ou } \ \Sigma(\varepsilon z) = 0.$$

Remplaçant ε', ε'', ε'''... par leurs valeurs tirées des premières formules, on a

$$\left\{ \begin{aligned} o = {}&- u' - u'' - u''' - \ldots + A + A + A + \ldots \\ &+ B(x' + x'' + x''' + \ldots) + C(y' + y'' + y''' + \ldots) \\ &+ D(z' + z'' + z''' + \ldots) + \ldots \end{aligned} \right.$$

$$\left\{ \begin{aligned} o = {}&- u'x' - u''x'' - u'''x''' - \ldots + A(x' + x'' + x''' + \ldots) \\ &+ B(x'^2 + x''^2 + x'''^2 + \ldots) + C(x'y' + x''y'' + x'''y''' + \ldots) \\ &+ D(z'x' + z''x'' + z'''x''' + \ldots) + \ldots \end{aligned} \right.$$

$$\left\{ \begin{aligned} o = {}&- u'y' - u''y'' - u'''y''' - \ldots + A(y' + y'' + y''' + \ldots) \\ &+ B(x'y' + x''y'' + x'''y''' + \ldots) + C(y'^2 + y''^2 + y'''^2 + \ldots) \\ &+ D(z'y' + z''y'' + z'''y''' + \ldots) + \ldots \end{aligned} \right.$$

$$\left\{ \begin{aligned} o = {}&- u'z' - u''z'' - u'''z''' + \ldots + A(z' + z'' + z''' + \ldots) \\ &+ B(x'z' + x''z'' + x'''z''' + \ldots) + C(y'z' + y''z'' + y'''z''' + \ldots) \\ &+ D(z'^2 + z''^2 + z'''^2 + \ldots) + \ldots \end{aligned} \right.$$

. . . .

Les erreurs ont disparu et le nombre des équations est égal à celui des coefficients A, B, C, D... On peut donc calculer ces derniers.

Il est facile, en admettant toujours les mêmes hypothèses, de former d'autres systèmes de $m + 1$, équations entièrement débarrassées des erreurs ; mais le système précédent est remarquable en ce que c'est précisément celui auquel on est conduit lorsqu'on cherche à déterminer A, B, C, D... par la condition que la somme des carrés des écarts soit un minimum. En effet,

$$\begin{cases} \varepsilon'^2 + \varepsilon''^2 + \varepsilon'''^2 + \ldots = (-u' + A + Bx' + Cy' + Dz')^2 \\ \qquad + (-u'' + A + Bx'' + Cy'' + Dz'' + \ldots)^2 \\ \qquad + (-u''' + A + Bx''' + Cy''' + Dz''' + \ldots)^2 + \ldots \end{cases}$$

Différentiant successivement le second membre par rapport à A, à B, à C, à D... et égalant séparément chaque différentielle à zéro, on retrouve les $m + 1$ équations ci-dessus.

C'est pour cette raison que cette méthode a reçu le nom de *méthode des moindres carrés.*

Lorsque $A = o$, le nombre des coefficients à déterminer est réduit d'une unité et m équations deviennent suffisantes ; la première, $\Sigma(\varepsilon) = o$, n'est plus imposée par la méthode des moindres carrés.

Les raisonnements précédents supposent que les observations se prolongent indéfiniment ; ils perdent nécessairement de leur valeur dans la pratique où on ne peut disposer que d'un nombre limité d'épreuves. Il faudrait qu'il s'établît entre elles une sorte de compensation telle qu'on eût, sinon exactement, du moins approximativement, $\Sigma(\varepsilon) = o$, $\Sigma(\varepsilon x) = o$, $\Sigma(\varepsilon y) = o$..., et c'est une circonstance sur laquelle on ne peut pas toujours compter.

Considérons en particulier le cas où A étant nul, les

variables x, y, z... sont réduites à une seule, en sorte que

$$u = \mathbf{B}x.$$

Désignant toujours par u', u'', u'''... les valeurs que l'observation assigne à la fonction u, lorsque x devient successivement x', x'', x'''... et par ε', ε'', ε'''... les erreurs dont elles sont affectées, il est clair que

$$u' + \varepsilon' = \mathbf{B}x'$$
$$u'' + \varepsilon'' = \mathbf{B}x''$$
$$u''' + \varepsilon''' = \mathbf{B}x'''.$$
$$\cdots\cdots\cdots\cdots$$

Lorsque, pour déterminer $\mathbf{B}$, on suppose que

$$\Sigma(\varepsilon) = \varepsilon' + \varepsilon'' + \varepsilon''' + \ldots = 0,$$

on a immédiatement

$$\mathbf{B} = \frac{u' + u'' + u''' + \ldots}{x' + x'' + x''' + \ldots}.$$

Quand on a recours à la méthode des moindres carrés, on admet que $\Sigma(x\varepsilon) = x'\varepsilon' + x''\varepsilon'' + x'''\varepsilon''' + \ldots = 0$, et, par suite,

$$\mathbf{B} = \frac{u'x' + u''x'' + u'''x''' + \ldots}{x'^2 + x''^2 + x'''^2 + \ldots}.$$

Quelquefois encore, on prend pour $\mathbf{B}$ la moyenne arithmétique des quotients $\dfrac{u'}{x'}$, $\dfrac{u''}{x''}$, $\dfrac{u'''}{x'''}$...; en sorte que n désignant le nombre des épreuves,

$$\mathbf{B} = \frac{1}{n}\left(\frac{u'}{x'} + \frac{u''}{x''} + \frac{u'''}{x'''} + \ldots\right).$$

Cela revient à admettre que

$$\Sigma\left(\frac{\varepsilon}{x}\right) = \frac{\varepsilon'}{x'} + \frac{\varepsilon''}{x''} + \frac{\varepsilon'''}{x'''} + \ldots = 0.$$

Ces trois valeurs devraient nécessairement s'accorder si le nombre des épreuves était très-grand.

§ 10.

Lorsqu'on cherche à déterminer une grandeur par une suite d'expériences, il arrive parfois qu'un des résultats s'éloigne beaucoup de tous les autres et modifie notablement la valeur moyenne. On l'écarte généralement; ce n'est pas qu'on le regarde comme absolument impossible ; mais on suppose que dans une longue série d'épreuves il ne se montrerait que très-rarement et que, dès lors, son influence serait à peu près insensible. Toutefois, ces écarts ont l'inconvénient de laisser toujours quelques doutes, et on ne peut les éviter que par la multiplicité des faits.

NOTE III.

PROBABILITÉ DU TIR.

§ 1.

Il serait important d'avoir une solution, sinon exacte, du moins approximative, de la question suivante :

Dans un tir bien dirigé, quelles sont les chances d'atteindre un but dont les dimensions et la position sont données?

Ces chances sont ce qu'on appelle la *probabilité du tir*.

L'hypothèse d'une complète indépendance entre les déviations verticales et les déviations longitudinales des projectiles est évidemment celle qui assigne la moindre valeur à cette probabilité, et peut-être ne verra-t-on aucun inconvénient à l'admettre; en effet, dans la pratique où on ne s'assujettit pas à toutes les précautions observées dans les expériences, le nombre des chances favorables est toujours amoindri.

On sait que, dans le tir des canons rayés, les causes qui déterminent les deux sortes de déviations sont fort différentes, du moins aux grandes distances. L'hypothèse doit donc alors se rapprocher beaucoup de la vérité.

Elle a, dans les circonstances usuelles, l'avantage de simplifier les calculs. Les formules données dans la note 2 deviennent applicables. Il suffit d'y remplacer les écarts par les déviations.

34.

§ 2.

Supposons que, suivant l'usage, on prenne l'équation

$$y = c^2 e^{-a^2 t^2}$$

pour celle de la courbe de la probabilité des écarts.

Alors la probabilité Π' d'obtenir à une épreuve une déviation latérale inférieure ou tout au plus égale à λ se déduit immédiatement de la formule donnée dans la note 2, § 13. Il suffit d'y mettre, au lieu de γ, la déviation latérale moyenne q en faisant $n = 1$. Ainsi,

$$(1) \qquad \Pi' = \frac{2}{\sqrt{\pi}} \int_0^{\frac{\lambda}{q\sqrt{\pi}}} e^{-t^2} dt.$$

De même si Π'' désigne la probabilité d'obtenir, à une épreuve, une déviation longitudinale inférieure ou tout au plus égale à Λ,

$$(2) \qquad \Pi'' = \frac{2}{\sqrt{\pi}} \int_0^{\frac{\Lambda}{Q\sqrt{\pi}}} e^{-t^2} dt,$$

Q représentant la déviation longitudinale moyenne.

Les formules qui font connaître les valeurs de q et de Q pour les boulets ogivaux de l'artillerie rayée se trouvent dans les chapitres VI et VII de la seconde partie.

Lorsqu'on remplace la courbe des probabilités par une ligne droite, on a

$$(3) \qquad \Pi' = 2\frac{\lambda}{3q} - \frac{\lambda^2}{9q^2},$$

$$(4) \qquad \Pi'' = 2\frac{\Lambda}{3Q} - \frac{\Lambda^2}{9Q^2}.$$

Mais il ne faut se servir de ces équations qu'autant

que les rapports $\dfrac{\lambda}{3q}$, $\dfrac{\Lambda}{3Q}$ ne surpassent pas l'unité. Si $\lambda > 3q$, il faut prendre $\Pi' = 1$; de même $\Pi'' = 1$ si $\Lambda > 3Q$. Dans les deux cas, la probabilité se change en certitude.

On vérifiera ces diverses formules en cherchant dans une suite de tirs la proportion du nombre des coups dont les déviations ne surpassent pas une certaine fraction ou un multiple de la déviation moyenne.

Par exemple, de l'examen d'environ 500 coups tirés avec des canons rayés de 30 et sous de grandes inclinaisons, il est résulté le tableau suivant :

	PROBABILITÉ que la déviation latérale ne surpassera pas.				
	$\dfrac{q}{4}$	$\dfrac{q}{2}$	q	$2q$	$3q$
D'après l'expérience. . .	0.476	0.300	0.592	0.885	0.988
D'après la formule (4). .	0.458	0.340	0.574	0.889	0.983
D'après la formule (3). .	0.460	0.306	0.556	0.889	1.000

§ 3.

Dès lors qu'on admet une complète indépendance entre les déviations latérales et longitudinales, la probabilité Π d'avoir à la fois une déviation latérale et une déviation longitudinale inférieures ou tout au plus égales, la première à λ, la seconde à Λ, doit être égale au produit des deux probabilités Π' et Π''. Ainsi,

$$\Pi = \Pi'\,\Pi''.$$

Chacune des deux sortes de déviations se produit indifféremment dans un sens ou dans l'autre. De là, il

— 534 —

résulte que Π représente réellement la probabilité d'atteindre un rectangle horizontal dont la largeur est 2λ et la longueur 2Λ. Il est bien entendu que le centre de ce rectangle se trouve au point de chute de la trajectoire moyenne et que sa largeur et sa longueur sont, la première perpendiculaire, et la seconde parallèle au plan vertical passant par la tangente finale.

Par exemple, si $\frac{\lambda}{q}=\frac{1}{4}$ et $\frac{\Lambda}{Q}=1$, on obtient par les formules (1) et (2) du § 2, $\Pi'=0{,}310$, $\Pi''=0{,}574$; par suite, $\Pi=0{,}178$. C'est la probabilité d'atteindre le rectangle dont la largeur est q et la longueur 2Q.

C'est ainsi qu'on a formé le tableau suivant :

Probabilités d'atteindre divers rectangles horizontaux ayant pour centre commun le point de chute de la trajectoire moyenne, et tels que leurs largeurs et leurs longueurs soient, les premières perpendiculaires, et les secondes parallèles au plan vertical passant par la tangente finale.

	LARGEURS DES RECTANGLES						
Longueur des rectangles	$\frac{q}{2}$	q	$2q$	$3q$	$4q$	$5q$	$6q$
$\frac{Q}{2}$ . . .	0.025	0.049	0.091	0.121	0.140	0.150	0.155
Q . . .	0.049	0.096	0.178	0.238	0.276	0.293	0.305
2Q . . .	0.091	0.178	0.329	0.440	0.510	0.546	0.564
3Q . . .	0.121	0.238	0.440	0.588	0.682	0.730	0.754
4Q . . .	0.140	0.276	0.540	0.682	0.790	0.846	0.874
5Q . . .	0.150	0.295	0.546	0.730	0.846	0.906	0.936
6Q . . .	0.155	0.305	0.564	0.754	0.874	0.936	0.966

En multipliant ces probabilités par 100, on aurait les nombres de boulets qui, sur 100 coups, tomberaient probablement dans les rectangles; toutefois, si on ne tirait précisément que 100 coups, il ne faudrait pas s'attendre à une répartition aussi régulière.

§ 4.

On sait que la déviation verticale moyenne est sensiblement égale à Q tang ω, la lettre ω désignant l'angle de chute (II° partie, chapitre VII, § 8). D'après cela, la probabilité Π''' d'obtenir, à une épreuve, une déviation verticale numériquement inférieure ou tout au plus égale à H, peut être calculée par la formule

$$\Pi''' = \frac{2}{\sqrt{\pi}} \int_0^{\frac{H}{Q\sqrt{\pi}\,\text{tang}\,\omega}} e^{-t^2}\, dt \quad,$$

ou, si l'on croit pouvoir remplacer la courbe des probabilités par une ligne droite,

$$\Pi''' = 2\,\frac{H}{3Q\,\text{tang}\,\omega} - \left(\frac{H}{3Q\,\text{tang}\,\omega}\right)^2 .$$

La probabilité Π_1 d'avoir à la fois une déviation latérale et une déviation verticale inférieures ou tout au plus égales, la première à λ, la seconde à H, est donnée par l'équation

$$\Pi_1 = \Pi'\,\Pi''' .$$

C'est, en d'autres termes, la probabilité d'atteindre un rectangle vertical dont la largeur horizontale est égale à 2λ et la hauteur à 2H, le centre de ce rectangle se trouvant sur la trajectoire moyenne et son plan étant perpendiculaire au plan vertical qui passe par la tangente finale.

§ 5.

Lorsque le tir est très-surbaissé, qu'il s'agisse de boulets sphériques, ou de projectiles lancés par des canons rayés, les déviations verticales deviennent à peu près égales aux déviations latérales (Ire partie, chapitre VII, § 5). En continuant, néanmoins, de les regarder comme indépendantes les unes des autres, on peut dans ce cas calculer la probabilité Π''' par la formule

$$\Pi''' = \frac{2}{\sqrt{\pi}} \int_0^{\frac{H}{q\sqrt{\pi}}} e^{-t^2} dt,$$

ou encore

$$\Pi''' = \frac{2H}{3q} - \left(\frac{H}{3q}\right)^2.$$

La probabilité Π_1 d'atteindre le rectangle vertical dont la largeur est 2λ et la hauteur $2H$ est donnée par la formule

$$\Pi_1 = \left(\frac{2}{\sqrt{\pi}} \int_0^{\frac{\lambda}{q\sqrt{\pi}}} e^{-t^2} dt\right) \left(\frac{2}{\sqrt{\pi}} \int_0^{\frac{H}{q\sqrt{\pi}}} e^{-t^2} dt\right),$$

ou encore par l'équation

$$\Pi_1 = \left(\frac{2\lambda}{3q} - \frac{\lambda^2}{9q^2}\right) \left(\frac{2H}{3q} - \frac{H^2}{9q^2}\right);$$

le premier facteur devant être réduit à l'unité lorsqu'on a $\frac{\lambda}{3q} > 1$ et le second quand $H > 3q$.

Si les boulets sont sphériques, la formule donnée dans la première partie, chapitre VII, § 2, fait connaître leurs déviations latérales.

§ 6.

En faisant dans les formules précédentes $H = \lambda$, on

obtient la probabilité Π_2 d'atteindre le carré vertical dont le côté est 2λ; ainsi

$$\Pi_2 = \left(\frac{2}{\sqrt{\pi}} \int_0^{\frac{\lambda}{q\sqrt{\pi}}} e^{-t^2} dt \right)^2$$

ou

$$\Pi_2 = \left(\frac{2\lambda}{3q} - \frac{\lambda^3}{9q^3} \right)^2 .$$

Supposons, par exemple, que le carré ait $0^m 50$ de côté et soit placé à 600 mètres d'un canon de 30, tirant à boulets massifs et à la charge de 5^k.

Les tables placées dans le chapitre VII de la première partie donnent dans ce cas $q = 1$.

La valeur de λ est $0^m 25$; mais il est clair que si on veut tenir compte de tous les boulets qui peuvent atteindre le carré, il faut augmenter cette valeur d'une quantité égale à leur rayon, c'est-à-dire à $0^m 08$. D'après cela on doit prendre $\lambda = 0,33$.

Cela posé, la première formule donne $\Pi_2 = 0,043$ et la seconde $\Pi_2 = 0,044$; en sorte que le nombre des boulets qui atteindraient probablement le carré ne serait guère que de 4 pour 100.

On obtient mieux que cela dans les tirs ordinaires des polygones, en tirant contre des cibles circulaires de $0^m 50$ de diamètre, qui offrent cependant moins de chances d'être atteintes; mais il ne faut pas oublier que les hypothèses qui servent de base à l'établissement des formules sont celles qui réduisent la probabilité à sa moindre valeur.

§ 7.

Il est facile d'obtenir l'expression de la probabilité d'atteindre un cercle vertical.

Le centre O de ce cercle étant supposé sur la trajectoire moyenne, concevons à ce point deux axes coordonnés, l'un Ox horizontal, l'autre Oz vertical ; soit M un
point à coordonnées positives représentées par x et z ;
trois autres points M′, M″, M‴ ont des coordonnées numériquement égales aux siennes.

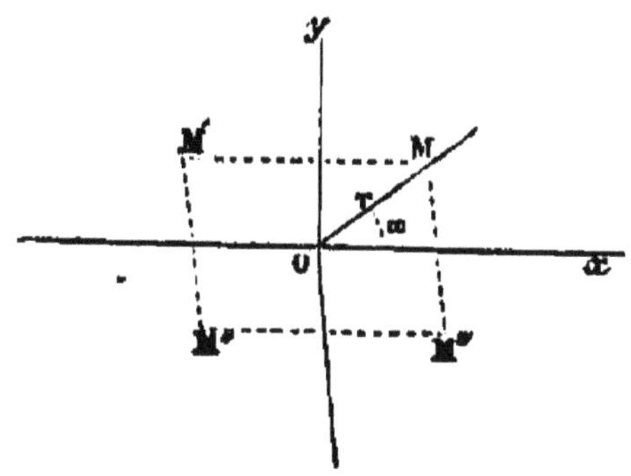

La probabilité d'obtenir une déviation latérale égale à
x est $\dfrac{2a}{\sqrt{\pi}} e^{-a^2 x^2} dx$ (note 2, § 8) ; celle d'avoir une déviation
verticale égale à z est $\dfrac{2a}{\sqrt{\pi}} e^{-a^2 z^2} dz$; dans ces deux expressions a conserve la même valeur, savoir $\dfrac{1}{q\sqrt{\pi}}$, puisque
les déviations sont les mêmes dans les deux sens.

La probabilité du concours de ces deux déviations est
donc

$$\frac{4a^2}{\pi} e^{-a^2(x^2+z^2)} dx\, dz \ .$$

C'est, en d'autres termes, la probabilité d'atteindre un
des quatre rectangles élémentaires $dx\,dz$ situés aux som-
mets de celui qui est formé par les quatre points M, M′,
M″, M‴.

Désignons la distance OM par r et appelons α l'angle
que fait OM avec l'axe des x, il est clair que $r^2 = x^2 + z^2$

et qu'à l'élément superficiel $dxdz$ on peut substituer $rd\alpha dr$. Par suite, l'expression précédente devient

$$\frac{4a^2}{\pi} e^{-a^2 r^2} rd\alpha dr.$$

L'intégration par rapport à α et entre les limites o et $\frac{\pi}{2}$ donne évidemment la probabilité d'atteindre la bande circulaire comprise entre les deux circonférences dont les rayons sont r et $r + dr$. Cette probabilité est donc égale à

$$2a^2 e^{-a^2 r^2} rdr.$$

La quantité $e^{-a^2 r^2} r$, nulle lorsque $r = o$ ou $r = \infty$ atteint sa plus grande valeur quand $r = \dfrac{1}{a\sqrt{2}}$ ou $r = q\sqrt{\dfrac{\pi}{2}}$ en remplaçant a par $\dfrac{1}{q\sqrt{\pi}}$. Ainsi la circonférence qui aurait un rayon à peu près égal aux $\frac{5}{4}$ de la déviation latérale moyenne serait celle qui offrirait le plus de chances d'être atteinte. C'est dans son voisinage que les boulets devraient être groupés en plus grand nombre; il n'y en aurait que très-peu près du centre.

Cela posé, en intégrant l'expression précédente, à partir de $r = o$, on doit avoir la probabilité Π_3 d'atteindre le cercle du rayon r; donc

$$\Pi_3 = 1 - e^{-a^2 r^2}$$

ou

$$\Pi_3 = 1 - e^{-\frac{r^2}{\pi q^2}},$$

ce qui revient à

$$\Pi_3 = 1 - 10^{-0,43823 \frac{r^2}{q^2}}.$$

Supposons encore un canon de 30 n° 4, tirant à bou-

lets massifs et à la charge de 5ᵏ contre une cible circulaire de 0ᵐ50 de diamètre placée à la distance de 600ᵐ.
Dans ce cas, $q=1$, et pour tenir compte de tous les
boulets qui peuvent atteindre le but, il faut ajouter leur
rayon à celui de la cible et prendre, en conséquence,
$r=0,25+0,08=0,33$. La formule donne $\Pi_1=0,034$.
Le nombre des chances favorables serait donc compris
entre 3 et 4 pour cent, et, comme on l'a déjà dit, l'expérience donne davantage.

L'atténuation de la probabilité est d'autant plus sensible que le rapport $\dfrac{r}{q}$ est plus petit.

§ 8.

On arrive à des résultats bien différents lorsque, supposant que les causes déviatrices agissent indifféremment
et avec les mêmes intensités dans tous les sens autour
de la trajectoire moyenne, on prend l'équation ordinaire
$y=c^2 e^{-a^2 t^2}$ pour celle de la courbe qui représente la
probabilité des écarts.

Dans cette hypothèse la probabilité d'obtenir un écart
inférieur ou égal à r est donnée par l'expression

$$\frac{2}{\sqrt{\pi}} \int_0^{\frac{r}{\gamma\sqrt{\pi}}} e^{-t^2}\, dt,$$

γ désignant l'écart moyen.

C'est évidemment la probabilité d'atteindre un cercle
d'un rayon égal à r, ayant son centre sur la trajectoire
moyenne et dont le plan est normal à cette courbe. Lorsque le tir est surbaissé, il est bien clair que ce plan peut
être considéré comme vertical.

Admettons qu'il en soit ainsi.

La direction suivant laquelle se manifeste un écart numériquement égal à ε peut faire avec le plan horizontal un angle quelconque. Soit α cet angle. La projection horizontale de cet écart est $\varepsilon \cos \alpha$.

Comme il ne s'agit ici que de valeurs numériques, il est permis de regarder l'angle α comme aigu et positif.

Mais, dans les hypothèses admises, il peut indifféremment prendre toutes les valeurs comprises entre o et $\frac{\pi}{2}$.

Divisons l'angle droit en n parties égales entre elles, infiniment petites et représentées par $d\alpha$, en sorte que

$$n\,d\alpha = \frac{\pi}{2}.$$

La somme des projections horizontales des n écarts numériquement égaux à ε et dont les directions se confondent avec les divisions de l'angle droit est

$$\left(\cos d\alpha + \cos 2d\alpha + \cos 3d\alpha + \ldots + \cos \frac{\pi}{2} \right) \varepsilon.$$

Leur moyenne arithmétique est

$$\left(\cos d\alpha + \cos 2d\alpha + \cos 3d\alpha + \ldots + \cos \frac{\pi}{2} \right) \frac{\varepsilon}{n},$$

ou, en remplaçant n par $\frac{\pi}{2d\alpha}$,

$$\frac{2\varepsilon}{\pi} \left(\cos d\alpha + \cos 2d\alpha + \cos 3d\alpha + \ldots + \cos \frac{\pi}{2} \right) d\alpha;$$

ce qui revient à dire que la moyenne arithmétique des projections horizontales des écarts numériquement égaux à ε est

$$\frac{2\varepsilon}{\pi} \int_{o}^{\frac{\pi}{2}} \cos \alpha\, d\alpha \quad \text{ou} \quad \frac{2\varepsilon}{\pi}.$$

De là, il résulte que si on regarde les déviations latérales comme les projections horizontales des écarts,

$$q = \frac{2}{\pi}\gamma \quad \text{ou} \quad \gamma = \frac{\pi}{2}q.$$

Dès lors, la probabilité d'atteindre le cercle vertical dont le rayon est r a pour expression

$$\frac{2}{\sqrt{\pi}} \int_0^{\frac{2}{\pi\sqrt{\pi}}\frac{r}{q}} e^{-t^2}\, dt$$

ou

$$\frac{2}{\sqrt{\pi}} \int_0^{0,3592\frac{r}{q}} e^{-t^2}\, dt.$$

L'application de cette formule à l'exemple cité dans le § 7 donne 0,105 pour la valeur de la probabilité ; de sorte que le nombre des chances favorables serait d'environ 10 pour 100.

Ce nombre paraît sans doute exagéré si on le compare aux résultats que l'on obtient dans les tirs ordinaires. Cependant, dans les expériences exécutées à Vincennes, en 1833, et rapportées dans le *Traité d'artillerie* du général Piobert, trois bouches à feu ont été essayées comparativement, savoir, un canon de 12, un canon de 8 et un obusier de 15° de campagne. Le but était un carré de 0ᵐ45 de côté. Le nombre des coups qui l'ont atteint à la distance de 600ᵐ a été de 12 pour 100.

ERRATA.

Page 50, ligne 14, au lieu de 148^{mm}, mettre 138^{mm}.

Page 62, ligne 5, au lieu de § 11, mettre § 13.

Page 66, ligne 3, au-dessous du tableau, au lieu de § 11, mettre § 13.

Page 70, ligne 13, au lieu de § 11, § 12, § 13, mettre § 13, § 14, § 15.

Page 78, ligne 7 en remontant, au lieu de *constance*, mettre *circonstance*.

Page 89, dernière ligne, au lieu de $10^{20}\dfrac{A^3}{C}\dfrac{\varpi}{p}$, mettez $10^{20}\dfrac{A^3}{C}\dfrac{\varpi}{p}$.

Page 144, ligne 7, au lieu de $a = \dfrac{A^2 - a^2}{A^2}$, mettre $\omega = \dfrac{A^2 - a^2}{A^2}$.

Page 147, ligne 16, au lieu de *chap.* 7, § 6, mettre *chap.* 6, § 2.

— ligne 21, au lieu de § 22, mettre § 21.

Page 151, ligne 25, supprimer 1°.

— ligne 28, au lieu de § 14, mettre § 12.

Page 152, ligne 13, au lieu de § 22, mettre § 23.

Page 153, ligne 9 en remontant, au lieu de § 27, 28, 29, mettre § 28, 29, 30.

Page 173, ligne 5, au lieu de $1{,}208\dfrac{\varphi(v)}{r^{\frac{3}{2}}}$, mettre $1{,}208\dfrac{\varphi(v)}{r^{\frac{3}{2}}}$.

Page 174, ligne 11, au lieu de $V = cv^{11}$, mettre $r = cv^{11}$.

Page 244, ligne 2 en remontant, au lieu de $\dfrac{du}{u + 60u}$, mettre $\dfrac{du}{u + 60u^2}$.

Page 245, dernière ligne, au lieu de $(1 + 60V\cos\alpha)\dfrac{e^{\frac{c\theta x}{c\theta x}} - 1}{c\theta x} - 60V\cos\alpha$, mettre $(1 + 60V\cos\alpha)\dfrac{e^{\frac{c\theta x}{e\theta x}} - 1}{e\theta x} - 60V\cos\alpha$.

Page 254, ligne 2 en remontant, au lieu de $gV^2K_1X^2$, mettre $gV^2K_1X_1^2$.

Page 406, ligne 4, au lieu de $j^a = a(J-a)$, mettre $j^a = a\left(J - \dfrac{a}{4}\right)$.

Page 419, ligne 19, au lieu de *est*, mettre *et*.

Page 446, ligne 8, au lieu de $g = 0{,}26$, mettre $g = 0{,}20$.

— ligne 9, au lieu de $\dfrac{g}{a} = 1{,}392$, mettre $\dfrac{g}{a} = 1{,}336$.

Page 481, dernière colonne du tableau, au lieu de 26,59, mettre 20,59.

Page 400, ligne 6, au lieu de $Q'' = \sqrt{Q^3 - Q''^3}$, mettre $Q'' = \sqrt{Q^3 - Q'^3}$.

Page 493, 7ᵉ ligne au-dessous du premier tableau, au lieu de *angulaire*, mettre *angulaires*.

Page 595, 5ᵉ colonne du tableau, au lieu de $\dfrac{Q}{V \sin 2\alpha}$, mettre

www.ingramcontent.com/pod-product-compliance
Ingram Content Group UK Ltd.
Pitfield, Milton Keynes, MK11 3LW, UK
UKHW022049120726
13694UKWH00001B/58